水利工程造价综合实例解析

主编　张国栋　张波

中国水利水电出版社
www.waterpub.com.cn

内 容 简 介

本书依据《水利工程工程量清单计价规范》（GB50501—2007）与《水利建筑工程预算定额》进行编写。包含的内容主要有挡水建筑物、泄水建筑物、输水建筑物、取进水建筑物、整治建筑物、专门建筑物共6章。

书中内容主要是以中大型实例为主，同时结合图形——进行计算，涵盖了清单和定额两种算法，在每道题的题干后面列有清单工程量表，将所要计算的项目罗列出来，且对每个实例的各分项工程的工程量计算方法均作了较详细的解答说明，每题之后均有工程量清单综合单价分析表，对每一小项又有清晰的解释。本书内容涵盖面广，结构层次清晰，让读者看后能达到心领神会的效果。

本书可供水利工程造价人员、工程造价管理人员、工程审计人员等相关专业人士参考，也可作为高等院校相关专业师生的实用参照书。

图书在版编目（ＣＩＰ）数据

水利工程造价综合实例解析 / 张国栋，张波主编
. -- 北京：中国水利水电出版社，2016.1
ISBN 978-7-5170-2915-1

Ⅰ．①水… Ⅱ．①张… ②张… Ⅲ．①水利工程—工程造价 Ⅳ．①TV51

中国版本图书馆CIP数据核字(2015)第023249号

书 名	水利工程造价综合实例解析
作 者	主编 张国栋 张 波
出版发行	中国水利水电出版社
	（北京市海淀区玉渊潭南路1号D座 100038）
	网址：www. waterpub. com. cn
	E – mail：mchannel@ 263. net（万水）
	sales@ waterpub. com. cn
	电话：(010)68367658（发行部）、82562819（万水）
经 售	北京科水图书销售中心（零售）
	电话：(010)88383994、63202643、68545874
	全国各地新华书店和相关出版物销售网点
排 版	北京万水电子信息有限公司
印 刷	三河市铭浩彩色印装有限公司
规 格	185mm×260mm 16开本 25.25印张 616千字
版 次	2016年1月第1版 2016年1月第1次印刷
印 数	0001—3000册
定 价	54.00元

编写人员名单

主　　编　　张国栋　　张　波

参　　编　　洪　岩　　赵小云　　郭芳芳　　李林青　　杨彩红
　　　　　　张静静　　张亚妹　　申丹华　　张金刚　　侯亭亭
　　　　　　王九雪　　胡双彦　　孙忙忙　　涂　川　　王丽娜
　　　　　　位洋洋　　姚　冬　　张孟晓　　李　朔　　刘坤朋
　　　　　　张艳新　　王军军　　李闪闪　　韩东方　　乔倩倩
　　　　　　张　引　　李杰花　　张飞红　　杨　旭

前　　言

　　随着我国经济建设的迅速发展,工程造价在社会主义现代化建设中发挥着越来越重要的作用,为了帮助水利工程造价工作者解决实际工作中经常遇到的难题,同时也为相关专业人员提供必要的参考资料,我们特组织编写此书。

　　本书依据《水利工程工程量清单计价规范》(GB50501—2007)和《水利建筑工程预算定额》进行编写,以中大型实例为主。每一道题都有比较详细的清单工程量和定额工程量计算过程,工程量清单综合单价分析表对每一分项工程的综合单价均做了详细的分析。

　　本书结合当前水利行情,选择典型水利工程作为实际案例,根据所列案例,理论联系实际,结合图形教读者怎样正确计算工程量,套用定额子目和选取各种取费系数计取有关费用,真正达到学以致用的目的。同时本书采用的是《水利工程工程量清单计价规范》,将工程量清单计价的预算新内容、新方法、新规定引入在内,让读者在第一时间内掌握新规范的最新内容。

　　本书在编写的过程中,将案例涉及到的每一分项工程均进行了工程量计算、综合单价分析、分项工程造价汇总,尽量避免缺项漏项,使其计算更加全面。

　　本书在编写过程中得到了许多同行的支持与帮助,其中本书的第 2 章泄水建筑物由河南黄河勘测设计研究院的张波撰写,在此一并表示感谢。由于编者水平有限和时间紧迫,书中难免有错误和不妥之处,望广大读者批评指正。如有疑问,请登录 www.gczjy.com(工程造价员网)或 www.ysypx.com(预算员网)或 www.debzw.com(企业定额编制网)或 www.gclqd.com(工程量清单计价网),或发邮件至 zz6219@163.com 或 dlwhgs@tom.com 与编者联系。

编　者

2015 年 11 月

目　录

第 5 章　整治建筑物

第 6 章　专门建筑物

第1章 挡水建筑物

例1 某水闸检修桥梁及栅盖板工程

某一小型水闸,每孔净宽9.5米,门高6.67米,闸室总宽38.7米,闸底板高程20.1米,采取一池两槛消能型式。分三个闸室段,中墩及支墩厚度取1.2m。本项工程中,水闸闸底板及闸墩由另一单位负责设计施工。这里只负责水闸检修桥预应力梁和便桥所需敷设栅盖板工程。表1-1是本项工程有关水文设计参数。

表1-1 某水闸水文设计参数

工程名称	底板高程	正常蓄水		短时蓄水		设计/排涝条件		备 注
		Z	V	Z	V	Z上	Z下	
某水闸	20.10	26.27	440	26.77	530	31.43 26.27	26.07	黄海基面

混凝土设计指标为C30F150。钢筋净保护层主梁为50mm,翼板为30mm。预制大梁需注意养护,混凝土达80%设计强度后方能起吊。栏杆等埋件为直径38mm的钢管,底部与梁配筋焊接。每2m埋置一根,每根埋置深度0.2m,长度0.25m。

试对该检修桥预制梁及栅盖板工程进行预算设计(图1-1～图1-5)。

【解】 一、清单工程量

清单工程量计算规则:清单工程量依据施工图纸计算所得工程量乘以系数1.0。

1. 土方工程

在该检修桥预制梁及栅盖板工程进行预算设计中不涉及土方开挖及土方回填工程,本项不计算。

2. 混凝土工程

(1)C30预制混凝土桥梁1工程(见图1-1、图1-2、图1-3)

清单工程量 $= [(0.25 \times 0.85 + 0.75 \times 0.15 - 0.09 \times 0.056) \times (10.06 - 0.25 \times 2) + (0.75 \times 1.0 - 0.09 \times 0.056) \times 0.25 \times 2] \times 2 \text{m}^3$

$= 6.86 \text{m}^3$

【注释】 0.25——预制混凝土桥梁1 T形梁段腹板宽度;

0.85——预制混凝土桥梁1 T形梁段腹板高度;

0.75——预制混凝土桥梁1 T形梁段翼缘板宽度;

0.15——预制混凝土桥梁1 T形梁段翼缘板厚度;

0.09——预制混凝土桥梁1 T形梁段翼缘板齿牙宽度;

0.056——预制混凝土桥梁1 T形梁段翼缘板齿牙高度;

10.06——预制混凝土桥梁总长度;

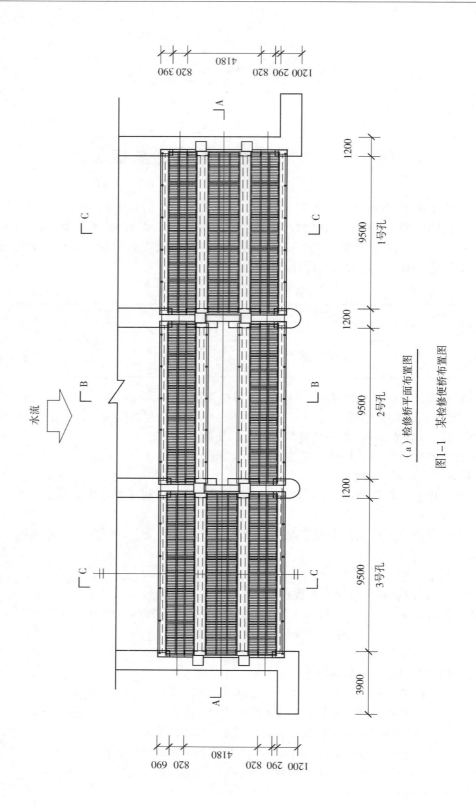

（a）检修桥平面布置图

图1-1 某检修便桥布置图

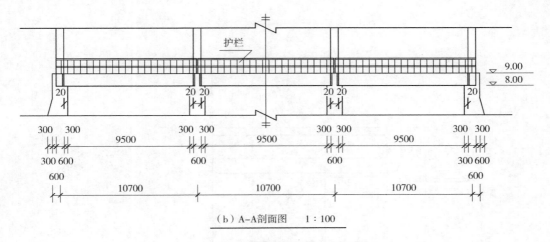

（b）A–A 剖面图　　1：100

图 1-1　某检修便桥布置图（续）

0.25——预制混凝土桥梁 1 端部矩形梁长度；

2——预制混凝土桥梁 1 端部矩形梁个数；

0.75——预制混凝土桥梁 1 端部矩形梁宽度；

1.0——预制混凝土桥梁 1 端部矩形梁高度；

0.09——预制混凝土桥梁 1 端部矩形梁齿牙宽度；

0.056——预制混凝土桥梁 1 端部矩形梁齿牙高度；

第一个 2——预制混凝土桥梁 1 端部矩形梁个数；

第二个 2——混凝土桥梁 1 的个数。

（2）C30 预制混凝土桥梁 2 工程（见图 1-1、图 1-2、图 1-4）

$$清单工程量 = [(0.25 \times 0.85 + 0.5 \times 0.15 - 0.09 \times 0.056) \times (10.26 - 0.25 \times 2) + (0.5 \times$$
$$1.0 - 0.09 \times 0.056) \times 0.25 \times 2] \times 6 \text{m}^3$$
$$= 18.03 \text{m}^3$$

【注释】　0.25——预制混凝土桥梁 2 T 形梁段腹板宽度；

0.85——预制混凝土桥梁 2 T 形梁段腹板高度；

0.5——预制混凝土桥梁 2 T 形梁段翼缘板宽度；

0.15——预制混凝土桥梁 2 T 形梁段翼缘板厚度；

0.09——预制混凝土桥梁 2 T 形梁段翼缘板齿牙宽度；

0.056——预制混凝土桥梁 2 T 形梁段翼缘板齿牙高度；

10.26——预制混凝土桥梁 2 总长度；

0.25——预制混凝土桥梁 2 端部矩形梁长度；

2——预制混凝土桥梁 2 端部矩形梁个数；

0.5——预制混凝土桥梁 2 端部矩形梁宽度；

1.0——预制混凝土桥梁 2 端部矩形梁高度；

0.09——预制混凝土桥梁 2 端部矩形梁齿牙宽度；

0.056——预制混凝土桥梁 2 端部矩形梁齿牙高度；

2——预制混凝土桥梁 2 端部矩形梁个数；

6——混凝土桥梁 2 的个数。

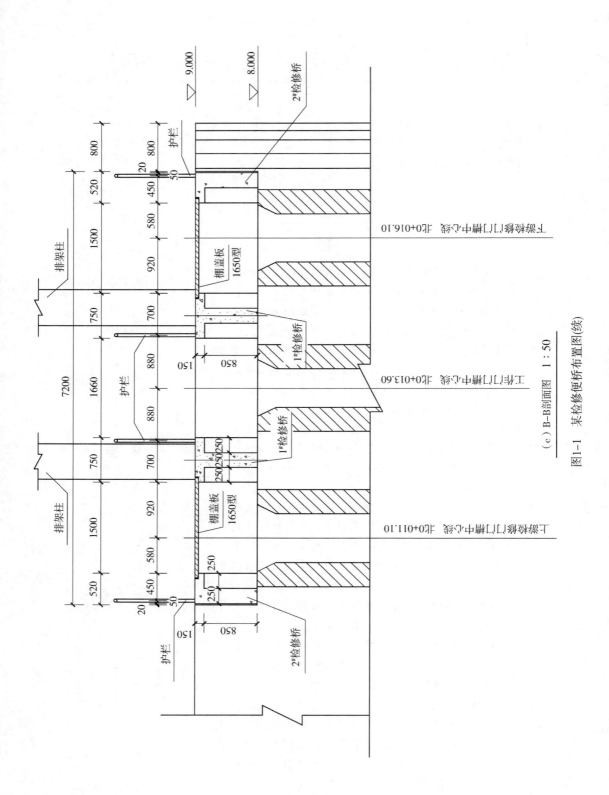

（c）B-B剖面图　1：50

图1-1　某检修便桥布置图（续）

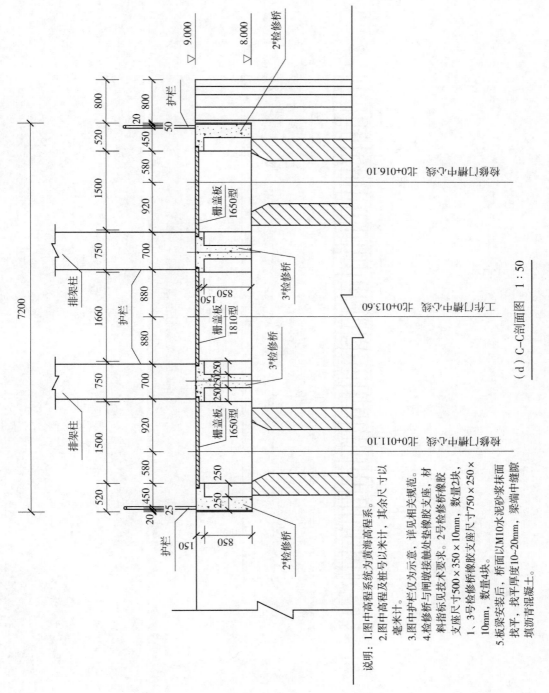

(d) C—C剖面图 1:50

图1-1 某检修便桥布置图(续)

说明：
1. 图中高程系统为黄海高程系。
2. 图中高程及桩号以米计，其余尺寸以毫米计。
3. 图中护栏仅为示意，详见相关规范。
4. 检修桥与闸墩接触处垫橡胶支座。材料指标见技术要求。2号检修橡胶支座尺寸500×350×10mm，数量2块，1、3号检修橡胶支座尺寸750×250×10mm，数量4块。桥面以M10水泥砂浆抹面找平，找平层厚度10~20mm，梁端中缝隙填沥青混凝土。
5. 板梁安装后，桥面以M10水泥砂浆抹面找平，找平层厚度10~20mm，梁端中缝隙填沥青混凝土。

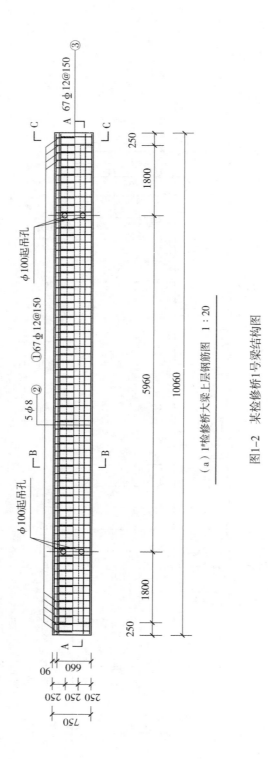

（a）1#检修桥大梁上层钢筋图 1：20

图1-2 某检修桥1号梁结构图

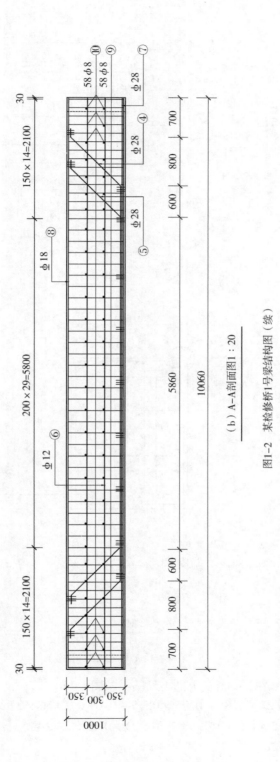

（b）A—A剖面图1：20

图1-2 某检修桥1号梁结构图（续）

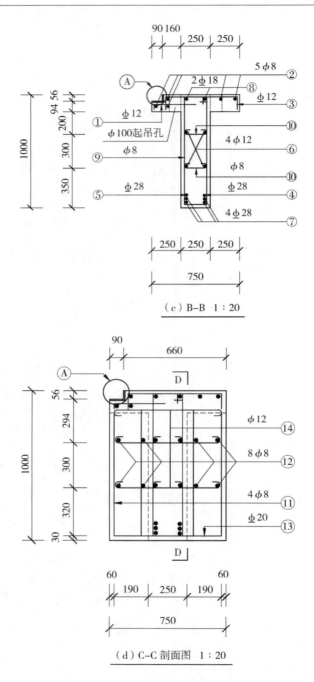

（c）B–B　1∶20

（d）C–C 剖面图　1∶20

图 1-2　某检修桥 1 号梁结构图（续）

（3）C30 预制混凝土桥梁 3 工程（见图 1-1、图 1-2、图 1-4）

清单工程量 ＝ ［（ 0.25 × 0.85 ＋ 0.75 × 0.15 － 0.09 × 0.056 × 2 ） × （ 10.06 － 0.25 × 2 ） ＋

　　　　　　　　　（ 0.75 × 1.0 － 0.09 × 0.056 × 2 ） × 0.25 × 2 ］ × 4m³

　　　　　 ＝ 13.52m³

【注释】　0.25——预制混凝土桥梁 3 T 形梁段腹板宽度；

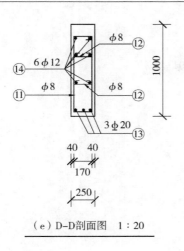

（e）D–D剖面图 1:20

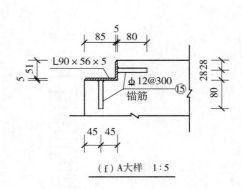

（f）A大样 1:5

材 料 表

编号	直径 (mm)	型 式	单根长 /mm	根数	总长 /m	规 格	总长度 /m	单位重 /(kg/m)	总重 /kg
①	φ12	40 ⌐ 400	440	67	29.48	φ8	220.54	0.395	87.11
②	φ8	⌐ 10000	10080	5	50.40	φ12	49.56	0.888	44.01
						φ12	87.18	0.888	77.42
③	φ12	90 ⌐ 600 ⌐ 90	780	67	52.26	φ18	19.92	1.998	39.80
④	φ28	200 1131 7060 1131 200 800 800	9722	1	9.72	φ20	3.90	2.466	9.62
⑤	φ28	200 1131 5860 1131 200 800 800	8522	1	8.52	φ28	58.08	4.830	280.53
⑥	φ12	9960	10080	4	40.32	合 计			538.49
⑦	φ28	9960	9960	4	39.84	钢材L90×56×5	10.06	5.66	56.94
⑧	φ18	9960	9960	2	19.92	混凝土C30	方量		3.48m³
⑨	φ8	150 900	2320	58	134.56	
⑩	φ8	150	230	58	13.34	
⑪	φ8	170 860	2280	8	18.24	
⑫	φ8	170	250	16	4.00	
⑬	φ20	650	650	6	3.90	
⑭	φ12	650	770	12	9.24	
⑮	φ12	80	80	68	5.44	

说明：1.图中高程系统为黄海高程系。
2.图中高程及桩号以米计，其余尺寸以毫米计。
3.混凝土设计指标：C30F150。
4.钢筋净保护层除注明外，主梁为50mm，翼板为30mm。
5.检修桥采用预制T形梁，梁上预留启吊孔距梁端2.05m。
6.主筋采用焊接骨架，要求双面焊接，焊缝长度5d。弯筋中部直段焊缝间距按不大于1m控制。
7.预制的大梁需注意养护，混凝土达80%设计强度后方能起吊。
8.运输和堆放时吊点位置下需设支点。
9.检修桥防碳化技术要求见本工程招标文件。
10.栏杆埋件另见其它图纸。
11.1#检修大梁共2根，C30混凝土6.96m³，钢筋107t，钢材0.11t。

图1-2 某检修桥1号梁结构图（续）

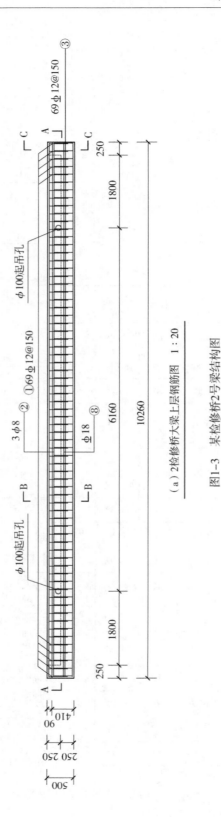

（a）2检修桥大梁上层钢筋图　1：20

图1-3　某检修桥2号梁结构图

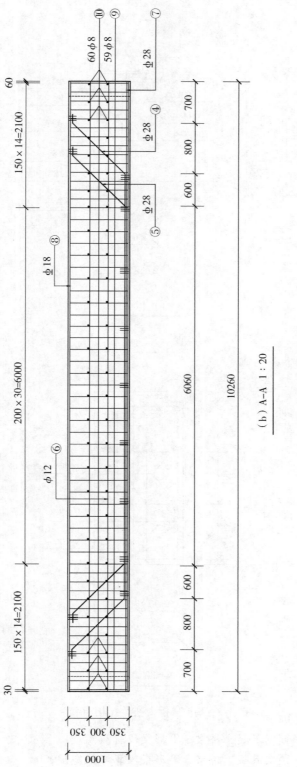

（b）A—A 1：20

图1-3 某检修桥2号梁结构图(续)

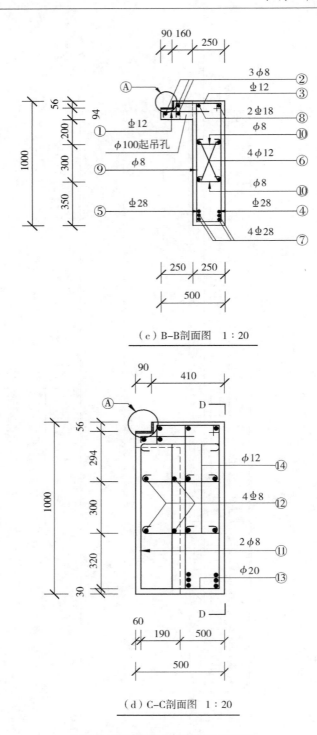

（c）B−B剖面图　1∶20

（d）C−C剖面图　1∶20

图1-3　某检修桥2号梁结构图（续）

0.85——预制混凝土桥梁3 T形梁段腹板高度；

0.75——预制混凝土桥梁3 T形梁段翼缘板宽度；

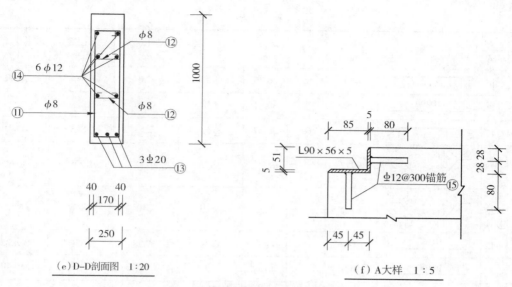

（e）D-D剖面图　1:20　　　　　　　　　　　　（f）A大样　1:5

图 1-3　某检修桥 2 号梁结构图（续）

　　0.15——预制混凝土桥梁 3 T 形梁段翼缘板厚度；

　　0.09——预制混凝土桥梁 3 T 形梁段翼缘板齿牙宽度；

　0.056——预制混凝土桥梁 3 T 形梁段翼缘板齿牙高度；

　　　2——预制混凝土桥梁 3 T 形梁段翼缘板齿牙个数；

　10.06——预制混凝土桥梁 3 总长度；

　　0.25——预制混凝土桥梁 3 端部矩形梁长度；

　　　2——预制混凝土桥梁 3 端部矩形梁个数；

　　0.75——预制混凝土桥梁 3 端部矩形梁宽度；

　　　1.0——预制混凝土桥梁 3 端部矩形梁高度；

　　0.09——预制混凝土桥梁 3 端部矩形梁齿牙宽度；

　0.056——预制混凝土桥梁 3 端部矩形梁齿牙高度；

第一个 2——预制混凝土桥梁 3 端部矩形梁齿牙个数；

第二个 2——预制混凝土桥梁 3 端部矩形梁个数；

　　　4——混凝土桥梁 3 的个数。

（4）沥青混凝土填缝（见图 1-1（b）、1-1（d））

清单工程量 = $(0.5 \times 2 + 0.75 \times 2) \times 1.0 \times 0.02 \times 4 \text{m}^3 = 0.20 \text{m}^3$

【注释】　（0.5×2+0.75×2）——沥青混凝土填缝总长度；

　　　　　　　　　1.0——沥青混凝土填缝深度；

　　　　　　　　0.02——沥青混凝土填缝宽度；

　　　　　　　　　4——沥青混凝土填缝排数。

（5）M10 水泥砂浆抹面找平（见图 1-1（a）、图 1-1（d））

清单工程量 = $(0.5 \times 2 + 0.75 \times 2) \times 32.1 \times 0.015 \text{m}^3 = 1.20 \text{m}^3$

【注释】　（0.5×2+0.75×2）——M10 水泥砂浆抹面找平总宽度；

　　　　　　　　　32.1——M10 水泥砂浆抹面找平总长度 10.7×3；

　　　　　　　　0.015——M10 水泥砂浆抹面找平平均厚度。

材 料 表

编号	直径/mm	型 式	单根长/mm	根数	总 长/m	规 格	总长度/m	单位重/(kg/m)	总 重/kg
①	φ12	40 ⌐ 400	440	69	30.36	φ8	192.64	0.395	76.09
②	φ8	10200	10280	3	30.84	φ12	47.36	0.888	42.06
③	φ12	90 ⌐ 350 ⌐ 90	530	69	36.57	φ12	72.53	0.888	64.41
④	φ28	200 1131 7260 1131 200 / 800	9922	1	9.92	φ18	20.32	1.998	40.60
⑤	φ28	200 1131 6060 1131 200 / 800	8722	1	8.72	φ20	2.40	2.466	5.92
⑥	φ12	10160	10280	4	41.12	φ28	59.28	4.830	286.32
⑦	φ28	10160	10160	4	40.64	合 计			515.40
⑧	φ18	10160	10160	2	20.32	钢材L90×56×5	10.26	5.66	58.07
⑨	φ8	150	900	2320	59	136.88	混凝土C30	方量	3.06m³
⑩	φ8	150	230	60	13.80				
⑪	φ8	170	860	2280	4	9.12			
⑫	φ8	170	250	8	2.00				
⑬	φ20	400	400	6	2.40				
⑭	φ12	400	520	12	6.24				
⑮	φ12	80	80	70	5.60				

说明：1.图中高程系统为黄海高程系。
    2.图中高程及桩号以米计,其余尺寸以毫米计。
    3.混凝土设计指标：C30F150。
    4.钢筋净保护层除注明外,主梁为50mm,翼板为30mm。
    5.检修桥采用预制T形梁,梁上预留启吊孔距梁端2.05m。
    6.主筋采用焊接骨架,要求双面焊接,焊缝长度5d。弯筋中部直段焊缝间距按不大于1m控制。
    7.预制的大梁需注意养护,混凝土达80%设计强度后方能起吊。
    8.运输和堆放时吊点位置下需设支点。
    9.检修桥防碳化技术要求见本工程招标文件。
    10.栏杆埋件另见其它图纸。
    11.2#检修大梁共6根,C30混凝土18.36m³,钢筋3.09t,钢材0.35t。

图 1-3 某检修桥 2 号梁结构图(续)

(6)钢筋加工及安装

①C30 预制混凝土桥梁 1 工程,如表 1-2 所示。

清单工程量 = (87.11 + 121.43 + 39.80 + 9.62 + 280.53)kg

        = 538.49kg

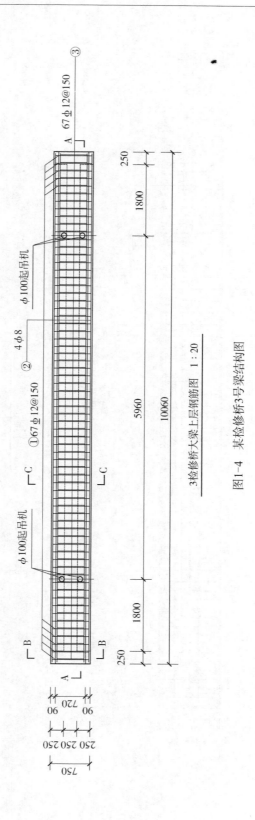

3检修桥大梁上层钢筋图　1 : 20

图1-4　某检修桥3号梁结构图

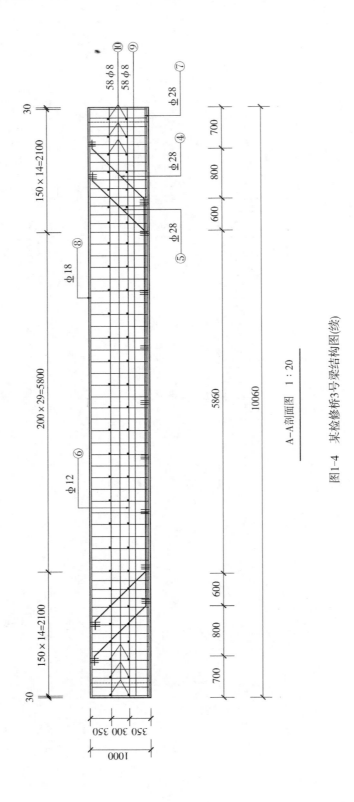

A-A剖面图 1:20

图1-4 某检修桥3号梁结构图(续)

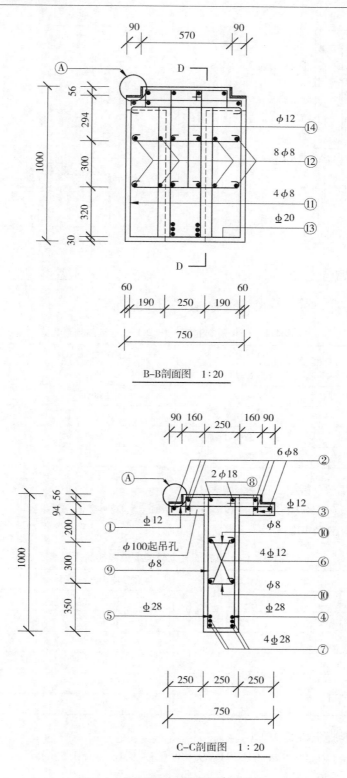

图 1-4　某检修桥 3 号梁结构图（续）

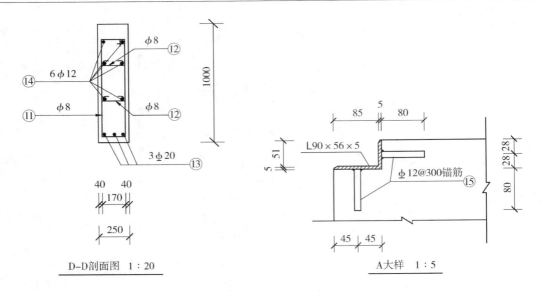

图 1-4 某检修桥 3 号梁结构图(续)

表 1-2 C30 预制混凝土桥梁 1 工程钢筋用量表

规 格	总长度/m	单位长度重/(kg/m)	总重量/kg
$\phi 8$	220.54	0.395	87.11
$\phi 12$	136.74	0.888	121.43
$\phi 18$	19.92	1.998	39.80
$\phi 20$	3.90	2.466	9.62
$\phi 28$	58.08	4.830	280.53

②C30 预制混凝土桥梁 2 工程,如表 1-3 所示。

清单工程量 = (76.09 + 42.06 + 64.41 + 40.60 + 5.92 + 286.32) kg
　　　　　 = 515.40kg

表 1-3 C30 预制混凝土桥梁 2 工程钢筋用量表

规 格	总长度/m	单位长度重/(kg/m)	总重量/kg
$\phi 8$	192.64	0.395	76.09
$\phi 12$	47.36	0.888	42.06
$\underline{\phi} 12$	72.53	0.888	64.41
$\phi 18$	20.32	1.998	40.60
$\phi 20$	2.40	2.466	5.92
$\phi 28$	59.28	4.830	286.32

③C30 预制混凝土桥梁 3 工程,如表 1-4 所示。

清单工程量 = (91.09 + 44.01 + 91.69 + 39.80 + 9.62 + 280.53) kg
　　　　　 = 556.74kg

材 料 表

编号	直径/mm	型 式	单根长/mm	根数	总长/mm	规 格	总长度/m	单位重/(kg/m)	总 重/kg
①	φ12	40⌐ 690 ⌐40	770	67	51.59	φ8	230.62	0.395	91.09
②	φ8	10000	10080	6	60.48	φ12	49.56	0.888	44.01
③	φ12	90⌐ 510 ⌐90	690	67	46.23	φ12	103.26	0.888	91.69
④	φ28	200 1131 7060 1131 200 800	9722	1	9.72	φ18	19.92	1.998	39.80
⑤	φ28	200 1131 5860 1131 200 800	8522	1	8.52	φ20	3.90	2.466	9.62
⑥	φ12	9960	10080	4	40.32	φ28	58.08	4.830	280.53
⑦	φ28	9960	9960	4	39.84	合 计			556.74
⑧	φ18	9960	9960	2	19.92	钢材L90×56×5	20.12	5.66	113.88
⑨	φ8	150 900	2320	58	134.56	混凝土C30		方量	3.48m³
⑩	φ8	150	230	58	13.34				
⑪	φ8	170 860	2280	8	18.24				
⑫	φ8	170	250	16	4.00				
⑬	φ20	650	650	6	3.90				
⑭	φ12	650	770	12	9.24				
⑮	φ12	80	80	68	5.44				

说明：1.图中高程系统为黄海高程系。

2.图中高程及桩号以米计，其余尺寸以毫米计。

3.混凝土设计指标：C30F150。

4.钢筋净保护层除注明外，主梁为50mm，翼板为30mm。

5.检修桥采用预制T形梁，梁上预留启吊孔距梁端2.05m。

6.主筋采用焊接骨架，要求双面焊接，焊缝长度5d。弯筋中部直段焊缝间距按不大于1m控制。

7.预制的大梁需注意养护，混凝土达80%设计强度后方能起吊。

8.运输和堆放时吊点位置下需设支点。

9.检修桥防碳化技术要求见本工程招标文件。

10.栏杆埋件另见其它图纸。

11.3#检修大梁共4根，C30混凝土13.92m³,钢筋2.29t,钢材0.46t。

图 1-4 某检修桥 3 号梁结构图（续）

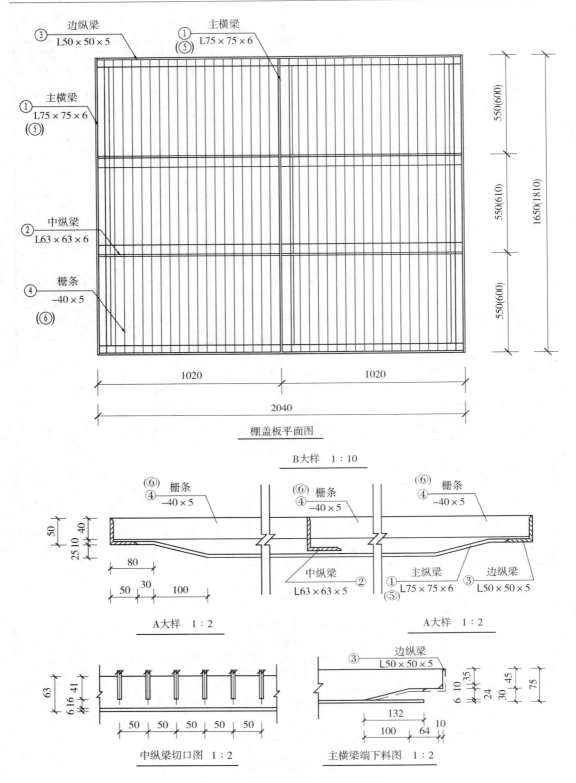

图 1-5 某检修桥栅盖板结构图(续)

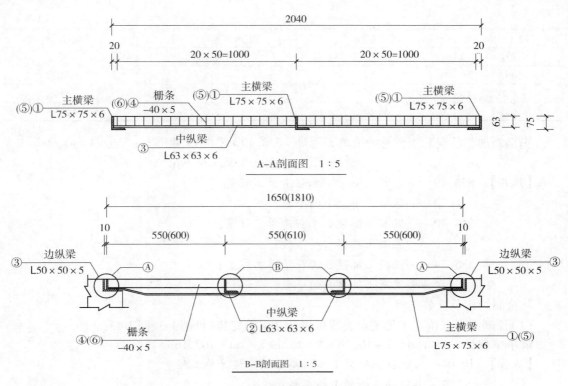

检修桥栅盖板钢材表

型号	编号	钢材型号	规格尺寸/mm	单块栅盖用量	每孔块数	孔数	栅盖数量	材料用量/m	单位重量	总 重/kg
1650	①	L75×75×6	1650	3	10	3	30	148.50	6.91kg/m	1026.14
	②	L63×63×6	1010	4	10	3	30	121.30	5.72kg/m	693.84
	③	L50×50×5	2015	2	10	3	30	120.90	3.77kg/m	455.79
	④	−40×5	1635	40	10	3	30	1962.00	1.57kg/m	3080.34
1810	⑤	L75×75×6	1810	3	5	2	10	54.30	6.91kg/m	375.21
	②	L63×63×6	1010	4	5	2	10	40.40	5.72kg/m	231.09
	③	L50×50×5	2015	2	5	2	10	40.30	3.77kg/m	151.93
	⑥	−40×5	1795	40	5	2	10	718.00	1.57kg/m	1127.26

说明：1.图中尺寸以毫米计。

2.栅盖板防锈采用两道防锈漆和一道调和漆。

3.栅盖板纵横梁及栅条采用焊接连接，焊接应严格按规范执行，焊缝高度不小于4mm。

4.上下游检修门槽设置栅盖板，每道槽上五块。括号中的尺寸适用于1号、3号孔。

5.1650型栅盖板共计30块。1810型栅盖板用于1号、3号孔，共计10块。

图 1-5　某检修桥栅盖板结构图（续）

表 1-4　C30 预制混凝土桥梁 3 工程钢筋用量表

规　　格	总长度/m	单位长度重/(kg/m)	总重量/kg
φ8	230.62	0.395	91.09
φ12	49.56	0.888	44.01

（续）

规　　格	总长度/m	单位长度重/(kg/m)	总重量/kg
φ12	103.26	0.888	91.69
Φ18	19.92	1.998	39.80
Φ20	3.90	2.466	9.62
Φ28	58.08	4.830	280.53

则钢筋加工及安装工程总的清单工程量 $= 538.49 \times 2 + 515.40 \times 6 + 556.74 \times 4$ kg

$= 6396.34$ kg $= 6.396$ t

【注释】　538.49——混凝土桥梁 1 工程清单工程量；

2——混凝土桥梁 1 的个数；

515.40——混凝土桥梁 2 工程清单工程量；

6——混凝土桥梁 2 的个数；

556.74——混凝土桥梁 3 工程清单工程量；

4——混凝土桥梁 3 的个数。

3. 金属结构及安装工程

（1）预制混凝土桥梁 T 形梁段翼缘板齿牙垫层钢安装（见图 1-3、图 1-4）

清单工程量 $= (10.06 \times 2 + 10.26 \times 6 + 20.12 \times 4)$ m $= 162.16$ m

【注释】　10.06——混凝土桥梁 1 工程垫层钢安装清单工程量；

2——混凝土桥梁 1 的个数；

10.26——混凝土桥梁 2 工程垫层钢安装清单工程量；

6——混凝土桥梁 2 的个数；

20.12——混凝土桥梁 3 工程垫层钢安装清单工程量；

4——混凝土桥梁 3 的个数。

材料为钢 L90 × 56 × 5，单位长度质量为 5.66kg/m，则以重量表示的清单工程量 $= 162.16 \times 5.66$ kg $= 917.8$ kg $= 0.918$ t。

（2）检修桥栅盖板钢材表，如表 1-5 所示

清单工程量 $= (1026.14 + 693.84 + 455.80 + 3080.34 + 375.21 + 231.09 + 151.93 +$

$1127.26)$ kg

$= 7141.61$ kg $= 7.142$ t

【注释】　栅盖板防锈采用两道防锈漆和一道调和漆。栅盖板纵横梁及栅条采用焊接连接，焊接应严格按规范执行，焊缝高度不小于 4mm。

表 1-5　检修桥栅盖板钢材用量表

型号	编号	钢材型号	规格尺寸/mm	单块栅盖板用量	每孔块数	孔数	栅盖数量	材料用量/m	单位长度重/(kg/m)	总重量/kg
1650	①	L75 × 75 × 6	1650	3	10	3	30	149	6.91	1026.14
	②	L63 × 63 × 6	1010	4	10	3	30	121	5.72	693.84
	③	L50 × 50 × 5	2015	2	10	3	30	121	3.77	455.80
	④	−40 × 5	1635	40	10	3	30	1962	1.57	3080.34

（续）

型号	编号	钢材型号	规格尺寸/mm	单块栅盖板用量	每孔块数	孔数	栅盖数量	材料用量/m	单位长度重/(kg/m)	总重量/kg
1810	⑤	L75×75×6	1810	3	5	2	10	54.3	6.91	375.21
	②	L63×63×6	1010	4	5	2	10	40.4	5.72	231.09
	③	L50×50×5	2015	2	5	2	10	40.3	3.77	151.93
	⑥	−40×5	1795	40	5	2	10	718	1.57	1127.26

该检修桥预制梁及栅盖板工程清单工程量计算表见表1-6。

表1-6 工程量清单计算表

序号	项目编码	项目名称	计量单位	工程量
1		建筑工程		
1.1	500109	混凝土工程		
1.1.1	500109001001	C30 预制混凝土桥梁 1 工程	m³	6.86
1.1.2	500109001002	C30 预制混凝土桥梁 2 工程	m³	18.03
1.1.3	500109001003	C30 预制混凝土桥梁 3 工程	m³	13.52
1.1.4	500109007001	沥青混凝土填缝	m³	0.14
1.1.5	500109007002	M10 水泥砂浆抹面找平	m³	0.84
1.2	500111	钢筋、钢构件加工及安装工程		
1.2.1	500111001001	钢筋加工及安装	t	6.396
1.2.2	500111002001	垫层钢安装	t	0.918
1.2.3	500111002001	检修桥栅盖板	t	7.142

二、定额工程量（套用《水利建筑工程预算定额》中华人民共和国水利部）

1. 混凝土工程

（1）桥梁工程

C30 预制混凝土桥梁 1 工程——拱。

定额工程量 $= 3.43 \times 2 m^3 = 6.86 m^3 = 0.0686 (100 m^3)$

C30 预制混凝土桥梁 2 工程——拱。

定额工程量 $= 3.005 \times 6 m^3 = 18.03 m^3 = 0.1803 (100 m^3)$

C30 预制混凝土桥梁 3 工程——拱。

定额工程量 $= 3.38 \times 4 m^3 = 13.52 m^3 = 0.1352 (100 m^3)$

以上三项工程套用定额编号40088，定额单位：100m³。适用范围：渡槽、桥梁。

①搅拌楼拌制混凝土

定额工程量 $= (6.86 + 18.03 + 13.52) m^3 = 38.41 m^3 = 0.3841 (100 m^3)$

工作内容：储料、配料、分料、搅拌、加水、加外加剂、出料、机械清洗。

套用定额40136，定额单位：100m³。

②自卸汽车运混凝土

定额工程量 $= (6.86 + 18.03 + 13.52) m^3 = 38.41 m^3 = 0.3841 (100 m^3)$

适用范围:配合搅拌楼或设有储料箱装车。

工作内容:装车、运输、卸料、空回、清洗。

套用定额编号 40167,定额单位:100m³。

(2)沥青混凝土填缝——二期混凝土

定额工程量 $= (0.5 \times 2 + 0.75 \times 2) \times 1.0 \times 0.02 \times 4m^3 = 0.20m^3 = 0.002(100m^3)$

套用定额编号 40098,定额单位:100m³。

①搅拌机拌制混凝土

定额工程量 $= (0.5 \times 2 + 0.75 \times 2) \times 1.0 \times 0.02 \times 4m^3 = 0.20m^3 = 0.002(100m^3)$

套用定额 40134,定额单位:100m³。

②胶轮车运沥青混凝土

定额工程量 $= (0.5 \times 2 + 0.75 \times 2) \times 1.0 \times 0.02 \times 4m^3 = 0.20m^3 = 0.002(100m^3)$

适用范围:人工。

工作内容:装、运、卸、清理。

套用定额编号 40243,定额单位:100m³。

(3)M10 水泥砂浆抹面找平——砌体砂浆抹面

定额工程量 $= (0.5 \times 2 + 0.75 \times 2) \times 32.1 \times 0.015m^3 = 1.20m^3 = 0.012(100m^3)$

工作内容:冲洗、抹灰、压光。

套用定额编号 30048,定额单位:100m³。

2. 钢筋加工及安装

(1)钢筋制作及安装

定额工程量 $= (538.49 \times 2 + 515.40 \times 6 + 556.74 \times 4)kg = 6396.34kg = 6.396t$

套用定额编号 40289,定额单位:1t。

3. 金属结构安装

(1)小型金属结构构件

定额工程量 $= 0.918(t)$

套用定额编号 12087,定额单位:1t。

(2)拦污栅

定额工程量 $= (1026.14 + 693.84 + 455.80 + 3080.34 + 375.21 + 231.09 + 151.93 + 1127.26)kg$

　　　　　　$= 7141.61kg = 7.142t$

套用定额编号 12074,定额单位:1t。

该工程分类分项工程工程量清单计价表见表1-7。

表 1-7　分类分项工程工程量清单计价表

序号	项目编码	项目名称	计量单位	工程量	单价/元	合价/元
1		建筑工程				
1.1	500109	混凝土工程				
1.1.1	500109001001	C30 预制混凝土桥梁 1 工程	m³	6.86	476.78	3270.71
1.1.2	500109001002	C30 预制混凝土桥梁 2 工程	m³	18.03	476.78	8596.34

（续）

序号	项目编码	项目名称	计量单位	工程量	单价/元	合价/元
1.1.3	500109001003	C30 预制混凝土桥梁 3 工程	m³	13.52	476.78	6446.07
1.1.4	500109007001	沥青混凝土填缝	m³	0.20	543.57	1087.14
1.1.5	500109007002	M10 水泥砂浆抹面找平	m³	1.20	24.06	28.87
1.2	500111	钢筋、钢构件加工及安装工程				
1.2.1	500111001001	钢筋加工及安装	t	6.396	7683.05	49140.79
1.2.2	500111002001	垫层钢安装	t	0.918	7060.60	6481.63
1.2.3	500111002003	检修桥栅盖板	t	7.142	453.20	3236.78
		合　计	元			78288.33

该工程工程单价汇总表见表 1-8。

表 1-8　工程单价汇总表

序号	项目编码	项目名称	计量单位	人工费	材料费	机械费	施工管理费和利润	税金
1		建筑工程						
1.1	500109	混凝土工程						
1.1.1	500109001001	C30 预制混凝土桥梁 1 工程	m³	45.88	262.08	37.94	116.13	14.75
1.1.2	500109001002	C30 预制混凝土桥梁 2 工程	m³	45.88	262.08	37.94	116.13	14.75
1.1.3	500109001003	C30 预制混凝土桥梁 3 工程	m³	45.88	262.08	37.94	116.13	14.75
1.1.4	500109007001	沥青混凝土填缝	m³	133.60	243.09	14.91	135.11	16.88
1.1.5	500109007002	M10 水泥砂浆抹面找平	m³	2.80	5.61	0.11	14.77	0.76
1.2	500111	钢筋、钢构件加工及安装工程						
1.2.1	500111001001	钢筋加工及安装	t	550.65	4854.36	315.47	1718.57	244.00
1.2.2	500111002001	垫层钢安装	t	2632.3	178.25	1286.33	2739.49	224.23
1.2.3	500111002003	检修桥栅盖板	t	170.18	32.2	58.74	177.69	14.39

该工程工程量清单综合单价分析表见表 1-9 ～ 表 1-16。

表 1-9　工程量清单综合单价分析

工程名称：某水库检修桥梁及栅盖板工程　　　　　标段：　　　　　　　　　第 1 页　共 8 页

项目编码	500109001001		项目名称		C30 预制混凝土桥梁 1 工程		计量单位		m³

清单综合单价组成明细

定额编号	定额名称	定额单位	数量	单价				合价			
				人工费	材料费	机械费	管理费和利润	人工费	材料费	机械费	管理费和利润
40136	搅拌楼拌制混凝土	100m³	103/100/100 = 0.01	167.67	103.74	1907.11	654.48	1.73	1.07	19.64	6.74

（续）

定额编号	定额名称	定额单位	数量	单价				合价			
				人工费	材料费	机械费	管理费和利润	人工费	材料费	机械费	管理费和利润
40167	自卸汽车运混凝土	100m³	103/100/100=0.01	100.13	84.18	1583.49	531.08	1.03	0.87	16.31	5.47
40088	拱	100m³	6.86/6.86/100=0.01	4311.83	26014.93	198.59	10391.70	43.12	260.15	1.99	103.92
人工单价			小　计					45.88	262.08	37.94	116.13

人工单价		
3.04元/工时（初级工）		
5.62元/工时（中级工）	未计材料费	
6.61元/工时（高级工）		
7.11元/工时（工长）		

清单项目综合单价				462.03

	主要材料名称、规格、型号	单位	数量	单价/元	合价/元	暂估单价/元	暂估合价/元
材料费明细	混凝土　C30	m³	1.03	245.00	252.35		
	水	m³	1.20	0.19	0.23		
	其他材料费			—	9.51	—	
	材料费小计			—	262.08	—	

表1-10　工程量清单综合单价分析

工程名称：某水库检修桥梁及栅盖板工程　　　　　　标段：　　　　　　　　第2页　共8页

项目编码	500109001002	项目名称	C30预制混凝土桥梁2工程	计量单位	m³

清单综合单价组成明细

定额编号	定额名称	定额单位	数量	单价				合价			
				人工费	材料费	机械费	管理费和利润	人工费	材料费	机械费	管理费和利润
40136	搅拌楼拌制混凝土	100m³	103/100/100=0.01	167.67	103.74	1907.11	654.48	1.73	1.07	19.64	6.74
40167	自卸汽车运混凝土	100m³	103/100/100=0.01	100.13	84.18	1583.49	531.08	1.03	0.87	16.31	5.47
40088	拱	100m³	18.03/18.03/100=0.01	4311.83	26014.93	198.59	10391.70	43.12	260.15	1.99	103.92
人工单价			小　计					45.88	262.08	37.94	116.13

人工单价		
3.04元/工时（初级工）		
5.62元/工时（中级工）	未计材料费	—
6.61元/工时（高级工）		
7.11元/工时（工长）		

清单项目综合单价				462.03

（续）

材料费明细	主要材料名称、规格、型号	单位	数量	单价/元	合价/元	暂估单价/元	暂估合价/元
	混凝土　C30	m³	1.03	245.00	252.35		
	水	m³	1.20	0.19	0.23		
	其他材料费			—	9.51		
	材料费小计			—	262.08	—	

表 1-11　工程量清单综合单价分析

工程名称：某水库检修桥梁及栅盖板工程　　　　　　标段：　　　　　　第 3 页　共 8 页

项目编码	500109001003	项目名称	C30 预制混凝土桥梁 3 工程	计量单位	m³

清单综合单价组成明细

定额编号	定额名称	定额单位	数量	单价 人工费	单价 材料费	单价 机械费	单价 管理费和利润	合价 人工费	合价 材料费	合价 机械费	合价 管理费和利润
40136	搅拌楼拌制混凝土	100m³	103/100/100=0.01	167.67	103.74	1907.11	654.48	1.73	1.07	19.64	6.74
40167	自卸汽车运混凝土	100m³	103/100/100=0.01	100.13	84.18	1583.49	531.08	1.03	0.87	16.31	5.47
40088	拱	100m³	13.52/13.52/100=0.01	4311.83	26014.93	198.59	10391.70	43.12	260.15	1.99	103.92
人工单价		小　计						45.88	262.08	37.94	116.13
3.04 元/工时（初级工） 5.62 元/工时（中级工） 6.61 元/工时（高级工） 7.11 元/工时（工长）		未计材料费						—			
清单项目综合单价								462.03			

材料费明细	主要材料名称、规格、型号	单位	数量	单价/元	合价/元	暂估单价/元	暂估合价/元
	混凝土　C30	m³	1.03	245.00	252.35		
	水	m³	1.20	0.19	0.23		
	其他材料费			—	9.51	—	
	材料费小计			—	262.08	—	

表 1-12　工程量清单综合单价分析

工程名称：某水库检修桥梁及栅盖板工程　　　　　　标段：　　　　　　第 4 页　共 8 页

项目编码	500109007001	项目名称	沥青混凝土填缝	计量单位	m³

清单综合单价组成明细

定额编号	定额名称	定额单位	数量	单价 人工费	单价 材料费	单价 机械费	单价 管理费和利润	合价 人工费	合价 材料费	合价 机械费	合价 管理费和利润
40134	搅拌机拌制混凝土	100m³	103/100/100=0.01	1183.07	34.09	521.44	654.48	12.19	0.35	5.37	6.74
40243	胶轮车运沥青混凝土	100m³	103/100/100=0.01	394.02	28.91	87.75	531.08	4.06	0.30	0.90	5.47

（续）

定额编号	定额名称	定额单位	数量	单　价				合　价			
				人工费	材料费	机械费	管理费和利润	人工费	材料费	机械费	管理费和利润
40098	二期混凝土	100m³	0.14/0.14/100 = 0.01	11735.39	24243.81	863.32	12289.53	117.35	242.44	8.63	122.90
人工单价		小　计						133.60	243.09	14.91	135.11

3.04 元/工时（初级工） 5.62 元/工时（中级工） 6.61 元/工时（高级工） 7.11 元/工时（工长）	未计材料费	—

清单项目综合单价					526.70		

材料费明细	主要材料名称、规格、型号	单位	数量	单价/元	合价/元	暂估单价/元	暂估合价/元
	混凝土	m³	1.03	228.27	235.12		
	水	m³	1.40	0.19	0.27		
	其他材料费			—	7.71	—	
	材料费小计			—	243.09	—	

表 1-13　工程量清单综合单价分析

工程名称：某水库检修桥梁及栅盖板工程　　　　标段：　　　　　第 5 页　共 8 页

项目编码	500109007002	项目名称	M10 水泥砂浆抹面找平	计量单位	m³

清单综合单价组成明细

定额编号	定额名称	定额单位	数量	单　价				合　价			
				人工费	材料费	机械费	管理费和利润	人工费	材料费	机械费	管理费和利润
30048	砌体砂浆抹面	100m³	0.84/0.84/100 = 0.01	2.80	5.61	0.11	14.77	2.80	5.61	0.11	14.77
人工单价		小　计						2.80	5.61	0.11	14.77

3.04 元/工时（初级工） 5.62 元/工时（中级工） 7.11 元/工时（工长）	未计材料费	—

清单项目综合单价					2329.37		

材料费明细	主要材料名称、规格、型号	单位	数量	单价/元	合价/元	暂估单价/元	暂估合价/元
	砂浆	m³	0.021	247.38	5.20		
	其他材料费			—	0.42	—	
	材料费小计			—	5.61	—	

表 1-14　工程量清单综合单价分析

工程名称：某水库检修桥梁及栅盖板工程　　　　　　标段：　　　　　　　　第 6 页　共 8 页

项目编码	500111001001	项目名称		钢筋加工及安装		计量单位		1t

清单综合单价组成明细

定额编号	定额名称	定额单位	数量	单价				合价			
				人工费	材料费	机械费	管理费和利润	人工费	材料费	机械费	管理费和利润
40289	钢筋制作与安装	1t	6.396/6.396=1	550.65	4854.36	315.47	1718.57	550.65	4854.36	315.47	1718.57
	人工单价		小　计					550.65	4854.36	315.47	1718.57

3.04 元/工时（初级工） 5.62 元/工时（中级工） 6.61 元/工时（中级工） 7.11 元/工时（工长）	未计材料费	—

清单项目综合单价		7439.05

材料费明细	主要材料名称、规格、型号	单位	数量	单价/元	合价/元	暂估单价/元	暂估合价/元
	钢筋	t	1.02	4644.48	4737.37		
	铁丝	kg	4.00	5.50	22.00		
	电焊条	kg	7.22	6.50	46.93		
	其他材料费			—	48.06		
	材料费小计			—	4854.36		

表 1-15　工程量清单综合单价分析

工程名称：某水库检修桥梁及栅盖板工程　　　　　　标段：　　　　　　　　第 7 页　共 8 页

项目编码	500111002001	项目名称		垫层钢安装		计量单位		1t

清单综合单价组成明细

定额编号	定额名称	定额单位	数量	单价				合价			
				人工费	材料费	机械费	管理费和利润	人工费	材料费	机械费	管理费和利润
12087	小型金属结构构件	1t	0.918/0.918=1	2632.30	178.25	1286.33	2739.49	2632.30	178.25	1286.33	2739.49
	人工单价		小　计					2632.30	178.25	1286.33	2739.49

3.04 元/工时（初级工） 5.62 元/工时（中级工） 6.61 元/工时（中级工） 7.11 元/工时（工长）	未计材料费	—

清单项目综合单价		6836.37

材料费明细	主要材料名称、规格、型号	单位	数量	单价/元	合价/元	暂估单价/元	暂估合价/元
	氧气	m³	11	4.00	44.00		
	乙炔气	m³	5	7.00	35.00		
	电焊条	kg	4	6.50	26.00		

（续）

材料费明细	主要材料名称、规格、型号	单位	数量	单价/元	合价/元	暂估单价/元	暂估合价/元
	油漆	kg	5	10.00	50.00		
	其他材料费			—	23.25	—	
	材料费小计			—	178.25	—	

表 1-16　工程量清单综合单价分析

工程名称：某水库检修桥梁及栅盖板工程　　　　　　标段：　　　　　　　　　第 8 页　共 8 页

项目编码	500111002002	项目名称		检修桥栅盖板		计量单位		1t

| | | | | 清单综合单价组成明细 | | | | | | | |

定额编号	定额名称	定额单位	数量	单价				合价			
				人工费	材料费	机械费	管理费和利润	人工费	材料费	机械费	管理费和利润
12074	拦污栅	100m³	7.142/7.142=1	170.18	32.20	58.74	177.69	170.18	32.20	58.74	177.69

人工单价		小 计		170.18	32.20	58.74	177.69
3.04 元/工时（初级工） 5.62 元/工时（中级工） 7.11 元/工时（工长）		未计材料费		—			

	清单项目综合单价			438.81			

材料费明细	主要材料名称、规格、型号	单位	数量	单价/元	合价/元	暂估单价/元	暂估合价/元
	油漆	kg	2	10.00	20.00		
	黄油	kg	1	8.00	8.00		
	其他材料费			—	4.20	—	
	材料费小计			—	32.20	—	

该工程预算单价计算表见表 1-17～表 1-28。

表 1-17　水利建筑工程预算单价计算表

工程名称：C30 预制混凝土桥梁 1 工程

		拱			
定额编号	水利部：40088	单价号	500109001001	单位：100m³	

适用范围：渡槽、桥梁

编号	名称及规格	单位	数 量	单价/元	合计/元
一、	直接工程费				38567.91
1	直接费				34590.06
（1）	人工费				4311.83
	工长	工时	26.1	7.11	185.45
	高级工	工时	78.3	6.61	517.68
	中级工	工时	495.8	5.62	2788.41
	初级工	工时	269.6	3.04	820.29

（续）

编号	名称及规格	单位	数　量	单价/元	合计/元
（2）	材料费				26014.93
	混凝土 C30	m³	103	245.00	25234.84
	水	m³	120	0.19	22.37
	其他材料费	%	3.0	25257.21	757.72
（3）	机械费				198.59
	振动器 1.1kW	台时	44.00	2.27	99.72
	风水枪	台时	2.00	32.89	65.78
	其他机械费	%	20.00	165.49	33.10
（4）	嵌套项				4064.71
	混凝土拌制	m³	103	21.79	2243.88
	混凝土运输	m³	103	17.68	1820.83
2	其他直接费		34590.06	2.50%	864.75
3	现场经费		34590.06	9.00%	3113.10
二、	间接费		38567.91	9.00%	3471.11
三、	企业利润		42039.02	7.00%	2942.73
四、	税金		44981.76	3.284%	1477.20
五、	其他				
六、	合计				46458.96

表 1-18　水利建筑工程预算单价计算表

工程名称：C30 预制混凝土桥梁 1 工程

搅拌楼拌制混凝土					
定额编号	水利部：40136		单价号	500109001001	单位：100m³
工作内容：场内配运水泥、骨料、投料、加水、加外加剂、搅拌、出料、机械清洗					
编号	名称及规格	单位	数　量	单价/元	合计/元
一、	直接工程费				2429.05
1	直接费				2178.52
（1）	人工费				167.67
	工长	工时	2.3	7.11	16.34
	高级工	工时	2.3	6.61	15.21
	中级工	工时	17.1	5.62	96.17
	初级工	工时	23.5	3.04	71.50
（2）	材料费				103.74
	零星材料费	%	5.0	2074.78	103.74
（3）	机械费				1907.11
	搅拌楼	台时	2.87	214.71	616.21
	骨料系统	组时	2.87	326.23	936.28
	水泥系统	组时	2.87	123.56	354.62
2	其他直接费		2178.52	2.50%	54.46
3	现场经费		2178.52	9.00%	196.07
二、	间接费		2429.05	9.00%	218.61

（续）

编号	名称及规格	单位	数量	单价/元	合计/元
三、	企业利润		2647.67	7.00%	185.34
四、	税金		2833.01	3.284%	93.04
五、	其他				
六、	合计				2926.04

表 1-19 水利建筑工程预算单价计算表

工程名称：C30 预制混凝土桥梁 1 工程

自卸汽车运混凝土					
定额编号	水利部:40167		单价号	500109001001	单位:100m³
适用范围:配合搅拌楼或设有贮料箱装车					
工作内容:装车、运输、卸料、空回、清洗					

编号	名称及规格	单位	数量	单价/元	合计/元
一、	直接工程费				1971.09
1	直接费				1767.80
（1）	人工费				100.13
	中级工	工时	13.8	5.62	77.61
	初级工	工时	7.4	3.04	22.52
（2）	材料费				84.18
	零星材料费	%	5.0	1683.62	84.18
（3）	机械费				1583.49
	自卸汽车 5t	台时	15.30	103.50	1583.49
2	其他直接费		1767.80	2.50%	44.19
3	现场经费		1767.80	9.00%	159.10
二、	间接费		1971.09	9.00%	177.40
三、	企业利润		2148.49	7.00%	150.39
四、	税金		2298.89	3.284%	75.50
五、	其他				
六、	合计				2374.38

表 1-20 水利建筑工程预算单价计算表

工程名称：C30 预制混凝土桥梁 2 工程

拱					
定额编号	水利部:40088		单价号	500109001002	单位:100m³
适用范围:渡槽、桥梁					

编号	名称及规格	单位	数量	单价/元	合计/元
一、	直接工程费				38567.91
1	直接费				34590.06
（1）	人工费				4311.83
	工长	工时	26.1	7.11	185.45
	高级工	工时	78.3	6.61	517.68
	中级工	工时	495.8	5.62	2788.41

（续）

编号	名称及规格	单位	数　量	单价/元	合计/元
	初级工	工时	269.6	3.04	820.29
（2）	材料费				26014.93
	混凝土 C30	m³	103	245.00	25234.84
	水	m³	120	0.19	22.37
	其他材料费	%	3.0	25257.21	757.72
（3）	机械费				198.59
	振动器 1.1kW	台时	44.00	2.27	99.72
	风水枪	台时	2.00	32.89	65.78
	其他机械费	%	20.00	165.49	33.10
（4）	嵌套项				4064.71
	混凝土拌制	m³	103	21.79	2243.88
	混凝土运输	m³	103	17.68	1820.83
2	其他直接费		34590.06	2.50%	864.75
3	现场经费		34590.06	9.00%	3113.10
二、	间接费		38567.91	9.00%	3471.11
三、	企业利润		42039.02	7.00%	2942.73
四、	税金		44981.76	3.284%	1477.20
五、	其他				
六、	合计				46458.96

表 1-21　水利建筑工程预算单价计算表

工程名称：C30 预制混凝土桥梁 3 工程

拱					
定额编号	水利部：40088		单价号	500109001003	单位：100m³
适用范围：渡槽、桥梁					
编号	名称及规格	单位	数　量	单价/元	合计/元
一、	直接工程费				38567.91
1	直接费				34590.06
（1）	人工费				4311.83
	工长	工时	26.1	7.11	185.45
	高级工	工时	78.3	6.61	517.68
	中级工	工时	495.8	5.62	2788.41
	初级工	工时	269.6	3.04	820.29
（2）	材料费				26014.93
	混凝土 C30	m³	103	245.00	25234.84
	水	m³	120	0.19	22.37
	其他材料费	%	3.0	25257.21	757.72
（3）	机械费				198.59
	振动器 1.1kW	台时	44.00	2.27	99.72
	风水枪	台时	2.00	32.89	65.78
	其他机械费	%	20.00	165.49	33.10

（续）

编号	名称及规格	单位	数　量	单价/元	合计/元
（4）	嵌套项				4064.71
	混凝土拌制	m³	103	21.79	2243.88
	混凝土运输	m³	103	17.68	1820.83
2	其他直接费		34590.06	2.50%	864.75
3	现场经费		34590.06	9.00%	3113.10
二、	间接费		38567.91	9.00%	3471.11
三、	企业利润		42039.02	7.00%	2942.73
四、	税金		44981.76	3.284%	1477.20
五、	其他				
六、	合计				46458.96

表 1-22　水利建筑工程预算单价计算表

工程名称：沥青混凝土填缝

二期混凝土					
定额编号	水利部：40098		单价号	500109007001	单位：100m³
编号	名称及规格	单位	数　量	单价/元	合计/元
一、	直接工程费				45611.56
1	直接费				40907.23
（1）	人工费				11735.39
	工长	工时	70.5	7.11	500.92
	高级工	工时	235.0	6.61	1553.70
	中级工	工时	1339.8	5.62	7535.12
	初级工	工时	705.2	3.04	2145.65
（2）	材料费				24243.81
	混凝土	m³	103	228.27	23511.58
	水	m³	140	0.19	26.10
	其他材料费	%	3.0	23537.68	706.13
（3）	机械费				863.32
	振动器 1.1kW	台时	90.64	2.27	205.42
	风水枪	台时	16.00	32.89	526.21
	其他机械费	%	18.00	731.63	131.69
（4）	嵌套项				4064.71
	混凝土拌制	m³	103	21.79	2243.88
	混凝土运输	m³	103	17.68	1820.83
2	其他直接费		40907.23	2.50%	1022.68
3	现场经费		40907.23	9.00%	3681.65
二、	间接费		45611.56	9.00%	4105.04
三、	企业利润		49716.60	7.00%	3480.16
四、	税金		53196.77	3.284%	1746.98
五、	其他				
六、	合计				54943.75

表 1-23 水利建筑工程预算单价计算表

工程名称:沥青混凝土填缝

搅拌机拌制混凝土					
定额编号	水利部:40134		单价号	500109007001	单位:100m³
工作内容:场内配运水泥、骨料,投料、加水、加外加剂、搅拌、出料、清洗					
编号	名称及规格	单位	数 量	单价/元	合计/元
一、	直接工程费				1938.54
1	直接费				1738.60
(1)	人工费				1183.07
	中级工	工时	122.5	5.62	688.95
	初级工	工时	162.4	3.04	494.12
(2)	材料费				34.09
	零星材料费	%	2.0	1704.51	34.09
(3)	机械费				521.44
	搅拌机	台时	18.00	24.82	446.74
	脚轮车	台时	83.00	0.90	74.70
2	其他直接费		1738.60	2.50%	43.47
3	现场经费		1738.60	9.00%	156.47
二、	间接费		1938.54	9.00%	174.47
三、	企业利润		2113.01	7.00%	147.91
四、	税金		2260.92	3.284%	74.25
五、	其他				
六、	合计				2335.17

表 1-24 水利建筑工程预算单价计算表

工程名称:沥青混凝土填缝

胶轮车运沥青混凝土					
定额编号	水利部:40243		单价号	500109007001	单位:100m³
适用范围:人工					
工作内容:装、运、卸、清洗					
编号	名称及规格	单位	数 量	单价/元	合计/元
一、	直接工程费				569.40
1	直接费				510.67
(1)	人工费				394.02
	初级工	工时	129.5	3.04	394.02
(2)	材料费				28.91
	零星材料费	%	6.0	481.77	28.91
(3)	机械费				87.75
	胶轮车	台时	97.50	0.90	87.75
2	其他直接费		510.67	2.50%	12.77
3	现场经费		510.67	9.00%	45.96
二、	间接费		569.40	9.00%	51.25
三、	企业利润		620.65	7.00%	43.45

（续）

编号	名称及规格	单位	数量	单价/元	合计/元
四、	税金		664.09	3.284%	21.81
五、	其他				
六、	合计				685.90

表 1-25　水利建筑工程预算单价计算表

工程名称：M10 水泥砂浆抹面找平

砌体砂浆抹面					
定额编号	水利部:30048	单价号	500109007002	单位:100m³	
工作内容：冲洗、抹灰、压光					
编号	名称及规格	单位	数　量	单价/元	合计/元
一、	直接工程费				5482.36
1	直接费				4916.92
(1)	人工费				280.35
	工长	工时	1.3	7.11	9.24
	中级工	工时	29.0	5.62	163.10
	初级工	工时	35.5	3.04	108.01
(2)	材料费				561.06
	砂浆	m³	2.1	247.38	519.50
	其他材料费	%	8.0	519.50	41.56
(3)	机械费				10.80
	砂浆搅拌机 0.4m³	台时	0.38	16.34	6.21
	胶轮车	台时	5.10	0.90	4.59
(4)	嵌套项				4064.71
	混凝土拌制	m³	103	21.79	2243.88
	混凝土运输	m³	103	17.68	1820.83
2	其他直接费		4916.92	2.50%	122.92
3	现场经费		4916.92	9.00%	442.52
二、	间接费		5482.36	9.00%	493.41
三、	企业利润		5975.77	7.00%	418.30
四、	税金		6394.08	3.284%	209.98
五、	其他				
六、	合计				6604.06

表 1-26　水利建筑工程预算单价计算表

工程名称：钢筋加工及安装

钢筋制作与安装					
定额编号	水利部:40289	单价号	500111001001	单位:1t	
适用范围：水工建筑物各部位及预制构件					
工作内容：回直、除锈、切断、弯制、焊接、绑扎及加工场至施工场地运输					
编号	名称及规格	单位	数　量	单价/元	合计/元
一、	直接工程费				6378.33

（续）

编号	名称及规格	单位	数　量	单价/元	合计/元
1	直接费				5720.47
（1）	人工费				550.65
	工长	工时	10.3	7.11	73.18
	高级工	工时	28.8	6.61	190.41
	中级工	工时	36.0	5.62	202.47
	初级工	工时	27.8	3.04	84.58
（2）	材料费				4854.36
	钢筋	t	1.02	4644.48	4737.37
	铁丝	kg	4.00	5.50	22.00
	电焊条	kg	7.22	6.50	46.93
	其他材料费	%	1	4806.30	48.06
（3）	机械费				315.47
	钢筋调直机 14kW	台时	0.60	18.58	11.15
	风砂枪	台时	1.50	32.89	49.33
	钢筋切断机 20kW	台时	0.40	26.10	10.44
	钢筋弯曲机 ϕ6～40	台时	1.05	14.98	15.73
	电焊机　25kVA	台时	10.00	13.88	138.84
	对焊机　150 型	台时	0.40	86.90	34.76
	载重汽车　5t	台时	0.45	95.61	43.02
	塔式起重机　10t	台时	0.10	109.86	10.99
	其他机械费	%	2	60.48	1.21
2	其他直接费		5720.47	2.50%	143.01
3	现场经费		5720.47	9.00%	514.84
二、	间接费		6378.33	9.00%	574.05
三、	企业利润		6952.38	7.00%	486.67
四、	税金		7439.04	3.284%	244.30
五、	其他				
六、	合计				7683.34

表 1-27　水利建筑工程预算单价计算表

工程名称：垫层钢安装

			小型金属结构安装		
定额编号	水利部：12087		单价号	500111002001	单位：台

编号	名称及规格	单位	数　量	单价/元	合计/元
一、	直接工程费				5412.51
1	直接费				4096.87
（1）	人工费				2632.30
	工长	工时	24	7.11	170.53
	高级工	工时	121	6.61	799.99
	中级工	工时	243	5.62	1366.65

（续）

编号	名称及规格	单位	数　量	单价/元	合计/元
	初级工	工时	97	3.04	295.13
（2）	材料费				178.25
	氧气	m³	11	4.00	44.00
	乙炔气	m³	5	7.00	35.00
	电焊条	kg	4	6.50	26.00
	油漆	kg	5	10.00	50.00
	其他材料费	%	15	155.00	23.25
（3）	机械费				1286.33
	汽车起重机 10t	台时	7	125.48	878.35
	电焊机 20~30kVA	台时	10	19.87	198.68
	载重汽车 5t	台时	3	33.86	101.59
	其他机械费	%	10	1077.03	107.70
2	其他直接费		4096.87	3.20%	131.10
3	现场经费		2632.30	45.00%	1184.53
二、	间接费		2632.30	50.00%	1316.15
三、	企业利润		6728.66	7.00%	471.01
四、	税金		7199.66	3.284%	236.44
五、	其他				
六、	合计				7436.10

表 1-28　水利建筑工程预算单价计算表

工程名称：检修桥栅盖板

拦污栅					
定额编号	水利部：12074		单价号	500111002003	单位：台

编号	名称及规格	单位	数　量	单价/元	合计/元
一、	直接工程费				346.06
1	直接费				261.12
（1）	人工费				170.18
	工长	工时	2	7.11	14.21
	高级工	工时	8	6.61	52.89
	中级工	工时	14	5.62	78.74
	初级工	工时	8	3.04	24.34
（2）	材料费				32.20
	油漆	kg	2	10.00	20.00
	黄油	kg	1	8.00	8.00
	其他材料费	%	15	28.00	4.20
（3）	机械费				58.74
	门式起重机 10t	台时	0.9	56.76	51.08
	其他机械费	%	15	51.08	7.66
2	其他直接费		261.12	3.20%	8.36

（续）

编号	名称及规格	单位	数 量	单价/元	合计/元
3	现场经费		170.18	45.00%	76.58
二、	间接费		170.18	50.00%	85.09
三、	企业利润		431.15	7.00%	30.18
四、	税金		461.33	3.284%	15.15
五、	其他				
六、	合计				476.48

该工程人工费基本数据表见表 1-29。

表 1-29　人工费基本数据表

项目名称	单 位	工 长	高级工	中级工	初级工
基本工资标准	元/月	550.00	500.00	400.00	270.00
地区工资系数		1.0000	1.0000	1.0000	1.0000
地区津贴标准	元/月				
夜餐津贴比率	%	30.00	30.00	30.00	30.00
施工津贴标准	元/天	5.30	5.30	5.30	2.65
养老保险费率	%	20.00	20.00	20.00	10.00
住房公积金费率	%	5.00	5.00	5.00	2.50
工时单价	元/时	7.11	6.61	5.62	3.04

该工程材料费基本数据表见表 1-30。

表 1-30　材料费基本数据表

名称及规格		钢筋	水泥 32.5#	水泥 42.5#	汽油	柴油	砂（中砂）	石子（碎石）	块石
单位		t	t	t	t	t	m³	m³	m³
单位毛重/t		1	1	1	1	1	1.55	1.45	1.7
每吨每公里运费/元		0.70	0.70	0.70	0.70	0.70	0.70	0.70	0.70
价格/元（卸车费和保管费按照郑州市造价信息提供的价格计算）	原价	4500	330	360	9390	8540	110	50	50
	运距	6	6	6	6	6	6	6	6
	卸车费	5	5	5			5	5	5
	运杂费	9.20	9.20	9.20	4.20	4.20	14.26	13.34	15.64
	保管费	135.28	10.18	11.08	281.83	256.33	3.73	1.90	1.97
	运到工地分仓库价格/t	4509.20	339.20	369.20	9394.20	8544.20	124.26	63.34	65.64
	保险费								
	预算价/元	4644.48	349.38	380.28	9676.03	8800.53	127.99	65.24	67.61

该工程混凝土单价计算基本数据表见表1-31。

表1-31 混凝土单价计算基本数据表

混凝土材料单价计算表										单位：m³
单价/元	混凝土标号	水泥强度等级	级配	预算量						
				水泥/kg	掺合料/kg 粘土	掺合料/kg 膨润土	砂/m³	石子/m³	外加济/kg REA	水/m³
247.38	M10	32.5		305			1.10			0.183
245.00	C30	42.5	1	389			0.48	0.73		0.170

该工程机械台时费单价计算基本数据表见表1-32。

表1-32 机械台时费单价计算基本数据表

名称及规格	台时费	折旧费	修理费	安拆费	人工费	动力燃料费
胶轮车	0.90	0.26	0.64			
振捣器插入式1.1kW	2.27	0.32	1.22			0.73
风（砂）水枪6m³/min	32.89	0.24	0.42			32.23
混凝土搅拌机0.4m³	24.82	3.29	5.34	1.07	7.31	7.81
钢筋切断机20kW	26.10	1.18	1.71	0.28	7.31	15.62
载重汽车5t	95.61	7.77	10.86		7.31	69.67
电焊机交流25kVA	13.88	0.33	0.30	0.09		13.16
钢筋调直机4~14kW	18.58	1.60	2.69	0.44	7.31	6.54
钢筋弯曲机φ6-40	14.98	0.53	1.45	0.24	7.31	5.45
对焊机电弧型150kVA	86.90	1.69	2.56	0.76	7.31	74.58
电焊机20kW	19.87	0.94	0.60	0.17		18.16
自卸汽车5t	103.50	10.73	5.37		7.31	80.08
搅拌楼	214.71	93.27	25.91		41.06	54.47
推土机59kW	111.73	10.80	13.02	0.49	13.50	73.92
液压反铲挖掘机0.6m³	153.34	32.74	20.21	1.60	15.18	83.60
蛙式夯实机2.8kW	14.70	0.17	1.01		11.25	2.27

第2章 泄水建筑物

例2 某泄水隧洞除险加固工程

某一小型水库,其泄水隧洞由于修建年代已久,加之某次洪水泄洪期间操作不当,导致隧洞及其配套工程设备损毁严重,需要大修。本工程为除险加固工程,本次加固工程除闸门井76.50m高程以上部分采取修补措施外,其余均采取拆除重建,但维持隧洞的原始开挖断面。

进水口部分,由于原进水口淤堵严重且局部边墙倒塌,现将其全部拆除重建。闸门井部分,高程76.50m以上采取修补的方式进行加固,其余部位结合洞身采取拆除重建方案,并更换闸门及启闭设施。洞身部位以及消力池均重新修建。(注:保持原始开挖面。)工程图纸见图2-1~图2-10。

试对本工程进行预算设计。

【解】 一、清单工程量

清单工程量计算规则:清单工程量依据施工图纸计算所得工程量乘以系数1.0。

1. 土方工程

引水口处土方开挖(见图2-1)

清单工程量 = $(1.6 + 3.005)/2 \times 5 \times 1.6/2\text{m}^3 = 9.21\text{m}^3$

【注释】 1.6、3.005——引水口顺水流方向进出断面宽度;

5——引水口顺水流方向长度;

1.6——引水口水流流出断面土堆方的高度。

2. 石方工程

(1)消力池石方回填工程(见图2-3、图2-10)

清单工程量 = $0.1 \times 14.0 \times 3.261 + (6 + 8) \times 0.4 \times 0.5 \times 0.3\text{m}^3 = 5.41\text{m}^3$

【注释】 0.1——砂石垫层厚度;

14.0——砂石垫层顺水流方向长度;

3.261——砂石垫层宽度;

6——消力池底板排水孔个数;

8——消力池边墙排水孔个数;

0.4×0.5——排水孔下反滤层平面尺寸;

0.3——反滤层厚度。

(2)隧洞洞身石方开挖(见图2-1)

原来的隧洞为城门洞型,断面尺寸为1.2m×1.6m,由100mm厚的砼预制块衬砌,内回填200~400mm厚的C10砼,本次加固设计将全部的衬砌体拆除。

清单工程量 = $(1.2 + 1.6) \times 2 \times 0.4 \times 140\text{m}^3 = 313.60\text{m}^3$

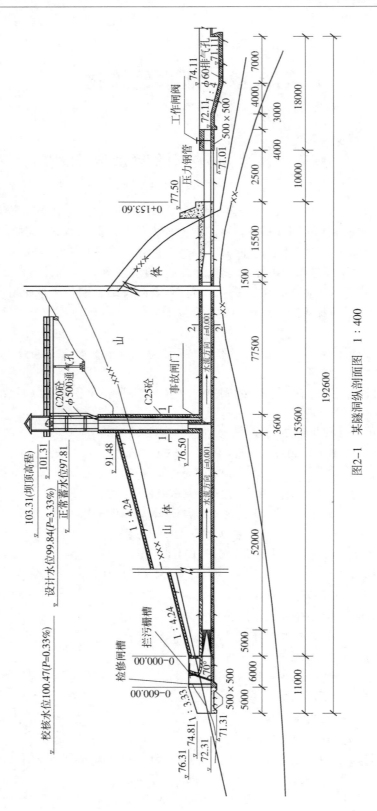

图2-1 某隧洞纵剖面图 1∶400

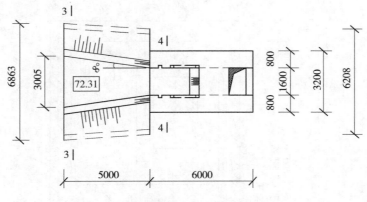

图 2-2 某隧洞进口水平面图 1:200

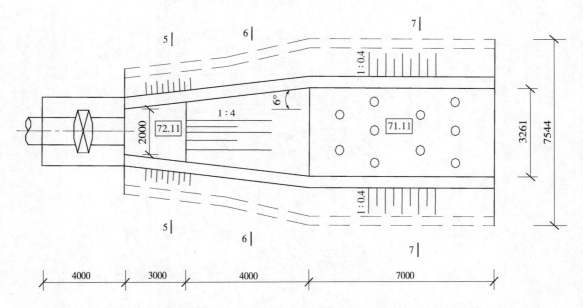

说明：1.本工程高程采用黄海高程系统，图纸所标尺寸除高程、桩号、坐标以m计外，其余均以mm计；

2.本工程为除险加固工程，本次加固将除闸门井76.50m高程以上部分采取修补外，其余均采取拆除重建，但维持隧洞的原始开挖断面。

4.砼保护层均为35mm，钢筋弯钩长度为6.25d，搭接长度为30d，锚固长度为40d。

图 2-3 某隧洞出口消力池平面图 1:200

【注释】 1.2、1.6——隧洞的宽度和高度；

0.4——隧洞原衬砌平均厚度；

140——对隧洞衬砌进行拆除的长度。

（3）进水口石方开挖（见图 2-1）

原进水口淤堵严重且局部边墙倒塌，现将其全部拆除重建。设计为喇叭口型进水渠，底板高程为 72.31m，底宽为 1.6～3.005m，长 5.0m。

清单工程量 = $(1.6 + 3.005) / 2 \times 5 \times 0.8 \text{m}^3 = 9.21 \text{m}^3$

【注释】 1.6、3.005——引水口顺水流方向进出断面宽度；

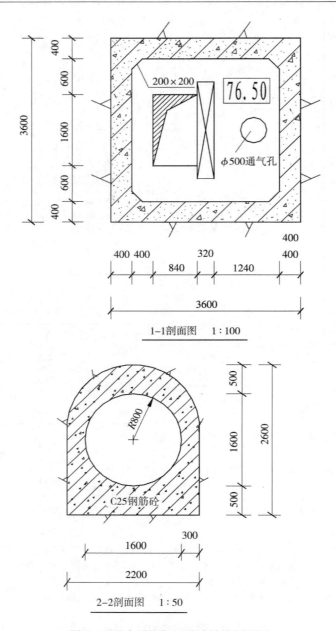

图 2-4 引水隧洞加固设计结构剖面图

5——引水口顺水流方向长度；

0.8——引水口处堆石方断面的平均高度。

（4）消力池石方开挖（见图 2-3）

消力池部分全长 14.0m，池深 1.0m，底板厚 0.6m，原有工程需要拆除。

清单工程量 $= 0.6 \times 14.0 \times 3.261 \text{m}^3 = 27.39 \text{m}^3$

【注释】 0.6——消力池底板厚度；

14.0——消力池顺水流方向长度；

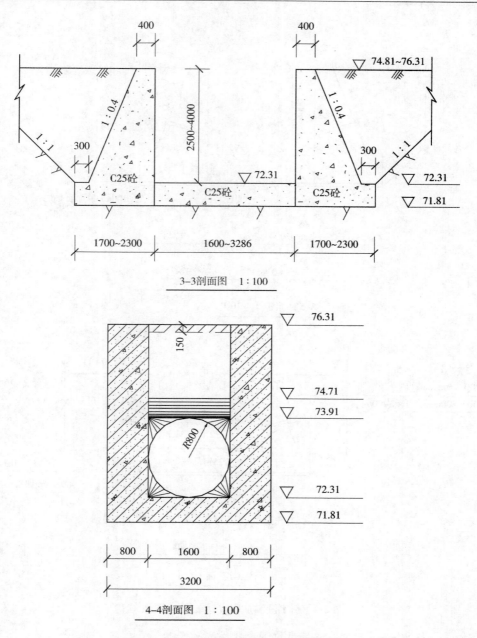

3-3剖面图 1:100

4-4剖面图 1:100

图2-4 引水隧洞加固设计结构剖面图(续)

3.261——消力池宽度。

3. 混凝土工程

(1)C25 混凝土进水渠(见图2-2)

进水口设计为喇叭口型进水渠,底宽为 1.6 ~ 3.005m,长 5.0m;边墙为重力式挡墙,顶宽为0.4m,高为 2.5 ~ 4.0m,边墙及底板均为 C25 素砼结构。

清单工程量 = (5.76 + 0.86 + 6.5 × 2)m³ = 19.62m³

【注释】 5.76——进水渠底板混凝土方量;

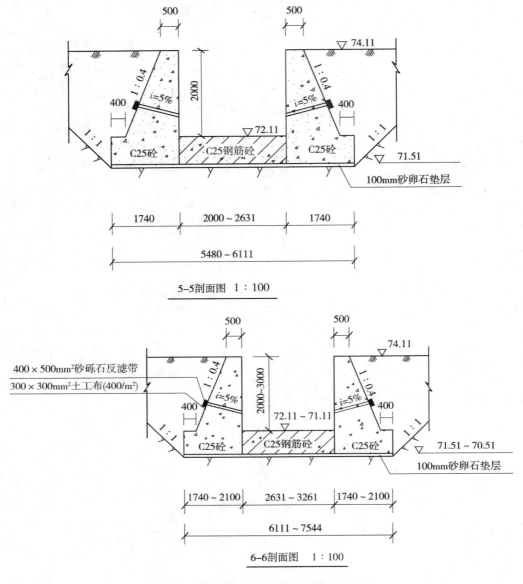

图 2-4　引水隧洞加固设计结构剖面图（续）

　　0.86——进水渠底板齿坎混凝土方量；

　　6.5——进水渠边墙混凝土方量。

（2）C25 混凝土胸墙式进水口（见图 2-2）

胸墙式进水口，长 6.0m，底板厚为 0.5m，边墙为 1.0m，均为 C25 钢筋砼结构，并分别设有一道拦污栅槽及一道检修门槽。

清单工程量 = (5.4 + 5.0 + 9.5)m³ = 19.90m³

【注释】　5.4——进水口底板混凝土方量；

　　　　　5.0——进水口边墙混凝土方量；

　　　　　9.5——进水口胸墙混凝土方量。

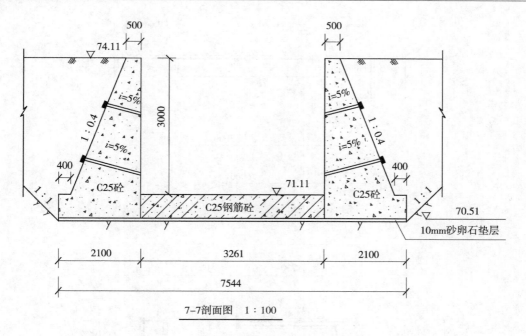

7-7剖面图 1:100

图 2-4 引水隧洞加固设计结构剖面图(续)

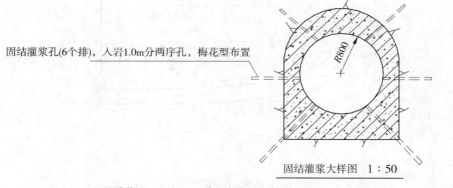

固结灌浆孔(6个排),入岩1.0m分两序孔,梅花型布置

固结灌浆大样图 1:50

回填灌浆孔,入岩50mm分两序孔,Ⅰ序2孔,Ⅱ序3孔

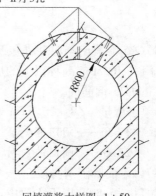

说明：1.本工程高程采用黄海高程系统,图纸所标尺寸除高程、
　　　　桩号、坐标以m计外,其余均以mm计;
　　　2.本工程为除险加固工程,本次加固除闸门井76.50m高
　　　　程以上部分采取修补外,其余均采取拆除重建,但维
　　　　持隧洞的原始开挖断面;
　　　3.砼保护层均为35mm,钢筋弯钩长度为6.25d,搭接长
　　　　度为30d,锚固长度为40d。

回填灌浆大样图 1:50

图 2-5 引水隧洞加固设计结构大样图

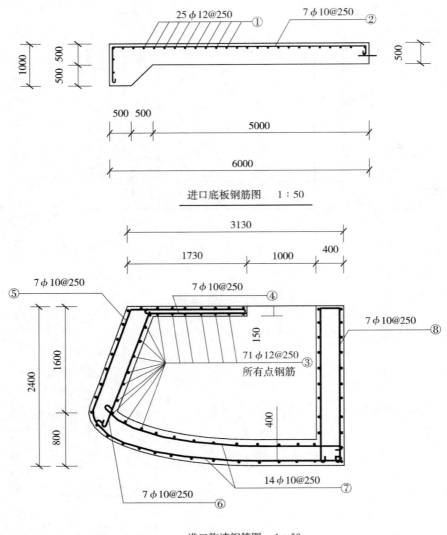

图 2-6　引水隧洞进水钢筋图

（3）C25 混凝土闸门井外包及内衬（见图 2-4）

闸门井 76.50m 高程以上的启闭框架的梁、柱采取外包 100mm 的 C25 钢筋砼,井内内衬 100mm 的 C25 钢筋砼。

清单工程量 = (8 + 25.6)m³ = 33.60m³

【注释】　8——闸门井钢筋混凝土排架柱梁外包混凝土方量;

　　　　　25.6——闸门井内衬混凝土方量。

（4）C25 混凝土洞身段

闸门井 76.50m 以下主要由边墙、胸墙及圆管段组成,均为 C25 钢筋砼结构,在（2）C25 混凝土胸墙式进水口部分已经计算过胸墙、边墙等,这里不再重复计算。

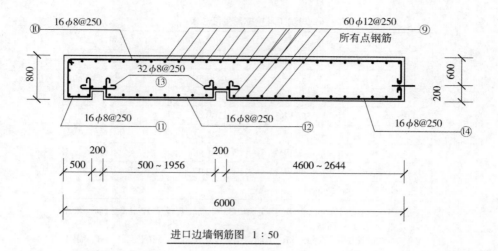

进口边墙钢筋图 1 : 50

隧洞进水口钢筋表

编号	直径(mm)	型 式	单根长(mm)	根数	总长(m)	备注
①	φ12	3230	3130	25	78.25	底板
②	φ10	930 ⌐ 5930 ⌐ 200	7185	7	50.30	
③	φ12	3130	3130	71	222.23	胸墙
④	φ10	1400	1525	7	10.68	
⑤	φ10	1700 ⌐ 1660	3485	7	24.40	
⑥	φ10	1700	1825	7	12.78	
⑦	φ10	3400	3525	14	49.35	
⑧	φ10	330 ⌐ 2300 ⌐ 2300	5115	7	35.81	
⑨	φ12	4430	4430	60×2	531.60	边墙
⑩	φ8	7930 ⌐ 500	8530	16×2	272.96	
⑪	φ8	730 ⌐ 400 430	1660	16×2	53.12	
⑫	φ8	400 ⌐ 430~1921 ⌐ 400	1330~2821	16×2	66.42	
⑬	φ8	700	800	32×2	51.20	
⑭	φ8	400 ⌐ 4570~2600 ⌐ 200	5270~3300	16×2	137.12	

图 2-6 引水隧洞进水钢筋图(续)

隧洞工程钢筋用量汇总表

规　　格	总长度/m	单位重/kg/m	总重/kg
$\phi6$	330.40	0.22	72.69
$\phi8$	1339.82	0.39	522.53
$\phi10$	8159.52	0.62	5058.90
$\phi12$	3731.89	0.89	3045.48
$\phi14$	7466.28	1.21	9034.20
$\phi16$	25.50	1.58	40.29
$\phi20$	10.40	2.47	25.69
加5%损耗，共计钢筋量18689kg			

说明：1.直径≥12mm的钢筋均采用HPB335钢筋，直径<12mm的钢筋均采用
　　　　HPB235钢筋；
　　　2.砼保护层均为35mm，钢筋弯钩长度为6.25d，搭接长度为30d，锚固
　　　　长度为40d；
　　　3.底板高程为72.31m，边墙为重力式挡墙顶，胸墙边墙及底板均为C25
　　　　素砼结构。

图2-6　引水隧洞进水钢筋图（续）

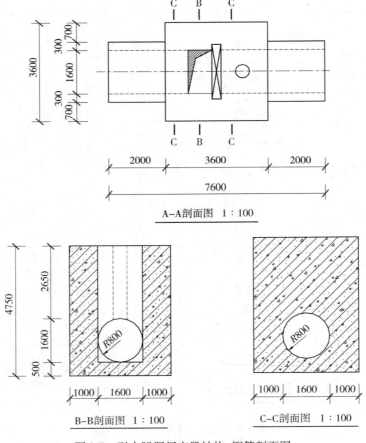

A—A剖面图　1：100

B—B剖面图　1：100　　　　C—C剖面图　1：100

图2-7　引水隧洞闸室段结构、钢筋剖面图

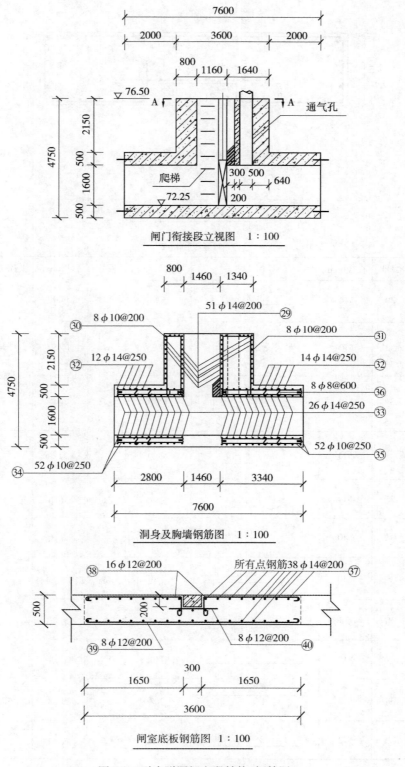

图 2-8　引水隧洞闸室段结构、钢筋图

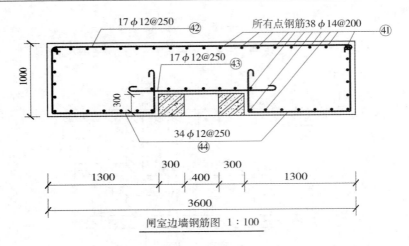

闸室边墙钢筋图 1:100

闸室段钢筋表

编号	直径(mm)	型 式	单根长(mm)	根数	总长(mm)	备注
㉙	φ14	3000	3000	51	153.00	
㉚	φ10	2500 ⌐700⌐ 2500	5825	8	46.60	胸墙
㉛	φ10	2500 ⌐1240⌐ 2500	6365	8	50.92	
㉜	φ14	○ R=1063	6692	26	173.99	洞身
㉝	φ14	○ R=835	5246	26	136.40	
㉞	φ10	2730	2855	52	148.46	
㉟	φ10	3270	3395	52	176.54	
㊱	φ8	3200	3300	8	26.40	
㊲	φ14	3500	3500	38	133.00	
㊳	φ12	1580 ⌐350	2080	16	33.28	底板
㊴	φ12	3530	3680	8	29.44	

图 2-8 引水隧洞闸室段结构、钢筋图(续)

（续）

编号	直径(mm)	型　式	单根长(mm)	根数	总长(mm)	备注
㊵	φ12	1300	1300	8	10.40	底板
㊶	φ14	4680	4680	38×2	355.68	边墙
㊷	φ12	3530	3680	17×2	125.12	边墙
㊸	φ12	1930 600 1230	3910	17×2	132.94	边墙
㊹	φ12	1600	1750	34×2	119.00	边墙

说明：1.本工程高程采用黄海高程系统，图纸所标尺寸除高程、桩号、坐标以m计外，
　　　　其余均以mm计；
　　　2.直径≥12mm的钢筋均采用HPB335钢筋，直径＜12mm的钢筋采用HPB235钢筋；
　　　3.砼保护层均为35mm；
　　　4.闸门井76.50m以上的启闭框架的梁、柱采取外包100mm的C25钢筋砼，井内内衬
　　　　100mm的C25钢筋砼；
　　　5.闸门井76.50m砼结构为C25钢筋；
　　　6.闸门井内壁设置25的钢筋爬梯，闸门设内径500mm，厚8mm的通气孔，采用Q235
　　　　（GB/T700）碳素钢，其上部预埋20钢筋固定在启闭框架上。

图 2-8　引水隧洞闸室段结构、钢筋图（续）

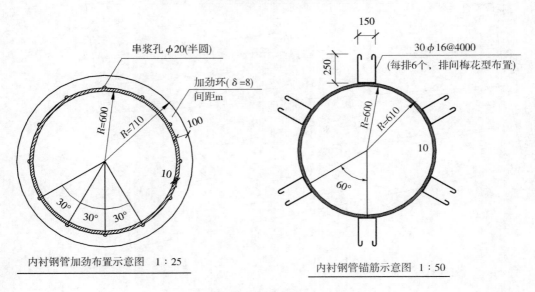

图 2-9　引水隧洞出口内衬钢管段设计图

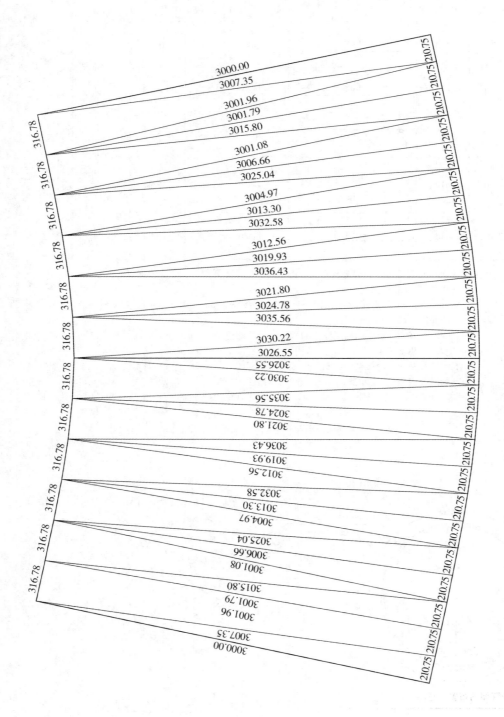

内衬钢管渐变段展开图   1 : 25

图2-9 引水隧洞出口内衬钢管段设计图(续)

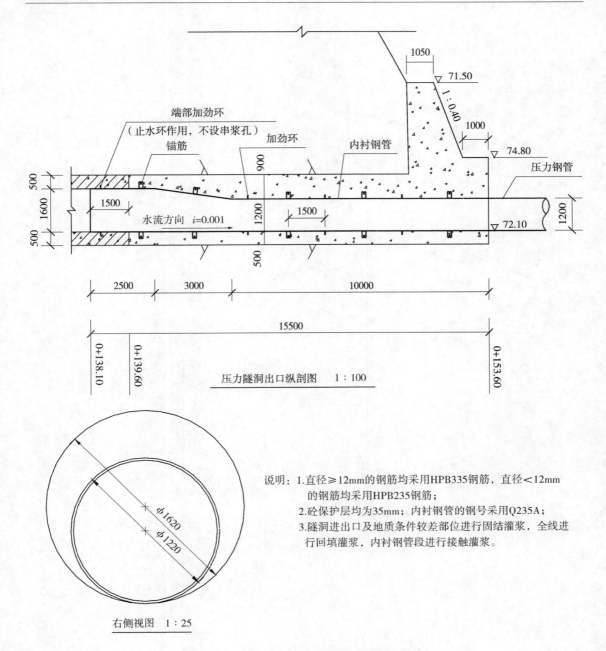

右侧视图　1∶25

说明：1.直径≥12mm的钢筋均采用HPB335钢筋，直径<12mm
　　　　的钢筋均采用HPB235钢筋；
　　　2.砼保护层均为35mm；内衬钢管的钢号采用Q235A；
　　　3.隧洞进出口及地质条件较差部位进行固结灌浆，全线进
　　　　行回填灌浆，内衬钢管段进行接触灌浆。

图 2-9　引水隧洞出口内衬钢管段设计图(续)

清单工程量 $= 3.7 \times 153.6 \text{m}^3 = 568.32 \text{m}^3$

【注释】　3.7——圆管段混凝土截面面积；

　　　　　153.6——圆管段洞身长度。

(5)C25 混凝土消力池底板(见图 2-3)

清单工程量 $= (18.5 + 13.0 + 6.1 + 11.2 + 17.1) \text{m}^3 = 65.90 \text{m}^3$

【注释】　18.5——消力池池底部分底板混凝土方量；

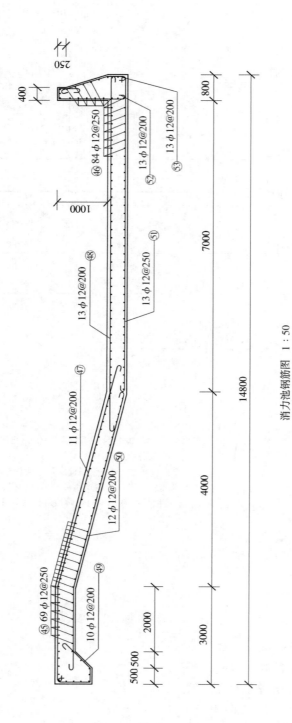

消力池钢筋图　1∶50

图2-10　引水隧洞出口消力池及启闭机框架钢筋图

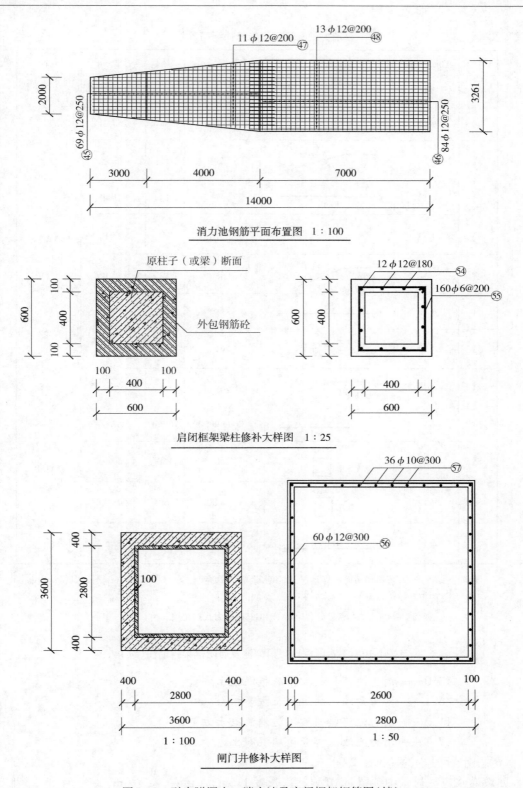

消力池钢筋平面布置图　1∶100

启闭框架梁柱修补大样图　1∶25

闸门井修补大样图

图 2-10　引水隧洞出口消力池及启闭框架钢筋图(续)

消力池及启闭设施修补钢筋表

编号	直径(mm)	型式(mm)	单根长(mm)	根数	总长(m)	备注
㊺	φ12	1930~3191	1930~3191	69	176.67	消力池
㊻	φ12	3191	3191	84	268.04	
㊼	φ12	2930 4700	7780	11	85.58	
㊽	φ12	9000	9150	13	118.95	
㊾	φ12	430 930 1000	2510	10	25.10	
㊿	φ12	2530 2530	6880	12	82.56	
51	φ12	7900	8050	13	104.65	
52	φ12	330 1930 500	2910	13	37.83	
53	φ12	500 500 1400	2050	13	26.65	
54	φ12	8000(2000)	8000(2000)	48(96)	576.00	启闭框架修补
55	φ6	500 500	2065	160	330.40	
56	φ12	2700 2700	10800	60	648.00	
57	φ10	18000	18125	36	652.50	

　　说明：1.本工程高程采用黄海高程系统，图纸所标尺寸除高程、桩号、坐标以m计外，其余均以mm计；

　　　　　2.砼保护层为35mm；

　　　　　3.消力池底板采用C25钢筋砼，边墙采用C25砼重力式挡土墙。

图 2-10　引水隧洞出口消力池及启闭框架钢筋图（续）

　　13.0——消力池连接斜坡段底板混凝土方量；

　　 6.1——消力池消力坎混凝土方量；

　　11.2——消力池连接斜坡段边墙混凝土方量；

　　17.1——消力池池底部分边墙混凝土方量。

（6）止水、反滤工程（见图 2-3）

回填灌浆应在衬砌中预留 φ50PVC 管，长度 1.6m。（注：排距 3.0m，共计 64 排，每排 6 个预留孔。）

消力池底板纵横向设 $\phi60$ PVC 排水孔(共计6个),孔间距为2.0m,呈梅花型布置,排水孔未端设 $400g/m^2$ 的反滤土工布,尺寸为 $(0.3 \times 0.3)m^2$。

消力池边墙布置 $\phi60$ PVC 排水孔,排水孔内侧包裹一层土工布 $(400g/m^2)$ 尺寸为 $(0.3 \times 0.3)m^2$。

清单工程量 $= [(6+8) \times 0.3 \times 0.3]m^2 = 1.26m^2 (400g/m^2$ 土工布)

(7)钢筋加工及安装

上述钢筋混凝土结构用钢筋清单工程量如表2-1。

表2-1　某隧洞工程钢筋用量汇总表

规　格	总长度/m	单位长度重量/(kg/m)	总重/kg
$\phi6$	330.40	0.222	73.35
$\phi8$	1339.82	0.395	529.23
$\phi10$	8159.52	0.617	5034.42
$\phi12$	3731.89	0.888	3313.92
$\phi14$	7466.28	1.208	9019.27
$\phi16$	25.50	1.578	40.24
$\phi20$	10.40	2.466	25.65

清单工程量 $= (73.35 + 529.23 + 5034.42 + 3313.92 + 9019.27 + 40.24 + 25.65)$ kg $= 18036$ kg $= 18.036$ t

【注释】　其中规格直径 ≤ 10 mm 的钢筋采用 HPB235 钢筋,规格直径 ≥ 12 mm 的钢筋采用 HPB335 钢筋。

4.附属结构工程量(见图2-1)

(1)爬梯以及通气孔

闸门井内壁设置了 $\phi25$ 的钢筋爬梯,闸门后设有内径 500mm,厚 8mm 的通气孔,采用 Q235(GB/T700)碳素钢,其上部采用预埋 $\phi20$ 钢筋固定在启闭框架上。

爬梯设置到闸门井全程 6m 范围内,每级高度 400mm,,共需要 15 级。每级钢筋长度为 1.3m。

通气孔应设置到最高洪水位以上,长度为 16m。预埋件每根长 1m,共 6 根。

爬梯金属安装清单工程量 $= (3.853 \times 15 \times 1.3)$ kg $= 75.13$ kg

【注释】　3.853——$\phi25$ 钢筋单位长度质量;

　　　　　15——钢筋爬梯梯级数;

　　　　　1.3——钢筋爬梯没级所用钢筋长度。

通气孔金属安装清单工程量 $= (3.14 \times 0.5 \times 0.008 \times 16 \times 7.85 \times 10^3)$ kg $= 1.578$ t

【注释】　3.14——圆周率;

　　　　　0.5——通气孔圆管直径;

　　　　0.008——通气孔圆管壁厚;

　　　　　16——通气孔圆管长度;

　　7.85×10^3——钢材单位体积质量。

(2)隧洞出口内衬钢管段

隧洞出口段 15.5m 长度范围内衬钢管,管径为 1.2m,壁厚为 10mm。

金属安装清单工程量 = ($3.14 \times 1.2 \times 0.01 \times 15.5 \times 7.85 \times 10^3$)t = 4.585t

【注释】　1.2——内衬钢管直径;

　　　　　0.01——内衬钢管管壁厚;

　　　　　15.5——内衬钢管管长度;

　　7.85×10^3——钢材单位体积质量。

(3)闸门安装

平板焊接闸门安装

清单工程量 = 8t

闸门预埋件安装

清单工程量 = 1.2t

【注释】　以上数据意义均能从条件描述中找到。

该除险加固工程中建筑及安装工程清单工程量计算表见表2-2。

表 2-2　工程量清单计算表

序　号	项目编码	项目名称	计量单位	工程量
1		建筑工程		
1.1		土方工程		
1.1.1	500101002001	引水口处松散土方开挖	m³	9.21
1.2		石方工程		
1.2.1	500102007001	进水口石方开挖	m³	9.21
1.2.2	500102007002	隧洞洞身石方开挖	m³	313.60
1.3		砌筑工程		
1.3.1	500103007001	消力池砂砾石回填工程	m³	5.41
1.3.2	500102001001	消力池石方开挖	m³	27.39
1.4		混凝土工程		
1.4.1	500109001001	C25 混凝土进水渠	m³	19.62
1.4.2	500109001002	C25 混凝土胸墙式进水口	m³	19.90
1.4.3	500109006001	C25 混凝土闸门井外包及内衬	m³	33.60
1.4.4	500109001003	C25 混凝土洞身段	m³	568.32
1.4.5	500109001004	C25 混凝土消力池底板	m³	65.90
1.4.6	500109008001	土工布铺设	m²	1.26
1.5		钢筋、钢构件加工及安装工程		
1.5.1	500111001001	钢筋加工及安装	t	18.036
2		安装工程		
2.1		金属结构设备安装工程		
2.1.1	500201031001	通气孔金属安装	t	1.578
2.2		金属结构设备安装工程		
2.2.1	500202008001	隧洞出口内衬钢管	t	4.585
2.2.2	500202005001	平板焊接闸门安装	t	8.000
2.2.3	500202007001	闸门预埋件安装	t	1.200

二、定额工程量(套用《水利建筑工程预算定额》中华人民共和国水利部)

1. 土方工程

引水口处土方开挖——1m³挖掘机挖装土自卸汽车运输。

定额工程量 = $(1.6 + 3.005)/2 \times 5 \times 1.6/2 m^3 = 9.21 m^3 = 0.0921 (100 m^3)$

适用范围:Ⅲ类土、露天作业。

工作内容:挖装、运输、卸除、空回。

套用定额编号 10365,定额单位:100m³。

2. 石方工程

(1)进水口石方开挖——沟槽石方开挖。

定额工程量 = $(1.6 + 3.005)/2 \times 5 \times 0.8 m^3 = 9.21 m^3 = 0.0921 (100 m^3)$

适用范围:设计倾角20°以下。

工作内容:钻孔、爆破、撬移、解小、翻渣、清面、修整断面。

套用定额编号 20081,定额单位:100m³。

(2)隧洞洞身石方开挖——平洞石方开挖(风钻钻孔)。

定额工程量 = $(1.2 + 1.6) \times 2 \times 0.4 \times 140 m^3 = 313.60 m^3 = 3.136 (100 m^3)$

适用范围:平洞风钻钻孔。

工作内容:钻孔、爆破、安全处理、翻渣、清面、修整。

套用定额编号 20163,定额单位:100m³。

3. 砌筑工程

消力池石方回填工程——人工铺筑砂石垫层。

定额工程量 $= 0.1 \times 14.0 \times 3.261 + (6 + 8) \times 0.4 \times 0.5 \times 0.3 m^3$
$\qquad\qquad = 5.41 m^3 = 0.0541 (100 m^3)$

工作内容:修坡、压实。

套用定额编号 30001,定额单位:100m³。

4. 砌体工程

消力池石方开挖——砌体拆除。

定额工程量 $= 0.6 \times 14.0 \times 3.261 m^3 = 27.39 m^3 = 0.2739 (100 m^3)$

适用范围:块、条。

工作内容:拆除、清理、堆放。

套用定额编号 30052,定额单位:100m³。

5. 混凝土工程

(1)C25 混凝土进水渠——明渠。

定额工程量 $= (5.76 + 0.86 + 13) m^3 = 19.62 m^3 = 0.1962 (100 m^3)$

适用范围:引水、泄水、灌溉渠道及隧洞进出口明挖段的边坡、底板,土壤基础上的槽型整体。

套用定额编号 40063,定额单位:100m³。

①搅拌楼拌制混凝土

定额工程量 $= (5.76 + 0.86 + 13) m^3 = 19.62 m^3 = 0.1962 (100 m^3)$

工作内容:储料、配料、分料、搅拌、加水、加外加剂、出料、机械清洗。

套用定额40136,定额单位:100m³。

②自卸汽车运混凝土

定额工程量 = (5.76 + 0.86 + 13)m³ = 19.62m³ = 0.1962(100m³)

适用范围:配合搅拌楼或设有储料箱装车。

工作内容:装车、运输、卸料、空回、清洗。

套用定额编号40167,定额单位:100m³。

(2)C25 混凝土胸墙式进水口——墙。

定额工程量 = (5.4 + 5.0 + 9.5)m³ = 19.90m³ = 0.199(100m³)

套用定额编号编号40068,定额单位:100m³。

①搅拌楼拌制混凝土

定额工程量 = (5.4 + 5.0 + 9.5)m³ = 19.90m³ = 0.199(100m³)

工作内容:储料、配料、分料、搅拌、加水、加外加剂、出料、机械清洗。

套用定额40136,定额单位:100m³。

②自卸汽车运混凝土

定额工程量 = (5.4 + 5.0 + 9.5)m³ = 19.90m³ = 0.199(100m³)

适用范围:配合搅拌楼或设有储料箱装车。

工作内容:装车、运输、卸料、空回、清洗。

套用定额编号40167,定额单位:100m³。

(3)C25 混凝土闸门井外包及内衬——竖井衬砌。

定额工程量 = (8 + 25.6)m³ = 33.60m³ = 0.336(100m³)

套用定额编号40052,定额单位:100m³。

①搅拌楼拌制混凝土

定额工程量 = (8 + 25.6)m³ = 33.60m³ = 0.336(100m³)

工作内容:储料、配料、分料、搅拌、加水、加外加剂、出料、机械清洗。

套用定额40136,定额单位:100m³。

②自卸汽车运混凝土

定额工程量 = (8 + 25.6)m³ = 33.60m³ = 0.336(100m³)

适用范围:配合搅拌楼或设有储料箱装车。

工作内容:装车、运输、卸料、空回、清洗。

套用定额编号40167,定额单位:100m³。

(4)C25 混凝土洞身段——隧洞衬砌

定额工程量 = 3.7 × 153.6m³ = 568.32m³ = 5.6832(100m³)

套用定额编号40035,定额单位:100m³。

①搅拌楼拌制混凝土

定额工程量 = 3.7 × 153.6m³ = 568.32m³ = 5.6832(100m³)

工作内容:储料、配料、分料、搅拌、加水、加外加剂、出料、机械清洗。

套用定额40136,定额单位:100m³。

②自卸汽车运混凝土

定额工程量 $= 3.7 \times 153.6 \text{m}^3 = 568.32 \text{m}^3 = 5.6832(100\text{m}^3)$

适用范围:配合搅拌楼或设有储料箱装车。

工作内容:装车、运输、卸料、空回、清洗。

套用定额编号 40167,定额单位:100m³。

(5)C25 混凝土消力池底板——底板。

定额工程量 $= (18.5 + 13.0 + 6.1 + 11.2 + 17.1)\text{m}^3 = 65.90\text{m}^3 = 0.659(100\text{m}^3)$

套用定额编号 40058,定额单位:100m³。

①搅拌楼拌制混凝土

定额工程量 $= (18.5 + 13.0 + 6.1 + 11.2 + 17.1)\text{m}^3 = 65.90\text{m}^3 = 0.659(100\text{m}^3)$

工作内容:储料、配料、分料、搅拌、加水、加外加剂、出料、机械清洗。

套用定额 40136,定额单位:100m³。

②自卸汽车运混凝土

定额工程量 $= (18.5 + 13.0 + 6.1 + 11.2 + 17.1)\text{m}^3 = 65.90\text{m}^3 = 0.659(100\text{m}^3)$

适用范围:配合搅拌楼或设有储料箱装车。

工作内容:装车、运输、卸料、空回、清洗。

套用定额编号 40167,定额单位:100m³。

6. 钢筋加工及安装

钢筋制作及安装

$$定额工程量 = (73.35 + 529.23 + 5034.42 + 3313.92 + 9019.27 + 40.24 + 25.65)\text{kg}$$
$$= 18.036\text{t}$$

套用定额编号 40289,定额单位:1t。

7. 压力管道安装

(1)通气孔金属安装

定额工程量 $= 3.14 \times 0.5 \times 0.008 \times 16 \times 7.85 \times 10^3 \text{t} = 1.578\text{t}$

套用定额编号 13092,定额单位:1t。

(2)隧洞出口内衬钢管段

定额工程量 $= 3.14 \times 1.2 \times 0.01 \times 15.5 \times 7.85 \times 10^3 \text{t} = 4.585\text{t}$

套用定额编号 13101,定额单位:1t。

8. 闸门安装

(1)平板焊接闸门安装

定额工程量 $= 8\text{t}$

套用定额编号 12002,定额单位:1t。

(2)闸门预埋件安装

定额工程量 $= 1.2\text{t}$

套用定额编号 12076,定额单位:1t。

9. 其他工程

土工布铺设

定额工程量 $= (6+8) \times 0.3 \times 0.3 \text{m}^2 = 1.26 \text{m}^2$

套用定额编号90190,定额单位:1t。

该工程分类分项工程工程量清单计价表见表2-3。

表2-3　分类分项工程工程量清单计价表

序号	项目编码	项目名称	计量单位	工程量	单价/元	合价/元
1		建筑工程				
1.1		土方工程				
1.1.1	500101002001	引水口处松散土方开挖	m³	9.21	14.66	135.06
1.2		石方工程				
1.2.1	500102007001	进水口石方开挖	m³	9.21	129.03	1188.37
1.2.2	500102007002	隧洞洞身石方开挖	m³	313.60	227.73	71417.63
1.3		砌筑工程				
1.3.1	500103007001	消力池砂砾石回填工程	m³	5.41	110.95	600.23
1.3.2	500102001001	消力池石方开挖	m³	27.39	37.21	1019.18
1.4		混凝土工程				
1.4.1	500109001001	C25 混凝土进水渠	m³	19.62	425.30	8344.41
1.4.2	500109001002	C25 混凝土胸墙式进水口	m³	19.90	448.30	8921.11
1.4.3	500109006001	C25 混凝土闸门井外包及内衬	m³	33.60	431.25	14489.91
1.4.4	500109001003	C25 混凝土洞身段	m³	568.32	455.57	258907.38
1.4.5	500109001004	C25 混凝土消力池底板	m³	65.90	422.41	27836.78
1.4.6	500109008001	土工布铺设	m²	1.26	48.42	61.01
1.5		钢筋、钢构件加工及安装工程				
1.5.1	500111001001	钢筋加工及安装	t	18.036	7689.86	138694.31
2		安装工程				
2.1		机械设备安装工程				
2.1.1	500201031001	通气孔金属安装	t	1.578	10415.78	16436.10
2.2		金属结构设备安装工程				
2.2.1	500202008001	隧洞出口内衬钢管	t	4.585	8141.25	37327.64
2.2.2	500202005001	平板焊接闸门安装	t	8	2113.29	16906.36
2.2.3	500202007001	闸门预埋件安装	t	1.2	4842.41	5810.89

该工程工程单价汇总表见表2-4。

表2-4　工程单价汇总表

序号	项目编码	项目名称	计量单位	人工费	材料费	机械费	施工管理费和利润	税金
1		建筑工程						
1.1		土方工程						
1.1.1	500101002001	引水口处松散土方开挖	m³	0.20	0.46	11.31	2.22	0.47
1.2		石方工程						
1.2.1	500102007001	进水口石方开挖	m³	17.25	71.16	7.66	28.86	4.10

（续）

序号	项目编码	项目名称	计量单位	人工费	材料费	机械费	施工管理费和利润	税金
1.2.2	500102007002	隧洞洞身石方开挖	m³	37.72	87.06	44.79	50.94	7.23
1.3		砌筑工程						
1.3.1	500103007001	消力池砂砾石回填工程	m³	15.40	67.21	0.00	24.82	35.24
1.3.2	500102001001	消力池石方开挖	m³	27.57	0.14	0.00	8.32	1.18
1.4		混凝土工程						
1.4.1	500109001001	C25混凝土进水渠	m³	25.13	246.65	44.88	95.13	13.51
1.4.2	500109001002	C25混凝土胸墙式进水口	m³	30.83	249.15	53.80	100.28	14.24
1.4.3	500109006001	C25混凝土闸门井外包及内衬	m³	32.31	245.28	43.50	96.46	13.70
1.4.4	500109001003	C25混凝土洞身段	m³	34.53	245.34	59.33	101.90	14.47
1.4.5	500109001004	C25混凝土消力池底板	m³	27.16	245.40	41.94	94.49	13.42
1.4.6	500109008001	土工布铺设	m²	8.21	4.93	6.57	27.17	1.54
1.5		钢筋、钢构件加工及安装工程						
1.5.1	500111001001	钢筋加工及安装	t	550.65	4854.36	320.54	1720.09	244.22
2		安装工程						
2.1		机械设备安装工程						
2.1.1	500201031001	通气孔金属安装	t	1075.20	1571.15	1593.52	5845.12	330.79
2.2		金属结构设备安装工程						
2.2.1	500202008001	隧洞出口内衬钢管	t	741.95	1268.24	1303.81	4568.70	258.55
2.2.2	500202005001	平板焊接闸门安装	t	756.30	113.99	133.25	1042.64	67.11
2.2.3	500202007001	闸门预埋件安装	t	821.41	492.89	656.86	2717.46	153.79

该工程工程量清单综合单价分析表见表2-5～表2-20。

表2-5 工程量清单综合单价分析

工程名称：某泄水隧洞除险加固工程　　　　　标段：　　　　　　　　第1页 共16页

项目编码	500101002001	项目名称		引水口处松散土方开挖		计量单位		m³

清单综合单价组成明细

定额编号	定额名称	定额单位	数量	单价				合价			
				人工费	材料费	机械费	管理费和利润	人工费	材料费	机械费	管理费和利润
10365	1m³挖掘机挖装土自卸汽车运输	100m³	9.21/9.21/100=0.01	20.39	46.07	1131.36	222.10	0.20	0.46	11.31	2.22
人工单价			小计					0.20	0.46	11.31	2.22
3.04元/工时（初级工）			未计材料费				—				
清单项目综合单价								14.20			

（续表）

材料费明细	主要材料名称、规格、型号	单位	数量	单价/元	合价/元	暂估单价/元	暂估合价/元
	其他材料费			—	0.46	—	
	材料费小计			—	0.46	—	

表 2-6 工程量清单综合单价分析

工程名称：某泄水隧洞除险加固工程　　　　标段：　　　　　　　　　　第 2 页　共 16 页

项目编码	500102007001	项目名称		进水口石方开挖		计量单位		m³

清单综合单价组成明细

定额编号	定额名称	定额单位	数量	单 价				合 价			
				人工费	材料费	机械费	管理费和利润	人工费	材料费	机械费	管理费和利润
20081	沟槽石方开挖	100m³	9.21/9.21/100＝0.01	1725.42	7116.17	765.51	2886.21	17.25	71.16	7.66	28.86
人工单价		小　计						17.25	71.16	7.66	28.86

3.04 元/工时（初级工）
5.62 元/工时（中级工）
7.11 元/工时（工长）

未计材料费　　　　　　　—

清单项目综合单价			124.93

材料费明细	主要材料名称、规格、型号	单位	数量	单价/元	合价/元	暂估单价/元	暂估合价/元
	合金钻头	个	0.52	50.00	2.60		
	炸药	kg	1.01	20.00	20.21		
	雷管	个	2.55	10.00	25.52		
	导线	m	3.89	5.00	19.45		
	其他材料费			—	3.39	—	
	材料费小计			—	71.16	—	

表 2-7 工程量清单综合单价分析

工程名称：某泄水隧洞除险加固工程　　　　标段：　　　　　　　　　　第 3 页　共 16 页

项目编码	500102007002	项目名称		隧洞洞身石方开挖		计量单位		m³

清单综合单价组成明细

定额编号	定额名称	定额单位	数量	单 价				合 价			
				人工费	材料费	机械费	管理费和利润	人工费	材料费	机械费	管理费和利润
20163	平洞石方开挖	100m³	313.60/313.60/100＝0.01	3771.82	8705.83	4478.53	5094.05	37.72	87.06	44.79	50.94
人工单价		小　计						37.72	87.06	44.79	50.94

3.04 元/工时（初级工）
5.62 元/工时（中级工）
7.11 元/工时（工长）

未计材料费　　　　　　　—

清单项目综合单价			220.50

（续）

	主要材料名称、规格、型号	单位	数量	单价/元	合价/元	暂估单价/元	暂估合价/元
材料费明细	合金钻头	个	0.10	50.00	5.02		
	炸药	kg	1.57	20.00	31.39		
	雷管	个	2.19	10.00	21.92		
	导线	m	4.31	5.00	21.54		
	其他材料费			—	7.19	—	
	材料费小计			—	87.06		

表 2-8　工程量清单综合单价分析

工程名称:某泄水隧洞除险加固工程　　　　　　标段:　　　　　　　　第 4 页　共 16 页

项目编码	500103007001		项目名称		消力池石方回填工程			计量单位			m³

清单综合单价组成明细

定额编号	定额名称	定额单位	数量	单 价				合 价			
				人工费	材料费	机械费	管理费和利润	人工费	材料费	机械费	管理费和利润
30001	人工铺筑砂石垫层	100m³	5.41/5.41/100=0.01	1539.62	6721.05	0.00	2481.71	15.40	67.21	0.00	24.82
人工单价		小　计						15.40	67.21	0.00	24.82
3.04 元/工时(初级工)7.11 元/工时(工长)		未计材料费						—			
清单项目综合单价								107.42			

材料费明细	主要材料名称、规格、型号	单位	数量	单价/元	合价/元	暂估单价/元	暂估合价/元
	碎石	m³	1.02	65.24	66.54		
	其他材料费			—	66.55	—	
	材料费小计			—	67.21		

表 2-9　工程量清单综合单价分析

工程名称:某泄水隧洞除险加固工程　　　　　　标段:　　　　　　　　第 5 页　共 16 页

项目编码	500102001001		项目名称		消力池石方开挖			计量单位			m³

清单综合单价组成明细

定额编号	定额名称	定额单位	数量	单 价				合 价			
				人工费	材料费	机械费	管理费和利润	人工费	材料费	机械费	管理费和利润
30052	砌体拆除	100m³	27.39/27.39/100=0.01	2756.71	13.78	0.00	832.32	27.57	0.14	0.00	8.32
人工单价		小　计						27.57	0.14	0.00	8.32
3.04 元/工时(初级工)7.11 元/工时(工长)		未计材料费						—			
清单项目综合单价								30.63			

（续）

材料费明细	主要材料名称、规格、型号	单位	数量	单价/元	合价/元	暂估单价/元	暂估合价/元
	其他材料费			—	0.14	—	
	材料费小计			—	0.14	—	

表 2-10　工程量清单综合单价分析

工程名称：某泄水隧洞除险加固工程　　　　　　　　标段：　　　　　　　　第 6 页　共 16 页

项目编码	500109001001	项目名称		C25 混凝土进水渠		计量单位	m³

清单综合单价组成明细

定额编号	定额名称	定额单位	数量	单价				合价			
				人工费	材料费	机械费	管理费和利润	人工费	材料费	机械费	管理费和利润
40136	搅拌楼拌制混凝土	100m³	103/100/100＝0.01	167.67	103.74	1907.11		1.73	1.07	19.64	
40167	自卸汽车运混凝土	100m³	103/100/100＝0.01	100.13	84.48	1583.49		1.03	0.87	16.31	
40063	明渠	100m³	19.62/19.62/100＝0.01	2237.12	24471.4	892.69	9513.22	22.37	244.71	8.93	95.13
人工单价		小　计						25.13	246.65	44.88	95.13
3.04 元/工时（初级工） 5.62 元/工时（中级工） 6.61 元/工时（高级工） 7.11 元/工时（工长）		未计材料费						—			
清单项目综合单价								411.79			

材料费明细	主要材料名称、规格、型号	单位	数量	单价/元	合价/元	暂估单价/元	暂估合价/元
	混凝土　C25	m³	1.03	234.98	242.03		
	水	m³	1.40	0.19	0.27		
	其他材料费			—	4.36	—	
	材料费小计			—	246.65	—	

表 2-11　工程量清单综合单价分析

工程名称：某泄水隧洞除险加固工程　　　　　　　　标段：　　　　　　　　第 7 页　共 16 页

项目编码	500109001002	项目名称		C25 混凝土胸墙式进水口		计量单位	m³

清单综合单价组成明细

定额编号	定额名称	定额单位	数量	单价				合价			
				人工费	材料费	机械费	管理费和利润	人工费	材料费	机械费	管理费和利润
40136	搅拌楼拌制混凝土	100m³	103/100/100＝0.01	167.67	103.74	1907.11		1.73	1.07	19.64	
40167	自卸汽车运混凝土	100m³	103/100/100＝0.01	100.13	84.48	1583.49		1.03	0.87	16.31	

（续）

定额编号	定额名称	定额单位	数量	单价				合价			
				人工费	材料费	机械费	管理费和利润	人工费	材料费	机械费	管理费和利润
40068	墙	100m³	19.90/19.90/100＝0.01	2807.64	24721.29	1784.43	10027.59	28.08	247.21	17.84	100.28
人工单价				小　计				30.83	249.15	53.80	100.28

人工单价		
3.04 元/工时（初级工） 5.62 元/工时（中级工） 6.61 元/工时（高级工） 7.11 元/工时（工长）	未计材料费	—

清单项目综合单价					434.06

材料费明细	主要材料名称、规格、型号			单位	数量	单价/元	合价/元	暂估单价/元	暂估合价/元
	混凝土　C25			m³	1.03	234.98	242.03		
	水			m³	1.80	0.19	0.34		
	其他材料费					—	6.78	—	
	材料费小计					—	249.15	—	

表 2-12　工程量清单综合单价分析

工程名称：某泄水隧洞除险加固工程　　　　　　　标段：　　　　　　　第 8 页　共 16 页

项目编码	500109006001	项目名称	C25 混凝土闸门井外包及内衬	计量单位	m³

清单综合单价组成明细

定额编号	定额名称	定额单位	数量	单价				合价			
				人工费	材料费	机械费	管理费和利润	人工费	材料费	机械费	管理费和利润
40136	搅拌楼拌制混凝土	100m³	103/100/100＝0.01	167.67	103.74	1907.11		1.73	1.07	19.64	
40167	自卸汽车运混凝土	100m³	103/100/100＝0.01	100.13	84.48	1583.49		1.03	0.87	16.31	
40052	竖井衬砌	100m³	33.60/33.60/100＝0.01	2955.42	24334.33	754.19	9646.22	29.55	243.34	7.54	96.46
人工单价				小　计				32.31	245.28	43.50	96.46

人工单价		
3.04 元/工时（初级工） 5.62 元/工时（中级工） 6.61 元/工时（高级工） 7.11 元/工时（工长）	未计材料费	—

清单项目综合单价					417.55

材料费明细	主要材料名称、规格、型号			单位	数量	单价/元	合价/元	暂估单价/元	暂估合价/元
	混凝土　C25			m³	1.03	234.98	242.03		
	水			m³	55	0.19	0.10		
	其他材料费					—	3.15	—	
	材料费小计					—	245.28	—	

表 2-13　工程量清单综合单价分析

工程名称:某泄水隧洞除险加固工程　　　　标段:　　　　　　

项目编码	500109001003		项目名称			C25 混凝土洞身		计量单位			m³

清单综合单价组成明细

定额编号	定额名称	定额单位	数量	单价				合价			
				人工费	材料费	机械费	管理费和利润	人工费	材料费	机械费	管理费和利润
40136	搅拌楼拌制混凝土	100m³	103/100/100 = 0.01	167.67	103.74	1907.11		1.73	1.07	19.64	
40167	自卸汽车运混凝土	100m³	103/100/100 = 0.01	100.13	84.48	1583.49		1.03	0.87	16.31	
40035	隧洞衬砌	100m³	568.32/568.32/100 = 0.01	3176.69	24339.95	2337.98	10190.2	31.77	243.40	23.38	101.90
	人工单价			小　计				34.53	245.34	59.33	101.90
3.04 元/工时(初级工)											
5.62 元/工时(中级工)		未计材料费						—			
6.61 元/工时(高级工)											
7.11 元/工时(工长)											
		清单项目综合单价						441.10			

材料费明细	主要材料名称、规格、型号			单位	数量	单价/元	合价/元	暂估单价/元	暂估合价/元
	混凝土　C25			m³	1.03	234.98	242.03		
	水			m³	0.85	0.19	0.16		
	其他材料费					—	3.15	—	
	材料费小计					—	245.34	—	

表 2-14　工程量清单综合单价分析

工程名称:某泄水隧洞除险加固工程　　　　标段:　　　　　　

项目编码	500109001004		项目名称			C25 混凝土消力池底板		计量单位			m³

清单综合单价组成明细

定额编号	定额名称	定额单位	数量	单价				合价			
				人工费	材料费	机械费	管理费和利润	人工费	材料费	机械费	管理费和利润
40136	搅拌楼拌制混凝土	100m³	103/100/100 = 0.01	167.67	103.74	1907.11		1.73	1.07	19.64	
40167	自卸汽车运混凝土	100m³	103/100/100 = 0.01	100.13	84.48	1583.49		1.03	0.87	16.31	
40058	底板	100m³	65.90/65.90/100 = 0.01	2440.5	24346.5	598.9	9448.54	24.41	243.47	5.99	94.49
	人工单价			小　计				27.16	245.40	41.94	94.49

（续）

3.04 元/工时（初级工） 5.62 元/工时（中级工） 6.61 元/工时（高级工） 7.11 元/工时（工长）	未计材料费	—
清单项目综合单价		408.99

材料费明细	主要材料名称、规格、型号	单位	数量	单价/元	合价/元	暂估单价/元	暂估合价/元
	混凝土　C25	m³	1.03	234.98	242.03		
	水	m³	1.20	0.19	0.23		
	其他材料费			—	3.15	—	
	材料费小计			—	245.40	—	

表 2-15　工程量清单综合单价分析

工程名称:某泄水隧洞除险加固工程　　　　标段:　　　　　第 11 页　共 16 页

项目编码	500111001001	项目名称		钢筋加工及安装		计量单位		t

清单综合单价组成明细

定额编号	定额名称	定额单位	数量	单价				合价			
				人工费	材料费	机械费	管理费和利润	人工费	材料费	机械费	管理费和利润
40289	钢筋制作与安装	t	18.036/18.036=1	550.65	4854.36	320.54	1720.09	550.65	4854.36	320.54	1720.09
人工单价			小计					550.65	4854.36	320.54	1720.09

3.04 元/工时（初级工） 5.62 元/工时（中级工） 6.61 元/工时（高级工） 7.11 元/工时（工长）	未计材料费	—
清单项目综合单价		7445.64

材料费明细	主要材料名称、规格、型号	单位	数量	单价/元	合价/元	暂估单价/元	暂估合价/元
	钢筋	t	1.02	4644.48	4737.37		
	铁丝	kg	4.00	5.50	22.00		
	电焊条	kg	7.22	6.50	46.93		
	其他材料费			—	48.06	—	
	材料费小计			—	4854.36	—	

表 2-16　工程量清单综合单价分析

工程名称:某泄水隧洞除险加固工程　　　　标段:　　　　　第 12 页　共 16 页

项目编码	500201031001	项目名称		通气孔金属安装		计量单位		t

清单综合单价组成明细

定额编号	定额名称	定额单位	数量	单价				合价			
				人工费	材料费	机械费	管理费和利润	人工费	材料费	机械费	管理费和利润
13092	压力管道	t	1.578/1.578=1	1075.20	1571.15	1593.52	5845.12	1075.20	1571.15	1593.52	5845.12

（续）

人工单价	小　　计	1075.20	1571.15	1593.52	5845.12
3.04 元/工时(初级工)					
5.62 元/工时(中级工)	未计材料费		—		
6.61 元/工时(高级工)					
7.11 元/工时(工长)					
清单项目综合单价			10084.99		

	主要材料名称、规格、型号	单位	数量	单价/元	合价/元	暂估单价/元	暂估合价/元
材料费明细	钢板	kg	26	4.60	119.60		
	型钢	kg	57	5.00	285.00		
	钢轨	kg	64	5.50	352.00		
	氧气	m³	9	4.00	36.00		
	乙炔气	m³	3	7.00	21.00		
	电焊条	kg	24	6.50	156.00		
	油漆	kg	2	10.00	23.00		
	木材	m³	0.04	2020.00	80.80		
	电	kVA	66	0.91	59.92		
	碳精棒	根	17	8.00	136.00		
	探伤材料	张	6	17.00	102.00		
	其他材料费			—	202.69	—	
	材料费小计			—	1571.15	—	

表 2-17　工程量清单综合单价分析

工程名称:某泄水隧洞除险加固工程　　　　　标段:　　　　　第 13 页　共 16 页

项目编码	500202008001	项目名称		压力管道的安装		计量单位		t

清单综合单价组成明细

定额编号	定额名称	定额单位	数量	单价				合价			
				人工费	材料费	机械费	管理费和利润	人工费	材料费	机械费	管理费和利润
13101	压力管道	t	4.585/ 4.585 = 1	741.95	1268.24	1303.81	4568.70	741.95	1268.24	1303.81	4568.70
人工单价		小　　计						741.95	1268.24	1303.81	4568.70
3.04 元/工时(初级工)											
5.62 元/工时(中级工)		未计材料费						—			
6.61 元/工时(高级工)											
7.11 元/工时(工长)											
清单项目综合单价								7882.70			

	主要材料名称、规格、型号	单位	数量	单价/元	合价/元	暂估单价/元	暂估合价/元
材料费明细	钢板	kg	19	4.60	87.40		
	型钢	kg	43	5.00	215.00		
	钢轨	kg	48	5.50	264.00		
	氧气	m³	7.6	4.00	30.40		

（续）

	主要材料名称、规格、型号	单位	数量	单价/元	合价/元	暂估单价/元	暂估合价/元
材料费明细	乙炔气	m³	2.5	7.00	17.50		
	电焊条	kg	21	6.50	136.50		
	油漆	kg	2.1	10.00	21.00		
	木材	m³	0.04	2020.00	80.80		
	电	kVA	53	0.91	48.23		
	碳精棒	根	14	8.00	112.00		
	探伤材料	张	5.3	17.00	90.10		
	其他材料费			—	165.31	—	
	材料费小计			—	1268.24		

表 2-18 　工程量清单综合单价分析

工程名称:某泄水隧洞除险加固工程　　　　　　　　　标段:　　　　　　　第 14 页　共 16 页

项目编码	500202005001		项目名称			平板焊接闸门安装		计量单位		t

清单综合单价组成明细

定额编号	定额名称	定额单位	数量	单价				合价			
				人工费	材料费	机械费	管理费和利润	人工费	材料费	机械费	管理费和利润
12002	平板焊接闸门安装	t	8/8＝1	756.30	113.99	133.25	1042.64	756.30	113.99	133.25	1042.64
人工单价			小　　计					756.30	113.99	133.25	1042.64

3.04 元/工时(初级工)		
5.62 元/工时(中级工)	未计材料费	—
6.61 元/工时(高级工)		
7.11 元/工时(工长)		

清单项目综合单价		2046.18

	主要材料名称、规格、型号	单位	数量	单价/元	合价/元	暂估单价/元	暂估合价/元
材料费明细	钢板	kg	2.9	4.60	13.34		
	氧气	m³	1.8	4.00	7.20		
	乙炔气	m³	0.8	7.00	5.60		
	电焊条	kg	3.9	6.50	25.35		
	油漆	kg	2	10.00	20.00		
	黄油	kg	0.2	8.00	1.60		
	汽油 70#	kg	2.0	0.00	0.00		
	棉纱头	kg	0.8	8.35	6.68		
	其他材料费			—	34.22	—	
	材料费小计			—	113.99		

表 2-19　**工程量清单综合单价分析**

工程名称：某泄水隧洞除险加固工程　　　　　　标段：　　　　　　

| 项目编码 | 500202007001 | 项目名称 | | | 闸门预埋件安装 | | | 计量单位 | | | t |

清单综合单价组成明细

定额编号	定额名称	定额单位	数量	单价				合价			
				人工费	材料费	机械费	管理费和利润	人工费	材料费	机械费	管理费和利润
12076	闸门预埋件安装	t	1.2/1.2 =1	821.41	492.89	656.86	2717.46	821.41	492.89	656.86	2717.46

（续表）

人工单价	小　计	821.41	492.89	656.86	2717.46
3.04 元/工时（初级工）					
5.62 元/工时（中级工）	未计材料费		—		
6.61 元/工时（高级工）					
7.11 元/工时（工长）					
清单项目综合单价			4688.62		

材料费明细	主要材料名称、规格、型号	单位	数量	单价/元	合价/元	暂估单价/元	暂估合价/元
	钢板	kg	13	4.60	59.80		
	氧气	m³	9.4	4.00	37.60		
	乙炔气	m³	4.1	7.00	28.70		
	电焊条	kg	11	6.50	71.50		
	油漆	kg	2.1	10.00	21.00		
	木材	m³	0.1	2020.00	202.00		
	黄油	kg	1	8.00	8.00		
	其他材料费			—	64.29		
	材料费小计			—	492.89	—	

表 2-20　**工程量清单综合单价分析**

工程名称：某泄水隧洞除险加固工程　　　　　　标段：　　　　　　

| 项目编码 | 500109008001 | 项目名称 | | | 土工布铺设 | | | 计量单位 | | | m² |

清单综合单价组成明细

定额编号	定额名称	定额单位	数量	单价				合价			
				人工费	材料费	机械费	管理费和利润	人工费	材料费	机械费	管理费和利润
90190	土工布铺设	100m²	1.26/1.26/100=0.01	821.41	492.89	656.86	2717.46	8.21	4.93	6.57	27.17

人工单价	小　计	8.21	4.93	6.57	27.17
3.04 元/工时（初级工）					
5.62 元/工时（中级工）	未计材料费		—		
7.11 元/工时（工长）					
清单项目综合单价			46.89		

（续）

材料费明细	主要材料名称、规格、型号	单位	数量	单价/元	合价/元	暂估单价/元	暂估合价/元
	土工布	kg	1.07	6.00	6.42		
	其他材料费			—	0.13	—	
	材料费小计			—	6.55	—	

该工程水利建筑工程预算单价计算表见表 2-21 ～表 2-38。

表 2-21　水利建筑工程预算单价计算表

工程名称：边墩土方开挖工程

		$1m^3$ 挖掘机挖装土自卸汽车运输			
定额编号	水利部：10365	单价号	500101002001	单位：$100m^3$	
适用范围：Ⅲ类土、露天作业					
工作内容：挖装、运输、卸除、空回					
编号	名称及规格	单　位	数　量	单价/元	合计/元
一、	直接工程费				1335.56
1.	直接费				1197.81
（1）	人工费				20.39
	初级工	工时	6.7	3.04	20.39
（2）	材料费				46.07
	零星材料费	%	4	1151.74	46.07
（3）	机械费				1131.36
	挖掘机 $1m^3$	台时	1.00	209.58	209.58
	推土机 59kW	台时	0.50	111.73	55.87
	自卸汽车 8t	台时	6.50	133.22	865.91
2.	其他直接费	1197.81		2.50%	29.95
3.	现场经费	1197.81		9.00%	107.80
二、	间接费	1335.56		9.00%	120.20
三、	企业利润	1455.76		7.00%	101.90
四、	税金	1557.66		3.284%	51.15
五、	其他				
六、	合计				1608.82

表 2-22　水利建筑工程预算单价计算表

工程名称：进水口石方开挖

		沟槽石方开挖			
定额编号	水利：20081	单价号	500102007001	单位：$100m^3$	
编号	名称及规格	单　位	数　量	单价/元	合计/元
一、	直接工程费				10711.91
1.	直接费				9607.10
（1）	人工费				1725.42
	工长	工时	9.2	7.11	65.37

（续）

编号	名称及规格	单位	数量	单价/元	合计/元
	中级工	工时	111.5	5.62	627.08
	初级工	工时	339.5	3.04	1032.97
（2）	材料费				7116.17
	合金钻头	个	5.19	50.00	259.50
	炸药	kg	101.06	20.00	2021.20
	雷管	个	255.21	10.00	2552.10
	导线	m	388.90	5.00	1944.50
	其他材料费	%	5	6777.30	338.87
（3）	机械费				765.51
	风钻 手持式	台时	22.84	30.47	695.92
	其他机械费	%	10	695.92	69.59
2.	其他直接费	9607.10	2.50%		240.18
3.	现场经费	9607.10	9.00%		864.64
二、	间接费	10711.91	9.00%		964.07
三、	企业利润	11675.98	7.00%		817.32
四、	税金	12493.30	3.284%		410.28
五、	其他				
六、	合计				12903.58

表 2-23　水利建筑工程预算单价计算表

工程名称：隧洞洞身石方开挖

	平洞石方开挖				
定额编号	水利部：20163	单价号	500102007002	单位：100m³	
编号	名称及规格	单位	数量	单价/元	合计/元
一、	直接工程费				18906.14
1.	直接费				16956.18
（1）	人工费				3771.82
	工长	工时	18.8	7.11	133.58
	中级工	工时	325.5	5.62	1830.63
	初级工	工时	594.1	3.04	1807.61
（2）	材料费				8705.83
	合金钻头	个	10.03	50.00	501.50
	炸药	kg	156.96	20.00	3139.20
	雷管	个	219.23	10.00	2192.30
	导线	m	430.80	5.00	2154.00
	其他材料费	%	9	7987.00	718.83
（3）	机械费				4478.53
	风钻 气腿式	台时	51.88	41.95	2176.39
	风钻 手持式	台时	24.94	30.47	759.91
	轴流通风机 37kW	台时	29.10	41.60	1210.49
	其他机械费	%	8	4146.78	331.74

（续）

编号	名称及规格	单 位	数 量	单价/元	合计/元
2.	其他直接费		16956.18	2.50%	423.90
3.	现场经费		16956.18	9.00%	1526.06
二、	间接费		18906.14	9.00%	1701.55
三、	企业利润		20607.70	7.00%	1442.54
四、	税金		22050.23	3.284%	724.13
五、	其他				

表 2-24　水利建筑工程预算单价计算表

工程名称:消力池石方回填工程

	人工铺筑砂石垫层				
定额编号	水利部:30001	单价号	500103007001	单位:100m³	
工作内容:修坡、压实					
编号	名称及规格	单 位	数 量	单价/元	合计/元
一、	直接工程费				9210.64
1.	直接费				8260.66
(1)	人工费				1539.62
	工长	工时	9.9	7.11	70.34
	初级工	工时	482.9	3.04	1469.28
(2)	材料费				6721.05
	碎石	m³	102	65.24	6654.50
	其他材料费	%	1	6654.50	66.55
(3)	机械费				0.00
2.	其他直接费		8260.66	2.50%	206.52
3.	现场经费		8260.66	9.00%	743.46
二、	间接费		9210.64	9.00%	828.96
三、	企业利润		10039.60	7.00%	702.77
四、	税金		10742.37	3.284%	352.78
五、	其他				
六、	合计				11095.15

表 2-25　水利建筑工程预算单价计算表

工程名称:消力池石方开挖

	砌体拆除				
定额编号	水利部:30052	单价号	500105009001	单位:100m³	
适用范围:块、条、料石					
工作内容:拆除、清理、堆放					
编号	名称及规格	单 位	数 量	单价/元	合计/元
一、	直接工程费				3089.10
1.	直接费				2770.49
(1)	人工费				2756.71
	工长	工时	18.0	7.11	127.89

（续）

编号	名称及规格	单 位	数 量	单价/元	合计/元
	初级工	工时	864.0	3.04	2628.81
（2）	材料费				13.78
	零星材料费	%	0.5	2756.71	13.78
（3）	机械费				0.00
2.	其他直接费		2770.49	2.50%	69.26
3.	现场经费		2770.49	9.00%	249.34
二、	间接费		3089.10	9.00%	278.02
三、	企业利润		3367.12	7.00%	235.70
四、	税金		3602.81	3.284%	118.32
五、	其他				
六、	合计				3721.13

表 2-26　水利建筑工程预算单价计算表

工程名称：C25 混凝土进水渠

明渠

定额编号	水利部：40063		单价号	500109001001	单位：100m³

适用范围：引水、泄水、灌溉渠道及隧洞进出口明挖段的边坡、底板，土壤基础上的槽型整体

编号	名称及规格	单 位	数 量	单价/元	合计/元
一、	直接工程费				35307.49
1.	直接费				31665.91
（1）	人工费				2237.12
	工长	工时	15.3	7.11	108.71
	高级工	工时	25.6	6.61	169.25
	中级工	工时	204.5	5.62	1150.12
	初级工	工时	265.9	3.04	809.03
（2）	材料费				24471.40
	混凝土　C25	m³	103	234.98	24203.01
	水	m³	140	0.19	26.10
	其他材料费	%	1	24229.11	242.29
（3）	机械费				892.69
	振动器　1.1kW	台时	35.60	2.27	80.68
	风水枪	台时	22.00	32.89	723.54
	其他机械费	%	11	804.22	88.46
（4）	嵌套项				4064.71
	混凝土拌制	m³	103	21.79	2243.88
	混凝土运输	m³	103	17.68	1820.83
2.	其他直接费		31665.91	2.50%	791.65
3.	现场经费		31665.91	9.00%	2849.93
二、	间接费		35307.49	9.00%	3177.67
三、	企业利润		38485.16	7.00%	2693.96

（续）

编号	名称及规格	单 位	数 量	单价/元	合计/元
四、	税金		41179.13	3.284%	1352.32
五、	其他				
六、	合计				42531.45

表 2-27　水利建筑工程预算单价计算表

工程名称：C25 混凝土进水渠

<table>
<tr><td colspan="6" align="center">搅拌楼拌制混凝土</td></tr>
<tr><td>定额编号</td><td colspan="2" align="center">水利部：40136</td><td>单价号</td><td colspan="1" align="center">500109001001</td><td align="center">单位：100m³</td></tr>
<tr><td colspan="6">工作内容：场内配运水泥、骨料，投料、加水、加外加剂、搅拌、出料、清洗</td></tr>
<tr><td>编号</td><td>名称及规格</td><td>单 位</td><td>数 量</td><td>单价/元</td><td>合计/元</td></tr>
<tr><td>一、</td><td>直接工程费</td><td></td><td></td><td></td><td>2429.05</td></tr>
<tr><td>1.</td><td>直接费</td><td></td><td></td><td></td><td>2178.52</td></tr>
<tr><td>（1）</td><td>人工费</td><td></td><td></td><td></td><td>167.67</td></tr>
<tr><td></td><td>工长</td><td>工时</td><td>2.3</td><td>7.11</td><td>16.34</td></tr>
<tr><td></td><td>高级工</td><td>工时</td><td>2.3</td><td>6.61</td><td>15.21</td></tr>
<tr><td></td><td>中级工</td><td>工时</td><td>17.1</td><td>5.62</td><td>96.17</td></tr>
<tr><td></td><td>初级工</td><td>工时</td><td>23.5</td><td>3.04</td><td>71.50</td></tr>
<tr><td>（2）</td><td>材料费</td><td></td><td></td><td></td><td>103.74</td></tr>
<tr><td></td><td>零星材料费</td><td>%</td><td>5.0</td><td>2074.78</td><td>103.74</td></tr>
<tr><td>（3）</td><td>机械费</td><td></td><td></td><td></td><td>1907.11</td></tr>
<tr><td></td><td>搅拌楼</td><td>台时</td><td>2.87</td><td>214.71</td><td>616.21</td></tr>
<tr><td></td><td>骨料系统</td><td>组时</td><td>2.87</td><td>326.23</td><td>936.28</td></tr>
<tr><td></td><td>水泥系统</td><td>组时</td><td>2.87</td><td>123.56</td><td>354.62</td></tr>
<tr><td>2.</td><td>其他直接费</td><td></td><td>2178.52</td><td>2.50%</td><td>54.46</td></tr>
<tr><td>3.</td><td>现场经费</td><td></td><td>2178.52</td><td>9.00%</td><td>196.07</td></tr>
<tr><td>二、</td><td>间接费</td><td></td><td>2429.05</td><td>9.00%</td><td>218.61</td></tr>
<tr><td>三、</td><td>企业利润</td><td></td><td>2647.67</td><td>7.00%</td><td>185.34</td></tr>
<tr><td>四、</td><td>税金</td><td></td><td>2833.01</td><td>3.284%</td><td>93.04</td></tr>
<tr><td>五、</td><td>其他</td><td></td><td></td><td></td><td></td></tr>
<tr><td>六、</td><td>合计</td><td></td><td></td><td></td><td>2926.04</td></tr>
</table>

表 2-28　水利建筑工程预算单价计算表

工程名称：C25 混凝土进水渠

<table>
<tr><td colspan="6" align="center">自卸汽车运混凝土</td></tr>
<tr><td>定额编号</td><td colspan="2" align="center">水利部：40167</td><td>单价号</td><td align="center">500109001001</td><td align="center">单位：100m³</td></tr>
<tr><td colspan="6">适用范围：配合搅拌楼或设有贮料箱装车</td></tr>
<tr><td colspan="6">工作内容：装车、运输、卸料、空回、清洗</td></tr>
</table>

（续）

编号	名称及规格	单 位	数 量	单价/元	合计/元
一、	直接工程费				1971.09
1.	直接费				1767.80
（1）	人工费				100.13
	中级工	工时	13.8	5.62	77.61
	初级工	工时	7.4	3.04	22.52
（2）	材料费				84.18
	零星材料费	%	5.0	1683.62	84.18
（3）	机械费				1583.49
	自卸汽车 5t	台时	15.30	103.50	1583.49
2.	其他直接费	1767.80		2.50%	44.19
3.	现场经费	1767.80		9.00%	159.10
二、	间接费	1971.09		9.00%	177.40
三、	企业利润	2148.49		7.00%	150.39
四、	税金	2298.89		3.284%	75.50
五、	其他				
六、	合计				2374.38
3.	现场经费	84.18		9.00%	7.58
二、	间接费	84.18		9.00%	7.58
三、	企业利润	91.76		7.00%	6.42
四、	税金	98.18		3.284%	3.22
五、	其他				
六、	合计				101.40

表 2-29　水利建筑工程预算单价计算表

工程名称：C25 混凝土胸墙式进水口

墙			
定额编号	水利部：40068	单价号	500109001002	单位：100m³

编号	名称及规格	单 位	数 量	单价/元	合计/元
一、	直接工程费				37216.55
1.	直接费				33378.07
（1）	人工费				2807.64
	工长	工时	17.3	7.11	122.92
	高级工	工时	40.5	6.61	267.77
	中级工	工时	323.5	5.62	1819.38
	初级工	工时	196.4	3.04	597.57
（2）	材料费				24721.29

（续）

编号	名称及规格	单位	数量	单价/元	合计/元
	混凝土 C25	m³	103	234.98	24203.01
	水	m³	180	0.19	33.55
	其他材料费	%	2.0	24236.56	484.73
（3）	机械费				1784.43
	振动器 1.1kW	台时	49.50	2.27	112.18
	风水枪	台时	12.36	32.89	406.50
	混凝土泵 30m³/h	台时	11.66	90.95	1060.46
	其他机械费	%	13.00	1579.14	205.29
（4）	嵌套项				4064.71
	混凝土拌制	m³	103	21.79	2243.88
	混凝土运输	m³	103	17.68	1820.83
2.	其他直接费		33378.07	2.50%	834.45
3.	现场经费		33378.07	9.00%	3004.03
二、	间接费		37216.55	9.00%	3349.49
三、	企业利润		40566.04	7.00%	2839.62
四、	税金		43405.66	3.284%	1425.44
五、	其他				
六、	合计				44831.10

表 2-30　水利建筑工程预算单价计算表

工程名称：C25 混凝土闸门井外包及内衬

竖井衬砌					
定额编号	水利部：40052	单价号	500109006001	单位：100m³	
适用范围：竖井及调压井					
编号	名称及规格	单位	数量	单价/元	合计/元
一、	直接工程费				35801.14
1.	直接费				32108.64
（1）	人工费				2955.42
	工长	工时	18.5	7.11	131.45
	高级工	工时	61.8	6.61	408.59
	中级工	工时	302.5	5.62	1701.28
	初级工	工时	234.7	3.04	714.10
（2）	材料费				24334.33
	混凝土 C25	m³	103	234.98	24203.01
	水	m³	55	0.19	10.25
	其他材料费	%	0.5	24213.26	121.07

（续）

编号	名称及规格	单 位	数 量	单价/元	合计/元
（3）	机械费				754.19
	振动器 1.1kW	台时	40.05	2.27	90.77
	风水枪	台时	19.08	32.89	627.51
	其他机械费	%	5.00	718.27	35.91
（4）	嵌套项				4064.71
	混凝土拌制	m³	103	21.79	2243.88
	混凝土运输	m³	103	17.68	1820.83
2.	其他直接费	32108.64	2.50%		802.72
3.	现场经费	32108.64	9.00%		2889.78
二、	间接费	35801.14	9.00%		3222.10
三、	企业利润	39023.24	7.00%		2731.63
四、	税金	41754.87	3.284%		1371.23
五、	其他				
六、	合计				43126.10

表2-31 水利建筑工程预算单价计算表

工程名称：C25混凝土洞身段

					隧洞衬砌		

定额编号	水利部：40035		单价号	500109001003		单位：100m³	

工作内容：仓面清洗，装拆混凝土导管（混凝土泵入仓），平仓振捣，钢筋、模板维护，混凝土养护及人工凿毛

编号	名称及规格	单 位	数 量	单价/元	合计/元
一、	直接工程费				37820.05
1.	直接费				33919.33
（1）	人工费				3176.69
	工长	工时	20.1	7.11	142.82
	高级工	工时	33.6	6.61	222.15
	中级工	工时	362.1	5.62	2036.47
	初级工	工时	254.8	3.04	775.26
（2）	材料费				24339.95
	混凝土 C25	m³	103	234.98	24203.01
	水	m³	85	0.19	15.85
	其他材料费	%	0.5	24218.85	121.09
（3）	机械费				2337.98
	振动器 1.1kW	台时	44.74	2.27	101.39
	风水枪	台时	30.40	32.89	999.80
	混凝土泵 30m³/h	台时	12.85	90.95	1168.69

（续）

编号	名称及规格	单 位	数 量	单价/元	合计/元
	其他机械费	%	3	2269.88	68.10
（4）	嵌套项				4064.71
	混凝土拌制	m³	103	21.79	2243.88
	混凝土运输	m³	103	17.68	1820.83
2.	其他直接费	33919.33	2.50%		847.98
3.	现场经费	33919.33	9.00%		3052.74
二、	间接费	37820.05	9.00%		3403.80
三、	企业利润	41223.86	7.00%		2885.67
四、	税金	44109.53	3.284%		1448.56
五、	其他				
六、	合计				45558.09

表 2-32　水利建筑工程预算单价计算表

工程名称:C25 混凝土消力池底板

底板					
定额编号	水利部:40058	单价号	500109001004		单位:100m³
适用范围:溢流堰、护坦、铺盖、阻滑板、闸底板、趾板等					
编号	名称及规格	单 位	数 量	单价/元	合计/元
一、	直接工程费				35067.44
1.	直接费				31450.62
（1）	人工费				2440.50
	工长	工时	15.6	7.11	110.84
	高级工	工时	20.9	6.61	138.18
	中级工	工时	276.7	5.62	1556.18
	初级工	工时	208.8	3.04	635.30
（2）	材料费				24346.50
	混凝土　C25	m³	103	234.98	24203.01
	水	m³	120	0.19	22.37
	其他材料费	%	0.5	24225.38	121.13
（3）	机械费				598.90
	振动器　1.1kW	台时	40.05	2.27	90.77
	风水枪	台时	14.92	32.89	490.69
	其他机械费	%	3.00	581.46	17.44
（4）	嵌套项				4064.71
	混凝土拌制	m³	103	21.79	2243.88
	混凝土运输	m³	103	17.68	1820.83

（续）

编号	名称及规格	单 位	数 量	单价/元	合计/元
2.	其他直接费		31450.62	2.50%	786.27
3、	现场经费		31450.62	9.00%	2830.56
二、	间接费		35067.44	9.00%	3156.07
三、	企业利润		38223.51	7.00%	2675.65
四、	税金		40899.15	3.284%	1343.13
五、	其他				
六、	合计				42242.28

表 2-33　水利建筑工程预算单价计算表

工程名称：钢筋加工及安装

钢筋制作与安装					
定额编号	水利部:40289		单价号	500111001001	单位:1t

适用范围:水工建筑物各部位及预制构件

工作内容:回直、除锈、切断、弯制、焊接、绑扎及加工场至施工场地运输

编号	名称及规格	单 位	数 量	单价/元	合计/元
一、	直接工程费				6383.99
1.	直接费				5725.55
(1)	人工费				550.65
	工长	工时	10.3	7.11	73.18
	高级工	工时	28.8	6.61	190.41
	中级工	工时	36.0	5.62	202.47
	初级工	工时	27.8	3.04	84.58
(2)	材料费				4854.36
	钢筋	t	1.02	4644.48	4737.37
	铁丝	kg	4.00	5.50	22.00
	电焊条	kg	7.22	6.50	46.93
	其他材料费	%	1.0	4806.30	48.06
(3)	机械费				320.54
	钢筋调直机　14kW	台时	0.60	18.58	11.15
	风砂枪	台时	1.50	32.89	49.33
	钢筋切断机　20kW	台时	0.40	26.10	10.44
	钢筋弯曲机　Φ6～40	台时	1.05	14.98	15.73
	电焊机　25kVA	台时	10.00	13.88	138.84
	对焊机150型	台时	0.40	86.90	34.76
	载重汽车　5t	台时	0.45	95.61	43.02
	塔式起重机　10t	台时	0.10	109.86	10.99

（续）

编号	名称及规格	单 位	数 量	单价/元	合计/元
	其他机械费	%	2	314.26	6.29
2.	其他直接费		5725.55	2.50%	143.14
3.	现场经费		5725.55	9.00%	515.30
二、	间接费		6383.99	9.00%	574.56
三、	企业利润		6958.54	7.00%	487.10
四、	税金		7445.64	3.284%	244.51
五、	其他				
六、	合计				7690.16

表 2-34　水利建筑工程预算单价计算表

工程名称：通气孔金属安装

			通气孔金属安装		
定额编号	水利部：13092		单价号	500201031001	单位：t
编号	名称及规格	单 位	数 量	单价/元	合计/元
一、	直接工程费				6283.50
1.	直接费				4239.88
（1）	人工费				1075.20
	工长	工时	10	7.11	71.05
	高级工	工时	51	6.61	337.19
	中级工	工时	91	5.62	511.79
	初级工	工时	51	3.04	155.17
（2）	材料费				1571.15
	钢板	kg	26	4.60	119.60
	型钢	kg	57	5.00	285.00
	钢轨	kg	64	5.50	352.00
	氧气	m³	9	4.00	36.00
	乙炔气	m³	3	7.00	21.00
	电焊条	kg	24	6.50	156.00
	油漆	kg	2	10.00	23.00
	木材	m³	0.04	2020.00	80.80
	电	kVA	66	0.91	59.92
	碳精棒	根	17	8.00	136.00
	探伤材料	张	6	17.00	96.90
	其他材料费	%	15	1366.22	204.93
（3）	机械费				1593.52
	汽车起重机　10t	台时	4	125.48	476.82

（续）

编号	名称及规格	单位	数量	单价/元	合计/元
	卷扬机 5t	台时	6	18.66	110.12
	电焊机 20~30kVA	台时	27	19.87	536.43
	载重汽车 5t	台时	2	95.61	219.90
	X 光探伤机 TX－2505	台时	3	15.71	42.41
	其他机械费	%	15	1385.67	207.85
2.	其他直接费		4239.88	3.20%	135.68
3.	现场经费		4239.88	45.00%	1907.95
二、	间接费		6283.50	50.00%	3141.75
三、	企业利润		9425.25	7.00%	659.77
四、	税金		10085.02	3.284%	331.19
五、	其他				
六、	合计				10416.21

表 2-35 水利建筑工程预算单价计算表

工程名称:隧洞出口内衬钢管

						压力管道			
定额编号		水利部:13101		单价号		500202008001		单位:t	
编号		名称及规格		单位	数量		单价/元		合计/元
一、		直接工程费							4911.34
1.		直接费							3313.99
（1）		人工费							741.95
		工长		工时	7		7.11		49.74
		高级工		工时	35		6.61		231.40
		中级工		工时	63		5.62		354.32
		初级工		工时	35		3.04		106.49
（2）		材料费							1268.24
		钢板		kg	19		4.60		87.40
		型钢		kg	43		5.00		215.00
		钢轨		kg	48		5.50		264.00
		氧气		m³	7.6		4.00		30.40
		乙炔气		m³	2.5		7.00		17.50
		电焊条		kg	21		6.50		136.50
		油漆		kg	2.1		10.00		21.00
		木材		m³	0.04		2020.00		80.80
		电		kVA	53		0.91		48.12
		碳精棒		根	14		8.00		112.00

（续）

编号	名称及规格	单　位	数　量	单价/元	合计/元
	探伤材料	张	5.3	17.00	90.10
	其他材料费	%	15	1102.82	165.42
（3）	机械费				1303.81
	汽车起重机　10t	台时	2.6	125.48	326.25
	卷扬机　5t	台时	4.9	18.66	91.45
	电焊机　20~30kVA	台时	25	19.87	496.69
	载重汽车　5t	台时	1.9	95.61	181.66
	X 光探伤机 TX-2505	台时	2.4	15.71	37.70
	其他机械费	%	15	1133.74	170.06
2.	其他直接费	3313.99		3.20%	106.05
3.	现场经费	3313.99		45.00%	1491.30
二、	间接费	4911.34		50.00%	2455.67
三、	企业利润	7367.01		7.00%	515.69
四、	税金	7882.70		3.284%	258.87
五、	其他				
六、	合计				8141.56

表 2-36　水利建筑工程预算单价计算表

工程名称：平板焊接闸门安装

平板焊接闸门安装					
定额编号	水利部：12002		单价号	500202005001	单位：t
编号	名称及规格	单　位	数　量	单价/元	合计/元
一、	直接工程费				1120.83
1.	直接费				756.30
（1）	人工费				509.06
	工长	工时	5	7.11	35.53
	高级工	工时	24	6.61	158.68
	中级工	工时	43	5.62	241.83
	初级工	工时	24	3.04	73.02
（2）	材料费				113.99
	钢板	kg	2.9	4.60	13.34
	氧气	m³	1.8	4.00	7.20
	乙炔气	m³	0.8	7.00	5.60
	电焊条	kg	3.9	6.50	25.35
	油漆	kg	2	10.00	20.00
	黄油	kg	0.2	8.00	1.60

（续）

编号	名称及规格	单　位	数　量	单价/元	合计/元
	汽油70#	kg	2.0	9.68	19.35
	棉纱头	kg	0.8	8.35	6.68
	其他材料费	%	15	99.12	14.87
（3）	机械费				133.25
	门式起重机　10t	台时	0.8	56.76	45.40
	电焊机　20~30kVA	台时	2.7	26.10	70.46
	其他机械费	%	15	115.87	17.38
2.	其他直接费		756.30	3.20%	24.20
3.	现场经费		756.30	45.00%	340.33
二、	间接费		1120.83	50.00%	560.42
三、	企业利润		1681.25	7.00%	117.69
四、	税金		1798.93	3.284%	59.08
五、	其他				
六、	合计				1858.01

表 2-37　水利建筑工程预算单价计算表

工程名称:闸门预埋件安装

闸门预埋件安装					
定额编号	水利部:12076	单价号	500202007001	单位:t	
编号	名称及规格	单　位	数　量	单价/元	合计/元
一、	直接工程费				2921.26
1.	直接费				1971.16
（1）	人工费				821.41
	工长	工时	8	7.11	56.84
	高级工	工时	39	6.61	257.85
	中级工	工时	69	5.62	388.06
	初级工	工时	39	3.04	118.66
（2）	材料费				492.89
	钢板	kg	13	4.60	59.80
	氧气	m^3	9.4	4.00	37.60
	乙炔气	m^3	4.1	7.00	28.70
	电焊条	kg	11	6.50	71.50
	油漆	kg	2.1	10.00	21.00
	木材	m^3	0.1	2020.00	202.00
	黄油	kg	1	8.00	8.00
	其他材料费	%	15	428.60	64.29

（续）

编号	名称及规格	单　位	数　量	单价/元	合计/元
（3）	机械费				656.86
	门式起重机 10t	台时	0.6	56.76	34.05
	卷扬机 5t	台时	12	18.66	223.96
	电焊机 20~30kVA	台时	12	26.10	313.16
	其他机械费	%	15	571.18	85.68
2、	其他直接费		1971.16	3.20%	63.08
3、	现场经费		1971.16	45.00%	887.02
二、	间接费		2921.26	50.00%	1460.63
三、	企业利润		4381.89	7.00%	306.73
四、	税金		4688.62	3.284%	153.97
五、	其他				
六、	合计				4842.59

表 2-38　水利建筑工程预算单价计算表

工程名称：土工布铺设

土工布铺设					
定额编号	水利部：90190	单价号	500109008001	单位：100m²	
适用范围：土石坝、围堰的反滤层					
工作内容：场内运输,铺设,接缝					
编号	名称及规格	单　位	数　量	单价/元	合计/元
一、	直接工程费				784.54
1.	直接费				703.62
（1）	人工费				48.78
	工长	工时	1	7.11	7.11
	中级工	工时	2	5.62	11.25
	初级工	工时	10	3.04	30.43
（2）	材料费				654.84
	土工布	kg	107	6.00	642.00
	其他材料费	m²	2	642.00	12.84
（3）	机械费				0.00
2.	其他直接费		703.62	2.50%	17.59
3.	现场经费		703.62	9.00%	63.33
二、	间接费		784.54	9.00%	70.61
三、	企业利润		855.14	7.00%	59.86
四、	税金		915.00	3.284%	30.05
五、	其他				
六、	合计				945.05

该工程人工费基本数据表见表 2-39。

表 2-39　人工费基本数据表

项目名称	单　位	工　长	高级工	中级工	初级工
基本工资标准	元/月	550.00	500.00	400.00	270.00
地区工资系数		1.0000	1.0000	1.0000	1.0000
地区津贴标准	元/月	0.00	0.00	0.00	0.00
夜餐津贴比率	%	30.00	30.00	30.00	30.00
施工津贴标准	元/天	5.30	5.30	5.30	2.65
养老保险费率	%	20.00	20.00	20.00	10.00
住房公积金费率	%	5.00	5.00	5.00	2.50
工时单价	元/时	7.11	6.61	5.62	3.04

该工程材料费基本数据表见表 2-40。

表 2-40　材料费基本数据表

名称及规格		钢筋	水泥 32.5#	汽油	柴油	砂（中砂）	石子（碎石）	块石
单位		t	t	t	t	m³	m³	m³
单位毛重(t)		1	1	1	1	1.55	1.45	1.7
每吨每公里运费/元		0.70	0.70	0.70	0.70	0.70	0.70	0.70
价格/元（卸车费和保管费按照郑州市造价信息提供的价格计算）	原价	4500	330	9390	8540	110	50	50
	运距	6	6	6	6	6	6	6
	卸车费	5	5			5	5	5
	运杂费	9.20	9.20	4.20	4.20	14.26	13.34	15.64
	保管费	135.28	10.18	281.83	256.33	3.73	1.90	1.97
	运到工地分仓库价格/t	4509.20	339.20	9394.20	8544.20	124.26	63.34	65.64
	保险费							
	预算价/元	4644.48	349.38	9676.03	8800.53	127.99	65.24	67.61

该工程混凝土单价计算基本数据表见表 2-41。

表 2-41　混凝土单价计算基本数据表

混凝土材料单价计算表								单位:m³
单价/元	混凝土标号	水泥强度等级	级配	预算量				
				水泥 /kg	掺合料 /kg 膨润土	砂/m³	石子 /m³	外加济 /kg REA	水 /m³
233.28	M7.5	32.5		261		1.11			0.157
212.98	C15	32.5	1	270		0.57	0.70		0.170
228.27	C20	42.5	1	321		0.54	0.72		0.170
234.98	C25	42.5	1	353		0.50	0.73		0.170
245.00	C30	42.5	1	389		0.48	0.73		0.170

该工程机械台时费单价计算基本数据表见表2-42。

表 2-42　机械台时费单价计算基本数据表

名称及规格	台时费	折旧费	修理费	安拆费	人工费	动力燃料费
单斗挖掘机　液压1m³	209.58	35.63	25.46	2.18	15.18	131.13
推土机　59kW	111.73	10.80	13.02	0.49	13.50	73.92
自卸汽车　8t	133.22	22.59	13.55		7.31	89.77
振捣器　插入式1.1kW	2.27	0.32	1.22		0.00	0.73
混凝土泵　30m³/h	90.95	30.48	20.63	2.10	13.50	24.24
风(砂)水枪　6m³/min	32.89	0.24	0.42		0.00	32.23
钢筋切断机　20kW	26.10	1.18	1.71	0.28	7.31	15.62
载重汽车　5t	95.61	7.77	10.86		7.31	69.67
电焊机　交流25kVA	13.88	0.33	0.30	0.09	0.00	13.16
钢筋调直机　4~14kW	18.58	1.60	2.69	0.44	7.31	6.54
钢筋弯曲机　Φ6-40	14.98	0.53	1.45	0.24	7.31	5.45
对焊机　电弧型150kVA	86.90	1.69	2.56	0.76	7.31	74.58
塔式起重机　10t	109.86	41.37	16.89	3.10	15.18	33.32
自卸汽车　5t	103.50	10.73	5.37		7.31	80.08
卷扬机　5t	18.66	2.97	1.16	0.05	7.31	7.17
龙门式起重机　10t	56.76	20.42	5.96	0.99	13.50	15.89
汽车起重机　10t	125.48	25.08	17.45		15.18	67.76
X光探伤机	15.71	3.26	5.21	0.07	5.62	1.54
风钻手持式	30.47	0.54	1.89		0.00	28.04
风钻气腿式	41.95	0.82	2.46		0.00	38.67
轴流通风机　37kW	41.60	4.18	6.95	1.11	3.94	25.42

例3　水库溢洪道工程

溢洪道,是用于宣泄规划库容所不能容纳的洪水,保证坝体安全的开敞式或带有胸墙进水口的溢流泄水建筑物。溢洪道一般不经常工作,但却是水库枢纽中的重要建筑物。某一小型水库,在平原地区某一河流上修建,坝体下游为一城镇,为保证大坝安全,在大坝左岸开挖一溢洪道。

开挖部位选择在对周围村镇及农田等影响较小的坡积土地带。进水口侧距离水库有50m的梯形渠道,平均开挖深度8.5m,边坡与底部采用浆砌石衬砌。其他部位开挖回填如图3-1至图3-3所示。其他相关图纸如图3-4~图3-13所示。溢流闸控制段设计总净宽21.0m,分3孔,每孔7m,设计流量553m/s。闸室挡土墙墙后填土压实度为0.98。闸室混凝土一期采用标号C25,二期混凝土采用C30。

试对该溢洪道工程进行预算设计。

【解】　一、清单工程量

清单工程量计算规则:清单工程量依据施工图纸计算所得工程量乘以系数1.0。

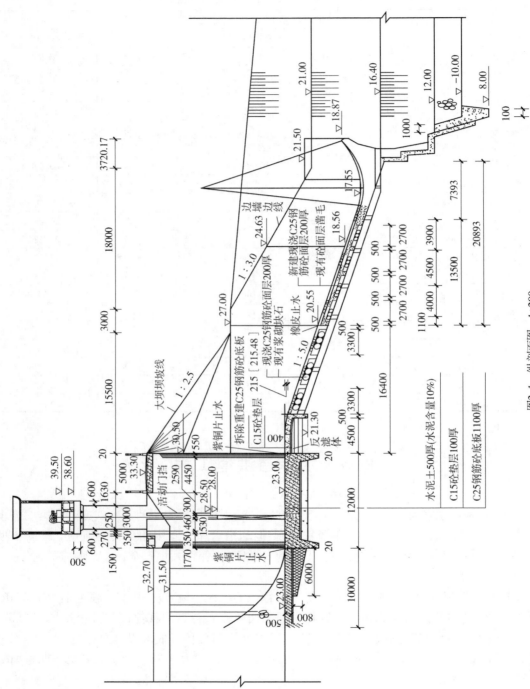

图3-1 纵剖面图 1:200

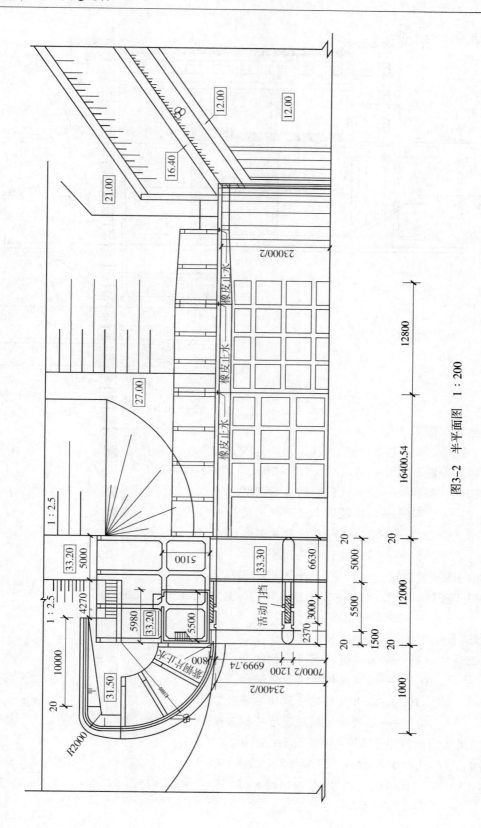

图3-2 半平面图 1：200

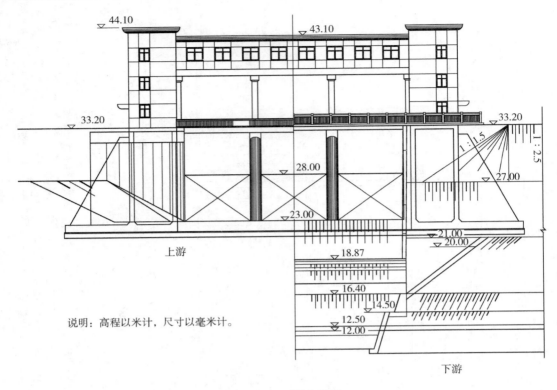

图 3-3   上下游立面图

1. 土方工程

（1）引流段水渠土方开挖工程（见图 3-1、图 3-2）

清单工程量 $= (23.4 + 41)/2 \times 8.5 \times 50\text{m}^3 = 13685.00\text{m}^3$

【注释】   23.4——溢洪道引水渠渠底宽度；

41——溢洪道引水渠开口宽度；

8.5——溢洪道引水渠开挖深度；

50——溢洪道引水渠长度。

（2）溢洪道控制段土方开挖（见图 3-1、图 3-2）

清单工程量 $= 12.0 \times (25 + 12 \times 2) \times 10.3 + 10^2 \times 3.14 \times 2 \times 10.3\text{m}^3$

$= 12524.80\text{m}^3$

【注释】   12.0——溢洪道控制段长度；

$(25 + 12 \times 2)$——溢洪道控制段开挖宽度；

10.3——溢洪道控制段开挖深度；

10——溢洪道控制段翼墙半径；

10.3——溢洪道控制段翼墙开挖深度。

（3）溢洪道泄流段土方开挖（见图 3-1、图 3-2）

清单工程量 $= 10.3 \times 5 \times (23.4 + 5 \times 2) + (10.3 + 11.7)/2 \times 11.4 \times (23.4 + 5 \times 2) +$

$(11.7 + 15.1)/2 \times 13.5 \times (23.4 + 5 \times 2) + 15.1 \times 7.5 \times (23.4 + 5 \times 2)\text{m}^3$

$= 15733.07\text{m}^3$

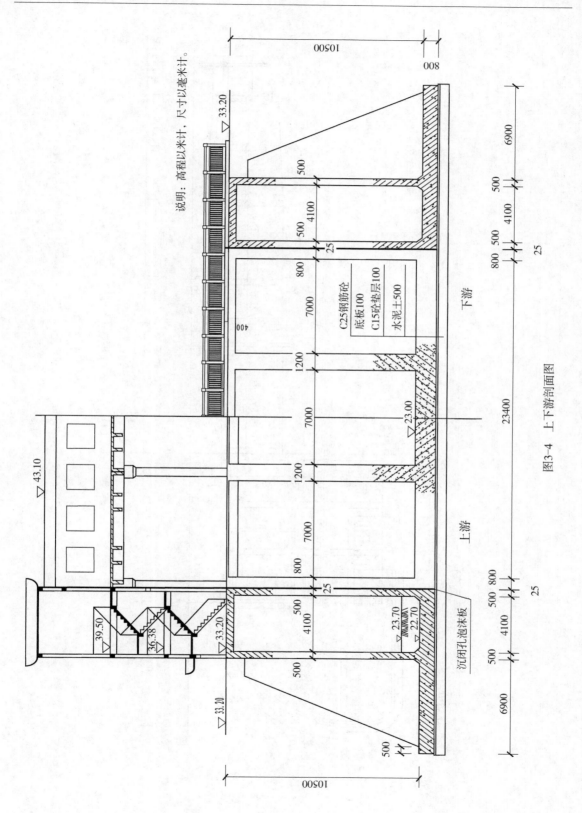

图3-4　上下游剖面图

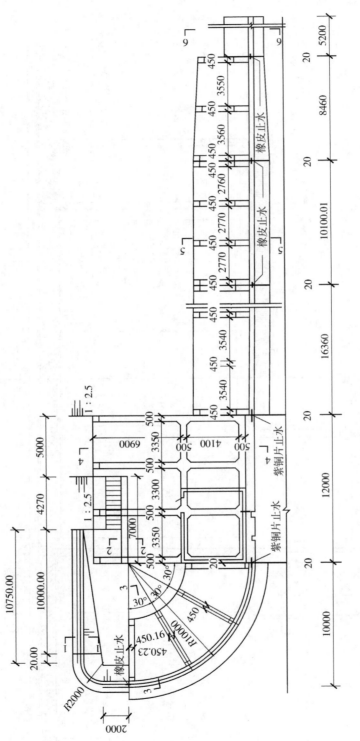

图3-5 岸墙平面图 1：100

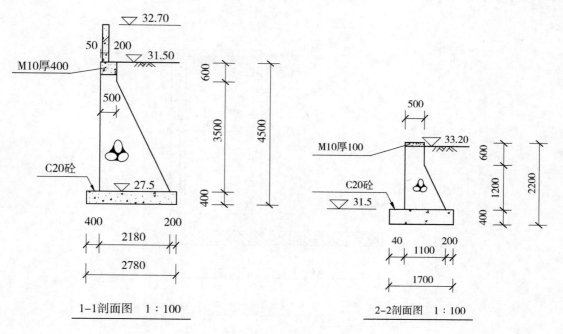

1-1剖面图　1∶100　　　　　　　　　　　2-2剖面图　1∶100

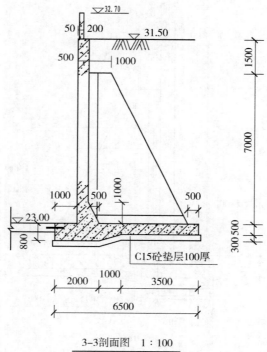

3-3剖面图　1∶100

图 3-6　岸墙剖面图

【注释】　10.3——溢洪道泄流段 1 开挖深度；

　　　　5——溢洪道泄流段 1 开挖长度；

（23.4＋5×2）——溢洪道泄流段 1 平均开挖宽度；

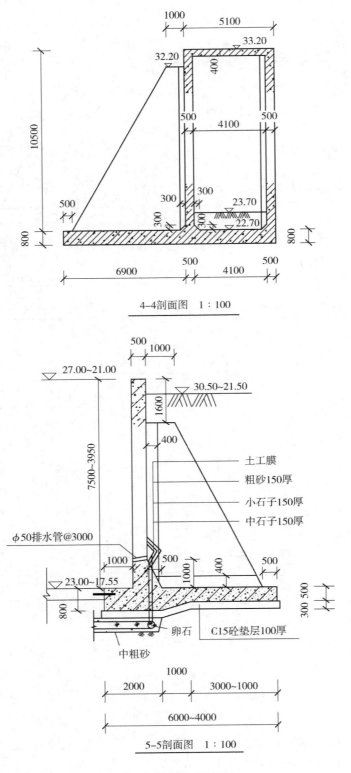

图 3-6　岸墙剖面图(续)

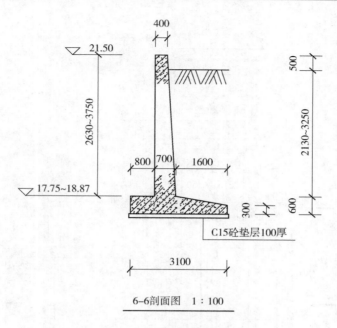

图 3-6　岸墙剖面图(续)

$(10.2 + 11.7)/2$——溢洪道泄流段 2 平均开挖深度;

　　　 11.4——溢洪道泄流段 2 开挖长度;

$(11.7 + 15.1)/2$——溢洪道泄流段 3 平均开挖深度;

　　　 13.5——溢洪道泄流段 3 开挖长度;

　　　 15.1——溢洪道泄流段 4 开挖深度;

　　　 7.5——溢洪道泄流段 4 开挖长度。

(4)溢洪道泄槽段土方开挖工程(见图 3-1、图 3-2)

清单工程量 $= 23.5 \times 15 \times 32 \mathrm{m}^3 = 11280.00 \mathrm{m}^3$

【注释】　 23.5——溢洪道泄槽段平均开挖深度;

　　　　　 15——溢洪道泄槽段开挖长度;

　　　　　 32——溢洪道泄槽段平均开挖宽度。

之后泄槽段与原有一渠道相连接。

2. 石方工程

(1)翼墙重力式挡土墙(浆砌石)(见图 3-1)

清单工程量 $= [0.5 \times 0.2 + (0.5 + 2.18)/2 \times 3.5] \times (10.75 + 2 + 2 \times 3.14) \times 2 \mathrm{m}^3$
　　　　　 $= 182.31 \mathrm{m}^3$

【注释】　 $(10.75 + 2 + 2 \times 3.14) \times 2$——重力式挡土墙(浆砌石)总长度;

　　　　　　　　 0.5×0.2——重力式挡土墙(浆砌石)顶部矩形截面边长;

　　　　　　　　　 2.18——重力式挡土墙(浆砌石)梯形截面底边长;

　　　　　　　　　 3.5——重力式挡土墙(浆砌石)梯形截面高度。

(2)交通桥通往工作桥混凝土踏步边挡土墙(浆砌石)(见图 3-2)

清单工程量 $= [0.5 \times 0.5 \times 7 + (1.05 + 0.5)/2 \times 0.6 \times 7] \times 2 \mathrm{m}^3 = 10.01 \mathrm{m}^3$

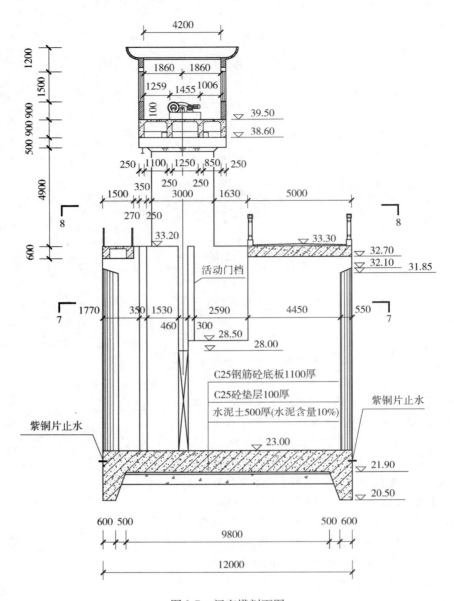

图 3-7　闸室横剖面图

【**注释**】　0.5——混凝土踏步边挡土墙矩形截面边长；

7——混凝土踏步边挡土墙长度；

1.05——混凝土踏步边挡土墙梯形截面平均底边长；

0.5——混凝土踏步边挡土墙梯形截面平均顶边长；

0.6——混凝土踏步边挡土墙平均高度。

（3）引水渠段边坡浆砌石衬砌工程（见图 3-1）

清单工程量 $= 0.4 \times 8.5 \times 50 \times 2 \text{m}^3 = 340.00 \text{m}^3$

【**注释**】　0.4——边坡浆砌石衬砌平均厚度；

8.5——边坡浆砌石衬砌高度；

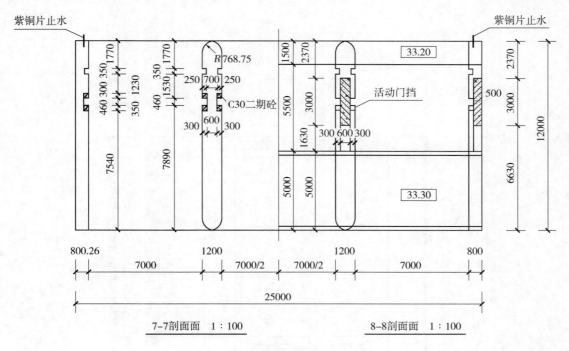

7-7剖面面　1∶100　　　　　　　　8-8剖面面　1∶100

图 3-8　闸室剖面图

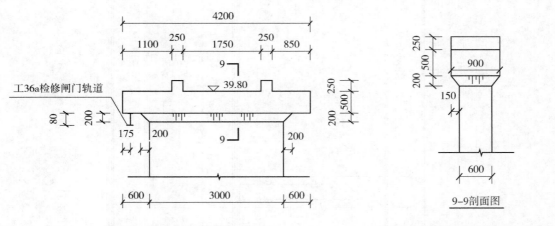

图 3-9　启闭台架立面图　1∶50　　　　　图 3-10　启闭台架剖面图　1∶50

50——引水渠全段长度；

2——引水渠边坡个数。

（4）引水渠段底板浆砌石衬砌工程（见图 3-1）

清单工程量 = $0.4 \times 23.4 \times 40 \text{m}^3 = 374.40 \text{m}^3$

【注释】　0.4——引水渠底板浆砌石衬砌平均厚度；

23.4——引水渠底板浆砌石衬砌宽度；

40——引水渠底板浆砌石衬砌长度。

（5）泄流段侧壁浆砌石衬砌工程（见图 3-1）

泄流段 1 清单工程量 = $0.4 \times 9.2 \times 5 \times 2 \text{m}^3 = 36.80 \text{m}^3$

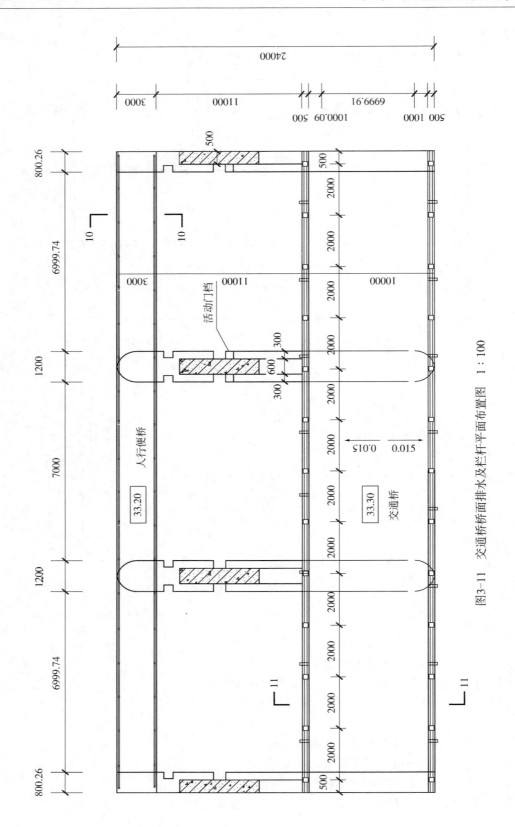

图3-11　交通桥桥面排水及栏杆平面布置图　1∶100

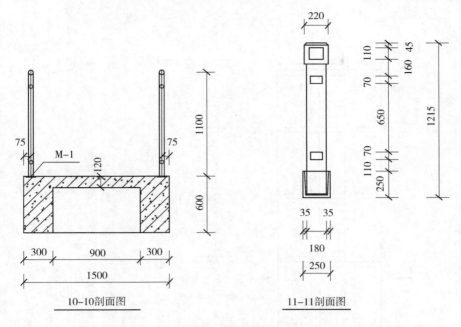

10—10剖面图　　　　　　　　　11—11剖面图

图 3-11　交通桥桥面排水及栏杆剖面图(续)　1:25

【注释】　0.4——泄流段 1 侧壁浆砌石衬砌平均厚度；

　　　　　9.2——泄流段 1 侧壁浆砌石衬砌高度；

　　　　　5——泄流段 1 侧壁浆砌石衬砌长度。

泄流段 2 清单工程量 $= 0.4 \times 6.45 \times 11.4 \times 2 \mathrm{m}^3 = 58.82 \mathrm{m}^3$

【注释】　0.4——泄流段 2 侧壁浆砌石衬砌平均厚度；

　　　　　6.45——泄流段 2 侧壁浆砌石衬砌高度；

　　　　　11.4——泄流段 2 侧壁浆砌石衬砌长度。

泄流段 3 清单工程量 $= 0.4 \times 6.07 \times 13.5 \times 2 \mathrm{m}^3 = 65.56 \mathrm{m}^3$

【注释】　0.4——泄流段 3 侧壁浆砌石衬砌平均厚度；

　　　　　6.07——泄流段 3 侧壁浆砌石衬砌高度；

　　　　　13.5——泄流段 3 侧壁浆砌石衬砌长度。

挑流鼻坎段清单工程量 $= 0.4 \times 3.95 \times 7.5 \times 2 \mathrm{m}^3 = 23.70 \mathrm{m}^3$

【注释】　0.4——挑流鼻坎段侧壁浆砌石衬砌平均厚度；

　　　　　3.95——挑流鼻坎段侧壁浆砌石衬砌高度；

　　　　　7.5——挑流鼻坎段侧壁浆砌石衬砌长度。

总的工程量清单 $= (36.80 + 58.82 + 65.56 + 23.70) \mathrm{m}^3 = 184.88 \mathrm{m}^3$

3. 混凝土工程

(1)C20 钢筋混凝土铺盖(见图 3-2)

清单工程量 $= (0.5 \times 10 + 0.5 \times 0.8) \times 23.4 \mathrm{m}^3 = 126.36 \mathrm{m}^3$

【注释】　0.5——式中第一个 0.5 表示铺盖厚度,第二个表示铺盖底部梁宽度；

　　　　　10——混凝土铺盖长度；

　　　　　0.8——铺盖底部梁高度；

　　　　　23.4——混凝土铺盖宽度。

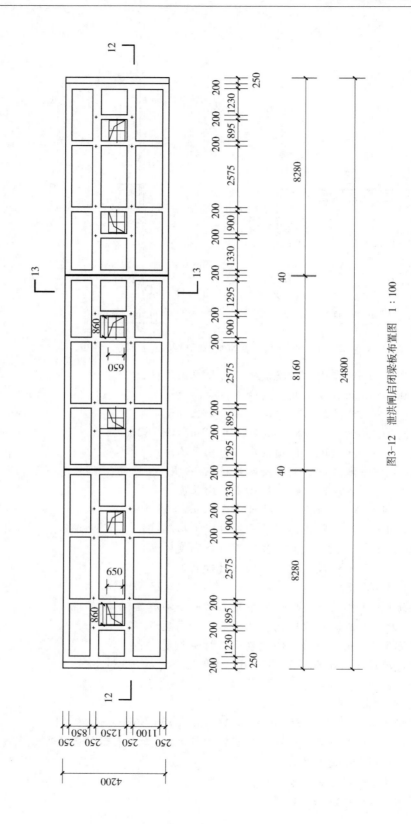

图3-12　泄洪闸启闭梁板布置图　1∶100

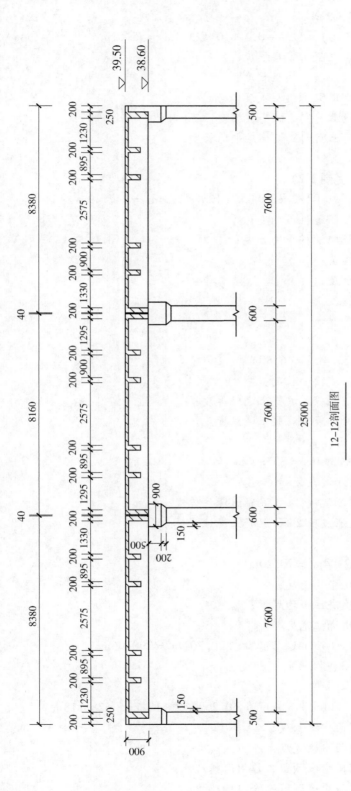

12-12剖面图

说明：1.本图单位：高程以米计，尺寸以毫米计；
2.启闭机底座尺寸根据水利部烟台水工机械厂生产的QP2×125型卷扬式启闭机布置。
3.砼标号采用C25。溢洪道闸室砼等级为C25，二期砼为C30。
4.墙后填土压实度为0.98。
5.钢管应采用防锈处理并外脚银白色油漆。

图3-13　泄洪闸启闭梁板剖面图　1：100

（2）C15 混凝土垫层（见图 3-2）

清单工程量 $=0.1 \times (10 - 0.5) \times 23.4 + 0.1 \times 10 \times 23.4 \mathrm{m}^3 = 45.63 \mathrm{m}^3$

【注释】　0.1——铺盖底部混凝土垫层厚度；

　　（10 − 0.5）——铺盖底部混凝土垫层长度；

　　　　23.4——铺盖底部混凝土垫层宽度。

　　　0.1——C15 混凝土闸室底板垫层厚度；

　　　　10——C15 混凝土闸室底板垫层平均长度；

　　23.4——闸底板宽度。

（3）C25 混凝土闸室底板（见图 3-2）

清单工程量 $= [1.1 \times (0.5 + 1.0)/2 \times 2 + 1.1 \times 12] \times 23.4 \mathrm{m}^3 = 347.49 \mathrm{m}^3$

【注释】　1.1——闸室底板阻滑桩盖厚度；

（0.5 + 1.0）/2——闸室底板阻滑桩平均长度；

　　　1.1——闸底板厚度；

　　　12——闸底板长度；

　　23.4——闸底板宽度。

（4）泄流段工程（见图 3-2）

C25 混凝土泄流段 1

清单工程量 $= 5.0 \times 0.4 \times 23.4 \mathrm{m}^3 = 46.80 \mathrm{m}^3$

【注释】　5.0——溢洪道泄流段 1 长度；

　　0.4——溢洪道泄流段 1 混凝土浇注厚度；

　　23.4——溢洪道泄流段 1 混凝土浇注宽度。

C25 钢筋混凝土面层

清单工程量 $= 24.9 \times 0.4 \times 23.4 \mathrm{m}^3 = 233.06 \mathrm{m}^3$

【注释】　24.9——溢洪道泄流段 2 + 3 长度；

　　0.4——溢洪道泄流段 2 + 3 混凝土浇注厚度；

　　23.4——溢洪道泄流段 2 + 3 混凝土浇注宽度。

C25 混凝土挑流鼻坎

清单工程量 $= 7.5 \times 0.4 \times 23.4 \mathrm{m}^3 = 70.20 \mathrm{m}^3$

【注释】　7.5——挑流鼻坎平均长度；

　　0.4——挑流鼻坎浇注平均厚度；

　　23.4——挑流鼻坎浇注宽度。

泄流段混凝土清单工程量 $= (46.80 + 233.06 + 70.20) \mathrm{m}^3 = 290.06 \mathrm{m}^3$

（5）C25 混凝土墩（见图 3-3、图 3-6）

C25 混凝土中墩工程

清单工程量 $= (12 \times 1.2 - 1.11 \times 0.3 - 0.35 \times 0.25) \times 2 \times 10.2 \mathrm{m}^3 = 285.18 \mathrm{m}^3$

【注释】　12——溢洪道闸门中墩长度；

　　　1.2——溢洪道闸门中墩宽度；

1.11 × 0.3——溢洪道闸门中墩预留工作闸门槽尺寸；

0.35 × 0.25——溢洪道闸门中墩预留检修门槽尺寸；

　　10.2——溢洪道闸门中墩高度。

C25 混凝土边墩工程

清单工程量 = $(5.1 \times 11.3 - 4.1 \times 10 + 6.9 \times 0.8) \times 2 \times 12 + (1.0 + 6.4)/2 \times 0.8 \times 4 \times 9.5 \text{m}^3$
　　　　　　　= 644.08m^3

【注释】　5.1——边墩宽度(带空腔);

　　　　　11.3——边墩高度(带空腔);

　　　　4.1 × 10——边墩空腔尺寸;

　　　　　6.9——边墩踵板长度;

　　　　　0.8——边墩踵板厚度;

　　　　　12——边墩长度;

　　　　　1.0——边墩挡土墙扶臂顶宽;

　　　　　6.4——边墩挡土墙扶臂底宽;

　　　　　0.8——边墩挡土墙扶臂厚度;

　　　　　9.5——边墩挡土墙扶臂高度。

C25 混凝土墩工程的清单工程量 = $(285.18 + 644.08)\text{m}^3 = 929.26\text{m}^3$

(6)C30 二期混凝土支墩工程(见图 3-6 ~ 图 3-10)

清单工程量 = $0.5 \times 3 \times 4.8 \times 4 + (0.35 + 0.3) \times 0.3 \times 6 \times 10.2 \text{m}^3 = 40.73 \text{m}^3$

【注释】　0.5——二期混凝土支墩宽度;

　　　　　3——二期混凝土支墩长度;

　　　　　4.8——二期混凝土支墩高度;

　　　　　4——二期混凝土支墩个数;

　　　　(0.35 + 0.3)——一期闸墩工作闸门槽二期浇注长度;

　　　　　0.3——工作闸门槽宽度;

　　　　　10.2——一期闸墩高度。

工作闸门其他梁板及配套房屋建筑等工作项目此处不做计算。

(7)钢筋工程(见图 3-11 ~ 图 3-13)

C20 钢筋混凝土铺盖清单工程量 = $(126.36 \times 3\%)\text{t} = 3.791\text{t}$

C25 混凝土闸室底板清单工程量 = $(347.49 \times 3\%)\text{t} = 10.425\text{t}$

C25 混凝土泄流段清单工程量 = $(290.06 \times 3\%)\text{t} = 8.702\text{t}$

C25 混凝土墩工程清单工程量 = $(929.26 \times 3\%)\text{t} = 27.878\text{t}$

C30 二期混凝土支墩工程清单工程量 = $(40.73 \times 3\%)\text{t} = 1.222\text{t}$

钢筋工程清单工程量 = $(3.791 + 10.425 + 8.702 + 27.878 + 1.222)\text{t} = 52.018\text{t}$

该除险加固工程中建筑及安装工程清单工程量计算表见表 3-1。

表 3-1　工程量清单计算表

序号	项目编码	项目名称	计量单位	工程量
1		建筑工程		
1.1	500101	土方开挖工程		
1.1.1	500101003001	引流段水渠土方开挖工程	m³	13685.00

（续）

序号	项目编码	项目名称	计量单位	工程量
1.1.2	500101003002	溢洪道控制段土方开挖	m^3	12524.80
1.1.3	500101003003	溢洪道泄流段土方开挖	m^3	15733.07
1.1.4	500101003004	溢洪道泄槽段土方开挖	m^3	11280.00
1.2	500105	砌筑工程		
1.2.1	500105003001	翼墙重力式挡土墙（浆砌石）	m^3	182.31
1.2.2	500105003002	混凝土踏步边挡土墙	m^3	10.01
1.2.3	500105003003	引水渠段边坡浆砌石衬砌	m^3	340.00
1.2.4	500105003004	引水渠段底板浆砌石衬砌	m^3	374.40
1.2.5	500105003005	泄流段侧壁浆砌石衬砌	m^3	184.88
1.3	500109	混凝土工程		
1.3.1	500109001001	C20 钢筋混凝土铺盖	m^3	126.36
1.3.2	500109001002	C15 混凝土垫层	m^3	45.63
1.3.3	500109001003	C25 混凝土闸室底板	m^3	347.49
1.3.4	500109001004	C25 混凝土泄流段	m^3	290.06
1.3.5	500109001005	C25 混凝土墩工程	m^3	929.26
1.3.6	500109006001	C30 二期混凝土支墩工程	m^3	40.73
1.4	500111	钢筋、钢构件加工及安装工程		
1.4.1	500111001001	钢筋加工及安装	t	52.018

二、定额工程量(套用《水利建筑工程预算定额》中华人民共和国水利部)

1. 土方工程

(1)引流段水渠土方开挖工程——1m^3挖掘机挖装土自卸汽车运输

定额工程量 = $(23.4 + 41)/2 \times 8.5 \times 50 m^3 = 13685.00 m^3 = 136.85(100 m^3)$

适用范围：Ⅲ类土、露天作业。

工作内容：挖装、运输、卸除、空回。

套用定额编号 10369，定额单位：100m^3。

(2)溢洪道控制段土方开挖——1m^3挖掘机挖装土自卸汽车运输

定额工程量 = $[12 \times (25.0 + 12.0 \times 2) \times 10.3 + 10^2 \times 3.14 \times 2 \times 10.3] m^3$
$= 12524.80 m^3 = 125.248(100 m^3)$

适用范围：Ⅲ类土、露天作业。

工作内容：挖装、运输、卸除、空回。

套用定额编号 10369，定额单位：100m^3。

(3)溢洪道泄流段土方开挖——1m^3挖掘机挖装土自卸汽车运输

定额工程量 = $15733.07 m^3 = 157.3307(100 m^3)$

适用范围：Ⅲ类土、露天作业。

工作内容：挖装、运输、卸除、空回。

套用定额编号 10369，定额单位：100m^3。

（4）溢洪道泄槽段土方开挖——1m³挖掘机挖装土自卸汽车运输

定额工程量 $= 23.5 \times 15 \times 32 \mathrm{m}^3 = 11280.00 \mathrm{m}^3 = 112.80 (100 \mathrm{m}^3)$

适用范围：Ⅲ类土、露天作业。

工作内容：挖装、运输、卸除、空回。

套用定额编号 10369，定额单位：100m³。

2. 砌石工程

（1）翼墙重力式挡土墙——浆砌块石

定额工程量 $= 182.31 \mathrm{m}^3 = 1.8231 (100 \mathrm{m}^3)$

套用定额编号 30021，定额单位：100m³。

（2）混凝土踏步边挡土墙——浆砌块石

$$定额工程量 = [0.5 \times 0.5 \times 7 + (1.05 + 0.5)/2 \times 0.6 \times 7] \times 2 \mathrm{m}^3$$
$$= 10.01 \mathrm{m}^3 = 0.1001 (100 \mathrm{m}^3)$$

套用定额编号 30021，定额单位：100m³。

（3）引水渠段边坡浆砌石衬砌工程——浆砌块石

定额工程量 $= 0.4 \times 8.5 \times 50 \times 2 \mathrm{m}^3 = 340.00 \mathrm{m}^3 = 3.40 (100 \mathrm{m}^3)$

套用定额编号 30017，定额单位：100m³。

（4）引水渠段底板浆砌石衬砌工程——浆砌块石

定额工程量 $= 0.4 \times 23.4 \times 40 \mathrm{m}^3 = 374.40 \mathrm{m}^3 = 3.7440 (100 \mathrm{m}^3)$

套用定额编号 30019，定额单位：100m³。

（5）泄流段侧壁浆砌石衬砌工程——浆砌块石

定额工程量 $= (36.80 + 58.82 + 65.56 + 23.70) \mathrm{m}^3 = 184.88 \mathrm{m}^3 = 1.8488 (100 \mathrm{m}^3)$

套用定额编号 30017，定额单位：100m³。

3. 混凝土工程

（1）C20 钢筋混凝土铺盖——底板

定额工程量 $= (0.5 \times 10 + 0.5 \times 0.8) \times 23.4 \mathrm{m}^3 = 126.36 \mathrm{m}^3 = 1.2636 (100 \mathrm{m}^3)$

套用定额编号 40058，定额单位：100m³。

① 搅拌楼拌制混凝土

定额工程量 $= (0.5 \times 10 + 0.5 \times 0.8) \times 23.4 \mathrm{m}^3 = 126.36 \mathrm{m}^3 = 1.2636 (100 \mathrm{m}^3)$

工作内容：储料、配料、分料、搅拌、加水、加外加剂、出料、机械清洗。

套用定额 40136，定额单位：100m³。

② 自卸汽车运混凝土

定额工程量 $= (0.5 \times 10 + 0.5 \times 0.8) \times 23.4 \mathrm{m}^3 = 126.36 \mathrm{m}^3 = 1.2636 (100 \mathrm{m}^3)$

适用范围：配合搅拌楼或设有储料箱装车。

工作内容：装车、运输、卸料、空回、清洗。

套用定额编号 40166，定额单位：100m³。

（2）C15 混凝土基础垫层——其他混凝土

$$定额工程量 = 0.1 \times (10 - 0.5) \times 23.4 + 0.1 \times 10 \times 23.4 \mathrm{m}^3$$
$$= 45.63 \mathrm{m}^3 = 0.4563 (100 \mathrm{m}^3)$$

套用定额编号 40099，定额单位：100m³。

①搅拌楼拌制混凝土

定额工程量 $= 0.1 \times (10 - 0.5) \times 23.4 + 0.1 \times 10 \times 23.4 \mathrm{m}^3$

$\qquad = 45.63 \mathrm{m}^3 = 0.4563 (100 \mathrm{m}^3)$

工作内容:储料、配料、分料、搅拌、加水、加外加剂、出料、机械清洗。

套用定额40136,定额单位:100m^3。

②自卸汽车运混凝土

定额工程量 $= 0.1 \times (10 - 0.5) \times 23.4 + 0.1 \times 10 \times 23.4 \mathrm{m}^3$

$\qquad = 45.63 \mathrm{m}^3 = 0.4563 (100 \mathrm{m}^3)$

适用范围:配合搅拌楼或设有储料箱装车。

工作内容:装车、运输、卸料、空回、清洗。

套用定额编号40166,定额单位:100m^3。

(3)C25混凝土闸室底板——底板

定额工程量 $= [1.1 \times (0.5 + 1.0)/2 \times 2 + 1.1 \times 12] \times 23.4 \mathrm{m}^3$

$\qquad = 347.49 \mathrm{m}^3 = 3.4749 (100 \mathrm{m}^3)$

套用定额编号40058,定额单位:100m^3。

①搅拌楼拌制混凝土

定额工程量 $= [1.1 \times (0.5 + 1.0)/2 \times 2 + 1.1 \times 12] \times 23.4 \mathrm{m}^3$

$\qquad = 347.49 \mathrm{m}^3 = 3.4749 (100 \mathrm{m}^3)$

工作内容:储料、配料、分料、搅拌、加水、加外加剂、出料、机械清洗。

套用定额40136,定额单位:100m^3。

②自卸汽车运混凝土

定额工程量 $= [1.1 \times (0.5 + 1.0)/2 \times 2 + 1.1 \times 12] \times 23.4 \mathrm{m}^3$

$\qquad = 347.49 \mathrm{m}^3 = 3.4749 (100 \mathrm{m}^3)$

适用范围:配合搅拌楼或设有储料箱装车。

工作内容:装车、运输、卸料、空回、清洗。

套用定额编号40166,定额单位:100m^3。

(4)泄流段——溢流面

C25混凝土泄流段1

定额工程量 $= 5.0 \times 0.4 \times 23.4 \mathrm{m}^3 = 46.80 \mathrm{m}^3 = 0.4680 (100 \mathrm{m}^3)$

C25钢筋混凝土面层

定额工程量 $= 24.9 \times 0.4 \times 23.4 \mathrm{m}^3 = 233.06 \mathrm{m}^3 = 2.3306 (100 \mathrm{m}^3)$

C25混凝土挑流鼻坎

定额工程量 $= 7.5 \times 0.4 \times 23.4 \mathrm{m}^3 = 70.20 \mathrm{m}^3$

泄流段总定额工程量 $= (46.80 + 233.06 + 70.20) \mathrm{m}^3 = 290.06 \mathrm{m}^3 = 2.9006 (100 \mathrm{m}^3)$

套用定额编号40057,定额单位:100m^3。

①搅拌楼拌制混凝土

定额工程量 $= (46.80 + 233.06 + 70.20) \mathrm{m}^3 = 290.06 \mathrm{m}^3 = 2.9006 (100 \mathrm{m}^3)$

工作内容:储料、配料、分料、搅拌、加水、加外加剂、出料、机械清洗。

套用定额40136,定额单位:100m^3。

②自卸汽车运混凝土

定额工程量 $= 46.80 + 233.06 + 70.20 m^3 = 290.06 m^3 = 2.9006(100 m^3)$

适用范围:配合搅拌楼或设有储料箱装车。

工作内容:装车、运输、卸料、空回、清洗。

套用定额编号 40166,定额单位:$100 m^3$。

(5)C25 混凝土墩——墩

C25 混凝土中墩工程

定额工程量 $= (12 \times 1.2 - 1.11 \times 0.3 - 0.35 \times 0.25) \times 2 \times 10.2 m^3$
$\qquad = 285.18 m^3 = 2.8518(100 m^3)$

C25 混凝土边墩工程

定额工程量 $= (5.1 \times 11.3 - 4.1 \times 10 + 6.9 \times 0.8) \times 2 \times 12 + (1.0 + 6.4)/2 \times 0.8 \times 4 \times 9.5 m^3$
$\qquad = 644.08 m^3 = 6.4408(100 m^3)$

C25 混凝土墩总的定额工程量 $= (285.18 + 644.08) m^3 = 929.26 m^3 = 9.2926(100 m^3)$

适用范围:水闸闸墩、溢洪道闸墩、桥墩、靠船墩、渡槽墩、镇支墩等。

套用定额编号 40067,定额单位:$100 m^3$。

①搅拌楼拌制混凝土

定额工程量 $= (285.18 + 644.08) m^3 = 929.26 m^3 = 9.2926(100 m^3)$

工作内容:储料、配料、分料、搅拌、加水、加外加剂、出料、机械清洗。

套用定额 40136,定额单位:$100 m^3$。

②自卸汽车运混凝土

定额工程量 $= (285.18 + 644.08) m^3 = 929.26 m^3 = 9.2926(100 m^3)$

适用范围:配合搅拌楼或设有储料箱装车。

工作内容:装车、运输、卸料、空回、清洗。

套用定额编号 40166,定额单位:$100 m^3$。

(6)C30 二期混凝土支墩工程——二期混凝土

定额工程量 $= 0.5 \times 3 \times 4.8 \times 4 + (0.35 + 0.3) \times 0.3 \times 6 \times 10.2 m^3$
$\qquad = 40.73 m^3 = 0.4073(100 m^3)$

套用定额编号 40098,定额单位:$100 m^3$。

①搅拌楼拌制混凝土

定额工程量 $= 0.5 \times 3 \times 4.8 \times 4 + (0.35 + 0.3) \times 0.3 \times 6 \times 10.2 m^3$
$\qquad = 40.73 m^3 = 0.4073(100 m^3)$

工作内容:储料、配料、分料、搅拌、加水、加外加剂、出料、机械清洗。

套用定额 40136,定额单位:$100 m^3$。

②自卸汽车运混凝土

定额工程量 $= 0.5 \times 3 \times 4.8 \times 4 + (0.35 + 0.3) \times 0.3 \times 6 \times 10.2 m^3$
$\qquad = 40.73 m^3 = 0.4073(100 m^3)$

适用范围:配合搅拌楼或设有储料箱装车。

工作内容:装车、运输、卸料、空回、清洗。

套用定额编号 40166,定额单位:$100 m^3$。

4. 钢筋加工及安装

（1）钢筋制作及安装

定额工程量 $= (3.791 + 10.425 + 8.702 + 27.878 + 1.222)t = 52.018t$

套用定额编号 40289，定额单位：1t。

该工程分类分项工程工程量清单计价表见表 3-2。

表 3-2　分类分项工程工程量清单计价表

序号	项目编码	项目名称	计量单位	工程量	单价/元	合价/元
1		建筑工程				
1.1	500101	土方开挖工程				
1.1.1	500101003001	引流段水渠土方开挖工程	m³	13685.00	29.05	397498.62
1.1.2	500101003002	溢洪道控制段土方开挖	m³	12524.80	29.05	363799.10
1.1.3	500101003003	溢洪道泄流段土方开挖	m³	15733.07	29.05	456987.47
1.1.4	500101003004	溢洪道泄槽段土方开挖	m³	11280.00	29.05	327642.63
1.2	500105	砌筑工程				
1.2.1	500105003001	翼墙重力式挡土墙（浆砌石）	m³	182.31	257.64	46971.13
1.2.2	500105003002	混凝土踏步边挡土墙	m³	10.01	257.64	2579.02
1.2.3	500105003003	引水渠段边坡浆砌石衬砌	m³	340.00	262.35	89199.74
1.2.4	500105003004	引水渠段底板浆砌石衬砌	m³	374.40	256.15	95902.80
1.2.5	500105003005	泄流段侧壁浆砌石衬砌	m³	184.88	262.35	48503.67
1.3	500109	混凝土工程				
1.3.1	500109001001	C20 钢筋混凝土铺盖	m³	126.36	421.63	53277.17
1.3.2	500109001002	C15 混凝土垫层	m³	45.63	399.98	18251.09
1.3.3	500109001003	C25 混凝土闸室底板	m³	347.49	431.01	149772.95
1.3.4	500109001004	C25 混凝土泄流段	m³	290.06	422.90	122667.22
1.3.5	500109001005	C25 混凝土墩工程	m³	929.26	425.27	395186.40
1.3.6	500109006001	C30 二期混凝土支墩工程	m³	40.73	582.00	23704.86
1.4	500111	钢筋、钢构件加工及安装工程				
1.4.1	500111001001	钢筋加工及安装	t	52.018	7724.71	401823.96
		合　计	元			2901372.85

该工程工程单价汇总表见表 3-3。

表 3-3　工程单价汇总表

序号	项目编码	项目名称	计量单位	人工费	材料费	机械费	施工管理费和利润	税金
1		建筑工程						
1.1	500101	土方开挖工程						
1.1.1	500101003001	引流段水渠土方开挖工程	m³	0.20	0.83	20.48	6.46	1.07
1.1.2	500101003002	溢洪道控制段土方开挖	m³	0.20	0.83	20.48	6.46	1.07
1.1.3	500101003003	溢洪道泄流段土方开挖	m³	0.20	0.83	20.48	6.46	1.07

（续）

序号	项目编码	项目名称	计量单位	人工费	材料费	机械费	施工管理费和利润	税金
1.1.4	500101003004	溢洪道泄槽段土方开挖	m³	0.20	0.83	20.48	6.46	1.07
1.2	500105	砌筑工程						
1.2.1	500105003001	翼墙重力式挡土墙（浆砌石）	m³	33.82	154.03	2.94	57.32	9.53
1.2.2	500105003002	混凝土踏步边挡土墙	m³	33.82	154.03	2.94	57.32	9.53
1.2.3	500105003003	引水渠段边坡浆砌石衬砌	m³	35.14	156.14	3.00	58.37	9.70
1.2.4	500105003004	引水渠段底板浆砌石衬砌	m³	30.54	156.14	3.00	56.99	9.47
1.2.5	500105003005	泄流段侧壁浆砌石衬砌	m³	35.14	156.14	3.00	58.37	9.70
1.3	500109	混凝土工程						
1.3.1	500109001001	C20钢筋混凝土铺盖	m³	27.16	238.28	38.54	102.46	15.18
1.3.2	500109001002	C15混凝土垫层	m³	19.74	225.76	42.46	97.65	14.38
1.3.3	500109001003	C25混凝土闸室底板	m³	27.16	245.23	38.54	104.55	15.53
1.3.4	500109001005	C25混凝土泄流段	m³	20.53	246.44	37.96	102.75	15.23
1.3.5	500109001008	C25混凝土墩工程	m³	21.02	248.77	36.89	103.27	15.31
1.3.6	500109006001	C30二期混凝土支墩工程	m³	120.12	261.95	40.67	138.14	21.11
1.4	500111	钢筋、钢构件加工及安装工程						
1.4.1	500111001001	钢筋加工及安装	t	550.65	4854.36	315.47	1718.57	285.66

该工程工程量清单综合单价分析表见表3-4～表3-19。

表3-4 工程量清单综合单价分析

工程名称：某水库溢洪道工程　　　　　标段：　　　　　第1页　共16页

项目编码	500101003001	项目名称		引流段水渠土方开挖工程		计量单位		m³

清单综合单价组成明细

定额编号	定额名称	定额单位	数量	单价				合价			
				人工费	材料费	机械费	管理费和利润	人工费	材料费	机械费	管理费和利润
10369	1m³挖掘机挖装土自卸汽车运输	100m³	13685.00/13685.00/100＝0.01	20.39	82.73	2047.89	646.21	0.20	0.83	20.48	6.46
人工单价			小　计					0.20	0.83	20.48	6.46
3.04元/工时（初级工）			未计材料费				—				
清单项目综合单价							27.97				

（续）

材料费明细	主要材料名称、规格、型号	单位	数量	单价/元	合价/元	暂估单价/元	暂估合价/元
	其他材料费			—	0.83	—	
	材料费小计			—	0.83	—	

表 3-5　工程量清单综合单价分析

工程名称：某水库溢洪道工程　　　　　　　　标段：　　　　　　　第 2 页　共 16 页

项目编码	500101003002	项目名称	溢洪道控制段土方开挖	计量单位	m³

清单综合单价组成明细

定额编号	定额名称	定额单位	数量	单　价				合　价			
				人工费	材料费	机械费	管理费和利润	人工费	材料费	机械费	管理费和利润
10369	1m³挖掘机挖装土自卸汽车运输	100m³	12524.80/12524.80/100=0.01	20.39	82.73	2047.89	646.21	0.20	0.83	20.48	6.46
人工单价		小　计						0.20	0.83	20.48	6.46
3.04 元/工时(初级工)		未计材料费						—			
清单项目综合单价								27.97			

材料费明细	主要材料名称、规格、型号	单位	数量	单价/元	合价/元	暂估单价/元	暂估合价/元
	其他材料费			—	0.83	—	
	材料费小计			—	0.83	—	

表 3-6　工程量清单综合单价分析

工程名称：某水库溢洪道工程　　　　　　　　标段：　　　　　　　第 3 页　共 16 页

项目编码	500101003003	项目名称	溢洪道泄流段土方开挖	计量单位	m³

清单综合单价组成明细

定额编号	定额名称	定额单位	数量	单　价				合　价			
				人工费	材料费	机械费	管理费和利润	人工费	材料费	机械费	管理费和利润
10369	1m³挖掘机挖装土自卸汽车运输	100m³	15733.07/15733.07/100=0.01	20.39	82.73	2047.89	646.21	0.20	0.83	20.48	6.46
人工单价		小　计						0.20	0.83	20.48	6.46
3.04 元/工时(初级工)		未计材料费						—			
清单项目综合单价								27.97			

（续）

材料费明细	主要材料名称、规格、型号	单位	数量	单价/元	合价/元	暂估单价/元	暂估合价/元
	其他材料费			—	0.83	—	
	材料费小计			—	0.83	—	

表 3-7　工程量清单综合单价分析

工程名称：某水库溢洪道工程　　　　　　　标段：　　　　　　　第 4 页　共 16 页

项目编码	500101003004	项目名称	溢洪道泄槽段土方开挖	计量单位	m³

清单综合单价组成明细

定额编号	定额名称	定额单位	数量	单价 人工费	单价 材料费	单价 机械费	单价 管理费和利润	合价 人工费	合价 材料费	合价 机械费	合价 管理费和利润
10369	1m³ 挖掘机挖装土自卸汽车运输	100m³	11280.00/11280.00/100＝0.01	20.39	82.73	2047.89	646.21	0.20	0.83	20.48	6.46
	人工单价		小　计					0.20	0.83	20.48	6.46
3.04 元/工时（初级工）		未计材料费					—				
	清单项目综合单价							27.97			

材料费明细	主要材料名称、规格、型号	单位	数量	单价/元	合价/元	暂估单价/元	暂估合价/元
	其他材料费			—	0.83	—	
	材料费小计			—	0.83	—	

表 3-8　工程量清单综合单价分析

工程名称：某水库溢洪道工程　　　　　　　标段：　　　　　　　第 5 页　共 16 页

项目编码	500105003001	项目名称	翼墙重力式挡土墙	计量单位	m³

清单综合单价组成明细

定额编号	定额名称	定额单位	数量	单价 人工费	单价 材料费	单价 机械费	单价 管理费和利润	合价 人工费	合价 材料费	合价 机械费	合价 管理费和利润
30021	浆砌块石－挡土墙	100m³	182.31/182.31/100＝0.01	33.82	154.03	2.94	57.32	33.82	154.03	2.94	57.32
	人工单价		小　计					33.82	154.03	2.94	57.32
3.04 元/工时（初级工） 5.62 元/工时（中级工） 7.11 元/工时（工长）		未计材料费					—				
	清单项目综合单价							248.12			

（续）

材料费明细	主要材料名称、规格、型号	单位	数量	单价/元	合价/元	暂估单价/元	暂估合价/元
	块石	m³	1.08	67.61	73.02		
	砂浆	m³	0.34	233.28	80.25		
	其他材料费			—	0.77	—	
	材料费小计			—	154.03	—	

表 3-9　工程量清单综合单价分析

工程名称：某水库溢洪道工程　　　　　　　　　　　　　　标段：　　　　　　　　　　　　　　第 6 页　共 16 页

项目编码	500105003002	项目名称	混凝土踏步边挡土墙	计量单位	m³

清单综合单价组成明细

定额编号	定额名称	定额单位	数量	单价				合价			
				人工费	材料费	机械费	管理费和利润	人工费	材料费	机械费	管理费和利润
30021	浆砌块石-挡土墙	100m³	10.01/10.01/100=0.01	3381.83	15403.36	294.47	5732.00	33.82	154.03	2.94	57.32
	人工单价		小　计					33.82	154.03	2.94	57.32
3.04 元/工时（初级工）5.62 元/工时（中级工）7.11 元/工时（工长）			未计材料费					—			
	清单项目综合单价							248.12			

材料费明细	主要材料名称、规格、型号	单位	数量	单价/元	合价/元	暂估单价/元	暂估合价/元
	块石	m³	1.08	67.61	73.02		
	砂浆	m³	0.34	233.28	80.25		
	其他材料费			—	0.77	—	
	材料费小计			—	154.03	—	

表 3-10　工程量清单综合单价分析

工程名称：某水库溢洪道工程　　　　　　　　　　　　　　标段：　　　　　　　　　　　　　　第 7 页　共 16 页

项目编码	500105003003	项目名称	引水渠段边坡浆砌石衬砌工程	计量单位	m³

清单综合单价组成明细

定额编号	定额名称	定额单位	数量	单价				合价			
				人工费	材料费	机械费	管理费和利润	人工费	材料费	机械费	管理费和利润
30017	浆砌块石-平面护坡	100m³	340.00/340.00/100=0.01	3513.53	15614.36	300.41	5836.74	35.14	156.14	3.00	58.37
	人工单价		小　计					35.14	156.14	3.00	58.37
3.04 元/工时（初级工）5.62 元/工时（中级工）7.11 元/工时（工长）			未计材料费					—			
	清单项目综合单价							252.65			

（续）

材料费明细	主要材料名称、规格、型号	单位	数量	单价/元	合价/元	暂估单价/元	暂估合价/元
	块石	m³	1.08	67.61	73.02		
	砂浆	m³	0.35	233.28	82.35		
	其他材料费			—	0.78	—	
	材料费小计			—	156.14	—	

表3-11　工程量清单综合单价分析

工程名称:某水库溢洪道工程　　　　　　标段:　　　　　　第8页　共16页

项目编码	500105003004	项目名称		引水渠段底板浆砌石衬砌工程		计量单位		m³

清单综合单价组成明细

定额编号	定额名称	定额单位	数量	单　价				合　价			
				人工费	材料费	机械费	管理费和利润	人工费	材料费	机械费	管理费和利润
30019	浆砌块石-护底	100m³	374.40/ 374.40/ 100=0.01	3054.28	15614.36	300.41	5698.77	30.54	156.14	3.00	56.99
人工单价			小　计					30.54	156.14	3.00	56.99

3.04 元/工时(初级工)

5.62 元/工时(中级工)　　　　未计材料费　　　　　　　—

7.11 元/工时(工长)

清单项目综合单价　　　　　　　　　　　　246.68

	规格、型号	单位	数量	单价/元	合价/元	暂估单价/元	暂估合价/元
		m³	1.08	67.61	73.02		
		m³	0.35	233.28	82.35		
	他材料费				0.78		
	费小计			—	156.14	—	

2　工程量清单综合单价分析

标段:　　　　　　第9页　共16页

	泄流段侧壁浆砌石衬砌工程		计量单位		m³

单综合单价组成明细

定额编号					单　价			合　价			
				材料费	机械费	管理费和利润	人工费	材料费	机械费	管理费和利润
30017	浆砌面石		184.88/ 184.88/ 100=0.01	3513.53	15614.36	300.41	5836.74	35.14	156.14	3.00	58.37
人工单价			小　计					35.14	156.14	3.00	58.37

3.04 元/工时(初级工)

5.62 元/工时(中级工)　　　　未计材料费　　　　　　　—

7.11 元/工时(工长)

清单项目综合单价　　　　　　　　　　　　252.65

（续）

材料费明细	主要材料名称、规格、型号	单位	数量	单价/元	合价/元	暂估单价/元	暂估合价/元
	块石	m³	1.08	67.61	73.02		
	砂浆	m³	0.35	233.28	82.35		
	其他材料费			—	0.78	—	
	材料费小计			—	156.14	—	

表 3-13　工程量清单综合单价分析

工程名称：某水库溢洪道工程　　　　　　　　标段：　　　　　　　　第 10 页　共 16 页

项目编码	500109001001		项目名称		C20 钢筋混凝土铺盖			计量单位			m³

清单综合单价组成明细

定额编号	定额名称	定额单位	数量	单价				合价			
				人工费	材料费	机械费	管理费和利润	人工费	材料费	机械费	管理费和利润
40136	搅拌楼拌制混凝土	100m³	103/100/100 = 0.01	167.67	103.74	1907.11	654.48	1.73	1.07	19.64	6.74
40166	自卸汽车运混凝土	100m³	103/100/100 = 0.01	100.13	67.67	1253.34	426.94	1.03	0.70	12.91	4.40
40058	铺盖	100m³	126.36/126.36/100 = 0.01	2440.50	23651.62	598.90	9132.50	24.41	236.52	5.99	91.33
	人工单价		小　计					27.16	238.28	38.54	102.46
3.04 元/工时（初级工）5.62 元/工时（中级工）6.61 元/工时（中级工）7.11 元/工时（工长）			未计材料费					—			
清单项目综合单价								406.45			

材料费明细	主要材料名称、规格、型号	单位	数量	单价/元	合价/元	暂估单价/元	暂估合价/元
	混凝土　C20	m³	1.03	228.27	235.12		
	水	m³	1.20	0.19	0.23		
	其他材料费			—	2.94	—	
	材料费小计			—	238.28	—	

表 3-14　工程量清单综合单价分析

工程名称：某水库溢洪道工程　　　　　　　　标段：　　　　　　　　第 11 页　共 16 页

项目编码	500109001002		项目名称		C15 混凝土基础垫层			计量单位			m³

清单综合单价组成明细

定额编号	定额名称	定额单位	数量	单价				合价			
				人工费	材料费	机械费	管理费和利润	人工费	材料费	机械费	管理费和利润
40136	搅拌楼拌制混凝土	100m³	103/100/100 = 0.01	167.67	103.74	1907.11	654.48	1.73	1.07	19.64	6.74

（续）

清单综合单价组成明细

定额编号	定额名称	定额单位	数量	单价 人工费	单价 材料费	单价 机械费	单价 管理费和利润	合价 人工费	合价 材料费	合价 机械费	合价 管理费和利润
40166	自卸汽车运混凝土	100m³	103/100/100=0.01	100.13	67.67	1253.34	426.94	1.03	0.70	12.91	4.40
40099	其他混凝土	100m³	45.63/45.63/100=0.01	1698.43	21459.22	990.46	8368.56	16.98	223.99	9.90	86.51
人工单价			小 计					19.74	225.76	42.46	97.65

人工单价	未计材料费	
3.04 元/工时（初级工）		
5.62 元/工时（中级工）	未计材料费	—
6.61 元/工时（中级工）		
7.11 元/工时（工长）		

清单项目综合单价	385.60

材料费明细	主要材料名称、规格、型号	单位	数量	单价/元	合价/元	暂估单价/元	暂估合价/元
	混凝土　C15	m³	1.03	212.98	219.37		
	水	m³	1.20	0.19	0.23		
	其他材料费			—	6.16	—	
	材料费小计			—	225.76	—	

表 3-15　工程量清单综合单价分析

工程名称：某水库溢洪道工程　　　　　　　　标段：　　　　　　　　第 12 页　共 16 页

项目编码	500109001003	项目名称	C25 混凝土闸室底板	计量单位	m³

清单综合单价组成明细

定额编号	定额名称	定额单位	数量	单价 人工费	单价 材料费	单价 机械费	单价 管理费和利润	合价 人工费	合价 材料费	合价 机械费	合价 管理费和利润
40136	搅拌楼拌制混凝土	100m³	103/100/100=0.01	167.67	103.74	1907.11	654.48	1.73	1.07	19.64	6.74
40166	自卸汽车运混凝土	100m³	103/100/100=0.01	100.13	67.67	1253.34	426.94	1.03	0.70	12.91	4.40
40058	底板	100m³	347.49/347.49/100=0.01	2440.50	24346.50	598.90	9341.27	24.41	243.47	5.99	93.41
人工单价			小 计					27.16	245.23	38.54	104.55

人工单价	未计材料费	
3.04 元/工时（初级工）		
5.62 元/工时（中级工）	未计材料费	—
6.61 元/工时（中级工）		
7.11 元/工时（工长）		

清单项目综合单价	415.47

（续）

材料费明细	主要材料名称、规格、型号	单位	数量	单价/元	合价/元	暂估单价/元	暂估合价/元
	混凝土 C25	m³	1.03	234.98	242.03		
	水	m³	1.20	0.19	0.23		
	其他材料费			—	2.97	—	
	材料费小计			—	245.23	—	

表 3-16　工程量清单综合单价分析

工程名称：某水库溢洪道工程　　　　　　　　　　　标段：　　　　　　　　　　第 13 页　共 16 页

项目编码	500109001004	项目名称		泄流段		计量单位		m³

清单综合单价组成明细

定额编号	定额名称	定额单位	数量	单价				合价			
				人工费	材料费	机械费	管理费和利润	人工费	材料费	机械费	管理费和利润
40136	搅拌楼拌制混凝土	100m³	103/100/100 = 0.01	167.67	103.74	1907.11	654.48	1.73	1.07	19.64	6.74
40166	自卸汽车运混凝土	100m³	103/100/100 = 0.01	100.13	67.67	1253.34	426.94	1.03	0.70	12.91	4.40
40057	溢流面	100m³	403.65/403.65/100 = 0.01	1777.06	24467.63	540.58	9160.82	17.78	244.68	5.41	91.61

人工单价	小　计	20.53	246.44	37.96	102.75
3.04 元/工时（初级工）					
5.62 元/工时（中级工）	未计材料费		—		
6.61 元/工时（中级工）					
7.11 元/工时（工长）					

清单项目综合单价						407.68	

材料费明细	主要材料名称、规格、型号	单位	数量	单价/元	合价/元	暂估单价/元	暂估合价/元
	混凝土 C25	m³	1.03	234.98	242.03		
	水	m³	1.20	0.19	0.23		
	其他材料费			—	4.18	—	
	材料费小计			—	246.44	—	

表 3-17　工程量清单综合单价分析

工程名称：某水库溢洪道工程　　　　　　　　　　　标段：　　　　　　　　　　第 14 页　共 16 页

项目编码	500109001005	项目名称		C25 混凝土墩工程		计量单位		m³

清单综合单价组成明细

定额编号	定额名称	定额单位	数量	单价				合价			
				人工费	材料费	机械费	管理费和利润	人工费	材料费	机械费	管理费和利润
40136	搅拌楼拌制混凝土	100m³	103/100/100 = 0.01	167.67	103.74	1907.11	654.48	1.73	1.07	19.64	6.74

（续）

清单综合单价组成明细

定额编号	定额名称	定额单位	数量	单价				合价			
				人工费	材料费	机械费	管理费和利润	人工费	材料费	机械费	管理费和利润
40166	自卸汽车运混凝土	100m³	103/100/100=0.01	100.13	67.67	1253.34	426.94	1.03	0.70	12.91	4.40
40006	墩	100m³	929.26/929.26/100=0.01	1825.93	24700.38	434.00	9213.41	18.26	247.00	4.34	92.13

人工单价		小　计			21.02	248.77	36.89	103.27

3.04 元/工时（初级工） 5.62 元/工时（中级工） 6.61 元/工时（中级工） 7.11 元/工时（工长）	未计材料费	—

清单项目综合单价	409.95
清单项目综合单价	407.68

材料费明细	主要材料名称、规格、型号	单位	数量	单价/元	合价/元	暂估单价/元	暂估合价/元
	混凝土　C25	m³	1.03	234.98	242.03		
	水	m³	0.70	0.19	0.13		
	其他材料费			—	6.61	—	
	材料费小计			—	248.77	—	

表 3-18　工程量清单综合单价分析

工程名称：某水库溢洪道工程　　　　　　　标段：　　　　　　　第 15 页　共 16 页

项目编码	500109006001	项目名称	C30 二期混凝土支墩工程	计量单位	m³

清单综合单价组成明细

定额编号	定额名称	定额单位	数量	单价				合价			
				人工费	材料费	机械费	管理费和利润	人工费	材料费	机械费	管理费和利润
40136	搅拌楼拌制混凝土	100m³	103/100/100=0.01	167.67	103.74	1907.11	654.48	1.73	1.07	19.64	6.74
40166	自卸汽车运混凝土	100m³	103/100/100=0.01	100.13	67.67	1253.34	426.94	1.03	0.70	12.91	4.40
40098	二期混凝土	100m³	40.73/40.73/100=0.01	11736.05	26018.77	812.11	12700.32	117.36	260.19	8.12	127.00

人工单价		小　计			120.12	261.95	40.67	138.14

3.04 元/工时（初级工） 5.62 元/工时（中级工） 6.61 元/工时（中级工） 7.11 元/工时（工长）	未计材料费	—

清单项目综合单价	560.89

（续）

材料费明细	主要材料名称、规格、型号	单位	数量	单价/元	合价/元	暂估单价/元	暂估合价/元
	混凝土　C30	m³	1.03	228.27	235.12		
	水	m³	1.20	0.19	0.23		
	其他材料费			—	26.61	—	
	材料费小计			—	261.95	—	

表3-19　工程量清单综合单价分析

工程名称:某水库溢洪道工程　　　　　　　标段:　　　　　　　　第16页　共16页

项目编码	500111001001	项目名称		钢筋加工及安装工程		计量单位		1t

清单综合单价组成明细

定额编号	定额名称	定额单位	数量	单价				合价			
				人工费	材料费	机械费	管理费和利润	人工费	材料费	机械费	管理费和利润
40289	钢筋制作与安装	1t	52.018/52.018=1	550.65	4854.36	315.47	1718.57	550.65	4854.36	315.47	1718.57

人工单价		小　　计				550.65	4854.36	315.47	1718.57
3.04 元/工时(初级工)									
5.62 元/工时(中级工)		未计材料费				—			
6.61 元/工时(中级工)									
7.11 元/工时(工长)									

清单项目综合单价					7439.05			

材料费明细	主要材料名称、规格、型号	单位	数量	单价/元	合价/元	暂估单价/元	暂估合价/元
	钢筋	t	1.02	4644.48	4737.37		
	铁丝	kg	4.00	5.50	22.00		
	电焊条	kg	7.22	6.50	46.93		
	其他材料费			—	48.06	—	
	材料费小计			—	4854.36	—	

该工程工程预算单价计算表见表3-20～表3-36。

表3-20　水利建筑工程预算单价计算表

工程名称:引流段水渠土方开挖工程

1m³挖掘机挖装土自卸汽车运输(运距:5km)

定额编号	水利部:10369	单价号	500101003001	单位:100m³	

适用范围:Ⅲ类土、露天作业

工作内容:挖装、运输、卸除、空回

编号	名称及规格	单位	数量	单价/元	合计/元
一、	直接工程费				2398.37
1.	直接费				2151.00
(1)	人工费				20.39
	初级工	工时	6.7	3.04	20.39

（续）

编号	名称及规格	单 位	数 量	单价/元	合计/元
（2）	材料费				82.73
	零星材料费	%	4	2068.27	82.73
（3）	机械费				2047.89
	挖掘机 1m³	台时	1.00	209.58	209.58
	推土机 59kW	台时	0.50	111.73	55.87
	自卸汽车 8t	台时	13.38	133.22	1782.44
2.	其他直接费		2151.00	2.50%	53.78
3.	现场经费		2151.00	9.00%	193.59
二、	间接费		2398.37	9.00%	215.85
三、	企业利润		2614.22	7.00%	183.00
四、	税金		2797.22	3.284%	91.86
五、	其他				
六、	合计				2889.08

表 3-21　水利建筑工程预算单价计算表

工程名称：溢洪道控制段土方开挖

1m³挖掘机挖装土自卸汽车运输（运距：5km）					
定额编号	水利部：10369	单价号	500101003002	单位：100m³	
适用范围：Ⅲ类土、露天作业					
工作内容：挖装、运输、卸除、空回					
编号	名称及规格	单 位	数 量	单价/元	合计/元
一、	直接工程费				2398.37
1.	直接费				2151.00
（1）	人工费				20.39
	初级工	工时	6.7	3.04	20.39
（2）	材料费				82.73
	零星材料费	%	4	2068.27	82.73
（3）	机械费				2047.89
	挖掘机 1m³	台时	1.00	209.58	209.58
	推土机 59kW	台时	0.50	111.73	55.87
	自卸汽车 8t	台时	13.38	133.22	1782.44
2.	其他直接费		2151.00	2.50%	53.78
3.	现场经费		2151.00	9.00%	193.59
二、	间接费		2398.37	9.00%	215.85
三、	企业利润		2614.22	7.00%	183.00
四、	税金		2797.22	3.284%	91.86
五、	其他				
六、	合计				2889.08

表 3-22 水利建筑工程预算单价计算表

工程名称:溢洪道泄流段土方开挖

	1m³挖掘机挖装土自卸汽车运输(运距:5km)			
定额编号	水利部:10369	单价号	500101003003	单位:100m³
适用范围:Ⅲ类土、露天作业				
工作内容:挖装、运输、卸除、空回				
编号	名称及规格	单 位	数 量	单价/元	合计/元
---	---	---	---	---	---
一、	直接工程费				2398.37
1.	直接费				2151.00
(1)	人工费				20.39
	初级工	工时	6.7	3.04	20.39
(2)	材料费				82.73
	零星材料费	%	4	2068.27	82.73
(3)	机械费				2047.89
	挖掘机 1m³	台时	1.00	209.58	209.58
	推土机 59kW	台时	0.50	111.73	55.87
	自卸汽车 8t	台时	13.38	133.22	1782.44
2.	其他直接费	2151.00	2.50%		53.78
3.	现场经费	2151.00	9.00%		193.59
二、	间接费	2398.37	9.00%		215.85
三、	企业利润	2614.22	7.00%		183.00
四、	税金	2797.22	3.284%		91.86
五、	其他				
六、	合计				2889.08

表 3-23 水利建筑工程预算单价计算表

工程名称:溢洪道泄槽段土方开挖

	1m³挖掘机挖装土自卸汽车运输(运距:5km)			
定额编号	水利部:10369	单价号	500101003004	单位:100m³
适用范围:Ⅲ类土、露天作业				
工作内容:挖装、运输、卸除、空回				
编号	名称及规格	单 位	数 量	单价/元	合计/元
---	---	---	---	---	---
一、	直接工程费				2398.37
1.	直接费				2151.00
(1)	人工费				20.39
	初级工	工时	6.7	3.04	20.39
(2)	材料费				82.73
	零星材料费	%	4	2068.27	82.73
(3)	机械费				2047.89

（续）

编号	名称及规格	单位	数量	单价/元	合计/元
	挖掘机 1m³	台时	1.00	209.58	209.58
	推土机 59kW	台时	0.50	111.73	55.87
	自卸汽车 8t	台时	13.38	133.22	1782.44
2.	其他直接费		2151.00	2.50%	53.78
3.	现场经费		2151.00	9.00%	193.59
二、	间接费		2398.37	9.00%	215.85
三、	企业利润		2614.22	7.00%	183.00
四、	税金		2797.22	3.284%	91.86
五、	其他				
六、	合计				2889.08

表 3-24　水利建筑工程预算单价计算表

工程名称：翼墙重力式挡土墙

浆砌块石－挡土墙					
定额编号	水利部：30021		单价号	500105003001	单位：100m³

工作内容：选石、修石、冲洗、拌浆、砌石、勾缝

编号	名称及规格	单位	数量	单价/元	合计/元
一、	直接工程费				21273.82
1.	直接费				19079.66
（1）	人工费				3381.83
	工长	工时	16.2	7.11	115.10
	中级工	工时	329.5	5.62	1853.13
	初级工	工时	464.6	3.04	1413.60
（2）	材料费				15403.36
	块石	m³	108	67.61	7301.79
	砂浆	m³	34.4	233.28	8024.93
	其他材料费	%	0.5	15326.72	76.63
（3）	机械费				294.47
	砂浆搅拌机 0.4m³	台时	6.19	24.82	153.63
	胶轮车	台时	156.49	0.90	140.84
2.	其他直接费		19079.66	2.50%	476.99
3.	现场经费		19079.66	9.00%	1717.17
二、	间接费		21273.82	9.00%	1914.64
三、	企业利润		23188.46	7.00%	1623.19
四、	税金		24811.66	3.284%	814.81
五、	其他				
六、	合计				25626.47

注：混凝土踏步边挡土墙工程采用表 3-24 的预算单价计算表。

表 3-25　水利建筑工程预算单价计算表

工程名称：引水渠段边坡浆砌石衬砌工程

浆砌块石 - 平面护坡

定额编号	水利部：30017		单价号	500105003003	单位：100m³	

工作内容：选石、修石、冲洗、拌浆、砌石、勾缝

编号	名称及规格	单位	数量	单价/元	合计/元
一、	直接工程费				21662.56
1.	直接费				19428.30
(1)	人工费				3513.53
	工长	工时	16.8	7.11	119.37
	中级工	工时	346.1	5.62	1946.49
	初级工	工时	475.8	3.04	1447.67
(2)	材料费				15614.36
	块石	m³	108	67.61	7301.79
	砂浆	m³	35.3	233.28	8234.88
	其他材料费	%	0.5	15536.68	77.68
(3)	机械费				300.41
	砂浆搅拌机0.4m³	台时	6.35	24.82	157.60
	胶轮车	台时	158.68	0.90	142.81
2.	其他直接费		19428.30	2.50%	485.71
3.	现场经费		19428.30	9.00%	1748.55
二、	间接费		21662.56	9.00%	1949.63
三、	企业利润		23612.19	7.00%	1652.85
四、	税金		25265.04	3.284%	829.70
五、	其他				
六、	合计				26094.75

表 3-26　水利建筑工程预算单价计算表

工程名称：引水渠段底板浆砌石衬砌工程

浆砌块石 - 护底

定额编号	水利部：30019		单价号	500105003004	单位：100m³	

工作内容：选石、修石、冲洗、拌浆、砌石、勾缝

编号	名称及规格	单位	数量	单价/元	合计/元
一、	直接工程费				21150.49
1.	直接费				18969.05
(1)	人工费				3054.28
	工长	工时	14.9	7.11	105.87
	中级工	工时	284.1	5.62	1597.80
	初级工	工时	443.9	3.04	1350.61

（续）

编号	名称及规格	单 位	数 量	单价/元	合计/元
（2）	材料费				15614.36
	块石	m³	108	67.61	7301.79
	砂浆	m³	35.3	233.28	8234.88
	其他材料费	%	0.5	15536.68	77.68
（3）	机械费				300.41
	砂浆搅拌机 0.4m³	台时	6.35	24.82	157.60
	胶轮车	台时	158.68	0.90	142.81
2.	其他直接费		18969.05	2.50%	474.23
3.	现场经费		18969.05	9.00%	1707.21
二、	间接费		21150.49	9.00%	1903.54
三、	企业利润		23054.04	7.00%	1613.78
四、	税金		24667.82	3.284%	810.09
五、	其他				
六、	合计				25477.91

表 3-27　水利建筑工程预算单价计算表

工程名称:泄流段侧壁浆砌石衬砌工程

浆砌块石 – 平面护坡

定额编号	水利部:30017		单价号	500105003005		单位:100m³

工作内容:选石、修石、冲洗、拌浆、砌石、勾缝

编号	名称及规格	单 位	数 量	单价/元	合计/元
一、	直接工程费				21662.56
1.	直接费				19428.30
（1）	人工费				3513.53
	工长	工时	16.8	7.11	119.37
	中级工	工时	346.1	5.62	1946.49
	初级工	工时	475.8	3.04	1447.67
（2）	材料费				15614.36
	块石	m³	108	67.61	7301.79
	砂浆	m³	35.3	233.28	8234.88
	其他材料费	%	0.5	15536.68	77.68
（3）	机械费				300.41
	砂浆搅拌机 0.4m³	台时	6.35	24.82	157.60
	胶轮车	台时	158.68	0.90	142.81
2.	其他直接费		19428.30	2.50%	485.71
3.	现场经费		19428.30	9.00%	1748.55
二、	间接费		21662.56	9.00%	1949.63

（续）

编号	名称及规格	单 位	数 量	单价/元	合计/元
三、	企业利润		23612.19	7.00%	1652.85
四、	税金		25265.04	3.284%	829.70
五、	其他				
六、	合计				26094.75

表 3-28　水利建筑工程预算单价计算表

工程名称：C20 钢筋混凝土铺盖

			底板		
定额编号	水利部：40058		单价号	500109001001	单位：100m³
适用范围：溢流堰、护坦、铺盖、阻滑板、闸底板、趾板等					
编号	名称及规格	单 位	数 量	单价/元	合计/元
一、	直接工程费				33894.51
1.	直接费				30398.67
（1）	人工费				2440.50
	工长	工时	15.6	7.11	110.84
	高级工	工时	20.9	6.61	138.18
	中级工	工时	276.7	5.62	1556.18
	初级工	工时	208.8	3.04	635.30
（2）	材料费				23651.62
	混凝土 C20	m³	103	228.27	23511.58
	水	m³	120	0.19	22.37
	其他材料费	%	0.5	23533.95	117.67
（3）	机械费				598.90
	振动器 1.1kW	台时	40.05	2.27	90.77
	风水枪	台时	14.92	32.89	490.69
	其他机械费	%	3.00	581.46	17.44
（4）	嵌套项				3707.65
	混凝土拌制	m³	103	21.79	2243.88
	混凝土运输	m³	103	14.21	1463.77
2.	其他直接费		30398.67	2.50%	7 59.97
3.	现场经费		30398.67	9.00%	2735.88
二、	间接费		33894.51	9.00%	3050.51
三、	企业利润		36945.02	7.00%	2586.15
四、	税金		39531.17	3.284%	1298.20
五、	其他				
六、	合计				40829.38

表 3-29　水利建筑工程预算单价计算表

工程名称:C20 钢筋混凝土铺盖

搅拌楼拌制混凝土

定额编号	水利部:40136		单价号	500109001001	单位:100m³	
工作内容:场内配运水泥、骨料,投料、加水、加外加剂、搅拌、出料、清洗						
编号	名称及规格	单位	数量	单价/元	合计/元	
一、	直接工程费				2429.05	
1.	直接费				2178.52	
(1)	人工费				167.67	
	工长	工时	2.3	7.11	16.34	
	高级工	工时	2.3	6.61	15.21	
	中级工	工时	17.1	5.62	96.17	
	初级工	工时	23.5	3.04	71.50	
(2)	材料费				103.74	
	零星材料费	%	5.0	2074.78	103.74	
(3)	机械费				1907.11	
	搅拌楼	台时	2.87	214.71	616.21	
	骨料系统	组时	2.87	326.23	936.28	
	水泥系统	组时	2.87	123.56	354.62	
2.	其他直接费		2178.52	2.50%	54.46	
3.	现场经费		2178.52	9.00%	196.07	
二、	间接费		2429.05	9.00%	218.61	
三、	企业利润		2647.67	7.00%	185.34	
四、	税金		2833.01	3.284%	93.04	
五、	其他					
六、	合计				2926.04	

注:该水库溢洪道工程中混凝土搅拌工程均采用表 3-29 所列预算单价。

表 3-30　水利建筑工程预算单价计算表

工程名称:C20 钢筋混凝土铺盖

自卸汽车运混凝土

定额编号	水利部:40166		单价号	500109001001	单位:100m³	
适用范围:配合搅拌楼或设有贮料箱装车						
工作内容:装车、运输、卸料、空回、清洗						
编号	名称及规格	单位	数量	单价/元	合计/元	
一、	直接工程费				1584.57	
1.	直接费				1421.14	
(1)	人工费				100.13	
	中级工	工时	13.8	5.62	77.61	
	初级工	工时	7.4	3.04	22.52	
(2)	材料费				67.67	

（续）

编号	名称及规格	单 位	数 量	单价/元	合计/元
	零星材料费	%	5.0	1353.46	67.67
（3）	机械费				1253.34
	自卸汽车5t	台时	12.11	103.50	1253.34
2.	其他直接费		1421.14	2.50%	35.53
3.	现场经费		1421.14	9.00%	127.90
二、	间接费		1584.57	9.00%	142.61
三、	企业利润		1727.18	7.00%	120.90
四、	税金		1848.08	3.284%	60.69
五、	其他				
六、	合计				1908.77

注:该水库溢洪道工程中混凝土搅拌工程均采用表3-29所列预算单价。

表3-31　水利建筑工程预算单价计算表

工程名称:C15混凝土基础垫层

其他混凝土			
定额编号	水利部:40099	单价号　500109001002	单位:100m³

适用范围:基础:排架基础、一般设备基础等

编号	名称及规格	单 位	数 量	单价/元	合计/元
一、	直接工程费				32106.98
1.	直接费				28795.50
（1）	人工费				1698.43
	工长	工时	10.9	7.11	77.45
	高级工	工时	18.1	6.61	119.67
	中级工	工时	188.5	5.62	1060.14
	初级工	工时	145.0	3.04	441.18
（2）	材料费				22398.96
	混凝土C15	m³	103	212.98	21937.39
	水	m³	120	0.19	22.37
	其他材料费	%	2.0	21959.76	439.20
（3）	机械费				990.46
	振动器1.1kW	台时	20.00	2.27	45.33
	风水枪	台时	26.00	32.89	855.10
	其他机械费	%	10.00	900.42	90.04
（4）	嵌套项				3707.65
	混凝土拌制	m³	103	21.79	2243.88
	混凝土运输	m³	103	14.21	1463.77
2.	其他直接费		28795.50	2.50%	719.89

（续）

编号	名称及规格	单　位	数　量	单价/元	合计/元
3.	现场经费		28795.50	9.00%	2591.60
二、	间接费		32106.98	9.00%	2889.63
三、	企业利润		34996.61	7.00%	2449.76
四、	税金		37446.38	3.284%	1229.74
五、	其他				
六、	合计				38676.12

表 3-32　水利建筑工程预算单价计算表

工程名称：C25 混凝土闸室底板

底板					
定额编号	水利部：40058	单价号	500109001003	单位：100m³	
适用范围：溢流堰、护坦、铺盖、阻滑板、闸底板、趾板等					
编号	名称及规格	单　位	数　量	单价/元	合计/元
一、	直接工程费				34669.31
1.	直接费				31093.56
（1）	人工费				2440.50
	工长	工时	15.6	7.11	110.84
	高级工	工时	20.9	6.61	138.18
	中级工	工时	276.7	5.62	1556.18
	初级工	工时	208.8	3.04	635.30
（2）	材料费				24346.50
	混凝土 C25	m³	103	234.98	24203.01
	水	m³	120	0.19	22.37
	其他材料费	%	0.5	24225.38	121.13
（3）	机械费				598.90
	振动器 1.1kW	台时	40.05	2.27	90.77
	风水枪	台时	14.92	32.89	490.69
	其他机械费	%	3.00	581.46	17.44
（4）	嵌套项				3707.65
	混凝土拌制	m³	103	21.79	2243.88
	混凝土运输	m³	103	14.21	1463.77
2.	其他直接费		31093.56	2.50%	777.34
3.	现场经费		31093.56	9.00%	2798.42
二、	间接费		34669.31	9.00%	3120.24
三、	企业利润		37789.55	7.00%	2645.27
四、	税金		40434.82	3.284%	1327.88
五、	其他				
六、	合计				41762.70

表 3-33 水利建筑工程预算单价计算表

工程名称:泄流段

		溢流面		
定额编号	水利部:40057	单价号	500109001004	单位:100m³

编号	名称及规格	单 位	数 量	单价/元	合计/元
一、	直接工程费				33999.62
1.	直接费				30492.93
(1)	人工费				1777.06
	工长	工时	11.3	7.11	80.29
	高级工	工时	18.9	6.61	124.96
	中级工	工时	199.9	5.62	1124.25
	初级工	工时	147.1	3.04	447.57
(2)	材料费				24467.63
	混凝土 C30	m³	103	234.98	24203.01
	水	m³	120	0.19	22.37
	其他材料费	%	1.0	24225.38	242.25
(3)	机械费				540.58
	振动器 1.1kW	台时	23.50	2.27	53.26
	风水枪	台时	13.60	32.89	447.28
	其他机械费	%	8.00	500.54	40.04
(4)	嵌套项				3707.65
	混凝土拌制	m³	103	21.79	2243.88
	混凝土运输	m³	103	14.21	1463.77
2.	其他直接费	30492.93		2.50%	762.32
3.	现场经费	30492.93		9.00%	2744.36
二、	间接费	33999.62		9.00%	3059.97
三、	企业利润	37059.58		7.00%	2594.17
四、	税金	39653.75		3.284%	1302.23
五、	其他				
六、	合计				40955.98

表 3-34 水利建筑工程预算单价计算表

工程名称:C25 混凝土墩

		墩		
定额编号	水利部:400067	单价号	500109001005	单位:100m³

适用范围:水闸闸墩、溢洪道闸墩、桥墩、靠船墩、渡槽墩、镇支墩等

编号	名称及规格	单 位	数 量	单价/元	合计/元
一、	直接工程费				34194.78

（续）

编号	名称及规格	单 位	数 量	单价/元	合计/元
1.	直接费				30667.96
（1）	人工费				1825.93
	工长	工时	11.7	7.11	83.13
	高级工	工时	15.5	6.61	102.48
	中级工	工时	209.7	5.62	1179.37
	初级工	工时	151.5	3.04	460.96
（2）	材料费				24700.38
	混凝土 C25	m³	103	234.98	24203.01
	水	m³	70	0.19	13.05
	其他材料费	%	2.0	24216.06	484.32
（3）	机械费				434.00
	振动器 1.1kW	台时	20.00	2.27	45.33
	变频机组 8.5kVA	台时	10.00	17.25	172.50
	风水枪	台时	5.36	32.89	176.28
	其他机械费	%	18	221.61	39.89
（4）	嵌套项				3707.65
	混凝土拌制	m³	103	21.79	2243.88
	混凝土运输	m³	103	14.21	1463.77
2.	其他直接费	30667.96		2.50%	766.70
3.	现场经费	30667.96		9.00%	2760.12
二、	间接费	34194.78		9.00%	3077.53
三、	企业利润	37272.31		7.00%	2609.06
四、	税金	39881.37		3.284%	1309.70
五、	其他				
六、	合计				41191.07

表 3-35　水利建筑工程预算单价计算表

工程名称：C30 二期混凝土支墩工程

二期混凝土					
定额编号	水利部：40098		单价号	500109006001	单位：100m³

编号	名称及规格	单 位	数 量	单价/元	合计/元
一、	直接工程费				47136.16
1.	直接费				42274.58
（1）	人工费				11736.05
	工长	工时	70.5	7.11	500.92
	高级工	工时	235.1	6.61	1554.37

（续）

编号	名称及规格	单 位	数 量	单价/元	合计/元
	中级工	工时	1339.8	5.62	7535.12
	初级工	工时	705.2	3.04	2145.65
（2）	材料费				26018.77
	混凝土 C30	m³	103	245.00	25234.84
	水	m³	140	0.19	26.10
	其他材料费	%	3	25260.94	757.83
（3）	机械费				812.11
	振动器 1.1kW	台时	90.64	2.27	205.42
	风水枪	台时	16.00	32.89	526.21
	其他机械费	%	11	731.63	80.48
（4）	嵌套项				3707.65
	混凝土拌制	m³	103	21.79	2243.88
	混凝土运输	m³	103	14.21	1463.77
2.	其他直接费		42274.58	2.50%	1056.86
3.	现场经费		42274.58	9.00%	3804.71
二、	间接费		47136.16	9.00%	4242.25
三、	企业利润		51378.41	7.00%	3596.49
四、	税金		54974.90	3.284%	1805.38
五、	其他				
六、	合计				56780.27

表 3-36　水利建筑工程预算单价计算表

工程名称：钢筋加工及安装

钢筋制作与安装					
定额编号	水利部：40289	单价号	500111001001	单位：1t	
适用范围：水工建筑物各部位及预制构件					
工作内容：回直、除锈、切断、弯制、焊接、绑扎及加工场至施工场地运输					
编号	名称及规格	单 位	数 量	单价/元	合计/元
一、	直接工程费				6378.33
1.	直接费				5720.47
（1）	人工费				550.65
	工长	工时	10.3	7.11	73.18
	高级工	工时	28.8	6.61	190.41
	中级工	工时	36.0	5.62	202.47
	初级工	工时	27.8	3.04	84.58
（2）	材料费				4854.36
	钢筋	t	1.02	4644.48	4737.37

（续）

编号	名称及规格	单　位	数　量	单价/元	合计/元
	铁丝	kg	4.00	5.50	22.00
	电焊条	kg	7.22	6.50	46.93
	其他材料费	%	1.0	4806.30	48.06
（3）	机械费				315.47
	钢筋调直机 14kW	台时	0.60	18.58	11.15
	风砂枪	台时	1.50	32.89	49.33
	钢筋切断机 20kW	台时	0.40	26.10	10.44
	钢筋弯曲机 Φ6~40	台时	1.05	14.98	15.73
	电焊机 25kVA	台时	10.00	13.88	138.84
	对焊机 150 型	台时	0.40	86.90	34.76
	载重汽车 5t	台时	0.45	95.61	43.02
	塔式起重机 10t	台时	0.10	109.86	10.99
	其他机械费	%	2	60.48	1.21
2.	其他直接费		5720.47	2.50%	143.01
3.	现场经费		5720.47	9.00%	514.84
二、	间接费		6378.33	9.00%	574.05
三、	企业利润		6952.38	7.00%	486.67
四、	税金		7439.04	3.284%	244.30
五、	其他				
六、	合计				7683.34

该工程人工费、材料费、混凝土单价计算数据、机械台时费基本数据表分别见表 3-37、表 3-38、表 3-39 和表 3-40。

表 3-37　人工费基本数据表

项目名称	单　位	工　长	高级工	中级工	初级工
基本工资标准	元/月	550.00	500.00	400.00	270.00
地区工资系数		1.0000	1.0000	1.0000	1.0000
地区津贴标准	元/月	0.00	0.00	0.00	0.00
夜餐津贴比率	%	30.00	30.00	30.00	30.00
施工津贴标准	元/天	5.30	5.30	5.30	2.65
养老保险费率	%	20.00	20.00	20.00	10.00
住房公积金费率	%	5.00	5.00	5.00	2.50
工时单价	元/时	7.11	6.61	5.62	3.04

表 3-38　材料费基本数据表

名称及规格	钢筋	水泥 32.5#	水泥 42.5#	汽油	柴油	砂 （中砂）	石子 （碎石）	块石
单位	t	t	t	t	t	m³	m³	m³
单位毛重/t	1	1	1	1	1	1.55	1.45	1.7
每吨每公里运费/元	0.70	0.70	0.70	0.70	0.70	0.70	0.70	0.70

（续）

名称及规格		钢筋	水泥32.5#	水泥42.5#	汽油	柴油	砂（中砂）	石子（碎石）	块石
价格/元（卸车费和保管费按照郑州市造价信息提供的价格计算）	原价	4500	330	360	9390	8540	110	50	50
	运距	6	6	6	6	6	6	6	6
	卸车费	5	5	5			5	5	5
	运杂费	9.20	9.20	9.20	4.20	4.20	14.26	13.34	15.64
	保管费	135.28	10.18	11.08	281.83	256.33	3.73	1.90	1.97
	运到工地分仓库价格/t	4509.20	339.20	369.20	9394.20	8544.20	124.26	63.34	65.64
	保险费								
	预算价/元	4644.48	349.38	380.28	9676.03	8800.53	127.99	65.24	67.61

表 3-39　混凝土单价计算基本数据表

混凝土材料单价计算表										单位：m³
单价/元	混凝土标号	水泥强度等级	级配	预算量						
				水泥/kg	掺合料/kg 粘土	掺合料/kg 膨润土	砂/m³	石子/m³	外加济/kg REA	水/m³
233.28	M7.5	32.5		261			1.11			0.157
204.04	C10	32.5	1	237			0.58	0.72		0.170
228.27	C20	42.5	1	321			0.54	0.72		0.170
234.98	C25	42.5	1	353			0.50	0.73		0.170
245.00	C30	42.5	1	389			0.48	0.73		0.170

表 3-40　机械台时费单价计算基本数据表

名称及规格	台时费	折旧费	修理费	安拆费	人工费	动力燃料费
单斗挖掘机　液压 1m³	209.58	35.63	25.46	2.18	15.18	131.13
推土机　59kW	111.73	10.80	13.02	0.49	13.50	73.92
自卸汽车　8t	133.22	22.59	13.55		7.31	89.77
拖拉机　履带式　74kW	122.19	9.65	11.38	0.54	13.50	87.13
推土机　74kW	149.45	19.00	22.81	0.86	13.50	93.29
灰浆搅拌机	16.34	0.83	2.28	0.20	7.31	5.72
振捣器　插入式　1.1kW	2.27	0.32	1.22		0.00	0.73
混凝土泵 30m³/h	90.95	30.48	20.63	2.10	13.50	24.24
风（砂）水枪　6m³/min	32.89	0.24	0.42		0.00	32.23
钢筋切断机　20kW	26.10	1.18	1.71	0.28	7.31	15.62
载重汽车　5t	95.61	7.77	10.86		7.31	69.67
电焊机　交流　25kVA	13.88	0.33	0.30	0.09	0.00	13.16
汽车起重机　5t	96.65	12.92	12.42		15.18	56.12
钢筋调直机 4～14kW	18.58	1.60	2.69	0.44	7.31	6.54

（续）

名称及规格	台时费	折旧费	修理费	安拆费	人工费	动力燃料费
钢筋弯曲机 Φ6-40	14.98	0.53	1.45	0.24	7.31	5.45
对焊机 电弧型150kVA	86.90	1.69	2.56	0.76	7.31	74.58
塔式起重机 10t	109.86	41.37	16.89	3.10	15.18	33.32
电焊机 20kW	19.87	0.94	0.60	0.17	0.00	18.16
自卸汽车 5t	103.50	10.73	5.37		7.31	80.08
振捣器 1.5kW	3.31	0.51	1.80		0.00	1.00
变频机组 8.5kW	17.25	3.48	7.96		0.00	5.81
载重汽车 15t	165.26	31.10	30.92		7.31	95.93
搅拌楼	214.71	93.27	25.91		41.06	54.47

第 3 章　输水建筑物

例 4　某 U 型渡槽设计

　　某山区的输水工程需横跨一山谷,现拟修建渡槽来使水流顺利地通过山谷,经过多种方案比较,渡槽断面采用 U 型,槽身为钢筋混凝土结构,采用单排架支撑,排架为钢筋混凝土结构,槽身连接处采用橡胶止水带进行止水,本渡槽设计过水流量 2.3m³/s,加大过水流量 2.6m³/s,设计底坡坡度为 1/1000,如图 4-1 ~ 4-11 所示为该渡槽工程的平面图、剖面图、细部构造图及配筋图,该工程的原地面线及开挖线已在图中给出,试计算该工程的预算工程量。

　　【解】　一、清单工程量

　　清单工程量计算规则:由于工程处于施工图设计阶段,则清单工程量为施工图纸计算所得工程量乘以系数 1.0。

　　(一)岩石开挖

　　1. 渡槽 1# 挡墙(见图 4-2、图 4-6)　基础岩石开挖渡槽 1# 挡墙开挖的岩石断面可近似看作上下两个梯形断面。

　　清单工程量 = 1/2 × [(0.4 + 0.8 × 0.5 + 0.4) × 0.8 + (1.6 + 2.0 × 0.3 + 1.6) × 2.0] ×
　　　　　　　　3.6 × 1.0m³
　　　　　　　 = 15.41m³

　　【注释】　0.4——上梯形断面短边;
　　　　　　　0.8——上梯形断面的高;
　　　　　　　0.5——上梯形断面斜边的斜率;
　　　　　　　1.6——下梯形断面短边;
　　　　　　　2.0——下梯形断面的高;
　　　　　　　0.3——下梯形断面斜边的斜率;
　　　　　　　3.6——梯形断面的长度。

　　2. 渡槽 2# 挡墙(见图 4-2、图 4-7)　基础岩石开挖渡槽 2# 挡墙开挖的岩石断面可近似看做三角形断面。

　　清单工程量 = 1/2 × 3.2 × 5.3 × 3.6 × 1.0m³ = 30.53m³

　　【注释】　3.2——三角形断面底边;
　　　　　　　5.3——三角形断面的高;
　　　　　　　3.6——三角形断面的长度。

　　3. 排架基础(见图 4-2、图 4-5)　岩石开挖将两个排架的基础开挖断面近似认为相同,并且可分解为一个等腰梯形断面和一个三角形断面。

　　清单工程量 = [1/2 × (2.2 + 1.5 × 0.3 × 2 + 2.2) × 1.5 + 1/2 × (2.2 + 1.5 × 0.3 × 2) ×
　　　　　　　　(2.5 - 1.5)] × 3.3 × 2 × 1.0m³
　　　　　　　 = 36.47m³

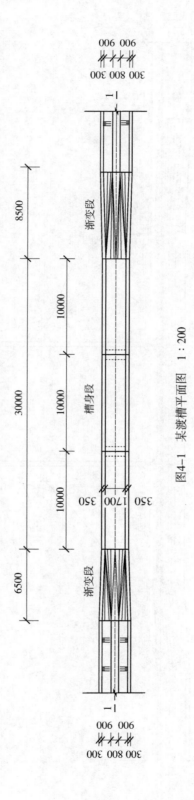

图4-1　某渡槽平面图　1:200

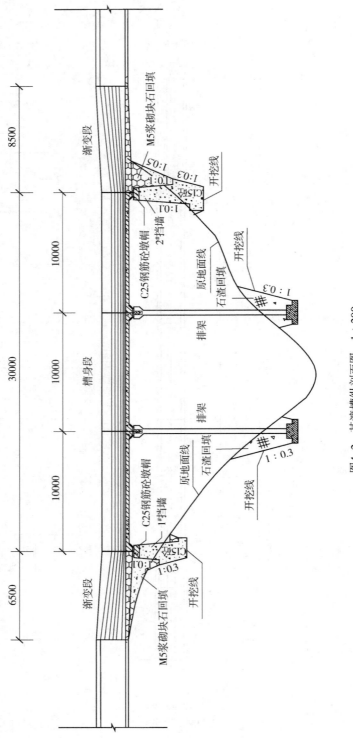

图4-2　某渡槽纵剖面图　1：200

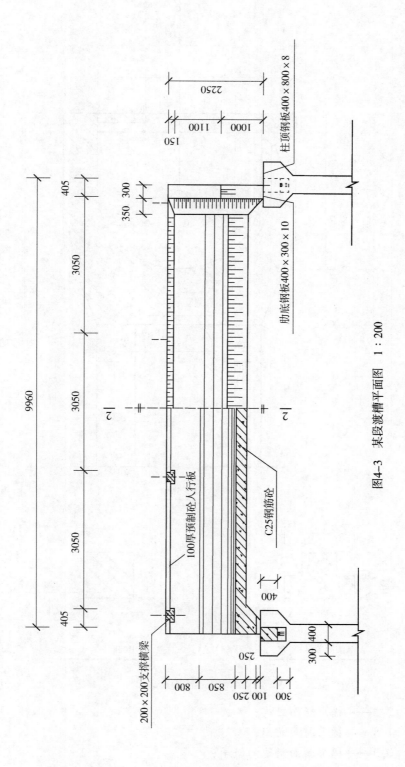

图4-3　某段渡槽平面图　1 : 200

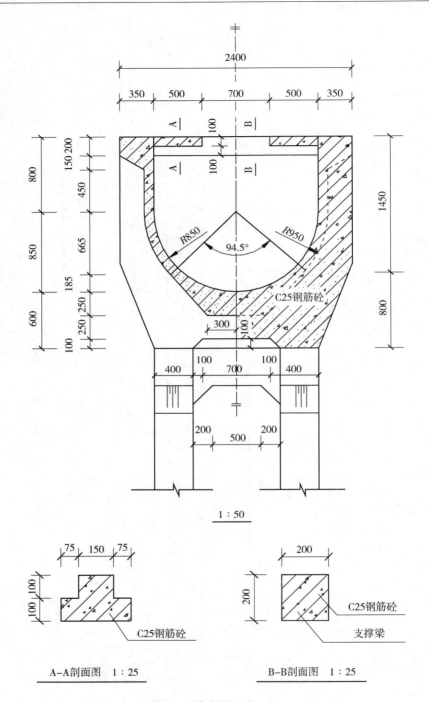

图 4-4　槽壳剖视图 2－2

【注释】　2.2——梯形断面短边；

　　　　　1.5——梯形断面的高；

　　　　　0.3——梯形断面斜边的斜率；

　　　　　2——梯形两腰相等；

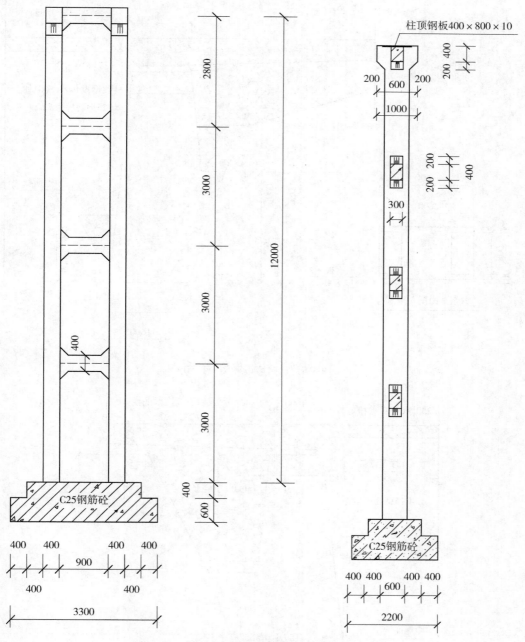

图 4-5　排架设计图　1：100

2.2 + 1.5 × 0.3 × 2——三角形断面的底边；

2.5——总的开挖深度；

1.5——下部梯形断面的高；

3.3——开挖断面的长度；

2——基础开挖个数。

总的岩石开挖清单工程量 = (15.41 + 30.53 + 36.47)m³ = 82.41m³

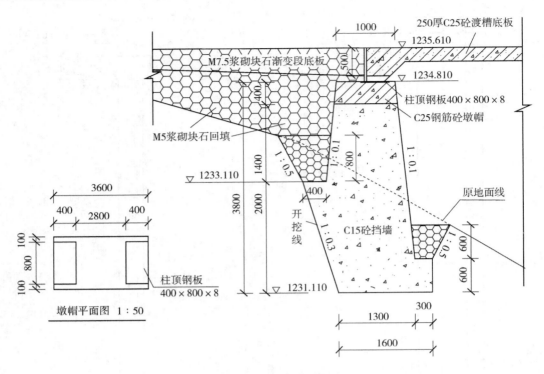

图 4-6   1# 挡墙设计图   1:50

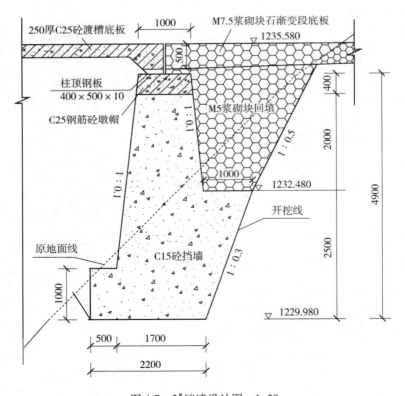

图 4-7   2# 挡墙设计图   1:50

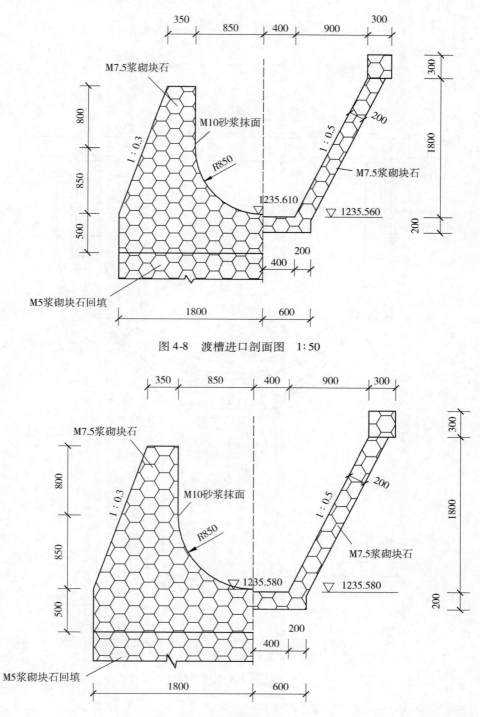

图 4-8　渡槽进口剖面图　1∶50

图 4-9　渡槽出口剖面图　1∶50

(二)浆砌块石填筑

1. 石渣回填(图 4-2、图 4-5)

清单工程量 $= [36.47 - (3.3 \times 0.6 + 2.5 \times 0.4) \times 2.2 \times 2] \mathrm{m}^3 = 23.36 \mathrm{m}^3$

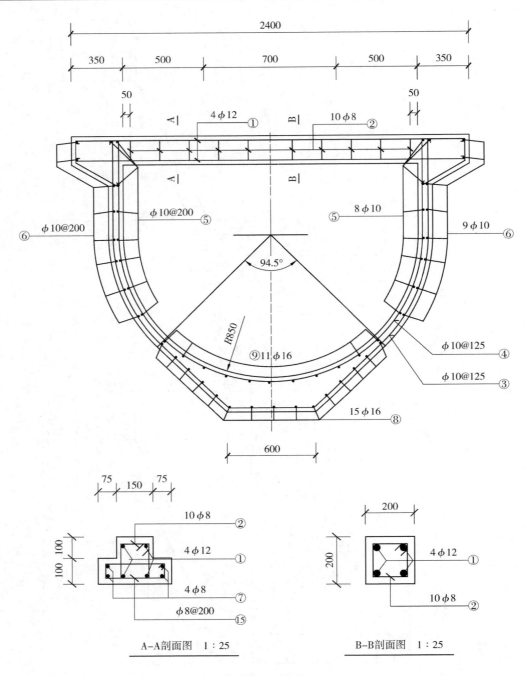

图 4-10 槽壳配筋图 1 : 25

【注释】 36.46——排架基础开挖量；

3.3——第一阶阶梯形断面的底边长；

0.6——第一阶阶梯形断面的高；

2.5——第二阶阶梯形断面的底边长；

0.4——第二阶阶梯形断面的高；

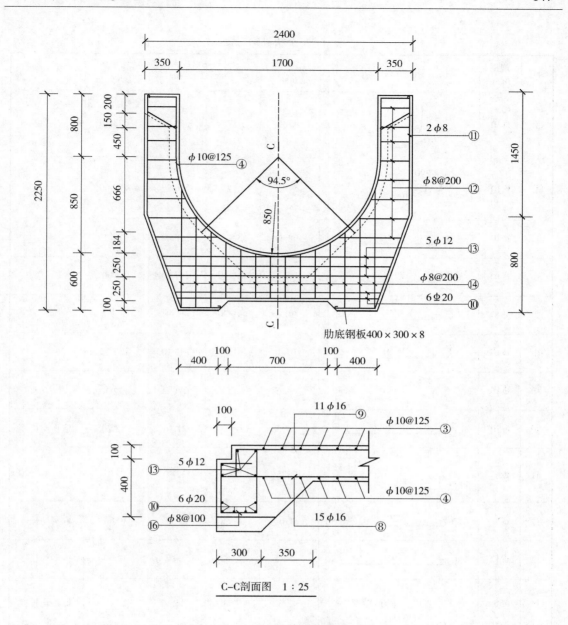

C-C剖面图　1：25

一个槽壳钢筋表

编号	规格 /mm	钢筋型式	单根长 /mm	根数	总　长 /m	净　重 /kg	备　注
①	ϕ12	80 ⌐ 2340 ⌐ 80	2500	4×4	40.00	35.50	
②	ϕ8	140 □ 50 / 140	660	10×4	26.40	10.40	

图 4-10　槽壳配筋图（续）　1：25

一个槽壳钢筋表

编号	规格/mm	钢筋型式	单根长/mm	根数	总长/m	净重/kg	备 注
③	φ10	770 R920 70 / 661 616 540	4765	77	366.90	223.70	
④	φ10	290 770 153 327 R=880 70	5795	77	446.22	272.60	
⑤	φ10	70 9740 70	9880	8×2	158.08	97.40	
⑥	φ10	70 9940 70	10080	9×2	191.52	118.00	
⑦	φ8	50 600 80	700	4×8	22.40	8.8	
⑧	φ16	100 9940 100	10140	15	152.10	239.30	
⑨	φ16	100 9740 100	9940	11	109.34	172.50	
⑩	φ20	130 1780 130	1780	6×2	21.36	52.70	取平均长度
11	φ8	50 50 395 960 50 1370	2825	2×4	22.60	8.9	
12	φ8	50 420 50	420	8×8	26.88	10.60	取平均长度
13	φ12	80 2015 80	2015	5×2	20.2	17.90	取平均长度
14	φ8	50 810 50		7×8	45.36	17.90	取平均长度
15	φ8	60 50 240	710	4×8	22.40	8.8	
16	φ8	140 200 340 440 240	1560	11×2	34.32	13.50	

图 4-10 槽壳配筋图（续）

一个槽壳钢筋汇总表

直径/mm	长度/m	单位重/(kg/m)	总重/kg
φ8	200.36	0.394	79.02
φ10	1155.02	0.616	711.52
φ12	60.15	0.887	53.37
φ16	261.44	1.578	412.43
Φ20	21.36	2.465	52.65
小计(不包含钢筋损耗)			1.30t

图 4-10　槽壳配筋图(续)

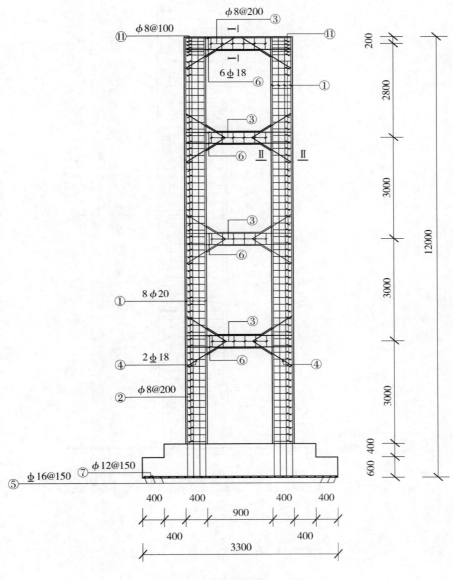

图 4-11　排架配筋图　1∶50

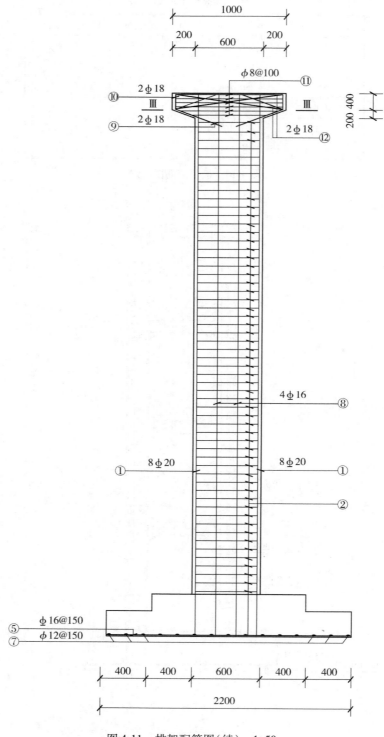

图 4-11　排架配筋图（续）　1∶50

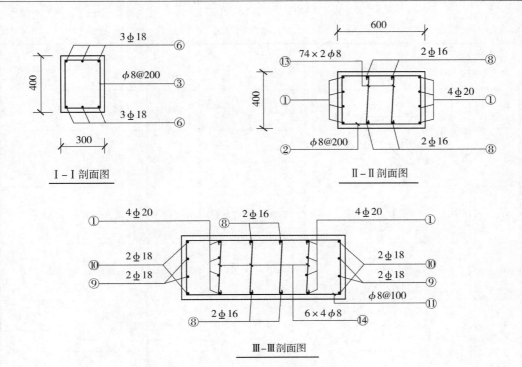

Ⅰ–Ⅰ剖面图

Ⅱ–Ⅱ剖面图

Ⅲ–Ⅲ剖面图

排架钢筋表

编号	规格 /mm	钢筋型式	单根长 /mm	根数	总 长 /m	净 重 /kg	备 注
①	φ20	12940 ⌐ 300	13240	8×2	211.84	522.14	
②	φ8	340 ⌐ 540 ⌐50	1860	58×2	215.76	85.1	
③	φ8	340 ⌐ 240 ⌐50	1260	5×4	25.20	9.90	
④	φ18	1030 1030	2060		32.96	65.80	
⑤	φ16	100 ⌐ 2140 ⌐ 100	2340	25	58.50	92.30	
⑥	φ18	1640	1640	6×4	39.36	78.60	
⑦	φ12	70 ⌐ 3240 ⌐ 70	3380	16	54.08	48.00	

图 4-11　排架配筋图(续)　1:25

排架钢筋表

编号	规格 /mm	钢筋型式	单根长 /mm	根数	总 长 /m	净 重 /kg	备 注
⑧	φ16	11940 ⌐300	12240	4×2	97.92	154.50	
⑨	φ18	505 505 225 575	2385	2×2	9.54	19.00	
⑩	φ18	940 340 575	2770	2×2	11.08	22.10	
⑪	φ8	340 50 660~940	2380	6×2	28.56	11.30	
⑫	φ18	1270	1270	2×2	5.08	10.1	
⑬	φ8	50 340 50	440	53×2	46.64	18.40	
⑭	φ8	50 340 50	440	6×4	10.56	4.20	

排架钢筋汇总表

直径/mm	长度/m	单位重/(kg/m)	总重/kg
φ8	308.12	0.394	128.82
φ12	54.08	0.888	48.00
φ16	58.50	1.578	92.28
φ18	195.94	2.000	391.21
φ20	195.84	2.465	522.14
小计(不包含钢筋损耗)			1.19t

图 4-11 排架配筋图(续)

2.2——阶梯型断面的长;

$(3.3 \times 0.6 + 2.5 \times 0.4) \times$

2.2——一个排架基础的工程量;

2——基础的个数。

2. 渡槽 1# 挡墙处 M5 浆砌石回填,见图 4-6。此处浆砌石回填断面可分为上、中、下三个梯形断面。

清单工程量 $= 1/2 \times [(6.5 + 0.4 + 0.8 \times 0.5) \times 1.0 + (0.4 + 0.4 + 0.8 \times 0.5) \times 0.8 +$

$$(0.3 + 0.6 \times 0.5 + 0.3) \times 0.6] \times 3.6 \times 1.0 \mathrm{m}^3$$
$$= 15.84 \mathrm{m}^3$$

【注释】　6.5——上梯形断面的长边；

　　　　0.4——中梯形断面的短边；

　　　　0.8——中梯形断面的高；

　　　　0.5——中梯形断面斜边的斜率；

$0.4 + 0.8 \times 0.5$——上梯形断面的短边；

　　　　1.0——上梯形断面的高；

　　　　0.3——下梯形断面的短边；

　　　　0.6——下梯形断面的高；

　　　　0.5——下梯形断面斜边的斜率；

　　　　3.6——开挖断面的长度。

3. 渡槽 2#挡墙处 M5 浆砌石回填，见图 4-7。此处浆砌石回填断面为梯形断面。

清单工程量 $= 1/2 \times [(1.0 + 1.0 + 2.3 \times 0.5) \times 2.3] \times 3.6 \times 1.0 \mathrm{m}^3 = 13.04 \mathrm{m}^3$

【注释】　1.0——梯形断面的短边；

　　　　2.3——梯形断面的高；

　　　　0.5——梯形断面斜边的斜率；

　　　　3.6——开挖断面的长度。

总的 M5 浆砌石回填清单工程量 $= 15.84 + 13.04 \mathrm{m}^3 = 28.88 \mathrm{m}^3$

4. 进口渐变段 M7.5 浆砌石填筑，见图 4-1、图 4-2、图 4-8。

如图 4-8 所示，进口起始端断面为梯形断面，其浆砌石断面面积为：

$$A_1 = \left[\left(1.2 + 1.8 \times \frac{\sqrt{5}}{2} \times 2\right) \times 0.2 + 0.3 \times 0.3 \times 2 \right] \mathrm{m}^3 = 1.22 \mathrm{m}^3$$

【注释】　1.2——进口起始端梯形断面底端长度；

　　$1.8 \times \dfrac{\sqrt{5}}{2}$——进口起始端梯形断面斜边的边长；

　　　　　2——梯形断面两侧；

　　　　0.2——进口起始端梯形断面浆砌石的厚度；

　　　　0.3——进口起始端梯形断面顶部浆砌石的边长。

进口末端端断面 U 形，其浆砌石断面面积为：

$A_2 =$ 上部梯形断面面积 $-$ U 形断面面积 $+$ 下部矩形面积

$= (1/2 \times (2.4 + 3.6) \times 1.65) - (1/2 \times 3.14 \times 0.85 \times 0.85 + 1.7 \times 0.80) + (3.6 \times 0.5) \mathrm{m}^2$

$= 4.26 \mathrm{m}^2$

【注释】　2.4——进口末端梯形断面上底边长度；

　　　　3.6——进口末端梯形断面下底边长度；

　　　　1.65——进口末端梯形断面的高；

　　　　0.85——进口末端 U 断面下部半圆的半径；

　　　　1.7——进口末端 U 形断面上部矩形的长度；

　　　　0.80——进口末端 U 形断面上部矩形的高；

　　　　　　　3.6——进口末端下部矩形断面的长度;

　　　　　　　0.5——进口末端下部矩形断面的高。

该渐变段的清单工程量 $= 1/2 \times (A_1 + A_2) \times 6.5 \times 1.0 \mathrm{m}^3$

$$= 1/2 \times (1.22 + 4.26) \times 6.5 \times 1.0 \mathrm{m}^3$$

$$= 17.81 \mathrm{m}^3$$

【注释】　6.5——进口渐变段的长度。

5. 出口渐变段 M7.5 浆砌石填筑。

出口起始端断面为 U 形,其浆砌石断面面积为:

$B_1 = A_2 = 4.26 \mathrm{m}^2$

【注释】　由图 4-9 可以看出出口起始端断面和进口末端断面相同。

出口末端断面梯形,其浆砌石断面面积为:

$B_2 = A_1 = (1.2 + 1.8 \times \times 2) \times 0.2 + 0.3 \times 0.3 \times 2 \mathrm{m}^2 = 1.22 \mathrm{m}^2$

【注释】　由图 4-9 可以看出出口末端断面和进口起始端断面相同。

该渐变段的清单工程量 $= 1/2 \times (B_1 + B_2) \times 8.5 \times 1.0 \mathrm{m}^3$

$$= 1/2 \times (4.26 + 1.22) \times 8.5 \times 1.0 \mathrm{m}^3$$

$$= 23.29 \mathrm{m}^3$$

【注释】　8.5——出口渐变段的长度。

总的 M7.5 浆砌石回填清单工程量 $= 17.81 + 23.29 \mathrm{m}^3 = 41.10 \mathrm{m}^3$

(三)混凝土工程

1. C15 混凝土

(1)1#挡墙

如图 4-6 所示,1#挡墙断面可分为上、中、下三个梯形断面。

清单工程量 $= 1/2 \times [(1.0 + 1.0 + 1.4 \times 0.1 \times 2) \times 1.4 + (1.6 + 1.6 + 0.6 \times 0.3) \times 0.6] +$

　　　　　　$[(0.4 + 1.0 + 1.4 \times 0.1 \times 2) + (1.3 + 0.6 \times 0.3) \times 1.4] \times 3.6 \times 1.0 \mathrm{m}^3$

$$= 1/2 \times (3.192 + 2.028 + 4.424) \times 3.6 \times 1.0 \mathrm{m}^3$$

$$= 17.36 \mathrm{m}^3$$

【注释】　1.0——上梯形断面的短底边;

　　　　　1.4——上梯形断面的高;

　　　　　0.1——上梯形断面斜边的斜率;

　　　　　2——该梯形断面为等腰梯形;

　　　　　1.6——下梯形断面的短底边;

　　　　　0.6——下梯形断面的高;

　　　　　0.3——下梯形断面斜边的斜率;

　　　　　0.4 + 1.0 + 1.4 × 0.1 ×

　　　　　2——中梯形断面的长边;

　1.3 + 0.6 × 0.3——中梯形断面的短边;

　　　　　1.4——中梯形断面的高;

　　　　　3.6——梯形断面的长度。

(2)2#挡墙

如图 4-7 所示,2#挡墙断面同样可分为上、中、下三个梯形断面。

清单工程量 $= 1/2 \times [(1.0+1.0+2.0 \times 0.1 \times 2) \times 2.0 + (2.2+2.2+1.0 \times 0.3) \times 1.0] +$
$[(1.0+1.0+2.0 \times 0.1 \times 2) + 1.7 + 1.0 \times 0.3] \times 1.5] \times 3.6 \times 1.0 \mathrm{m}^3$
$= 1/2 \times (4.80+4.7+6.6) \times 3.6 \times 1.0 \mathrm{m}^3 = 28.98 \mathrm{m}^3$

【注释】　1.0——上梯形断面的短底边;

2.0——上梯形断面的高;

0.1——上梯形断面斜边的斜率;

2——该梯形断面为等腰梯形;

2.2——下梯形断面的短底边;

1.0——下梯形断面的高;

0.3——下梯形断面斜边的斜率;

1.0+1.0+2.0×0.1×

2——中梯形断面的长底边;

1.7+1.0×0.3——中梯形断面的短底边;

1.5——中梯形断面的高;

3.6——梯形断面的长度。

所以 C15 混凝土总的清单工程量 $= (17.36+28.98) \mathrm{m}^3 = 46.34 \mathrm{m}^3$

2. C25 混凝土

(1)排架基础

如图 4-5 所示,排架基础为阶梯型断面。

清单工程量 $= (3.3 \times 0.6 + 2.5 \times 0.4) \times 2.2 \times 2 \mathrm{m}^3 = 13.11 \mathrm{m}^3$

【注释】　3.3——第一阶阶梯形断面的底边长;

0.6——第一阶阶梯形断面的高;

2.5——第二阶阶梯形断面的底边长;

0.4——第二阶阶梯形断面的高;

2.2——阶梯形断面的长;

2——基础的个数。

(2)排架(见图 4-5)

清单工程量 $= (12.0 \times 0.4 \times 0.6 \times 2 + 0.2 \times 0.4 \times 1.7 \times 2 + 0.4 \times 0.9 \times 0.3 \times 4) \times 2 \mathrm{m}^3$
$= 12.93 \mathrm{m}^3$

【注释】　12.0——排架的柱高;

0.4——排架的柱宽;

0.6——排架的柱长;

2——排架有两根柱子;

0.2——排架顶部牛腿宽;

0.4——排架顶部牛腿高;

1.7——排架顶部牛腿长;

2——排架上牛腿的个数;

0.4——排架支撑横梁高;

0.9——排架支撑横梁长；

0.3——排架支撑横梁宽；

4——每个排架的支撑横梁个数；

2——该渡槽工程的排架个数。

（3）钢筋混凝土墩帽（见图 4-6）

钢筋混凝土墩帽截面可看成是矩形截面。

清单工程量 $= (1.0 \times 0.4 \times 3.6) \times 2 \text{m}^3 = 2.88 \text{m}^3$

【注释】　1.0——墩帽截面宽；

0.4——墩帽截面高；

3.6——墩帽截面长；

2——墩帽的个数。

（4）渡槽

Ⅰ.渡槽槽身

该渡槽槽身断面如图 4-4 所示，据图可将 U 型槽身断面分为上部的矩形、中间的半圆形和下部的梯形，以及外加两侧的牛腿。

清单工程量 $= [0.80 \times 0.1 \times 2 + 3.14 \times 1/2 \times (0.95 + 0.85) \times (0.95 - 0.85) + 1/2 \times (0.6 +$
$0.9) \times 0.3 + 0.25 \times 0.35 \times 2] \times 10 \times 3 \text{m}^3$

$= 0.8426 \times 30 \text{m}^3 = 25.28 \text{m}^3$

【注释】　0.80——上部矩形断面的高；

0.1——槽身的厚度；

2——槽身两侧断面；

0.95——中间半圆断面的外半径；

0.85——中间半圆断面的内半径；

0.6——下部梯形断面的下底边；

0.9——下部梯形断面的上底边；

0.3——下部梯形断面的高；

0.25——槽身上部牛腿宽度；

0.35——槽身上部牛腿高度；

2——槽身牛腿个数；

10——每个槽身段的长度；

3——槽身段的个数。

Ⅱ.槽身加劲肋

总断面面积 = 上部矩形面积 + 下部梯形面积

$= 2.4 \times 1.4 + (1.7 + 2.4) \times 0.8 \text{m}^2$

$= 6.64 \text{m}^2$

U 型槽内面积 = 上部矩形面积 + 下部半圆形形面积

$= 0.80 \times 1.7 + 1/2 \times 3.14 \times 0.85 \text{m}^2$

$= 2.69 \text{m}^2$

槽身加劲肋断面 = 总断面面积 - 槽身断面面积 - U 型槽内面积

$$= (6.64 - 0.8426 - 2.69)m^2 = 3.11m^2$$

清单工程量 $= 3.11 \times 0.3 \times 6.0m^3 = 5.60m^3$

【注释】 0.3——槽身加劲肋的厚度；

6.0——槽身加劲肋的个数。

Ⅲ. 槽身支撑横梁

清单工程量 $= 0.2 \times 0.2 \times 1.7 \times 12m^3 = 0.816m^3$

【注释】 0.2——槽身支撑横梁断面的边长；

1.7——槽身支撑横梁的长度；

12——槽身支撑横梁的个数。

总的槽身清单工程量 $= 25.28 + 5.60 + 0.816m^3 = 31.70m^3$

3. 止水

采用橡胶止水带进行止水。

清单工程量 $= (0.80 \times 2 + 3.14 \times 0.95) \times 2m = 9.2m$

【注释】 0.80——槽身上部矩形断面的高；

2——槽身两侧；

0.95——槽身下部止水带的半径；

2——止水带的个数。

(四)钢筋工程

槽壳钢筋清单工程量 $= 1.3 \times 3t = 3.9t$

【注释】 1.3t——一个槽壳段的钢筋用量；

3——槽壳段的个数。

排架钢筋清单工程量 $= 1.19 \times 2t = 2.38t$

【注释】 1.19t——一个排架的钢筋用量；

2——排架的个数。

总的钢筋清单工程量 $= (3.9 + 2.38)t = 6.28t$

该渡槽建筑工程清单工程量计算表见表 4-1。

表 4-1　工程量清单计算表

序号	项目编码	项目名称	计量单位	工程量	主要技术条款编码	备　注
1		建筑工程				
1.1		石方工程				
1.1.1	500102005001	岩石开挖	m^3	82.41		
1.2		土石方填筑				
1.2.1	500103009001	石渣回填	m^3	23.36		
1.2.2	500105002002	M5 浆砌石回填	m^3	28.88		
1.2.3	500105002003	M7.5 浆砌石回填	m^3	41.10		
1.3		混凝土工程				
1.3.1	500109001001	C15 混凝土挡墙	m^3	46.34		
1.3.2	500109001002	C25 混凝土排架基础	m^3	13.11		
1.3.3	500109001003	C25 混凝土排架	m^3	12.93		

（续）

序号	项目编码	项目名称	计量单位	工程量	主要技术条款编码	备 注
1.3.4	500109001004	C25 混凝土墩帽	m³	2.88		
1.3.5	500109001005	C25 混凝土渡槽槽身	m³	31.70		
1.3.6	500109008006	止水	m	9.2		
1.4		钢筋工程				
1.4.1	500111001001	钢筋加工及安装	t	6.28		

二、定额工程量（套用《水利建筑工程预算定额》）

（一）石方开挖

1. 该渡槽石方开挖可看成是坑石方开挖，岩石级别为 IX 级。

定额工程量 $= (15.41 + 30.53 + 36.47) m^3 = 82.41 m^3 = 0.82 (100 m^3)$

套用定额 20118，定额单位：100m³。

2. 石渣回填

定额工程量 $= 36.47 - (3.3 \times 0.6 + 2.5 \times 0.4) \times 2.2 \times 2 m^3$
$= 23.36 m^3 = 0.23 (100 m^3)$

套用定额 10466，定额单位：100m³。

3. M5 浆砌石填筑

定额工程量 $= 1/2 \times [(6.5 + 0.4 + 0.8 \times 0.5) \times 1.0 + (0.4 + 0.4 + 0.8 \times 0.5) \times 0.8 + (0.3 + 0.6 \times 0.5 + 0.3) \times 0.6] \times 3.6 \times 1.0 + 1/2 \times (1.0 + 1.0 + 2.3 \times 0.5) \times 2.3 \times 3.6 \times 1.0 m^3$
$= (15.84 + 13.04) m^3 = 28.88 m^3 = 0.29 (100 m^3)$

套用定额 30020，定额单位：100m³。

4. M7.5 浆砌石填筑

定额工程量 $= (17.81 + 23.29) m^3 = 41.10 m^3 = 0.41 (100 m^3)$

套用定额 30019，定额单位：100m³。

5. C15 混凝土挡墙

（1）0.4 搅拌机拌制混凝土

定额工程量 $= (17.36 + 28.98) m^3 = 46.34 m^3 = 0.46 (100 m^3)$

套用定额 40134，定额单位：100m³。

（2）胶轮车运混凝土

运距为 200m，定额工程量 $= (17.36 + 28.98) m^3 = 46.34 m^3 = 0.46 (100 m^3)$

套用定额 40145，定额单位：100m³。

（二）混凝土挡墙

平均墙厚为 1.2m，定额工程量 $= (17.36 + 28.98) m^3 = 46.34 m^3 = 0.46 (100 m^3)$

套用定额 40072，定额单位：100m³。

1. C25 混凝土排架基础

（1）0.4 搅拌机拌制混凝土

定额工程量 $= (3.3 \times 0.6 + 2.5 \times 0.4) \times 2.2 \times 2 m^3 = 13.11 m^3 = 0.13 (100 m^3)$

套用定额 40134,定额单位:100m³。

（2）胶轮车运混凝土

运距为 200m,定额工程量 $= (3.3 \times 0.6 + 2.5 \times 0.4) \times 2.2 \times 2m^3$
$$= 13.11m^3 = 0.13(100m^3)$$

套用定额 40145,定额单位:100m³。

（3）混凝土排架基础

定额工程量 $= (3.3 \times 0.6 + 2.5 \times 0.4) \times 2.2 \times 2m^3 = 13.11m^3 = 0.13(100m^3)$

套用定额 40099,定额单位:100m³。

2. C25 预制混凝土排架

（1）预制 C25 混凝土排架

定额工程量 $= (12.0 \times 0.4 \times 0.6 \times 2 + 0.2 \times 0.4 \times 1.7 \times 2 + 0.4 \times 0.9 \times 0.3 \times 4) \times 2m^3$
$$= 12.93m^3 = 0.13(100m^3)$$

套用定额 40109,定额单位:100m³。

（2）简易龙门式起重机吊运预制混凝土构件

定额工程量 $= (12.0 \times 0.4 \times 0.6 \times 2 + 0.2 \times 0.4 \times 1.7 \times 2 + 0.4 \times 0.9 \times 0.3 \times 4) \times 2m^3$
$$= 12.93m^3 = 0.13(100m^3)$$

套用定额 40233,定额单位:100m³。

3. C25 混凝土墩帽

（1）0.4 搅拌机拌制混凝土

定额工程量 $= (1.0 \times 0.4 \times 3.6) \times 2m^3 = 2.88m^3 = 0.03(100m^3)$

套用定额 40134,定额单位:100m³。

（2）胶轮车运混凝土

运距为 200m,定额工程量 $= (1.0 \times 0.4 \times 3.6) \times 2m^3 = 2.88m^3 = 0.03(100m^3)$

套用定额 40145,定额单位:100m³。

（3）混凝土墩帽

定额工程量 $= (1.0 \times 0.4 \times 3.6) \times 2m^3 = 2.88m^3 = 0.03(100m^3)$

套用定额 40067,定额单位:100m³。

4. C25 混凝土渡槽槽身

（1）预制 C25 混凝土渡槽槽身

定额工程量 $= (25.28 + 5.60 + 0.816)m^3 = 31.70m^3 = 0.32(100m^3)$

套用定额 40102,定额单位:100m³。

（2）简易龙门式起重机吊运预制混凝土构件

定额工程量 $= (25.28 + 5.60 + 0.816)m^3 = 31.70m^3 = 0.32(100m^3)$

套用定额 40231,定额单位:100m³。

5. 止水

渡槽止水采用环氧粘橡皮,定额工程量 $= (0.80 \times 2 + 3.14 \times 0.95) \times 2m$
$$= 9.2m = 0.09(100m)$$

套用定额 40271,定额单位:100m。

6. 钢筋加工及安装

定额工程量 $=(1.3\times3+1.19\times2)t=6.28t$

套用定额 40289,定额单位:1t。

该河道治理工程分类分项工程工程量清单与计价表见表 4-2,工程单价汇总表见表 4-3,工程量清单综合单价分析表见表 4-4 ~ 表 4-14。

表 4-2　分类分项工程量清单计价表

工程名称:某 U 型渡槽工程　　　　　　　　　　　　　　　　　　　　第　页　共　页

序号	项目编码	项目名称	计量单位	工程量	单价/元	合价/元	主要技术条款编码	备注
1		建筑工程						
1.1		石方工程						
1.1.1	500102005001	岩石开挖	m³	82.41	411.51	33912.54		
1.2		土石方填筑						
1.2.1	500103009001	石渣回填	m³	23.36	22.61	528.17		
1.2.2	500105002001	M5 浆砌石回填	m³	28.88	248.15	7166.57		
1.2.3	500105002002	M7.5 浆砌石回填	m³	41.10	258.20	10612.02		
1.3		混凝土工程						
1.3.1	500109001001	C15 混凝土挡墙	m³	46.34	393.93	18254.72		
1.3.2	500109001002	C25 混凝土排架基础	m³	13.11	425.30	5575.68		
1.3.3	500109001003	C25 混凝土排架	m³	12.93	517.26	6688.17		
1.3.4	500109001004	C25 混凝土墩帽	m³	2.88	420.16	1210.06		
1.3.5	500109001005	C25 混凝土渡槽槽身	m³	31.70	880.40	27908.68		
1.3.6	500109008001	止水	m	9.2	1055.70	9712.44		
1.4		钢筋工程						
1.4.1	500111001001	钢筋加工及安装	t	6.28	7647.84	48028.44		

表 4-3　工程单价汇总表

工程名称:某 U 型渡槽工程　　　　　　　　　　　　　　　　　　　　第　页　共　页

序号	项目编码	项目名称	计量单位	人工费	材料费	机械费	施工管理费和利润	税金	合计
1		建筑工程							
1.1		石方工程							
1.1.1	500102005001	岩石开挖	m³	30.86	111.68	164.03	92.10	12.84	411.51
1.2		土石方填筑							
1.2.1	500103009001	石渣回填	m³	7.16	0.36	0.00	2.26	12.84	22.61
1.2.2	500105003001	M5 浆砌石回填	m³	26.85	152.70	2.36	53.41	12.84	248.15
1.2.3	500105003002	M7.5 浆砌石回填	m³	30.53	155.73	2.42	56.68	12.84	258.20
1.3		混凝土工程							
1.3.1	500109001001	C15 混凝土挡墙	m³	39.00	225.07	28.11	87.78	13.98	393.93
1.3.2	500109001002	C25 混凝土排架基础	m³	34.06	248.14	33.35	94.80	14.95	425.3
1.3.3	500109001003	C25 混凝土排架	m³	72.00	298.75	14.60	115.77	16.14	517.26
1.3.4	500109001004	C25 混凝土墩帽	m³	35.33	248.04	28.34	93.65	14.79	420.16

（续）

序号	项目编码	项目名称	计量单位	人工费	材料费	机械费	施工管理费和利润	税金	合计
1.3.5	500109001005	C25 混凝土渡槽槽身	m³	261.25	375.86	18.78	197.05	27.46	880.40
1.3.6	500109008001	止水	m	44.08	746.39	0.17	231.94	33.11	1055.70
1.4		钢筋工程							
1.4.1	500111001001	钢筋加工及安装	t	550.65	4854.36	292.56	1711.69	238.58	7647.84

工程量清单综合单价分析表见表 4-4~表 4-14。

表 4-4　工程量清单综合单价分析

工程名称：某 U 型渡槽工程　　　　　　　　　　标段：　　　　　　　　　　第 1 页　共 11 页

项目编码	500102005001	项目名称	石方开挖工程	计量单位	m³

清单综合单价组成明细

定额编号	定额名称	定额单位	数量	单价				合价			
				人工费	材料费	机械费	管理费和利润	人工费	材料费	机械费	管理费和利润
20118	石方开挖工程	100m³	0.82/82.40=0.01	3085.73	11167.73	16403.22	9210.02	30.86	111.68	164.03	92.10
人工单价		小　计						30.86	111.68	164.03	92.10
3.04 元/工时（初级工） 5.62 元/工时（中级工） 7.11 元/工时（工长）		未计材料费						—			
清单项目综合单价								398.67			

材料费明细	主要材料名称、规格、型号	单位	数量	单价/元	合价/元	暂估单价/元	暂估合价/元
	合金钻头	个	0.11	50.00	5.40		
	炸药	kg	2.13	20.00	42.66		
	雷管	个	3.04	10.00	30.38		
	导线 火线	m	5.79	5.00	28.94		
	其他材料费			—	4.30	—	
	材料费小计			—	398.68	—	

表 4-5　工程量清单综合单价分析

工程名称：某 U 型渡槽工程　　　　　　　　　　标段：　　　　　　　　　　第 2 页　共 11 页

项目编码	500103009001	项目名称	石渣回填	计量单位	m³

清单综合单价组成明细

定额编号	定额名称	定额单位	数量	单价				合价			
				人工费	材料费	机械费	管理费和利润	人工费	材料费	机械费	管理费和利润
10466	石渣回填	100m³	0.23/23.35=0.01	715.86	35.79	0.00	225.82	7.16	0.36	0.00	2.26

（续）

人工单价	小　计		7.16	0.36	0.00	2.26
3.04 元/工时（初级工） 7.11 元/工时（工长）	未计材料费		—			
清单项目综合单价			9.77			

材料费明细	主要材料名称、规格、型号	单位	数量	单价/元	合价/元	暂估单价/元	暂估合价/元
	其他材料费			—	0.36	—	
	材料费小计			—	0.36	—	

表 4-6　工程量清单综合单价分析

工程名称：某 U 型渡槽工程　　　　　　　　标段：　　　　　　　　第 3 页　共 11 页

项目编码	500105003001	项目名称		M5 浆砌块石		计量单位		m^3

清单综合单价组成明细

定额编号	定额名称	定额单位	数量	单价				合价			
				人工费	材料费	机械费	管理费和利润	人工费	材料费	机械费	管理费和利润
30020	浆砌块石基础	100m^3	0.26/26.47=0.01	2684.63	15269.57	235.56	5341.15	26.85	152.70	2.36	53.41
人工单价		小　计						26.85	152.70	2.36	53.41
3.04 元/工时（初级工） 5.62 元/工时（中级工） 7.11 元/工时（工长）		未计材料费						—			
清单项目综合单价								235.31			

材料费明细	主要材料名称、规格、型号	单位	数量	单价/元	合价/元	暂估单价/元	暂估合价/元
	块石	m^3	108	67.61	73.02		
	砂浆	m^3	0.34	233.27	79.31		
	其他材料费			—	0.37	—	
	材料费小计			—	152.70	—	

表 4-7　工程量清单综合单价分析

工程名称：某 U 型渡槽工程　　　　　　　　标段：　　　　　　　　第 4 页　共 11 页

项目编码	500105003002	项目名称		M7.5 浆砌块石		计量单位		m^3

清单综合单价组成明细

定额编号	定额名称	定额单位	数量	单价				合价			
				人工费	材料费	机械费	管理费和利润	人工费	材料费	机械费	管理费和利润
30019	浆砌块石护坡	100m^3	0.39/38.64=0.01	3053.12	15572.82	242.00	5668.39	30.53	155.73	2.42	56.68
人工单价		小　计						30.53	155.73	2.42	56.68

（续）

| 3.04 元/工时（初级工）
5.62 元/工时（中级工）
7.11 元/工时（工长） | 未计材料费 | | | — | | |

| 清单项目综合单价 | | | | | 245.36 | |

材 料 费 明 细	主要材料名称、规格、型号	单位	数量	单价 /元	合价 /元	暂估单 价/元	暂估合 价/元
	块石	m³	108	67.61	73.02		
	砂浆	m³	0.353	233.27	82.34		
	其他材料费			—	0.37	—	
	材料费小计			—	155.73		

表 4-8　工程量清单综合单价分析

工程名称：某 U 型渡槽工程　　　　　　　　标段：　　　　　　　　第 5 页　共 11 页

项目编码	500109001001	项目名称	C15 混凝土挡墙	计量单位	m³

清单综合单价组成明细

定额 编号	定额名称	定额 单位	数量	单　价				合　价			
				人工费	材料费	机械费	管理费 和利润	人工费	材料费	机械费	管理费 和利润
40134	0.4m³ 搅拌机 拌制 C15 混凝 土	100m³	1.03/ 100 = 0.0103	1183.07	67.08	2170.75	0.00	12.19	0.69	22.36	0.00
40145	胶轮车运混凝 土	100m³	1.03/ 0.0103 = 0.0103	474.65	34.82	105.7	0.00	4.89	0.36	1.09	0.00
40072	挡土墙浇筑	100m³	0.45/ 45.03 =0.01	2192.2	22402.3	465.81	8777.66	21.92	224.02	4.66	87.78
人工单价			小　计					39.00	225.07	28.11	87.78

| 3.04 元/工时（初级工）
5.62 元/工时（中级工）
6.61 元/工时（高级工）
7.11 元/工时（工长） | 未计材料费 | | | — | | |

| 清单项目综合单价 | | | | | 379.95 | |

材 料 费 明 细	主要材料名称、规格、型号	单位	数量	单价 /元	合价 /元	暂估单 价/元	暂估合 价/元
	混凝土 C15	m³	1.03	212.98	219.37		
	水	m³	1.40	0.19	0.26		
	其他材料费			—	5.44	—	
	材料费小计			—	225.07	—	

表 4-9　工程量清单综合单价分析

工程名称:某 U 型渡槽工程　　　　　　　　标段:　　　　　　　第 6 页　共 11 页

项目编码	500109001002	项目名称	C25 混凝土排架基础	计量单位	m³

清单综合单价组成明细

定额编号	定额名称	定额单位	数量	单价				合价			
				人工费	材料费	机械费	管理费和利润	人工费	材料费	机械费	管理费和利润
40134	0.4m³ 搅拌机拌制 C25 混凝土	100m³	1.03/100 = 0.0103	1183.07	67.08	2170.75	0.00	12.19	0.69	22.36	0.00
40145	胶轮车运混凝土	100m³	1.03/0.0103 = 0.0103	474.65	34.82	105.75	0.00	4.89	0.36	1.09	0.00
40072	排架基础浇筑	100m³	0.13/13.11 = 0.01	1698.43	24708.77	990.46	9479.85	16.98	247.09	9.90	94.80
人工单价			小　计					34.06	248.14	33.35	94.80
3.04 元/工时(初级工) 5.62 元/工时(中级工) 6.61 元/工时(高级工) 7.11 元/工时(工长)			未计材料费					—			
清单项目综合单价								410.35			

材料费明细	主要材料名称、规格、型号	单位	数量	单价/元	合价/元	暂估单价/元	暂估合价/元
	混凝土 C25	m³	1.03	234.97	242.02		
	水	m³	1.40	0.19	0.26		
	其他材料费			—	5.89	—	
	材料费小计			—	248.17		

表 4-10　工程量清单综合单价分析

工程名称:某 U 型渡槽工程　　　　　　　　标段:　　　　　　　第 7 页　共 11 页

项目编码	500109001003	项目名称	C25 预制混凝土排架	计量单位	m³

清单综合单价组成明细

定额编号	定额名称	定额单位	数量	单价				合价			
				人工费	材料费	机械费	管理费和利润	人工费	材料费	机械费	管理费和利润
40109	预制 C25 混凝土排架	100m³	0.13/12.93 = 0.01	6673.40	29417.93	804.13	11084.30	66.73	294.18	8.04	110.84
40233	简易龙门式起重机吊运预制混凝土构件	100m³	0.13/12.63 = 0.01	526.84	456.96	655.58	492.51	5.27	4.57	6.56	4.93

（续）

人工单价	小　计	72.00	298.75	14.60	115.77
3.04 元/工时（初级工）					
5.62 元/工时（中级工）	未计材料费		—		
6.61 元/工时（高级工）					
7.11 元/工时（工长）					
清单项目综合单价			501.12		

	主要材料名称、规格、型号	单位	数量	单价/元	合价/元	暂估单价/元	暂估合价/元
材料费明细	锯材	m^3	0.004	2020.00	8.08		
	组合钢模板	kg	1.29	6.50	8.36		
	型钢	kg	0.52	5.00	2.58		
	卡扣件	kg	0.76	6.00	4.55		
	预埋铁件	kg	4.80	5.50	0.26		
	铁件	kg	0.08	5.50	0.44		
	电焊条	kg	0.017	6.50	0.11		
	铁钉	kg	0.0066	5.50	0.04		
	混凝土 C25	m^3	1.03	234.97	242.02		
	水	m^3	1.80	0.19	0.34		
	其他材料费			—	5.86	—	
	材料费小计			—	298.75	—	

表 4-11　工程量清单综合单价分析

工程名称：某 U 型渡槽工程　　　　　　　　　　标段：　　　　　　　　　第 8 页　共 11 页

项目编码	500109001004	项目名称	C25 混凝土墩帽	计量单位	m^3

清单综合单价组成明细

定额编号	定额名称	定额单位	数量	单价				合价			
				人工费	材料费	机械费	管理费和利润	人工费	材料费	机械费	管理费和利润
40134	0.4m^3 搅拌机拌制 C25 混凝土	100m^3	1.03/100 = 0.0103	1183.07	67.08	2170.75	0.00	12.19	0.69	22.36	0.00
40145	胶轮车运混凝土	100m^3	1.03/0.0103 = 0.0103	474.65	34.82	105.75	0.00	4.89	0.36	1.09	0.00
40067	混凝土墩帽浇筑	100m^3	0.03/2.88 = 0.01	1825.93	24699.26	489.68	9364.85	18.26	246.99	4.90	93.65
人工单价		小　计						35.33	248.04	28.34	93.65

3.04 元/工时（初级工）		
5.62 元/工时（中级工）	未计材料费	—
6.61 元/工时（高级工）		
7.11 元/工时（工长）		

清单项目综合单价	405.37

（续）

主要材料名称、规格、型号	单位	数量	单价/元	合价/元	暂估单价/元	暂估合价/元
混凝土 C25	m³	1.03	234.97	242.02		
水	m³	0.70	0.19	0.13		
其他材料费			—	5.89	—	
材料费小计			—	248.04		

表 4-12　工程量清单综合单价分析

工程名称：某 U 型渡槽工程　　　　　　　　标段：　　　　　　　第 9 页　共 11 页

项目编码	500109001005	项目名称		渡槽槽身		计量单位		m³

清单综合单价组成明细

定额编号	定额名称	定额单位	数量	单价				合价			
				人工费	材料费	机械费	管理费和利润	人工费	材料费	机械费	管理费和利润
40102	预制 C25 混凝土 U 型槽身	100m³	0.35/34.93 =0.01	25528.13	36846.51	1128.88	19078.01	255.28	368.47	11.29	190.78
40231	简易龙门式起重机吊运预制混凝土构件	100m³	0.35/34.93 =0.01	597.18	739.20	749.23	626.57	5.97	7.39	7.49	6.27
人工单价			小　计					261.25	375.86	18.78	197.05
3.04 元/工时（初级工）		未计材料费						—			
5.62 元/工时（中级工）											
6.61 元/工时（高级工）											
7.11 元/工时（工长）											
清单项目综合单价								852.94			

主要材料名称、规格、型号	单位	数量	单价/元	合价/元	暂估单价/元	暂估合价/元
锯材	m³	0.01	2020.00	23.84		
组合钢模板	kg	3.45	6.50	22.39		
型钢	kg	7.49	5.00	37.45		
卡扣件	kg	1.39	6.00	8.35		
铁件	kg	2.29	5.50	12.62		
预埋铁件	kg	3.54	5.50	19.49		
电焊条	kg	0.01	6.50	0.08		
铁钉	kg	0.04	5.50	0.23		
混凝土 C25	m³	1.02	234.97	239.67		
水	m³	1.80	0.19	0.34		
其他材料费			—	11.40	—	
材料费小计			—	375.86	—	

表 4-13 工程量清单综合单价分析

工程名称:某 U 型渡槽工程   标段: 第 10 页 共 11 页

项目编码	500109008001	项目名称		渡槽止水		计量单位		m

清单综合单价组成明细

定额编号	定额名称	定额单位	数量	单 价				合 价			
				人工费	材料费	机械费	管理费和利润	人工费	材料费	机械费	管理费和利润
40271	环氧粘橡皮	100延长m	0.09/9.20＝0.01	4408.18	74638.79	17.09	23194.47	44.08	746.39	0.17	231.94
人工单价			小 计					44.08	746.39	0.17	231.94
3.04 元/工时(初级工) 5.62 元/工时(中级工) 6.61 元/工时(高级工) 7.11 元/工时(工长)			未计材料费					—			
清单项目综合单价								1022.59			

	主要材料名称、规格、型号			单位	数量	单价/元	合价/元	暂估单价/元	暂估合价/元
材料费明细	锯材			m³	0.003	2020.00	6.06		
	环氧树脂			kg	0.66	17.70	11.67		
	甲苯			kg	0.10	8.25	0.82		
	二丁脂			kg	0.10	13.40	1.33		
	乙二胺			kg	0.06	45.00	2.63		
	沥青			kg	1.36	4.22	5.74		
	水			m³	0.37	0.19	0.07		
	水泥			kg	1.68	349.38	586.96		
	砂			m³	0.00	127.99	0.32		
	麻絮			kg	0.92	20.00	18.40		
	橡胶止水带			m	1.05	100.00	105.00		
	其他材料费					—	7.39		
	材料费小计					—	746.39		

表 4-14 工程量清单综合单价分析

工程名称:某 U 型渡槽工程   标段: 第 11 页 共 11 页

项目编码	500111001001	项目名称		钢筋制作与安装		计量单位		t

清单综合单价组成明细

定额编号	定额名称	定额单位	数量	单 价				合 价			
				人工费	材料费	机械费	管理费和利润	人工费	材料费	机械费	管理费和利润
40289	钢筋制作与安装	1t	6.28/6.28＝1.00	550.65	4854.36	292.56	1711.69	550.65	4854.36	292.56	1711.69
人工单价			小 计					550.65	4854.36	292.56	1711.69

（续）

3.04 元/工时（初级工） 5.62 元/工时（中级工） 6.61 元/工时（高级工） 7.11 元/工时（工长）	未计材料费	—
清单项目综合单价		7409.26

材料费明细	主要材料名称、规格、型号	单位	数量	单价/元	合价/元	暂估单价/元	暂估合价/元
	钢筋	t	1.02	4644.48	4737.37		
	铁丝	kg	4.00	5.50	22.00		
	电焊条	kg	7.22	6.50	46.93		
	其他材料费			—	48.06	—	
	材料费小计			—	4854.36	—	

该 U 型渡槽工程工程单价计算表见表 4-15 ~ 表 4-36。

表 4-15　水利建筑工程预算单价计算表

工程名称：石方开挖工程

定额编号	20118	单价编号	500102005001	定额单位：100m³

施工方法：坑石方开挖

工作内容：钻孔、爆破、撬移、解小、翻渣、清面、修正断面

编号	名称及规格	单 位	数 量	单价/元	合计/元
一、	直接工程费				34182.20
1.	直接费				30656.68
（1）	人工费				3085.73
	工长	工时	16.2	7.11	115.18
	中级工	工时	213.1	5.62	1197.62
	初级工	工时	582.7	3.04	1772.93
（2）	材料费				11167.73
	合金钻头	个	10.81	50.00	540.50
	炸药	kg	213.29	20.00	4265.80
	雷管	个	303.83	10.00	3038.30
	导线 火线	m	578.72	5.00	2893.60
	其他材料费	%	4	10738.20	429.53
（3）	机械费				16403.22
	风钻 手持式	台时	48.94	30.47	1491.20
	其他机械费	%	10.00	1491.20	14912.02
2.	其他直接费	%	30656.68	2.50	766.42
3.	现场经费	%	30656.68	9.00	2759.10
二、	间接费	%	34182.20	9.00	3076.40
三、	企业利润	%	37258.60	7.00	2608.10

（续）

编号	名称及规格	单 位	数 量	单价/元	合计/元
四、	税金	%	39866.70	3.22	1283.71
五、	其他				
六、	合计				41150.41

表 4-16　水利建筑工程预算单价计算表

工程名称:石渣回填

石渣回填					
定额编号	10466	单价编号	500103009001	定额单位:100m³	
施工方法:回填					
工作内容:松填不夯实:包括5m以内取石渣回填					
编号	名称及规格	单 位	数 量	单价/元	合计/元
一、	直接工程费				838.10
1.	直接费				751.66
（1）	人工费				715.86
	工长	工时	3.8	7.11	27.02
	初级工	工时	226.4	3.04	688.85
（2）	材料费				35.79
	零星材料费	%	5	715.86	35.79
（3）	机械费				
2.	其他直接费	%	751.66	2.50	18.79
3.	现场经费	%	751.66	9.00	67.65
二、	间接费	%	838.10	9.00	75.43
三、	企业利润	%	913.53	7.00	63.95
四、	税金	%	977.47	3.22	31.47
五、	其他				
六、	合计				1008.95

表 4-17　水利建筑工程预算单价计算表

工程名称:M5 浆砌块石

M5 浆砌块石					
定额编号	30020	单价编号	500105003001	定额单位:100m³	
施工方法:浆砌块石 基础					
工作内容:选石、修石、冲洗、拌浆、砌石、勾缝					
编号	名称及规格	单 位	数 量	单价/元	合计/元
一、	直接工程费				20281.58
1.	直接费				18189.76
（1）	人工费				2684.63

（续）

编号	名称及规格	单　位	数　量	单价/元	合计/元
	工长	工时	13.3	7.11	94.50
	中级工	工时	236.2	5.62	1327.44
	初级工	工时	415.0	3.04	1262.68
（2）	材料费				15269.57
	块石	m³	108	67.61	7301.88
	砂浆	m³	34.0	233.27	7931.18
	其他材料费	%	0.5	7301.88	36.51
（3）	机械费				235.56
	砂浆搅拌机 0.4m³	台时	6.12	15.62	95.59
	胶轮车	台时	155.52	0.90	139.97
2.	其他直接费	%	18189.76	2.50	454.74
3.	现场经费	%	18189.76	9.00	1637.08
二、	间接费	%	20281.58	9.00	1825.34
三、	企业利润	%	22106.92	7.00	1547.48
四、	税金	%	23654.41	3.22	761.67
五、	其他				
六、	合计				24416.08

表 4-18　水利建筑工程预算单价计算表

工程名称：C30 预制混凝土桥梁 1 工程

M7.5 浆砌块石					
定额编号	30019	单价编号	500105003002	定额单位：100m³	
施工方法：浆砌块石 护底					
工作内容：选石、修石、冲洗、拌浆、砌石、勾缝					
编号	名称及规格	单　位	数　量	单价/元	合计/元
一、	直接工程费				21037.76
1.	直接费				18867.94
（1）	人工费				3053.12
	工长	工时	14.9	7.11	105.87
	中级工	工时	284.1	5.62	1596.64
	初级工	工时	443.9	3.04	1350.61
（2）	材料费				15572.82
	块石	m³	108	67.61	7301.88
	砂浆	m³	35.3	233.27	8234.43
	其他材料费	%	0.5	7301.88	36.51
（3）	机械费				242.00
	砂浆搅拌机 0.4m³	台时	6.35	15.62	99.19

（续）

编号	名称及规格	单位	数 量	单价/元	合计/元
	胶轮车	台时	158.68	0.90	142.81
2.	其他直接费	%	18867.94	2.50	471.70
3.	现场经费	%	18867.94	9.00	1698.11
二、	间接费	%	21037.76	9.00	1893.40
三、	企业利润	%	22931.15	7.00	1605.18
四、	税金	%	24536.34	3.22	790.07
五、	其他				
六、	合计				25326.41

表 4-19 水利建筑工程预算单价计算表

工程名称:C15 混凝土挡墙

C15 混凝土挡墙					
定额编	40134	单价编号	500109001001	定额单位:100m³	
施工方法:0.4m³ 搅拌机拌制混凝土					
工作内容:场内配运水泥、骨料、投料、加水、加外加剂、搅拌、出料、清洗					
编号	名称及规格	单 位	数 量	单价/元	合计/元
一、	直接工程费				3814.30
1.	直接费				3420.89
（1）	人工费				1183.07
	中级工	工时	122.5	5.62	688.95
	初级工	工时	162.4	3.04	494.12
（2）	材料费				67.08
	零星材料费	%	2.0	3353.82	67.08
（3）	机械费				2170.75
	搅拌机 0.4m³	台时	18.00	38.75	697.50
	风水枪	台时	83.00	17.75	1473.25
2.	其他直接费	%	3420.89	2.50	85.52
3.	现场经费	%	3420.89	9.00	307.88
二、	间接费	%	3814.30	9.00	343.29
三、	企业利润	%	4157.58	7.00	291.03
四、	税金	%	4448.61	3.22	143.25
五、	其他				
六、	合计				4591.86

表 4-20　水利建筑工程预算单价计算表

工程名称：C15 混凝土挡墙

			C15 混凝土挡墙		
定额编号	40145	单价编号	500109001001	定额单位：100m³	
施工方法：胶轮车运混凝土，运距 200m					
工作内容：装、运、卸、清洗					
编号	名称及规格	单　位	数　量	单价/元	合计/元
一、	直接工程费				685.97
1.	直接费				615.22
(1)	人工费				474.65
	初级工	工时	156.0	3.04	474.65
(2)	材料费				34.82
	零星材料费	%	6.0	580.40	34.82
(3)	机械费				105.75
	胶轮车	台时	117.50	0.90	105.75
2.	其他直接费	%	615.22	2.50	15.38
3.	现场经费	%	615.22	9.00	55.37
二、	间接费	%	685.97	9.00	61.74
三、	企业利润	%	747.71	7.00	52.34
四、	税金	%	800.05	3.22	25.76
五、	其他				
六、	合计				825.81

表 4-21　水利建筑工程预算单价计算表

工程名称：C15 混凝土挡墙

			C15 混凝土挡墙		
定额编号	40072	单价编号	500109001001	定额单位：100m³	
施工方法：混凝土挡墙浇筑 人工入仓					
编号	名称及规格	单　位	数　量	单价/元	合计/元
一、	直接工程费				32577.52
1.	直接费				29217.51
(1)	人工费				2192.20
	工长	工时	10.5	7.11	74.60
	高级工	工时	24.6	6.61	162.64
	中级工	工时	197.1	5.62	1108.50
	初级工	工时	278.2	3.04	846.45
(2)	材料费				22402.30
	混凝土 C15	m³	103	212.98	21936.94
	水	m³	140	0.19	26.10

（续）

编号	名称及规格	单　位	数　量	单价/元	合计/元
	其他材料费	%	2.0	21963.04	439.26
（3）	机械费				465.81
	振动器 1.1kW	台时	40.05	2.27	90.77
	风水枪	台时	10.00	32.89	328.88
	其他机械费	%	11.00	419.65	46.16
（4）	嵌套项				4157.20
	混凝土拌制	m³	103	34.21	3523.52
	混凝土运输	m³	103	6.15	633.68
2.	其他直接费	%	29217.51	2.50	730.44
3.	现场经费	%	29217.51	9.00	2629.58
二、	间接费	%	32577.52	9.00	2931.98
三、	企业利润	%	35509.50	7.00	2485.67
四、	税金	%	37995.17	3.22	1223.44
五、	其他				
六、	合计				39218.61

表 4-22　水利建筑工程预算单价计算表

工程名称：C25 混凝土排架基础

C25 混凝土排架基础					
定额编号	40134	单价编号	500109001002	定额单位：100m³	
施工方法：0.4m³ 搅拌机拌制混凝土					
工作内容：场内配运水泥、骨料，投料、加水、加外加剂、搅拌、出料、清洗					
编号	名称及规格	单　位	数　量	单价/元	合计/元
一、	直接工程费				3814.30
1.	直接费				3420.89
（1）	人工费				1183.07
	中级工	工时	122.5	5.62	688.95
	初级工	工时	162.4	3.04	494.12
（2）	材料费				67.08
	零星材料费	%	2.0	3353.82	67.08
（3）	机械费				2170.75
	搅拌机 0.4m³	台时	18.00	38.75	697.50
	风水枪	台时	83.00	17.75	1473.25
2.	其他直接费	%	3420.89	2.50	85.52
3.	现场经费	%	3420.89	9.00	307.88
二、	间接费	%	3814.30	9.00	343.29
三、	企业利润	%	4157.58	7.00	291.03

（续）

编号	名称及规格	单 位	数 量	单价/元	合计/元
四、	税金	%	4448.61	3.22	143.25
五、	其他				
六、	合计				4591.86

表 4-23　水利建筑工程预算单价计算表

工程名称：C25 混凝土排架基础

<table>
<tr><td colspan="6" align="center">C25 混凝土排架基础</td></tr>
<tr><td>定额编号</td><td>40145</td><td>单价编号</td><td colspan="2">500109001002</td><td>定额单位：100m³</td></tr>
<tr><td colspan="6">施工方法：胶轮车运混凝土，运距 200m</td></tr>
<tr><td colspan="6">工作内容：装、运、卸、清洗</td></tr>
<tr><td>编号</td><td>名称及规格</td><td>单 位</td><td>数 量</td><td>单价/元</td><td>合计/元</td></tr>
<tr><td>一、</td><td>直接工程费</td><td></td><td></td><td></td><td>685.97</td></tr>
<tr><td>1.</td><td>直接费</td><td></td><td></td><td></td><td>615.22</td></tr>
<tr><td>（1）</td><td>人工费</td><td></td><td></td><td></td><td>474.65</td></tr>
<tr><td></td><td>初级工</td><td>工时</td><td>156.0</td><td>3.04</td><td>474.65</td></tr>
<tr><td>（2）</td><td>材料费</td><td></td><td></td><td></td><td>34.82</td></tr>
<tr><td></td><td>零星材料费</td><td>%</td><td>6.0</td><td>580.40</td><td>34.82</td></tr>
<tr><td>（3）</td><td>机械费</td><td></td><td></td><td></td><td>105.75</td></tr>
<tr><td></td><td>胶轮车</td><td>台时</td><td>117.50</td><td>0.90</td><td>105.75</td></tr>
<tr><td>2.</td><td>其他直接费</td><td>%</td><td>615.22</td><td>2.50</td><td>15.38</td></tr>
<tr><td>3.</td><td>现场经费</td><td>%</td><td>615.22</td><td>9.00</td><td>55.37</td></tr>
<tr><td>二、</td><td>间接费</td><td>%</td><td>685.97</td><td>9.00</td><td>61.74</td></tr>
<tr><td>三、</td><td>企业利润</td><td>%</td><td>747.71</td><td>7.00</td><td>52.34</td></tr>
<tr><td>四、</td><td>税金</td><td>%</td><td>800.05</td><td>3.22</td><td>25.76</td></tr>
<tr><td>五、</td><td>其他</td><td></td><td></td><td></td><td></td></tr>
<tr><td>六、</td><td>合计</td><td></td><td></td><td></td><td>825.81</td></tr>
</table>

表 4-24　水利建筑工程预算单价计算表

工程名称：C25 混凝土排架基础

<table>
<tr><td>定额编号</td><td>40099</td><td>单价编号</td><td colspan="2">500109001002</td><td>定额单位：100m³</td></tr>
<tr><td colspan="6">施工方法：混凝土基础浇筑人工入仓</td></tr>
<tr><td>编号</td><td>名称及规格</td><td>单 位</td><td>数 量</td><td>单价/元</td><td>合计/元</td></tr>
<tr><td>一、</td><td>直接工程费</td><td></td><td></td><td></td><td>35183.66</td></tr>
<tr><td>1.</td><td>直接费</td><td></td><td></td><td></td><td>31554.86</td></tr>
<tr><td>（1）</td><td>人工费</td><td></td><td></td><td></td><td>1698.43</td></tr>
<tr><td></td><td>工长</td><td>工时</td><td>10.9</td><td>7.11</td><td>77.45</td></tr>
</table>

（续）

编号	名称及规格	单位	数量	单价/元	合计/元
	高级工	工时	18.1	6.61	119.67
	中级工	工时	188.5	5.62	1060.14
	初级工	工时	145.0	3.04	441.18
（2）	材料费				24708.77
	混凝土 C25	m³	103	234.97	24201.91
	水	m³	120	0.19	22.37
	其他材料费	%	2.0	24224.28	484.49
（3）	机械费				990.46
	振动器 1.1kW	台时	20.00	2.27	45.33
	风水枪	台时	26.00	32.89	855.10
	其他机械费	%	10.00	900.42	90.04
（4）	嵌套项				4157.20
	混凝土拌制	m³	103	34.21	3523.52
	混凝土运输	m³	103	6.15	633.68
2.	其他直接费	%	31554.86	2.50	788.87
3.	现场经费	%	31554.86	9.00	2839.94
二、	间接费	%	35183.66	9.00	3166.53
三、	企业利润	%	38350.19	7.00	2684.51
四、	税金	%	41034.71	3.22	1321.32
五、	其他				
六、	合计				42356.03

表 4-25　水利建筑工程预算单价计算表

工程名称：C25 预制混凝土排架

C25 预制混凝土排架					
定额编号	40109	单价编号	500109001003	定额单位：100m³	
施工方法：预制 C25 混凝土排架					
工作内容：模板制作、安装、拆除、混凝土拌制、场内运输、浇注、养护、堆放					
编号	名称及规格	单位	数量	单价/元	合计/元
一、	直接工程费				41138.43
1.	直接费				36895.46
（1）	人工费				6673.40
	工长	工时	53.8	7.11	382.26
	高级工	工时	174.9	6.61	1156.35
	中级工	工时	672.8	5.62	3783.87
	初级工	工时	444.0	3.04	1350.92
（2）	材料费				29417.93

（续）

编号	名称及规格	单 位	数 量	单价/元	合计/元
	锯材	m^3	0.20	2020.00	404.00
	组合钢模板	kg	128.67	6.50	836.36
	型钢	kg	51.55	5.00	257.75
	卡扣件	kg	75.91	6.00	455.46
	预埋铁件	kg	479.55	5.50	2637.53
	电焊条	kg	1.68	6.50	10.92
	铁钉	kg	0.66	5.50	3.63
	混凝土 C25	m^3	103	234.97	24201.91
	水	m^3	180	0.19	33.55
	其他材料费	%	2.0	28841.10	576.82
（3）	机械费				804.13
	振动器 1.1kW	台时	44.00	2.17	95.48
	搅拌机 0.4m³	台时	18.36	23.83	437.52
	胶轮车	台时	92.80	0.90	83.52
	载重汽车 5t	台时	0.62	95.61	59.28
	电焊机 25kVA	台时	1.92	12.21	23.44
	其他机械费	%	15.00	699.24	104.89
2.	其他直接费	%	36895.46	2.50	922.39
3.	现场经费	%	36895.46	9.00	3320.59
二、	间接费	%	41138.43	9.00	3702.46
三、	企业利润	%	44840.89	7.00	3138.86
四、	税金	%	47979.75	3.22	1544.95
五、	其他				
六、	合计				49524.70

表 4-26　水利建筑工程预算单价计算表

工程名称：C25 预制混凝土排架

C25 预制混凝土排架					
定额编号	40233	单价编号	500109001003	定额单位：100m³	
施工方法：简易龙门式起重机吊运预制混凝土构件					
工作内容：装、平运200m以内、卸					
编号	名称及规格	单 位	数 量	单价/元	合计/元
一、	直接工程费				1827.91
1.	直接费				1639.38
（1）	人工费				526.84
	高级工	工时	20.9	6.61	138.18
	中级工	工时	57.8	5.62	325.07

（续）

编号	名称及规格	单 位	数 量	单价/元	合计/元
	初级工	工时	20.9	3.04	63.59
（2）	材料费				456.96
	锯材	m³	0.20	2020.00	404.00
	铁件	kg	8.00	5.50	44.00
	其他材料费	%	2.0	448.00	8.96
（3）	机械费				655.58
	龙门起重机简易 5t	台时	10.50	56.76	595.98
	其他机械费	%	10.00	595.98	59.60
2.	其他直接费	%	1639.38	2.50	40.98
3.	现场经费	%	1639.38	9.00	147.54
二、	间接费	%	1827.91	9.00	164.51
三、	企业利润	%	1992.42	7.00	139.47
四、	税金	%	2131.89	3.22	68.65
五、	其他				
六、	合计				2200.54

表 4-27　水利建筑工程预算单价计算表

工程名称：C25 混凝土墩帽

		C25 混凝土墩帽			
定额编号	40134		单价编号	500109001004	定额单位：100m³
施工方法：0.4m³ 搅拌机拌制混凝土					
工作内容：场内配运水泥、骨料，投料、加水、加外加剂、搅拌、出料、清洗					

编号	名称及规格	单 位	数 量	单价/元	合计/元
一、	直接工程费				3814.30
1.	直接费				3420.89
（1）	人工费				1183.07
	中级工	工时	122.5	5.62	688.95
	初级工	工时	162.4	3.04	494.12
（2）	材料费				67.08
	零星材料费	%	2.0	3353.82	67.08
（3）	机械费				2170.75
	搅拌机 0.4m³	台时	18.00	38.75	697.50
	风水枪	台时	83.00	17.75	1473.25
2.	其他直接费	%	3420.89	2.50	85.52
3.	现场经费	%	3420.89	9.00	307.88
二、	间接费	%	3814.30	9.00	343.29
三、	企业利润	%	4157.58	7.00	291.03

（续）

编号	名称及规格	单 位	数 量	单价/元	合计/元
四、	税金	%	4448.61	3.22	143.25
五、	其他				
六、	合计				4591.86

表 4-28　水利建筑工程预算单价计算表

工程名称：C25 混凝土墩帽

C25 混凝土墩帽					
定额编号	40145	单价编号	500109001004	定额单位：100m³	

施工方法：胶轮车运混凝土，运距 200m

工作内容：装、运、卸、清洗

编号	名称及规格	单 位	数 量	单价/元	合计/元
一、	直接工程费				685.97
1.	直接费				615.22
（1）	人工费				474.65
	初级工	工时	156.0	3.04	474.65
（2）	材料费				34.82
	零星材料费	%	6.0	580.40	34.82
（3）	机械费				105.75
	胶轮车	台时	117.50	0.90	105.75
2.	其他直接费	%	615.22	2.50	15.38
3.	现场经费	%	615.22	9.00	55.37
二、	间接费	%	685.97	9.00	61.74
三、	企业利润	%	747.71	7.00	52.34
四、	税金	%	800.05	3.22	25.76
五、	其他				
六、	合计				825.81

表 4-29　水利建筑工程预算单价计算表

工程名称：C25 混凝土墩帽

C25 混凝土墩帽					
定额编号	40067	单价编号	500109001004	定额单位：100m³	

施工方法：混凝土墩帽浇筑人工入仓

编号	名称及规格	单 位	数 量	单价/元	合计/元
一、	直接工程费				34756.85
1.	直接费				31172.06
（1）	人工费				1825.93
	工长	工时	11.7	7.11	83.13

（续）

编号	名称及规格	单 位	数 量	单价/元	合计/元
	高级工	工时	15.5	6.61	102.48
	中级工	工时	209.7	5.62	1179.37
	初级工	工时	151.5	3.04	460.96
（2）	材料费				24699.26
	混凝土 C25	m³	103	234.97	24201.91
	水	m³	70	0.19	13.05
	其他材料费	%	2.0	24214.96	484.30
（3）	机械费				489.68
	振动器 1.5kW	台时	20.00	3.31	66.20
	变频机组 8.5kVA	台时	10.00	17.25	172.50
	风水枪	台时	5.36	32.89	176.28
	其他机械费	%	18.00	414.98	74.70
（4）	嵌套项				4157.20
	混凝土拌制	m³	103	34.21	3523.52
	混凝土运输	m³	103	6.15	633.68
2.	其他直接费	%	31172.06	2.50	779.30
3.	现场经费	%	31172.06	9.00	2805.49
二、	间接费	%	34756.85	9.00	3128.12
三、	企业利润	%	37884.97	7.00	2651.95
四、	税金	%	40536.92	3.22	1305.29
五、	其他				
六、	合计				41842.21

表 4-30　水利建筑工程预算单价计算表

工程名称：C25 混凝土渡槽槽身

定额编号	40102		单价编号	500109001005		定额单位：100m³	
施工方法：预制 C25 混凝土 U 型槽身							
工作内容：模板制作、安装、拆除、混凝土拌制、场内运输、浇注、养护、堆放							

编号	名称及规格	单 位	数 量	单价/元	合计/元
一、	直接工程费				70806.42
1.	直接费				63503.52
（1）	人工费				25528.13
	工长	工时	205.9	7.11	1462.97
	高级工	工时	669.1	6.61	4423.76
	中级工	工时	2573.5	5.62	14473.53
	初级工	工时	1698.5	3.04	5167.87

（续）

编号	名称及规格	单位	数量	单价/元	合计/元
（2）	材料费				36846.51
	锯材	m³	0.88	2020.00	1777.60
	组合钢模板	kg	344.52	6.50	2239.38
	型钢	kg	748.94	5.00	3744.70
	卡扣件	kg	139.20	6.00	835.20
	铁件	kg	217.40	5.50	1195.70
	预埋铁件	kg	354.36	5.50	1948.98
	电焊条	kg	1.23	6.50	8.00
	铁钉	kg	4.23	5.50	23.27
	混凝土 C25	m³	102	234.97	23966.94
	水	m³	180	0.19	33.55
	其他材料费	%	3.0	35773.31	1073.20
（3）	机械费				1128.88
	振动器 1.1kW	台时	44.00	2.17	95.48
	搅拌机 0.4m³	台时	18.36	23.83	437.52
	胶轮车	台时	92.80	0.90	83.52
	载重汽车 5t	台时	3.64	95.61	348.02
	电焊机 25kVA	台时	1.40	12.21	17.09
	其他机械费	%	15.00	981.63	147.24
2.	其他直接费	%	63503.52	2.50	1587.59
3.	现场经费	%	63503.52	9.00	5715.32
二、	间接费	%	70806.42	9.00	6372.58
三、	企业利润	%	77179.00	7.00	5402.53
四、	税金	%	82581.53	3.22	2659.13
五、	其他				
六、	合计				85240.66

表4-31　水利建筑工程预算单价计算表

工程名称:C25 混凝土渡槽槽身

C25 混凝土渡槽槽身			
定额编号	40231	单价编号　500109001005	定额单位:100m³

施工方法:简易龙门式起重机吊运预制混凝土构件

工作内容:装、平运200m 以内、卸

编号	名称及规格	单 位	数 量	单价/元	合计/元
一、	直接工程费				2325.46
1.	直接费				2085.61
（1）	人工费				597.18

（续）

编号	名称及规格	单 位	数 量	单价/元	合计/元
	高级工	工时	23.7	6.61	156.69
	中级工	工时	65.5	5.62	368.38
	初级工	工时	23.7	3.04	72.11
（2）	材料费				739.20
	锯材	m³	0.30	2020.00	606.00
	铁件	kg	12.00	5.50	66.00
	其他材料费	%	10.0	672.00	67.20
（3）	机械费				749.23
	龙门起重机简易 5t	台时	12.00	56.76	681.12
	其他机械费	%	10.00	681.12	68.11
2.	其他直接费	%	2085.61	2.50	52.14
3.	现场经费	%	2085.61	9.00	187.70
二、	间接费	%	2325.46	9.00	209.29
三、	企业利润	%	2534.75	7.00	177.43
四、	税金	%	2712.18	3.22	87.33
五、	其他				
六、	合计				2799.51

表 4-32　水利建筑工程预算单价计算表

工程名称:渡槽止水

	渡槽止水				
定额编号	40271	单价编号	500109008001	定额单位:100 延长 m	
施工方法:采用环氧粘橡皮进行止水					
工作内容:模板制作、安装、拆除、修理、填料配制、填塞、养护					
编号	名称及规格	单 位	数 量	单价/元	合计/元
一、	直接工程费				88156.43
1.	直接费				79064.06
（1）	人工费				4408.18
	工长	工时	41.8	7.11	297.00
	高级工	工时	292.8	6.61	1935.85
	中级工	工时	251.0	5.62	1411.64
	初级工	工时	251.0	3.04	763.69
（2）	材料费				74638.79
	锯材	m³	0.30	2020.00	606.00
	环氧树脂	kg	65.92	17.70	1166.78
	甲苯	kg	9.95	8.25	82.09
	二丁脂	kg	9.95	13.40	133.33

（续）

编号	名称及规格	单 位	数 量	单价/元	合计/元
	乙二胺	kg	5.84	45.00	262.80
	沥青	kg	136.00	4.22	573.92
	水	m³	37.00	0.19	7.03
	水泥	kg	168.00	349.38	58695.84
	砂	m³	0.25	127.99	32.00
	麻絮	kg	92.00	20.00	1840.00
	橡胶止水带	m	105.00	100.00	10500.00
	其他材料费	%	1.00	73899.79	739.00
（3）	机械费				17.09
	电焊机 25kVA	台时	1.40	12.21	17.09
2.	其他直接费	%	79064.06	2.50	1976.60
3.	现场经费	%	79064.06	9.00	7115.77
二、	间接费	%	88156.43	9.00	7934.08
三、	企业利润	%	96090.51	7.00	6726.34
四、	税金	%	102816.85	3.22	3310.70
五、	其他				
六、	合计				106127.55

表 4-33　水利建筑工程预算单价计算表

工程名称：钢筋制作与安装

钢筋制作与安装					
定额编号	40289	单价编号	500111001001		定额单位：1t

适用范围：水工建筑物各部位及预制构件

工作内容：回直、除锈、切断、弯制、焊接、绑扎及加工场至施工场地运输

编号	名称及规格	单 位	数 量	单价/元	合计/元
一、	直接工程费				6298.28
1.	直接费				5648.68
（1）	人工费				550.65
	工长	工时	10.3	7.11	73.18
	高级工	工时	28.8	6.61	190.41
	中级工	工时	36.0	5.62	202.47
	初级工	工时	27.8	3.04	84.58
（2）	材料费				4811.10
	钢筋	t	1.02	4644.48	4737.37
	铁丝	kg	4.00	5.50	22.00
	电焊条	kg	7.22	6.50	46.93
	其他材料费	%	1.0	4806.30	48.06

（续）

编号	名称及规格	单 位	数 量	单价/元	合计/元
（3）	机械费				286.94
	钢筋调直机 14kW	台时	0.60	17.75	10.65
	风砂枪	台时	1.50	29.90	44.85
	钢筋切断 20kW	台时	0.40	24.12	9.65
	钢筋弯曲机 Φ6～40	台时	1.05	14.29	15.00
	电焊机 25kVA	台时	10.00	12.21	122.14
	对焊机 150 型	台时	0.40	77.36	30.94
	载重汽车 5t	台时	0.45	95.61	43.02
	塔式起重 10t	台时	0.10	105.64	10.56
	其他机械费	%	2	55.50	0.11
2.	其他直接费	%	5648.68	2.50	141.22
3.	现场经费	%	5648.68	9.00	508.38
二、	间接费	%	6298.28	9.00	566.85
三、	企业利润	%	6865.13	7.00	480.56
四、	税金	%	7345.69	3.22	236.53
五、	其他				
六、	合计				7582.22

表 4-34 人工费汇总表

项目名称	单位	工长	高级工	中级工	初级工
基本工资标准	元/月	550.00	500.00	400.00	270.00
地区工资系数		1.0000	1.0000	1.0000	1.0000
地区津贴标准	元/月	0.00	0.00	0.00	0.00
夜餐津贴比率	%	30.00	30.00	30.00	30.00
施工津贴标准	元/天	5.30	5.30	5.30	2.65
养老保险费率	%	20.00	20.00	20.00	10.00
住房公积金费率	%	5.00	5.00	5.00	2.50
工时单价	元/时	7.11	6.61	5.62	3.04

表 4-35 施工机械台时费汇总表

序号	名称及规格	台时费	其中				
			折旧费	修理费	安拆费	人工费	动力燃料费
1	灰浆搅拌机	15.62	0.83	2.28	0.20	7.31	4.99
2	胶轮车	0.90	0.26	0.64		0.00	0.00
3	振捣器 插入式 1.1kW	2.17	0.32	1.22		0.00	0.63
4	风（砂）水枪 6m³/min	29.90	0.24	0.42		0.00	29.24
5	混凝土搅拌机 0.4m³	23.83	3.29	5.34	1.07	7.31	6.82

（续）

序号	名称及规格	台时费	其中：				
			折旧费	修理费	安拆费	人工费	动力燃料费
6	载重汽车　5t	18.63	7.77	10.86		0.00	0.00
7	电焊机　交流25kVA	0.72	0.33	0.30	0.09		0.00
8	钢筋调直机　4～14kW	17.75	1.60	2.69	0.44	7.31	5.71
9	对焊机　电弧型　150kVA	77.36	1.69	2.56	0.76	7.31	65.04
10	塔式起重机　10t	105.64	41.37	16.89	3.10	15.18	29.09
11	振捣器　1.5kW	3.18	0.51	1.80			0.87
12	变频机组　8.5kW	16.51	3.48	7.96		0.00	5.07
13	龙门式起重机　10t	54.74	20.42	5.96	0.99	13.50	13.87
14	风钻　手持式	28.03	0.54	1.89		0.00	25.60

表4-36　主要材料价格汇总表

编号	名称及规格	单位	单位毛重/t	每吨每公里运费/元	价格/元（卸车费和保管费按照郑州市造价信息提供的价格计算）							
					原价	运距	卸车费	运杂费	保管费	运到工地分仓库价格/t	保险费	预算价/元
1	钢筋	t	1	0.70	4500	6	5	9.20	135.28	4509.20		4644.48
2	水泥32.5#	t	1	0.70	330	6	5	9.20	10.18	339.20		349.38
3	水泥42.5#	t	1	0.70	360	6	5	9.20	11.08	369.20		380.28
6	汽油	t	1	0.70	9390	6		4.20	281.83	9394.20		9676.03
7	柴油	t	1	0.70	8540	6		4.20	256.33	8544.20		8800.53
8	砂（中砂）	m³	1.55	0.70	110	6	5	14.26	3.73	124.26		127.99
9	石子（碎石）	m³	1.45	0.70	50	6		13.34	1.90	63.34		65.24
10	块石	m³	1.7	0.70	50	6		15.64	1.97	65.64		67.61

例5　某输水涵洞设计

　　某地区修建公路时需跨过一条小渠道，现打算修建一条涵洞使渠道从公路下面通过，该涵洞为单孔箱形涵洞，宽为1.5m，高为1.85m，侧墙和底板采用C25混凝土，盖板和挡墙采用C30钢筋混凝土，进出口及渐变段翼墙采用M7.5浆砌石，底板采用厚为30cm的M5浆砌石，铺盖段采用厚为30cm的干砌块石，渐变段和铺盖段采用厚为10cm的碎石垫层，洞身段采用厚为10cm的C10混凝土垫层，洞身连接处采用橡胶止水带进行止水，该涵洞的平面图、剖面图及细部结构图如图5-1～图5-7所示，试编制该涵洞的预算价格。

　　【解】　一、清单工程量

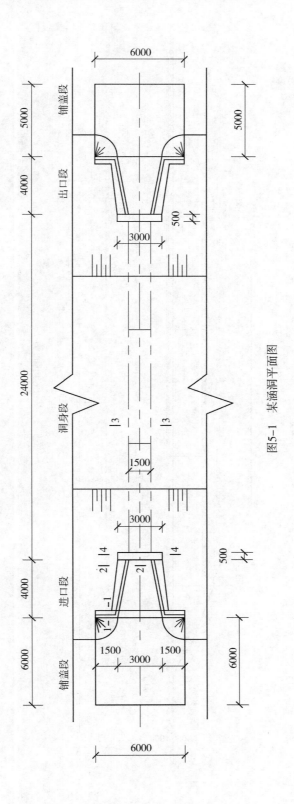

图5-1　某涵洞平面图

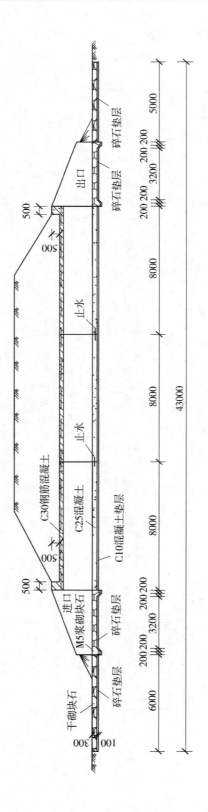

图5-2　某涵洞剖面图

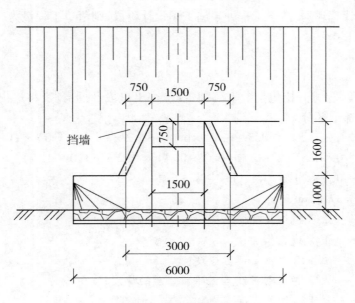

图 5-3　某涵洞侧视图

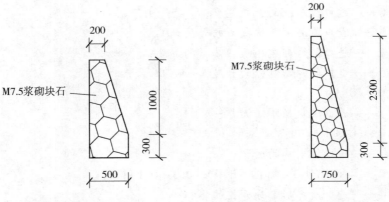

图 5-4　1－1 剖面图　　　　　　　　图 5-5　2－2 剖面图

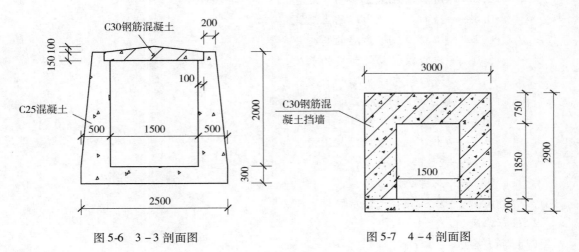

图 5-6　3－3 剖面图　　　　　　　　图 5-7　4－4 剖面图

　　清单工程量计算规则:由于工程处于施工图设计阶段,则清单工程量为施工图纸计算所得工程量乘以系数1.0。

　　（一）土方工程

　　1. 土方开挖

　　如图 5-2 所示,土方开挖包括上下游铺盖段、进出口段及洞身段,将进出口段按平面图分为长方形部分和梯形部分。

$$\text{清单工程量} = \{(6+5) \times (0.3+0.1) \times 6.0 + [1/2 \times (4.0+3.0) \times (0.3+0.1) \times 3.5 +$$
$$0.5 \times 6.0 + 1/2 \times (0.2+0.4) \times 0.2 \times (3.0+1.5)] \times 2 + 24 \times (0.3+$$
$$0.1) \times 1.5\} \times 1.0 \text{m}^3$$
$$= 57.14 \text{m}^3$$

【注释】　6——上游铺盖长度;

　　　　　5——下游铺盖长度;

　　　　　0.3——上下游干砌石铺盖厚度;

　　　　　0.1——上下游干砌石铺盖下碎石垫层的厚度;

　　　　　6.0——上下游铺盖宽度;

　　　　　4.0——进口段起始端的开挖宽度;

　　　　　3.0——进口段末端的开挖宽度;

　　　　　0.3——进口段底部浆砌块石的厚度;

　　　　　0.1——进口段底部浆砌块石垫层的厚度;

　　　　　3.5——进口段梯形部分的长度;

　　　　　4.0×(0.3+

　　　　0.1)——进口段起始端的面积;

　　　　　3.0×(0.3+

　　　　0.1)——进口段末端的面积;

　　　　1/2×[4.0×(0.3+0.1)+3.0×(0.3+0.1)]×

　　　　　4——进口段梯形部分开挖的体积;

　　　　　0.2——进口段底板齿墙的下底宽;

　　　　　0.4——进口段底板齿墙的上底宽;

　　　　　0.2——进口段底板齿墙的高;

　　　　　3.0——进口段起始端齿墙的长度;

　　　　　1.5——进口段末端齿墙的长度;

　　　　1/2×(0.2+0.4)×0.2×(3.0+

　　　　1.5)——齿墙的总体积;

　　　　　2——出口段和进口段相同;

　　　　24——洞身段的长度;

　　　　　0.3——洞身底板的厚度;

　　　　　0.1——底板混凝土垫层的厚度。

　　2. 石方填筑

　　(1)碎石垫层

清单工程量 = (6 + 5) × 0.1 × 6.0 × 1.0 + 1/2 × (3.0 + 1.5) × 0.1 × 4.0m³ = 7.50m³

【注释】　6——上游铺盖下碎石垫层的长度；

5——下游铺盖下碎石垫层的长度；

6.0——上下游铺盖的宽度；

0.1——碎石垫层的厚度。

（2）干砌块石

清单工程量 = 6 × (6 + 5) × 0.3 × 1.0m³ = 19.8m³

【注释】　6——干砌块石的宽度；

6——上游铺盖段干砌块石的长度；

5——下游铺盖段干砌块石的长度；

0.3——干砌块石的厚度。

（3）M5浆砌块石

清单工程量 = [1/2 × (1.5 × 0.3 + 3.0 × 0.3) × 4 + 1/2 × (0.2 + 0.4) × 0.2 × (3.0 +

1.5)] × 2 × 1.0m3

= 5.94m3

【注释】　1.5——进口段末端的宽度；

0.3——进口段底部浆砌块石的厚度；

3.0——进口段起始端的宽度；

4——进口段的长度；

1.5 × 0.3——进口段末端的面积；

3.0 × 0.3——进口段起始端的面积；

1/2 × (1.5 × 0.3 + 3.0 × 0.3) ×

4——进口段底板的体积；

0.2——进口段底板齿墙的下底宽；

0.4——进口段底板齿墙的上底宽；

0.2——进口段底板齿墙的高；

3.0——进口段起始端齿墙的长度；

1.5——进口段末端齿墙的长度；

1/2 × (0.2 + 0.4) × 0.2 × (3.0 +

1.5)——齿墙的总体积；

2——出口段和进口段相同。

（4）M7.5浆砌块石

由图5-1～图5-2所示,进口段翼墙和出口段翼墙相同,详见图5-4～图5-5,水平段翼墙。

清单工程量 = [1/2 × (0.2 + 0.5) × 1.0 + 0.3 × 0.5] × 1.5 × 1.0m³ = 0.75m³

【注释】　0.2——水平段翼墙上部梯形断面上底宽；

0.5——水平段翼墙上部梯形断面下底宽；

1.0——水平段翼墙上部梯形断面的高；

0.3——水平段翼墙下部矩形断面的高；

0.5——水平段翼墙下部矩形断面的宽；

1.5——水平段翼墙的长度。

倾斜段翼墙清单工程量 $= 1/2 \times \{[1/2 \times (0.2 + 0.5) \times 1.0 + 0.3 \times 0.5] + [1/2 \times (0.2 +$
$$0.75) \times 2.3 + 0.3 \times 0.75]\} \times 1.0\text{m}^3$$
$$= 0.5 \times (0.5 + 1.3175) \times 4.07\text{m}^3$$
$$= 3.70\text{m}^3$$

【注释】 0.2——倾斜段起始端翼墙上部梯形断面上底宽;

0.5——倾斜段起始端翼墙上部梯形断面下底宽;

1.0——倾斜段起始端翼墙上部梯形断面的高;

0.3——倾斜段起始端翼墙下部矩形断面的高;

0.5——倾斜段起始端翼墙下部矩形断面的宽;

$1/2 \times (0.2 + 0.5) \times 1.0 + 0.3 \times$

0.5——倾斜段起始端翼墙断面的面积;

0.2——倾斜段末端翼墙上部梯形断面上底宽;

0.75——倾斜段末端翼墙上部梯形断面下底宽;

2.3——倾斜段末端翼墙上部梯形断面的高;

0.3——倾斜段末端翼墙下部矩形断面的高;

0.75——倾斜段末端翼墙下部矩形断面的宽;

$1/2 \times (0.2 + 0.75) \times 2.3 + 0.3 \times$

0.75——倾斜段末端翼墙断面的面积;

4.0——进口段的长度;

0.75——倾斜段起始端与末端的偏移距离;

$\sqrt{4.0^2 + 0.75^2}$——倾斜段翼墙的长度。

总的 M7.5 浆砌石清单工程量 $= (0.75 + 3.70) \times 4\text{m}^3 = 17.80\text{m}^3$

【注释】 4——进出口翼墙总个数。

(二)混凝土工程

1. C10 混凝土垫层(图 5-2 和 5-6)

清单工程量 $= 0.1 \times 24 \times 2.5 \times 1.0\text{m}^3 = 6\text{m}^3$

【注释】 0.1——C10 混凝土垫层的厚度;

24——C10 混凝土垫层的长度;

2.5——C10 混凝土垫层的宽度。

2. C25 混凝土

由题意知该涵洞的侧墙和底板都采用 C25 混凝土,如图 5-6 所示。

清单工程量 $= [2.5 \times 0.3 + 1/2 \times (0.3 + 0.5) \times 2 \times 2] \times 8.0 \times 3 \times 1.0 + 0.5 \times (3.0 -$
$$2.5) \times 0.3 \times 2\text{m}^3$$
$$= 56.55\text{m}^3$$

【注释】 2.5——涵洞底板宽;

0.3——涵洞底板宽;

0.3——涵洞侧墙上底宽;

0.5——涵洞侧墙下底宽;

　　　　2——涵洞侧墙的高；

　　　　2——涵洞两侧侧墙；

　　8.0——单个涵洞管身的长度；

　　　　3——涵洞管身的个数。

3. C30 钢筋混凝土

该涵洞的顶盖和挡墙都采用 C30 钢筋混凝土，如图 5-3 和图 5-6 所示。

（1）混凝土顶盖

清单工程量 $= 1/2 \times (0.15 + 0.25) \times (1/2 \times 1.5 + 0.1) \times 2 \times 8.0 \times 3 \times 1.0 \mathrm{m}^3$

　　　　　　　$= 8.16 \mathrm{m}^3$

【注释】　0.15——混凝土顶盖的上底边；

　　　　　0.25——混凝土顶盖的下底边；

　　　　　1.5——涵洞洞身宽；

　　　　　0.1——顶盖伸入侧墙的长度；

　　$1/2 \times 1.5 +$

　　　　　0.1——顶盖梯形断面的高度；

　　　　　2——顶盖断面由两个梯形断面组成；

　　　　　8.0——单个涵洞顶盖的长度；

　　　　　3——涵洞管身的个数。

（2）混凝土挡墙

清单工程量 $= [3.0 \times 0.75 \times 0.5 + 1.85 \times 0.75 \times 0.5 \times 2] \times 2 \times 1.0 \mathrm{m}^3 = 5.03 \mathrm{m}^3$

【注释】　3.0——洞身上部挡墙的宽度；

　　　　　0.75——洞身上部挡墙的高度；

　　　　　0.5——洞身上部挡墙的厚度；

　　　　　1.85——洞身的高度；

　　　　　0.75——洞身两侧挡墙的宽度；

　　　　　0.5——洞身两侧挡墙的厚度；

　　　　　2——洞身两侧都有挡墙；

　　　　　2——进口段挡墙和出口段尺寸相同。

（三）钢筋加工及安装

混凝土顶盖钢筋清单工程量 $= 8.16 \times 5\% \mathrm{t} = 0.408 \mathrm{t}$

混凝土挡墙钢筋清单工程量 $= 5.03 \times 5\% \mathrm{t} = 0.252 \mathrm{t}$

总的清单工程量 $= (8.16 \times 5\% + 5.03 \times 5\%) \mathrm{t} = 0.408 + 0.252 \mathrm{t} = 0.66 \mathrm{t}$

【注释】　8.16——混凝土顶盖清单工程量；

　　　　　5%——混凝土顶盖含钢量；

　　　　　5.03——混凝土挡墙的清单工程量；

　　　　　5%——混凝土挡墙含钢量。

（四）止水

该涵洞的底板和侧墙采用橡胶止水带进行止水。

清单工程量 $= [(1.85 + 0.15) \times 2 + 1.5 + 0.15 \times 2] \times 2 \times 1.0 \mathrm{m} = 11.6 \mathrm{m}$

【注释】　1.85——洞身的高度；

　　　　　0.15——侧墙止水插入底板的深度；

　　　　　2——洞身两侧侧墙；

　　　　　1.5——洞身的宽度；

　　　　　0.15——底板止水插入侧墙的深度；

　　　　　2——止水插入两侧侧墙；

　　　　　2——洞身分缝个数。

清单工程量计算表见表5-1。

表5-1　工程量清单计算表

工程名称:某输水涵洞工程　　　　　　　　　　　　　　　　　　　　　　　　第　页　共　页

序号	项目编码	项目名称	计量单位	工程量	主要技术条款编码	备注
1		建筑工程				
1.1		土方工程				
1.1.1	500101004001	土方开挖	m³	57.14		
1.2		石方填筑				
1.2.1	500105001001	干砌块石	m³	19.80		
1.2.2	500105003001	M5 浆砌块石	m³	5.94		
1.2.3	500105003002	M7.5 浆砌块石	m³	17.80		
1.2.4	500103007001	碎石垫层	m³	7.50		
1.3		混凝土工程				
1.3.1	500109001001	C10 混凝土垫层	m³	6.00		
1.3.2	500109001002	C25 混凝土	m³	56.55		
1.3.3	500109001003	C30 预制混凝土顶盖	m³	8.16		
1.3.4	500109001004	C30 混凝土挡墙	m³	5.03		
1.3.5	500109008001	橡胶止水	m	11.60		
1.4		钢筋加工及安装				
1.4.1	500111001006	钢筋用量	t	0.66		

二、定额工程量(套用《水利建筑工程预算定额》)

(一)土方开挖

1. 人工挖土方

(1)定额工程量 $=\{(6+5)\times(0.3+0.1)\times6.0+[1/2\times(4.0+3.0)\times(0.3+0.1)\times3.5+$

$0.5\times6.0+1/2\times(0.2+0.4)\times0.2\times(3.0+1.5)]\times2+24\times(0.3+$

$0.1)\times1.5\}\times1.0\mathrm{m}^3$

$=57.14\mathrm{m}^3=0.57(100\mathrm{m}^3)$

套用定额10002,定额单位:100m³。

(2)1m³ 装载机挖装土自卸汽车运输选用5t 自卸汽车,运距2km。

定额工程量 $=\{(6+5)\times(0.3+0.1)\times6.0+[1/2\times(4.0+3.0)\times(0.3+0.1)\times3.5+$

$0.5\times6.0+1/2\times(0.2+0.4)\times0.2\times(3.0+1.5)]\times2+24\times(0.3+$

$$0.1) \times 1.5\} \times 1.0 \text{m}^3$$
$$= 57.14 \text{m}^3 = 0.57(100 \text{m}^3)$$

套用定额 10396,定额单位:100m³。

（二）砌块工程

1. 干砌块石护底

（1）人工装车自卸汽车运块石运距 5km,自卸汽车采用 8t。

定额工程量 $= [6 \times (6+5) \times 0.3] \text{m}^3 = 19.80 \text{m}^3 = 0.20(100 \text{m}^3)$

套用定额 60445,定额单位:100m³。

（2）干砌块石护底

定额工程量 $= 6 \times (6+5) \times 0.3 \text{m}^3 = 19.80 \text{m}^3 = 0.20(100 \text{m}^3)$

套用定额 30012,定额单位:100m³。

2. M5 浆砌块石护底

（1）人工装车自卸汽车运块石运距 5km,自卸汽车采用 8t。

定额工程量 $= [1/2 \times (1.5 \times 0.3 + 3.0 \times 0.3) \times 4 + 1/2 \times (0.2 + 0.4) \times 0.2 \times (3.0 +$
$$1.5)] \times 2 \text{m}^3$$
$$= 5.94 \text{m}^3 = 0.06(100 \text{m}^3)$$

套用定额 60445,定额单位:100m³。

（2）浆砌块石护底

定额工程量 $= [1/2 \times (1.5 \times 0.3 + 3.0 \times 0.3) \times 4 + 1/2 \times (0.2 + 0.4) \times 0.2 \times (3.0 +$
$$1.5)] \times 2 \text{m}^3$$
$$= 5.94 \text{m}^3 = 0.06(100 \text{m}^3)$$

套用定额 30019,定额单位:100m³。

3. M7.5 浆砌块石翼墙

（1）人工装车自卸汽车运块石运距 5km,自卸汽车采用 8t。

定额工程量 $= [1/2 \times (0.2 + 0.5) \times 1.0 + 0.3 \times 0.5] \times 1.5 \times 4 + 1/2 \times \{[1/2 \times (0.2 +$
$$0.5) \times 1.0 + 0.3 \times 0.5] + [1/2 \times (0.2 + 0.75) \times 2.3 + 0.3 \times 0.75]\} \times 4 \text{m}^3$$
$$= 17.80 \text{m}^3 = 0.18(100 \text{m}^3)$$

套用定额 60445,定额单位:100m³。

（2）浆砌块石翼墙

定额工程量 $= [1/2 \times (0.2 + 0.5) \times 1.0 + 0.3 \times 0.5] \times 1.5 \times 4 + 1/2 \times \{[1/2 \times (0.2 +$
$$0.5) \times 1.0 + 0.3 \times 0.5] + [1/2 \times (0.2 + 0.75) \times 2.3 + 0.3 \times 0.75]\} \times 4 \text{m}^3$$
$$= 17.80 \text{m}^3 = 0.18(100 \text{m}^3)$$

套用定额 30021,定额单位:100m³。

4. 碎石垫层

（1）人工装砂石料胶轮车运输挖装运卸 50m。

定额工程量 $= (6+5) \times 0.1 \times 6.0 \times 1.0 + 1/2 \times (3.0 + 1.5) \times 0.1 \times 4.0 \text{m}^3$
$$= 7.50 \text{m}^3 = 0.08(100 \text{m}^3)$$

套用定额 60030,定额单位:100m³。

（2）人工铺筑碎石垫层

定额工程量 $= (6+5) \times 0.1 \times 6.0 \times 1.0 + 1/2 \times (3.0+1.5) \times 0.1 \times 4.0 \mathrm{m}^3$
$\qquad\qquad = 7.50 \mathrm{m}^3 = 0.08(100 \mathrm{m}^3)$

套用定额 30001,定额单位:$100 \mathrm{m}^3$。

（三）混凝土工程

1. C10 混凝土垫层

（1）0.4m^3 搅拌机拌制 C10 混凝土

定额工程量 $= 0.1 \times 24 \times 2.5 \mathrm{m}^3 = 6 \mathrm{m}^3 = 0.06(100 \mathrm{m}^3)$

套用定额 40134,定额单位:$100 \mathrm{m}^3$。

（2）胶轮车运混凝土运距 100m。

定额工程量 $= 0.1 \times 24 \times 2.5 \mathrm{m}^3 = 6 \mathrm{m}^3 = 0.06(100 \mathrm{m}^3)$

套用定额 40144,定额单位:$100 \mathrm{m}^3$。

（3）混凝土垫层

定额工程量 $= 0.1 \times 24 \times 2.5 \mathrm{m}^3 = 6 \mathrm{m}^3 = 0.06(100 \mathrm{m}^3)$

套用定额 40099,定额单位:$100 \mathrm{m}^3$。

2. C25 混凝土洞身

（1）0.4m^3 搅拌机拌制 C25 混凝土

定额工程量 $= [2.5 \times 0.3 + 1/2 \times (0.3+0.5) \times 2 \times 2] \times 8.0 \times 3 + 0.5 \times (3.0-2.5) \times$
$\qquad\qquad 0.3 \times 2 \mathrm{m}^3$
$\qquad\qquad = 56.55 \mathrm{m}^3 = 0.57(100 \mathrm{m}^3)$

套用定额 40134,定额单位:$100 \mathrm{m}^3$。

（2）胶轮车运混凝土运距 100m。

定额工程量 $= [2.5 \times 0.3 + 1/2 \times (0.3+0.5) \times 2 \times 2] \times 8.0 \times 3 + 0.5 \times (3.0-2.5) \times$
$\qquad\qquad 0.3 \times 2 \mathrm{m}^3$
$\qquad\qquad = 56.55 \mathrm{m}^3 = 0.57(100 \mathrm{m}^3)$

套用定额 40144,定额单位:$100 \mathrm{m}^3$。

（3）混凝土浇筑

定额工程量 $= [2.5 \times 0.3 + 1/2 \times (0.3+0.5) \times 2 \times 2] \times 8.0 \times 3 + 0.5 \times (3.0-2.5) \times$
$\qquad\qquad 0.3 \times 2 \mathrm{m}^3$
$\qquad\qquad = 56.55 \mathrm{m}^3 = 0.57(100 \mathrm{m}^3)$

套用定额 40099,定额单位:$100 \mathrm{m}^3$。

3. C30 预制混凝土顶盖

预制混凝土顶盖,预制顶盖的厚度平均 20cm。

定额工程量 $= 1/2 \times (0.15+0.25) \times (1/2 \times 1.5 + 0.1) \times 2 \times 8.0 \times 3 \mathrm{m}^3$
$\qquad\qquad = 8.16 \mathrm{m}^3 = 0.08(100 \mathrm{m}^3)$

套用定额 40114,定额单位:$100 \mathrm{m}^3$。

汽车运预制混凝土构件运距 2km。

定额工程量 $= 1/2 \times (0.15+0.25) \times (1/2 \times 1.5 + 0.1) \times 2 \times 8.0 \times 3 \mathrm{m}^3$
$\qquad\qquad = 8.16 \mathrm{m}^3 = 0.08(100 \mathrm{m}^3)$

套用定额 40235,定额单位:$100 \mathrm{m}^3$。

4. C30 混凝土挡墙

（1）0.4m³ 搅拌机拌制混凝土

定额工程量 $= (3.0 \times 0.75 \times 0.5 + 1.85 \times 0.75 \times 0.5 \times 2) \times 2 m^3$
$= 5.03 m^3 = 0.05 (100 m^3)$

套用定额 40134，定额单位：100m³

（2）胶轮车运混凝土运距 100m

定额工程量 $= (3.0 \times 0.75 \times 0.5 + 1.85 \times 0.75 \times 0.5 \times 2) \times 2 m^3 = 5.03 m^3 = 0.05 (100 m^3)$

套用定额 40144，定额单位：100m³。

混凝土浇挡墙厚为 50cm。

定额工程量 $= (3.0 \times 0.75 \times 0.5 + 1.85 \times 0.75 \times 0.5 \times 2) \times 2 m^3 = 5.03 m^3 = 0.05 (100 m^3)$

套用定额 40070，定额单位：100m³。

5. 止水

采用橡胶止水定额工程量 $= [(1.85 + 0.15) \times 2 + 1.5 + 0.15 \times 2] \times 2 m^3$
$= 11.60 m^3 = 0.12 (100 m^3)$

套用定额 4007，定额单位：100m³。

（四）钢筋加工及安装

包括回直、除锈、切断、弯制、焊接、绑扎及加工场至施工场地运输。

定额工程量 $= (8.16 \times 5\% + 5.03 \times 5\%) t = (0.408 + 0.252) t = 0.66 t = 0.66 (1t)$

套用定额 40289，定额单位：1t。

该输水涵洞工程分类分项工程工程量清单与计价表见表 5-2，工程单价汇总表见表 5-3。

表 5-2　分类分项工程量清单计价表

工程名称：某输水涵洞工程　　　　　　　　　　　　　　　　　　　　　　　　　第　页　共　页

序号	项目编码	项目名称	计量单位	工程量	单价/元	合价/元	主要技术条款编码	备注
1		建筑工程						
1.1		土方工程						
1.1.1	500101004001	土方开挖	m³	57.14	27.41	595.89		
1.2		石方填筑						
1.2.1	500105001001	干砌块石	m³	19.80	188.61	3734.48		
1.2.2	500105003001	M5 浆砌块石	m³	5.94	298.20	1771.31		
1.2.3	500105003002	M7.5 浆砌块石	m³	17.80	306.78	5276.62		
1.2.4	500103007001	碎石垫层	m³	7.50	118.85	998.34		
1.3		混凝土工程						
1.3.1	500109001001	C10 混凝土垫层	m³	6.00	353.08	2118.48		
1.3.2	500109001002	C25 混凝土	m³	56.55	401.65	14941.38		
1.3.3	500109001003	C30 预制混凝土顶盖	m³	8.16	525.61	4288.98		
1.3.4	500109001004	C30 混凝土挡墙	m³	5.03	415.10	2117.01		
1.3.5	500109008001	橡胶止水	m	11.60	150.99	1751.48		
1.4		钢筋加工及安装						
1.4.1	500111001006	钢筋用量	t	0.66	7647.84	5070.52		

表5-3　工程单价汇总表

工程名称:某输水涵洞工程　　　　　　　　　　　　　　　　　　　第　页　共　页

序号	项目编码	项目名称	计量单位	人工费	材料费	机械费	施工管理费和利润	税金	合计
1		建筑工程							
1.1		土方工程							
1.1.1	500101004001	土方开挖	m³	2.82	0.64	16.95	6.13	0.85	27.41
1.2		石方填筑							
1.2.1	500105001001	干砌块石	m³	24.18	79.62	36.71	42.21	5.88	188.61
1.2.2	500105003001	M5浆砌块石	m³	35.36	150.85	35.94	66.74	9.30	298.20
1.2.3	500105003002	M7.5浆砌块石	m³	38.64	154.01	35.90	68.66	9.57	306.78
1.2.4	500103007001	碎石垫层	m³	20.64	67.33	0.57	26.60	3.71	118.85
1.3		混凝土工程							
1.3.1	500109001001	C10混凝土垫层	m³	32.29	215.16	14.91	78.82	11.90	353.08
1.3.2	500109001002	C25混凝土	m³	38.64	243.94	15.97	89.69	13.41	401.65
1.3.3	500109001003	C30预制混凝土顶盖	m³	84.89	261.30	45.38	117.64	16.40	525.61
1.3.4	500109001004	C30混凝土挡墙	m³	32.41	258.23	17.93	92.70	13.83	415.10
1.3.5	500109008001	橡胶止水	m	8.46	104.03	0.00	33.79	4.71	150.99
1.4		钢筋加工及安装							
1.4.1	500111001006	钢筋用量	t	550.65	4854.36	292.56	1711.69	238.58	7647.84

工程量清单综合单价分析表见表5-4～表5-14。

表5-4　工程量清单综合单价分析

工程名称:某输水涵洞工程　　　　　　　标段:　　　　　　　第1页　共11页

项目编码	500101002001	项目名称		土方开挖		计量单位			m³

清单综合单价组成明细

定额编号	定额名称	定额单位	数量	单　价				合　价			
				人工费	材料费	机械费	管理费和利润	人工费	材料费	机械费	管理费和利润
10002	人工挖土方	100m³	0.22/21.74=0.01	255.69	12.78	80.66	2.56	0.13		0.81	
10464	1m³装载机挖装土自卸汽车运输	100m³	0.22/21.74=0.01	26.77	51.64	1694.70	532.69	0.27	0.52	16.95	5.33
人工单价			小　计					2.82	0.65	16.95	6.13
3.04元/工时(初级工)7.11元/工时(工长)			未计材料费					—			
清单项目综合单价								26.55			

（续）

材料费明细	主要材料名称、规格、型号	单位	数量	单价/元	合价/元	暂估单价/元	暂估合价/元
	其他材料费			—	0.65	—	
	材料费小计			—	0.65	—	

表 5-5　工程量清单综合单价分析

工程名称：某输水涵洞工程　　　　　　　　　　　标段：　　　　　　　　　　第 2 页　共 11 页

项目编码	500105001001	项目名称	干砌块石护坡工程	计量单位	m³

清单综合单价组成明细

定额编号	定额名称	定额单位	数量	单价				合价			
				人工费	材料费	机械费	管理费和利润	人工费	材料费	机械费	管理费和利润
60445	人工装自卸汽车运块石	100m³	1.16/100=0.0116	447.26	35.51	3104.03	1077.56	5.19	0.41	36.01	12.50
30014	干砌块石护坡	100m³	0.20/19.8=0.01	1898.81	7921.19	70.47	2971.34	18.99	79.21	0.70	29.71
	人工单价		24.18					79.62	36.71	42.21	
3.04 元/工时（初级工） 5.62 元/工时（中级工） 7.11 元/工时（工长）		未计材料费					—				
	清单项目综合单价						182.72				

材料费明细	主要材料名称、规格、型号	单位	数量	单价/元	合价/元	暂估单价/元	暂估合价/元
	块石	m³	1.16	67.61	78.43		
	其他材料费			—	1.19	—	
	材料费小计			—	79.62	—	

表 5-6　工程量清单综合单价分析

工程名称：某输水涵洞工程　　　　　　　　　　　标段：　　　　　　　　　　第 3 页　共 11 页

项目编码	500105003001	项目名称	M5 浆砌块石护底工程	计量单位	m³

清单综合单价组成明细

定额编号	定额名称	定额单位	数量	单价				合价			
				人工费	材料费	机械费	管理费和利润	人工费	材料费	机械费	管理费和利润
60445	人工装自卸汽车运块石	100m³	1.08/100=0.0108	447.26	35.51	3104.03	1077.56	4.83	0.38	33.52	11.64
30019	浆砌块石护底	100m³	0.06/5.94=0.01	3053.12	15046.50	242.00	5510.27	30.53	150.47	2.42	55.10

（续）

人工单价	小　　计	35.36	150.85	35.94	66.74
3.04 元/工时（初级工）					
5.62 元/工时（中级工）	未计材料费		—		
7.11 元/工时（工长）					
清单项目综合单价			288.89		

	主要材料名称、规格、型号	单位	数量	单价/元	合价/元	暂估单价/元	暂估合价/元
材料费明细	块石	m³	1.08	67.61	73.02		
	砂浆	m³	3.53	218.36	77.08		
	其他材料费			—	0.75	—	
	材料费小计			—	150.85	—	

表 5-7　工程量清单综合单价分析

工程名称：某输水涵洞工程　　　　　　　　　　标段：　　　　　　　　　第 4 页　共 11 页

项目编码	500105003002	项目名称	M7.5 浆砌块石翼墙工程	计量单位	m³

清单综合单价组成明细

定额编号	定额名称	定额单位	数量	单价				合价			
				人工费	材料费	机械费	管理费和利润	人工费	材料费	机械费	管理费和利润
60445	人工装自卸汽车运块石	100m³	1.08/100 =0.0108	447.26	35.51	3104.03	1077.56	4.83	0.38	33.52	11.64
30021	浆砌块石翼墙	100m³	0.17/ 17.20 =0.01	3380.49	15362.88	237.53	5702.33	33.80	153.63	2.38	57.02

人工单价	小　　计	38.64	154.01	35.90	68.66
3.04 元/工时（初级工）					
5.62 元/工时（中级工）	未计材料费		—		
7.11 元/工时（工长）					
清单项目综合单价			297.21		

	主要材料名称、规格、型号	单位	数量	单价/元	合价/元	暂估单价/元	暂估合价/元
材料费明细	块石	m³	1.08	67.61	73.02		
	砂浆	m³	0.344	233.27	80.24		
	其他材料费			—	0.76	—	
	材料费小计			—	154.01	—	

表 5-8　工程量清单综合单价分析

工程名称：某输水涵洞工程　　　　　　标段：　　　　　　　　第 5 页　共 11 页

项目编码	500103007001	项目名称	碎石垫层	计量单位	m³

清单综合单价组成明细

定额编号	定额名称	定额单位	数量	单价				合价			
				人工费	材料费	机械费	管理费和利润	人工费	材料费	机械费	管理费和利润
60030	人工装砂石料胶轮车运输	100m³	1.02/100 =0.0102	514.20	11.41	56.16	174.78	5.24	0.12	0.57	1.78
30001	人工铺筑砂石垫层	100m³	0.08/8.4 =0.01	1539.62	6721.02	2481.70	15.40	67.21	24.82		
人工单价			小　计					20.64	67.33	0.57	26.60
3.04 元/工时（初级工）7.11 元/工时（工长）			未计材料费					—			
清单项目综合单价								115.14			

材料费明细	主要材料名称、规格、型号				单位	数量	单价/元	合价/元	暂估单价/元	暂估合价/元
	碎石				m³	1.02	65.24	66.54		
	其他材料费						—	0.79		
	材料费小计						—	67.33		

表 5-9　工程量清单综合单价分析

工程名称：某输水涵洞工程　　　　　　标段：　　　　　　　　第 6 页　共 11 页

项目编码	500109001001	项目名称	C10 混凝土垫层	计量单位	m³

清单综合单价组成明细

定额编号	定额名称	定额单位	数量	单价				合价			
				人工费	材料费	机械费	管理费和利润	人工费	材料费	机械费	管理费和利润
40134	0.4m³ 搅拌机拌制 C10 混凝土	100m³	1.03/100 =0.0103	1183.07	33.73	503.64	567.75	12.19	0.35	5.19	5.85
40144	胶轮车运混凝土	100m³	1.03/0.0103 =0.0103	303.04	22.23	67.50	129.61	3.12	0.23	0.70	1.33
40081	混凝土垫层浇筑	100m³	0.06/6.00 =0.01	1698.43	21458.21	902.88	7881.98	16.98	214.58	9.03	78.82
人工单价			小　计					32.29	215.16	14.91	78.82
3.04 元/工时（初级工）5.62 元/工时（中级工）6.61 元/工时（高级工）7.11 元/工时（工长）			未计材料费					—			
清单项目综合单价								341.18			

（续）

	主要材料名称、规格、型号	单位	数量	单价/元	合价/元	暂估单价/元	暂估合价/元
材料费明细	混凝土　C10	m^3	1.03	204.03	210.15		
	水	m^3	1.20	0.19	0.22		
	其他材料费			—	4.79	—	
	材料费小计			—	215.16	—	

表 5-10　工程量清单综合单价分析

工程名称：某输水涵洞工程　　　　　　　　标段：　　　　　　　　第 7 页　共 11 页

项目编码	500109001002	项目名称		C25 混凝土洞身		计量单位		m^3

清单综合单价组成明细

定额编号	定额名称	定额单位	数量	单价				合价			
				人工费	材料费	机械费	管理费和利润	人工费	材料费	机械费	管理费和利润
40134	0.4m^3 搅拌机拌制 C25 混凝土	100m^3	1.03/100=0.0103	1183.07	33.73	503.64	550.54	12.19	0.35	5.19	5.67
40144	胶轮车运混凝土	100m^3	1.03/0.0103=0.0103	303.04	22.23	67.50	129.64	3.12	0.23	0.70	1.30
40081	混凝土垫层浇筑	100m^3	0.37/37.2=0.01	2333.74	24336.13	1008.39	8969.07	23.34	243.36	10.08	89.69
人工单价			小　计					38.64	243.94	15.97	89.69
3.04 元/工时（初级工）											
5.62 元/工时（中级工）		未计材料费							—		
6.61 元/工时（高级工）											
7.11 元/工时（工长）											
清单项目综合单价								388.24			

	主要材料名称、规格、型号	单位	数量	单价/元	合价/元	暂估单价/元	暂估合价/元
材料费明细	混凝土　C25	m^3	1.03	234.98	242.03		
	水	m^3	1.20	0.19	0.22		
	其他材料费			—	1.69	—	
	材料费小计			—	243.94	—	

表 5-11 工程量清单综合单价分析

工程名称:某输水涵洞工程　　　　　　　　　　标段:　　　　　　　　第 8 页　共 11 页

项目编码	500109001003		项目名称		C30 预制混凝土顶盖		计量单位		m³

清单综合单价组成明细

定额编号	定额名称	定额单位	数量	单价				合价			
				人工费	材料费	机械费	管理费和利润	人工费	材料费	机械费	管理费和利润
40114	预制 C30 预制混凝土顶盖	100m³	0.082/8.16 = 0.01	8114.14	25854.43	750.51	10430.46	81.14	258.54	7.51	104.30
40235	汽车运预制混凝土构件	100m³	0.082/8.16 = 0.01	374.53	276.04	3787.46	1333.29	3.75	2.76	37.87	13.33
人工单价		小　计						84.89	261.30	45.38	117.64
3.04 元/工时(初级工) 5.62 元/工时(中级工) 6.61 元/工时(高级工) 7.11 元/工时(工长)		未计材料费						—			
清单项目综合单价								509.21			

	主要材料名称、规格、型号	单位	数量	单价/元	合价/元	暂估单价/元	暂估合价/元
材料费明细	专用钢模板	kg	0.76	6.50	4.92		
	铁件	kg	0.25	5.50	1.39		
	锯材	m³	0.001	2020.00	2.02		
	混凝土 C30	m³	1.02	244.99	249.89		
	水	m³	2.40	0.19	0.45		
	其他材料费			—	2.64	—	
	材料费小计			—	261.30	—	

表 5-12 工程量清单综合单价分析

工程名称:某输水涵洞工程　　　　　　　　　　标段:　　　　　　　　第 9 页　共 11 页

项目编码	500109001004		项目名称		C30 混凝土挡墙		计量单位		m³

清单综合单价组成明细

定额编号	定额名称	定额单位	数量	单价				合价			
				人工费	材料费	机械费	管理费和利润	人工费	材料费	机械费	管理费和利润
40134	0.4m³ 搅拌机拌制 C30 混凝土	100m³	1.03/100 = 0.0103	1183.07	33.73	503.64	0.00	12.19	0.35	5.19	5.67
40144	胶轮车运混凝土	100m³	1.03/0.0103 = 0.0103	303.04	22.23	67.50	0.00	3.12	0.23	0.70	4.05
40070	C30 混凝土挡墙浇筑	100m³	0.051/5.1 = 0.01	1709.95	25765.27	1204.94	9270.06	17.10	257.65	12.05	92.70

（续）

人工单价	小　计			32.41	258.23	17.93	92.70
3.04 元/工时（初级工）	未计材料费			—			
5.62 元/工时（中级工）							
6.61 元/工时（高级工）							
7.11 元/工时（工长）							

清单项目综合单价	401.27

	主要材料名称、规格、型号	单位	数量	单价/元	合价/元	暂估单价/元	暂估合价/元
材料费明细	混凝土 C30	m³	1.03	244.99	252.34		
	水	m³	1.40	0.19	0.26		
	其他材料费			—	5.63	—	
	材料费小计			—	258.23	—	

表 5-13　工程量清单综合单价分析

工程名称：某输水涵洞工程　　　　　　　　标段：　　　　　　　　第 10 页　共 11 页

项目编码	500109008001	项目名称	洞身止水	计量单位	m

清单综合单价组成明细

定额编号	定额名称	定额单位	数量	单价				合价			
				人工费	材料费	机械费	管理费和利润	人工费	材料费	机械费	管理费和利润
40263	橡皮止水带进行止水	100延长m	0.12/11.6＝0.01	846.40	10403.00	3379.00	8.46	104.03		33.79	

人工单价	小　计			8.46	104.03	33.79	
3.04 元/工时（初级工）	未计材料费			—			
5.62 元/工时（中级工）							
6.61 元/工时（高级工）							
7.11 元/工时（工长）							

清单项目综合单价	146.28

	主要材料名称、规格、型号	单位	数量	单价/元	合价/元	暂估单价/元	暂估合价/元
材料费明细	橡胶止水带	m	1.03	100.00	103.00		
	其他材料费			—	1.03	—	
	材料费小计			—	104.03	—	

表 5-14　工程量清单综合单价分析

工程名称:某输水涵洞工程　　　　　　　　　　　标段:　　　　　　　　第 11 页　共 11 页

项目编码	500111001001	项目名称		钢筋制作与安装		计量单位		t

清单综合单价组成明细

定额编号	定额名称	定额单位	数量	单价				合价			
				人工费	材料费	机械费	管理费和利润	人工费	材料费	机械费	管理费和利润
40289	钢筋制作与安装	1t	0.663/0.663=1.00	550.65	4811.10	286.94	1697.00	550.65	4854.36	292.56	1711.69
人工单价				小　计				550.65	4854.36	292.56	1711.69
3.04 元/工时(初级工) 5.62 元/工时(中级工) 6.61 元/工时(高级工) 7.11 元/工时(工长)				未计材料费				—			
清单项目综合单价								7409.26			

材料费明细	主要材料名称、规格、型号	单位	数量	单价/元	合价/元	暂估单价/元	暂估合价/元
	钢筋	t	1.02	4644.48	4737.37		
	铁丝	kg	4.00	5.50	22.00		
	电焊条	kg	7.22	6.50	46.93		
	其他材料费			—	48.06	—	
	材料费小计			—	4854.36	—	

该输水涵洞工程工程单价计算表见表 5-15 ~ 表 5-34。

表 5-15　水利建筑工程预算单价计算表

工程名称:土方开挖

土方开挖

定额编号	10002	单价编号	500101004001	定额单位:100m³

施工方法:人工挖土方

工作内容:挖松、就近堆放

编号	名称及规格	单　位	数　量	单价/元	合计/元
一、	直接工程费		299.35		
1.	直接费		268.47		
(1)	人工费		255.69		
	工长	工时	1.6	7.11	11.37
	初级工	工时	80.3	3.04	244.32
(2)	材料费		12.78		
	零星材料费	%	5	255.69	12.78
(3)	机械费		0.00		
2.	其他直接费	%	268.47	2.50	6.71
3.	现场经费	%	268.47	9.00	24.16
二、	间接费	%	299.35	9.00	26.94

（续）

编号	名称及规格	单 位	数 量	单价/元	合计/元
三、	企业利润	%	326.29	7.00	22.84
四、	税金	%	349.13	3.22	11.24
五、	其他				
六、	合计		360.37		

表 5-16　水利建筑工程预算单价计算表

工程名称：土方开挖

土方开挖					
定额编号	10396	单价编号	500101004001	定额单位：100m³	
施工方法：1m³ 装载机挖装土自卸汽车运输					
工作内容：装车、运输、卸除、空回					
编号	名称及规格	单 位	数 量	单价/元	合计/元
一、	直接工程费		1977.09		
1.	直接费		1773.18		
（1）	人工费		26.77		
	初级工	工时	8.8	3.04	26.77
（2）	材料费		51.65		
	零星材料费	%	3	1721.53	51.65
（3）	机械费		1694.76		
	装载机 1m³	台时	1.66	115.25	191.32
	推土机 59kW	台时	0.83	111.73	92.74
	自卸汽车 5t	台时	13.63	103.50	1410.71
2.	其他直接费	%	1773.18	2.50	44.33
3.	现场经费	%	1773.18	9.00	159.59
二、	间接费	%	1977.09	9.00	177.94
三、	企业利润	%	2155.03	7.00	150.85
四、	税金	%	2305.88	3.22	74.25
五、	其他				
六、	合计		2380.13		

表 5-17　水利建筑工程预算单价计算表

工程名称：干砌块石护底

干砌块石护底					
定额编号	60445	单价编号	500105001001	定额单位：100m³	
施工方法：人工装自卸汽车运块石，运距 5km					
工作内容：装、运、卸、堆存、空回					
编号	名称及规格	单 位	数 量	单价/元	合计/元
一、	直接工程费		3999.28		
1.	直接费		3586.80		
（1）	人工费		447.26		

（续）

编号	名称及规格	单位	数量	单价/元	合计/元
	初级工	工时	147.0	3.04	447.26
（2）	材料费		35.51		
	零星材料费	%	1.0	3551.29	35.51
（3）	机械费		3104.03		
	自卸汽车 8t	台时	23.30	133.22	3104.03
2.	其他直接费	%	3586.80	2.50	89.67
3.	现场经费	%	3586.80	9.00	322.81
二、	间接费	%	3999.28	9.00	359.94
三、	企业利润	%	4359.22	7.00	305.15
四、	税金	%	4664.37	3.22	150.19
五、	其他				
六、	合计		4814.56		

表 5-18 水利建筑工程预算单价计算表

工程名称：干砌块石护底

干砌块石护底					
定额编号	30014	单价编号	500105001001	定额单位：100m³	
施工方法：干砌块石 护底					
工作内容：选石、修石、砌筑、填缝、找平					
编号	名称及规格	单 位	数 量	单价/元	合计/元
一、	直接工程费		11027.87		
1.	直接费		9890.47		
（1）	人工费		1898.81		
	工长	工时	9.9	7.11	70.34
	中级工	工时	138.3	5.62	777.25
	初级工	工时	345.5	3.04	1051.22
（2）	材料费		7921.19		
	块石	m³	116	67.61	7842.76
	其他材料费	%	1.0	7842.76	78.43
（3）	机械费		70.47		
	胶轮车	台时	78.30	0.9	70.47
2、	其他直接费	%	9890.47	2.50	247.26
3、	现场经费	%	9890.47	9.00	890.14
二、	间接费	%	11027.87	9.00	992.51
三、	企业利润	%	12020.38	7.00	841.43
四、	税金	%	12861.81	3.22	414.15
五、	其他				
六、	合计		13275.96		

表 5-19 水利建筑工程预算单价计算表

工程名称:M5 浆砌块石护底

	M5 浆砌块石护底				
定额编号	30019	单价编号	500105003002	定额单位:100m³	
施工方法:浆砌块石 护底					
工作内容:选石、修石、冲洗、拌浆、砌石、勾缝					
编号	名称及规格	单 位	数 量	单价/元	合计/元
一、	直接工程费		20450.91		
1.	直接费		18341.62		
(1)	人工费		3053.12		
	工长	工时	14.9	7.11	105.87
	中级工	工时	284.1	5.62	1596.64
	初级工	工时	443.9	3.04	1350.61
(2)	材料费		15046.50		
	块石	m³	108	67.61	7301.88
	砂浆	m³	35.3	218.36	7708.11
	其他材料费	%	0.5	7301.88	36.51
(3)	机械费		242.00		
	砂浆搅拌机 0.4m³	台时	6.35	15.62	99.19
	胶轮车	台时	158.68	0.9	142.81
2.	其他直接费	%	18341.62	2.50	458.54
3.	现场经费	%	18341.62	9.00	1650.75
二、	间接费	%	20450.91	9.00	1840.58
三、	企业利润	%	22291.49	7.00	1560.40
四、	税金	%	23851.89	3.22	768.03
五、	其他				
六、	合计		24619.92		

表 5-20 水利建筑工程预算单价计算表

工程名称:M7.5 浆砌块石翼墙

	M7.5 浆砌块石翼墙				
定额编号	30021	单价编号	500105003001	定额单位:100m³	
施工方法:浆砌块石 平面					
工作内容:选石、修石、冲洗、拌浆、砌石、勾缝					
编号	名称及规格	单 位	数 量	单价/元	合计/元
一、	直接工程费		21163.70		
1.	直接费		18980.90		
(1)	人工费		3380.49		
	工长	工时	16.2	7.11	115.10
	中级工	工时	329.5	5.62	1851.79
	初级工	工时	464.6	3.04	1413.60

（续）

编号	名称及规格	单 位	数 量	单价/元	合计/元
（2）	材料费		15362.88		
	块石	m³	108	67.61	7301.88
	砂浆	m³	34.4	233.27	8024.49
	其他材料费	%	0.5	7301.88	36.51
（3）	机械费		237.53		
	砂浆搅拌机0.4m³	台时	6.19	15.62	96.69
	胶轮车	台时	156.49	0.9	140.84
2.	其他直接费	%	18980.90	2.50	474.52
3.	现场经费	%	18980.90	9.00	1708.28
二、	间接费	%	21163.70	9.00	1904.73
三、	企业利润	%	23068.43	7.00	1614.79
四、	税金	%	24683.22	3.22	794.80
五、	其他				
六、	合计		25478.02		

表 5-21　水利建筑工程预算单价计算表

工程名称:碎石垫层

碎石垫层					
定额编号	60030	单价编号	50010300001	定额单位:100m³	
施工方法:人工装砂石料胶轮车运输,装运卸50m					
工作内容:挖装、运输、卸除、空回					
编号	名称及规格	单 位	数 量	单价/元	合计/元
一、	直接工程费		648.67		
1.	直接费		581.77		
（1）	人工费		514.20		
	初级工	工时	169	3.04	514.20
（2）	材料费		11.41		
	零星材料费	%	2	570.36	11.41
（3）	机械费		56.16		
	胶轮车	台时	62.40	0.90	56.16
2.	其他直接费	%	581.77	2.50	14.54
3.	现场经费	%	581.77	9.00	52.36
二、	间接费	%	648.67	9.00	58.38
三、	企业利润	%	707.05	7.00	49.49
四、	税金	%	756.55	3.22	24.36
五、	其他				
六、	合计		780.91		

表 5-22　水利建筑工程预算单价计算表

工程名称:碎石垫层

<table>
<tr><td colspan="6" align="center">碎石垫层</td></tr>
<tr><td>定额编号</td><td align="center">30001</td><td>单价编号</td><td align="center">500103007001</td><td colspan="2">定额单位:100m³</td></tr>
<tr><td colspan="6">施工方法:人工铺筑碎石垫层</td></tr>
<tr><td colspan="6">工作内容:修坡、压实</td></tr>
<tr><td>编号</td><td align="center">名称及规格</td><td align="center">单　位</td><td align="center">数　量</td><td align="center">单价/元</td><td align="center">合计/元</td></tr>
<tr><td>一、</td><td align="center">直接工程费</td><td></td><td>9210.62</td><td></td><td></td></tr>
<tr><td>1.</td><td align="center">直接费</td><td></td><td>8260.64</td><td></td><td></td></tr>
<tr><td>(1)</td><td align="center">人工费</td><td></td><td>1539.62</td><td></td><td></td></tr>
<tr><td></td><td align="center">工长</td><td align="center">工时</td><td>9.9</td><td>7.11</td><td>70.34</td></tr>
<tr><td></td><td align="center">初级工</td><td align="center">工时</td><td>482.9</td><td>3.04</td><td>1469.28</td></tr>
<tr><td>(2)</td><td align="center">材料费</td><td></td><td>6721.02</td><td></td><td></td></tr>
<tr><td></td><td align="center">碎石</td><td align="center">m³</td><td>102</td><td>65.24</td><td>6654.48</td></tr>
<tr><td></td><td align="center">其他材料费</td><td align="center">%</td><td>1.0</td><td>6654.48</td><td>66.54</td></tr>
<tr><td>(3)</td><td align="center">机械费</td><td></td><td></td><td></td><td></td></tr>
<tr><td>2.</td><td align="center">其他直接费</td><td align="center">%</td><td>8260.64</td><td>2.50</td><td>206.52</td></tr>
<tr><td>3.</td><td align="center">现场经费</td><td align="center">%</td><td>8260.64</td><td>9.00</td><td>743.46</td></tr>
<tr><td>二、</td><td align="center">间接费</td><td align="center">%</td><td>9210.62</td><td>9.00</td><td>828.96</td></tr>
<tr><td>三、</td><td align="center">企业利润</td><td align="center">%</td><td>10039.57</td><td>7.00</td><td>702.77</td></tr>
<tr><td>四、</td><td align="center">税金</td><td align="center">%</td><td>10742.34</td><td>3.22</td><td>345.90</td></tr>
<tr><td>五、</td><td align="center">其他</td><td></td><td></td><td></td><td></td></tr>
<tr><td>六、</td><td align="center">合计</td><td></td><td>11088.24</td><td></td><td></td></tr>
</table>

表 5-23　水利建筑工程预算单价计算表

工程名称:C10 混凝土垫层

<table>
<tr><td colspan="6" align="center">C10 混凝土垫层</td></tr>
<tr><td>定额编号</td><td align="center">30001</td><td>单价编号</td><td align="center">500103007001</td><td colspan="2">定额单位:100m³</td></tr>
<tr><td colspan="6">施工方法:0.4m³ 搅拌机拌制混凝土</td></tr>
<tr><td colspan="6">工作内容:场内配运水泥、骨料,投料、加水、加外加剂、搅拌、出料、清洗</td></tr>
<tr><td>编号</td><td align="center">名称及规格</td><td align="center">单　位</td><td align="center">数　量</td><td align="center">单价/元</td><td align="center">合计/元</td></tr>
<tr><td>一、</td><td align="center">直接工程费</td><td></td><td>1918.29</td><td></td><td></td></tr>
<tr><td>1.</td><td align="center">直接费</td><td></td><td>1720.44</td><td></td><td></td></tr>
<tr><td>(1)</td><td align="center">人工费</td><td></td><td>1183.07</td><td></td><td></td></tr>
<tr><td></td><td align="center">中级工</td><td align="center">工时</td><td>122.5</td><td>5.62</td><td>688.95</td></tr>
<tr><td></td><td align="center">初级工</td><td align="center">工时</td><td>162.4</td><td>3.04</td><td>494.12</td></tr>
<tr><td>(2)</td><td align="center">材料费</td><td></td><td>33.73</td><td></td><td></td></tr>
<tr><td></td><td align="center">零星材料费</td><td align="center">%</td><td>2.0</td><td>1686.71</td><td>33.73</td></tr>
<tr><td>(3)</td><td align="center">机械费</td><td></td><td>503.64</td><td></td><td></td></tr>
<tr><td></td><td align="center">搅拌机 0.4m³</td><td align="center">台时</td><td>18.00</td><td>23.83</td><td>428.94</td></tr>
<tr><td></td><td align="center">胶轮车</td><td align="center">台时</td><td>83.00</td><td>0.90</td><td>74.70</td></tr>
<tr><td>2.</td><td align="center">其他直接费</td><td align="center">%</td><td>1720.44</td><td>2.50</td><td>43.01</td></tr>
<tr><td>3.</td><td align="center">现场经费</td><td align="center">%</td><td>1720.44</td><td>9.00</td><td>154.84</td></tr>
</table>

（续）

编号	名称及规格	单　位	数　量	单价/元	合计/元
二、	间接费	%	1918.29	9.00	172.65
三、	企业利润	%	2090.94	7.00	146.37
四、	税金	%	2237.30	3.22	72.04
五、	其他				
六、	合计		2309.35		

表 5-24　水利建筑工程预算单价计算表

工程名称：C10 混凝土垫层

			C10 混凝土垫层		
定额编号	40144	单价编号	500109001001	定额单位：100m³	
施工方法：胶轮车运混凝土，运距100m					
工作内容：装、运、卸、清洗					
编号	名称及规格	单　位	数　量	单价/元	合计/元
一、	直接工程费		437.95		
1.	直接费		392.78		
（1）	人工费		303.04		
	初级工	工时	99.6	3.04	303.04
（2）	材料费		22.23		
	零星材料费	%	6.0	370.54	22.23
（3）	机械费		67.50		
	胶轮车	台时	75.00	0.90	67.50
2.	其他直接费	%	392.78	2.50	9.82
3.	现场经费	%	392.78	9.00	35.35
二、	间接费	%	437.95	9.00	39.42
三、	企业利润	%	477.36	7.00	33.42
四、	税金	%	510.78	3.22	16.45
五、	其他				
六、	合计		527.22		

表 5-25　水利建筑工程预算单价计算表

工程名称：C10 混凝土垫层

			C10 混凝土垫层		
定额编号	40144	单价编号	500109001001	定额单位：100m³	
施工方法：混凝土垫层浇筑					
编号	名称及规格	单　位	数　量	单价/元	合计/元
一、	直接工程费		29253.29		
1.	直接费		26236.13		

（续）

编号	名称及规格	单 位	数 量	单价/元	合计/元
（1）	人工费		1698.43		
	工长	工时	10.9	7.11	77.45
	高级工	工时	18.1	6.61	119.67
	中级工	工时	188.5	5.62	1060.14
	初级工	工时	145.0	3.04	441.18
（2）	材料费		21458.21		
	混凝土 C10	m³	103	204.03	21015.09
	水	m³	120	0.19	22.37
	其他材料费	%	2.0	21037.46	420.75
（3）	机械费		902.88		
	振动器 1.1kW	台时	20.00	2.17	43.40
	风水枪	台时	26.00	29.90	777.40
	其他机械费	%	10.00	820.80	82.08
（4）	嵌套项		2176.61		
	混凝土拌制	m³	103	17.20	1772.05
	混凝土运输	m³	103	3.93	404.56
2.	其他直接费	%	26236.13	2.50	655.90
3.	现场经费	%	26236.13	9.00	2361.25
二、	间接费	%	29253.29	9.00	2632.80
三、	企业利润	%	31886.08	7.00	2232.03
四、	税金	%	34118.11	3.22	1098.60
五、	其他				
六、	合计		35216.71		

表 5-26　水利建筑工程预算单价计算表

工程名称：C25 混凝土洞身

C25 混凝土洞身					
定额编号	40064	单价编号	500109001002	定额单位：100m³	
施工方法：混凝土洞身浇筑					
编号	名称及规格	单 位	数 量	单价/元	合计/元
一、	直接工程费		33287.94		
1.	直接费		29854.66		
（1）	人工费		2333.74		
	工长	工时	14.7	7.11	104.45
	高级工	工时	24.5	6.61	161.98
	中级工	工时	269.5	5.62	1515.69
	初级工	工时	181.3	3.04	551.62

（续）

编号	名称及规格	单 位	数 量	单价/元	合计/元
（2）	材料费		24336.13		
	混凝土 C25	m³	103	234.98	24202.94
	水	m³	65	0.19	12.12
	其他材料费	%	0.5	24215.06	121.08
（3）	机械费		1008.39		
	振动器 1.1kW	台时	43.26	2.17	93.87
	风水枪	台时	27.52	29.90	822.85
	其他机械费	%	10.00	916.72	91.67
（4）	嵌套项		2176.39		
	混凝土拌制	m³	103	17.20	1771.60
	混凝土运输	m³	103	3.93	404.79
2.	其他直接费	%	29854.66	2.50	746.37
3.	现场经费	%	29854.66	9.00	2686.92
二、	间接费	%	33287.94	9.00	2995.91
三、	企业利润	%	36283.86	7.00	2539.87
四、	税金	%	38823.73	3.22	1250.12
五、	其他				
六、	合计		40073.85		

表 5-27 水利建筑工程预算单价计算表

工程名称：C30 预制混凝土顶盖

C30 预制混凝土顶盖					
定额编号	40114	单价编号	500109001003	定额单位:100m³	
施工方法:预制混凝土顶盖					
工作内容:模板制作、安装、拆除、混凝土拌制、场内运输、浇注、养护、堆放					
编号	名称及规格	单 位	数 量	单价/元	合计/元
一、	直接工程费		38711.77		
1.	直接费		34719.08		
（1）	人工费		8114.14		
	工长	工时	65.4	7.11	464.68
	高级工	工时	212.7	6.61	1406.27
	中级工	工时	818.0	5.62	4600.48
	初级工	工时	539.9	3.04	1642.70
（2）	材料费		25854.43		
	专用钢模板	kg	75.67	6.50	491.86
	铁件	kg	13.25	5.50	72.88
	混凝土 C30	m³	102	244.99	24988.98

（续）

编号	名称及规格	单 位	数 量	单价/元	合计/元
	水	m³	240	0.19	44.74
	其他材料费	%	1.0	25598.45	255.98
（3）	机械费		750.51		
	搅拌机 0.4m³	台时	18.36	23.83	437.52
	胶轮车	台时	92.80	0.90	83.52
	载重汽车 5t	台时	1.04	95.61	99.43
	振动器 2.2kW	台时	26.80	3.02	80.94
	其他机械费	%	7.00	701.41	49.10
2.	其他直接费	%	34719.08	2.50	867.98
3.	现场经费	%	34719.08	9.00	3124.72
二、	间接费	%	38711.77	9.00	3484.06
三、	企业利润	%	42195.83	7.00	2953.71
四、	税金	%	45149.54	3.22	1453.82
五、	其他				
六、	合计		46603.36		

表 5-28 水利建筑工程预算单价计算表

工程名称：C30 预制混凝土顶盖

C30 预制混凝土顶盖					
定额编号	40235	单价编号	500109001003	定额单位：100m³	
施工方法：汽车运送混凝土顶盖					
工作内容：装车、运输、卸车并按指定地点堆放等					

编号	名称及规格	单 位	数 量	单价/元	合计/元
一、	直接工程费		4948.40		
1.	直接费		4438.03		
（1）	人工费		374.53		
	中级工	工时	43.2	5.62	242.78
	初级工	工时	43.3	3.04	131.74
（2）	材料费		276.04		
	锯材	m³	0.10	2020.00	202.00
	铁件	kg	12.00	5.50	66.00
	其他材料费	%	3.0	268.00	8.04
（3）	机械费		3787.46		
	汽车起重机 5t	台时	13.00	96.65	1256.45
	载重汽车 10t	台时	26.08	95.61	2493.51
	其他机械费	%	1.00	3749.96	37.50
2.	其他直接费	%	4438.03	2.50	110.95

（续）

编号	名称及规格	单 位	数 量	单价/元	合计/元
3.	现场经费	%	4438.03	9.00	399.42
二、	间接费	%	4948.40	9.00	445.36
三、	企业利润	%	5393.76	7.00	377.56
四、	税金	%	5771.32	3.22	185.84
五、	其他				
六、	合计		5957.16		

表 5-29　水利建筑工程预算单价计算表

工程名称：C30 混凝土挡墙

C30 混凝土挡墙					
定额编号	40070	单价编号	500109001004		定额单位：100m³
施工方法：混凝土挡墙浇筑					
编号	名称及规格	单 位	数 量	单价/元	合计/元
一、	直接工程费		34405.05		
1.	直接费		30856.55		
（1）	人工费		1709.95		
	工长	工时	10.5	7.11	74.60
	高级工	工时	24.6	6.61	162.64
	中级工	工时	197.1	5.62	1108.50
	初级工	工时	119.7	3.04	364.20
（2）	材料费		25765.27		
	混凝土 C30	m³	103	244.99	25233.97
	水	m³	140	0.19	26.10
	其他材料费	%	2.0	25260.07	505.20
（3）	机械费		1204.94		
	振动器 1.1kW	台时	40.05	2.17	86.91
	风水枪	台时	10.00	29.90	299.00
	混凝土泵 30m³/h	台时	8.75	87.87	768.86
	其他机械费	%	13.00	385.91	50.17
（4）	嵌套项		2176.39		
	混凝土拌制	m³	103	17.20	1771.60
	混凝土运输	m³	103	3.93	404.79
2.	其他直接费	%	30856.55	2.50	771.41
3.	现场经费	%	30856.55	9.00	2777.09
二、	间接费	%	34405.05	9.00	3096.45
三、	企业利润	%	37501.51	7.00	2625.11
四、	税金	%	40126.61	3.22	1292.08
五、	其他				
六、	合计		41418.69		

表 5-30　水利建筑工程预算单价计算表

工程名称:止水

	止水				
定额编号	40263	单价编号	500109008001	定额单位:100m³	
施工方法:采用橡胶止水带进行止水					
编号	名称及规格	单 位	数 量	单价/元	合计/元
一、	直接工程费		12543.08		
1.	直接费		11249.40		
(1)	人工费		846.40		
	工长	工时	8.1	7.11	57.55
	高级工	工时	57.2	6.61	378.18
	中级工	工时	49.0	5.62	275.58
	初级工	工时	44.4	3.04	135.09
(2)	材料费		10403.00		
	橡胶止水带	m	103.00	100.00	10300.00
	其他材料费	%	1.00	10300.00	103.00
(3)	机械费				
2.	其他直接费	%	11249.40	2.50	281.24
3.	现场经费	%	11249.40	9.00	1012.45
二、	间接费	%	12543.08	9.00	1128.88
三、	企业利润	%	13671.96	7.00	957.04
四、	税金	%	14629.00	3.22	471.05
五、	其他				
六、	合计		15100.05		

表 5-31　水利建筑工程预算单价计算表

工程名称:钢筋制作与安装

	钢筋制作与安装				
定额编号	40289	单价编号	500111001001	定额单位:1t	
适用范围:水工建筑物各部位及预制构件					
工作内容:回直、除锈、切断、弯制、焊接、绑扎及加工场至施工场地运输					
编号	名称及规格	单 位	数 量	单价/元	合计/元
一、	直接工程费		6352.79		
1.	直接费		5697.57		
(1)	人工费		550.65		
	工长	工时	10.3	7.11	73.18
	高级工	工时	28.8	6.61	190.41
	中级工	工时	36.0	5.62	202.47
	初级工	工时	27.8	3.04	84.58
(2)	材料费		4854.36		
	钢筋	t	1.02	4644.48	4737.37
	铁丝	kg	4.00	5.50	22.00
	电焊条	kg	7.22	6.50	46.93

（续）

编号	名称及规格	单 位	数 量	单价/元	合计/元
	其他材料费	%	1.0	4806.30	48.06
（3）	机械费		292.56		
	钢筋调直机 14kW	台时	0.60	17.75	10.65
	风砂枪	台时	1.50	29.90	44.85
	钢筋切断机 20kW	台时	0.40	24.12	9.65
	钢筋弯曲机 Φ6～40	台时	1.05	14.29	15.00
	电焊机 25kVA	台时	10.00	12.21	122.14
	对焊机 150 型	台时	0.40	77.36	30.94
	载重汽车 5t	台时	0.45	95.61	43.02
	塔式起重机 10t	台时	0.10	105.64	10.56
	其他机械费	%	2	286.82	5.74
2.	其他直接费	%	5697.57	2.50	142.44
3.	现场经费	%	5697.57	9.00	512.78
二、	间接费	%	6352.79	9.00	571.75
三、	企业利润	%	6924.54	7.00	484.72
四、	税金	%	7409.25	3.22	238.58
五、	其他				
六、	合计		7647.83		

表 5-32　人工费汇总表

项目名称	单位	工长	高级工	中级工	初级工
基本工资标准	元/月	550.00	500.00	400.00	270.00
地区工资系数	1.0000	1.0000	1.0000	1.0000	
地区津贴标准	元/月	0.00	0.00	0.00	0.00
夜餐津贴比率	%	30.00	30.00	30.00	30.00
施工津贴标准	元/天	5.30	5.30	5.30	2.65
养老保险费率	%	20.00	20.00	20.00	10.00
住房公积金费率	%	5.00	5.00	5.00	2.50
工时单价	元/时	7.11	6.61	5.62	3.04

表 5-33　施工机械台时费汇总表

序号	名称及规格	台时费	其　中				
			折旧费	修理费	安拆费	人工费	动力燃料费
1	推土机　59kW	111.73	10.80	13.02	0.49	13.50	73.92
2	自卸汽车 8t	133.22	22.59	13.55	7.31	89.77	
3	装载机轮胎式 1m³	115.25	13.15	8.54	7.31	86.25	
4	灰浆搅拌机	15.62	0.83	2.28	0.20	7.31	4.99
5	胶轮车	0.90	0.26	0.64			
6	振捣器 插入式 1.1kW	2.17	0.32	1.22		0.63	

（续）

序号	名称及规格	台时费	其　中：				
			折旧费	修理费	安拆费	人工费	动力燃料费
7	混凝土泵 30m³/h	87.87	30.48	20.63	2.10	13.50	21.17
8	风（砂）水枪 6m³/min	29.90	0.24	0.42		29.24	
9	混凝土搅拌机 0.4m³	23.83	3.29	5.34	1.07	7.31	6.82
10	钢筋切断机 20kW	24.12	1.18	1.71	0.28	7.31	13.63
11	载重汽车 5t	95.61	7.77	10.86	7.31	69.67	
12	电焊机 交流 25kVA	12.21	0.33	0.30	0.09	11.49	
13	汽车起重机 5t	96.65	12.92	12.42	15.18	56.12	
14	钢筋调直机 4～14kW	17.75	1.60	2.69	0.44	7.31	5.71
15	钢筋弯曲机 Φ6-40	14.29	0.53	1.45	0.24	7.31	4.76
16	对焊机 电弧型 150kVA	77.36	1.69	2.56	0.76	7.31	65.04
17	塔式起重机 10t	105.64	41.37	16.89	3.10	15.18	29.09
18	自卸汽车 5t	103.50	10.73	5.37	7.31	80.08	

表 5-34　主要材料价格汇总表

编号	名称及规格	单位	单位毛重/t	每吨每公里运费/元	价格/元（卸车费和保管费按照郑州市造价信息提供的价格计算）							
					原价	运距	卸车费	运杂费	保管费	运到工地分仓库价格/t	保险费	预算价/元
1	钢筋	t	1	0.70	4500	6	5	9.20	135.28	4509.20	4644.48	
2	水泥 32.5#	t	1	0.70	330	6	5	9.20	10.18	339.20	349.38	
3	水泥 42.5#	t	1	0.70	360	6	5	9.20	11.08	369.20	380.28	
6	汽油	t	1	0.70	9390	6	4.20	281.83	9394.20	9676.03		
7	柴油	t	1	0.70	8540	6	4.20	256.33	8544.20	8800.53		
8	砂（中砂）	m³	1.55	0.70	110	6	5	14.26	3.73	124.26	127.99	
9	石子（碎石）	m³	1.45	0.70	50	6	5	13.34	1.90	63.34	65.24	
10	块石	m³	1.7	0.70	50	6	5	15.64	1.97	65.64	67.61	

第4章 取进水建筑物

例6 某石拱桥建筑工程

某石拱桥立面图和剖视图如图6-1、图6-2所示。石拱桥由混凝土基座、石墩、拱圈、拱上建筑、拱桥路面构成，拱桥跨度为21m，宽度为3m。路面铺设详图如图6-3所示，拱桥一侧有干砌块石护坡，护坡详图如图6-4所示，拱圈为等截面圆弧拱，拱上建筑由拱腹、护拱组成，拱腹由混凝土浇筑，护拱由浆砌片石砌筑，该地区土壤类别为Ⅲ类。试编制该石拱桥建筑工程预算价格。

已知：(1)拱桥一侧的干砌石护坡施工前，需进行清基工作，清基施工方法为74kW推土机推土、弃土推至100m堆放，清基厚度为0.2m；

(2)干砌石护坡处的粘土料在填筑前需在料场进行翻晒处理，机械填筑土料综合系数为0.057，粘土料的设计干重度为16.67kN/m³，天然干重度为15.19kN/m³，土料翻晒工具为三铧梨；翻晒后的土料由5m³装载机挖装土，25t自卸汽车运输至现场，运距为1km，土粒压实机械采用轮胎碾；

(3)护坡处的过渡层堆石料开采用100型潜孔钻钻孔深孔爆破石料，岩石级别为Ⅻ，开采后的石料由3m³装载机装堆石料，20t自卸汽车运输至施工现场，运距为1km，用13～14t振动碾压实；

(4)护坡砌筑用块石采用机械开采，机械清渣，岩石级别为Ⅻ，由人工装车，5t自卸汽车运坡石至施工现场，运距为1km；

(5)右岸粘土填筑前由74kW推土机进行清基工作，推至100m处弃土，下部粘土采用机械夯实，渗水层粘土松填不夯实；

(6)石拱桥主体工程施工前要进行场地平整，机械采用74kW推土机，推土距离为100m，桥墩土方开挖为人工开挖，不放坡，不考虑工作面，余土用人工装5t自卸汽车运输，运距为1km；土石方填筑料为砂砾石，砂砾石开采前，先进行覆盖层清除，覆盖层清除施工方法为3m³挖掘机挖装土，20t自卸汽车运输至堆料场，运距为1km，开采的砂砾料用3m³挖掘机装石料，20t自卸汽车运输，天然砂砾料填筑前要进行筛洗，筛洗设备为筛组×处理能力1×60(t/人)的筛洗机，筛洗后的砂砾料用3m³挖掘机装，20t自卸汽车运至1km的施工现场，用74kW的拖拉机压实；

(7)桥墩基座用C20混凝土浇筑，混凝土由0.4m³搅拌机拌制，胶轮车运输，运距200m，桥墩墩体用浆砌块石堆成，块石开采为机械开采、机械清渣，由人工装5t自卸汽车运至施工现场，运距为1km；

(8)拱圈为C30混凝土预制构件，用缆索吊装；

（9）护拱为浆砌片护拱，片石用机械开采，机械清渣；

（10）拱腹为现浇 C20 混凝土构件；

（11）该工程所用混凝土均由 0.4m³ 搅拌机拌制，胶轮车运输，运距 200m；

（12）拱桥设两处伸缩缝，材料一毡二油，两处排水孔。

（13）钢筋混凝土预制构件栏杆及底板。栏杆的厚度为 0.25m，高度为 0.5m，用缆索吊装。

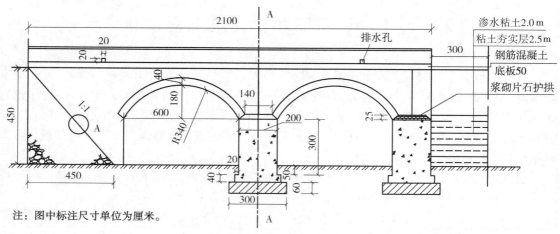

注：图中标注尺寸单位为厘米。

图 6-1　石拱桥立面图

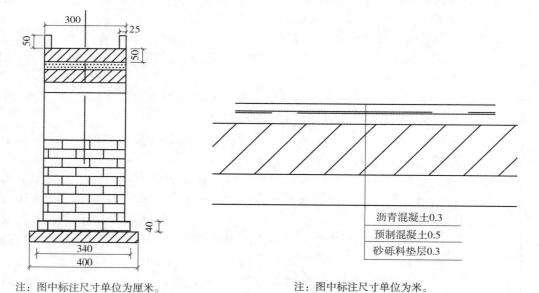

注：图中标注尺寸单位为厘米。

图 6-2　A-A 剖视图

注：图中标注尺寸单位为米。

图 6-3　拱桥路面详图

【解】 一、清单工程量

清单工程量计算规则：由于工程处于施工图设计阶段，则清单工程量为施工图纸计算所得工程量乘以系数 1.0。

（一）石拱桥护岸工程

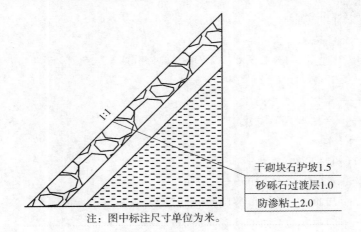

注：图中标注尺寸单位为米。

图 6-4　详图 A

1. 土方工程

清基清单工程量 $= 4.5 \times 3 \times 0.2 \times 1.0 \mathrm{m}^3 = 2.7 \mathrm{m}^3$

【注释】　4.5——护岸施工现场的长度；

　　　　　3——护岸施工现场的宽度；

　　　　0.2——清基的厚度。

2. 土石方填筑工程

（1）粘土料填筑

清单工程量 $= 2.0 \times 2.0/2 \times 3 \times 1.0 \mathrm{m}^3 = 6 \mathrm{m}^3$

【注释】　2.0——粘土料填筑的长度；

　　　　2.0——粘土料填筑的高度；

　　　　　3——粘土料填筑的宽度。

（2）堆石料过渡层

清单工程量 $= (3 \times 3/2 \times 3 - 2.0 \times 2.0/2 \times 3) \times 1.0 \mathrm{m}^3 = 7.5 \mathrm{m}^3$

【注释】　3——堆石料和粘土料填筑的总长度；

　　　　3——堆石料和粘土料填筑的总高度；

　　　　3——堆石料和粘土料填筑的宽度；

　　　　2——粘土料填筑的长度；

　　　　2——粘土料填筑的高度；

　　　　3——粘土料填筑的宽度。

3. 砌筑工程

干砌块石护坡清单工程量 $= (4.5 \times 4.5/2 \times 3 - 3 \times 3/2 \times 3) \times 1.0 \mathrm{m}^3 = 16.88 \mathrm{m}^3$

【注释】　4.5——护岸长度；

　　　　4.5——护岸高度；

　　　　　3——护岸宽度；

　　　　　3——堆石料和粘土料填筑的总长度；

　　　　　3——堆石料和粘土料填筑的总高度；

　　　　　3——堆石料和粘土料填筑的宽度。

（二）下游施工辅助工程

1. 土方工程

土方开挖清单工程量 = 3×4.5×3×1.0m³ = 40.5m³

【注释】　3——开挖土方的长度；

　　　　　4.5——开挖土方的高度；

　　　　　3——开挖土方的宽度。

2. 土石方填筑工程

（1）土方回填（机械夯实）

清单工程量 = 3×2.5×3×1.0m³ = 22.5m³

【注释】　3——回填土方（机械夯实）的长度；

　　　　　2.5——回填土方（机械夯实）的高度；

　　　　　3——回填土方（机械夯实）的宽度。

（2）土方回填（松填不夯实）

清单工程量 = 3×2×3×1.0m³ = 18m³

【注释】　3——回填土方（松填不夯实）的长度；

　　　　　2——回填土方（松填不夯实）的高度；

　　　　　3——回填土方（松填不夯实）的宽度。

（三）石拱桥主体工程

1. 土方开挖

（1）场地平整

清单工程量 = (21-4.5)×3×1.0m² = 49.5m²

【注释】　21——护岸及拱桥主体工程施工现场的总长度；

　　　　　4.5——护岸施工现场的长度；

　　　　　3——施工现场的宽度。

（2）土方开挖

清单工程量 = 3×4×(0.5+0.4+0.6)×2×1.0m³ = 36.00m³

【注释】　3——桥墩基座的长度；

　　　　　4——桥墩基座的宽度；

0.5+0.4+0.6——土方开挖深度；

　　　　　2——桥墩个数。

2. 土石方填筑

砂砾石填筑路面清单工程量 = 21×3×0.3×1.0m³ = 18.9m³

【注释】　21——砂砾石路面的长度；

　　　　　3——砂砾石路面的宽度；

　　　　　0.3——砂砾石路面的厚度。

3. 砌筑工程

（1）浆砌片石护拱

清单工程量 = (1.4+2)×0.25/2×3×2×1.0m³ = 2.55m³

【注释】　1.4——护拱的上底边长度；

2——护拱的下底边长度；

　0.25——护拱的高度；

　　3——护拱的宽度；

　　2——拱桥护拱个数。

（2）浆砌块石石墩

清单工程量 $= (2 \times 3 \times 3 + 2.4 \times 3.4 \times 0.4) \times 2 \times 1.0 \text{m}^3 = 42.53 \text{m}^3$

【注释】　2——石墩的宽度；

　　　　　3——石墩的高度；

　　　　　3——石墩的长度；

　　　　2.4——底部石墩的宽度；

　　　　3.4——底部石墩的长度；

　　　　0.4——底部石墩的高度；

　　　　　2——石墩个数。

4. 混凝土工程

（1）C20混凝土基座

清单工程量 $= 4 \times 3 \times 0.6 \times 2 \times 1.0 \text{m}^3 = 14.4 \text{m}^3$

【注释】　4——C20混凝土基座的长度；

　　　　　3——C20混凝土基座的宽度；

　　　　0.6——C20混凝土基座的高度；

　　　　　2——C20混凝土基座的个数。

（2）C30混凝土拱圈

清单工程量 $= \dfrac{124}{360} \times (3.4 + 0.2)\pi \times 2 \times 0.4 \times 3 \times 2 \times 1.0 \text{m}^3 = 18.69 \text{m}^3$

【注释】　124——拱圈对应圆弧的度数；

　　　　360——圆弧总度数；

　　3.4 + 0.2——拱圈对应圆的半径；

　　　　0.4——拱圈的高度；

　　　　　3——拱圈的宽度；

　　　　　2——拱圈的个数。

（3）C20混凝土拱腹

清单工程量 $= \{21 \times 4.5 \times 3 - 4.5 \times 4.5/2 \times 3 - 2.5 \times 2 \times 3 \times 2 - \dfrac{124}{360} \times \pi \times (3.4 + 0.2) \times 2 \times$

$\qquad 0.4 \times 2 \times 3 - (\pi \times 3.4^2 \times \dfrac{124}{360} \times 3 - 6 \times 1.6/2 \times 3) \times 2 - 2.5 \times 6 \times 3 \times 2\} \times 1.0 \text{m}^3$

$\qquad = 68.22 \text{m}^3$

【注释】　21——石拱桥施工总长度；

　　　　4.5——石拱桥施工总高度；

　　　　　3——石拱桥的宽度；

4.5 × 4.5/2 × 3——护岸工程总体积；

$2.5 \times 2 \times 3 \times 2$——桥墩地平线以上部分的体积；

$$\pi \times 3.4^2 \times \frac{124}{360} \times 3 - 6 \times 1.6 / 2 \times$$

3——弧形拱洞的体积；

2——弧形拱洞的个数；

2.5——矩形拱洞的高度；

6——矩形拱洞的长度；

3——矩形拱洞的宽度；

2——矩形拱洞的个数。

（4）沥青混凝土路面涂层

清单工程量 $= 21 \times 3 \times 0.3 \times 1.0 \text{m}^3 = 18.9 \text{m}^3$

【注释】　21——沥青混凝土路面的长度；

3——沥青混凝土路面的宽度；

0.3——沥青混凝土路面的厚度。

（5）伸缩缝

清单工程量 $= (4.5 - 2.5 - 0.25) \times 3 \times 2 \times 1.0 \text{m}^2 = 10.5 \text{m}^2$

【注释】　4.5——拱桥的高度；

2.5——桥墩地面以上部分的高度；

0.25——护拱的高度；

3——伸缩缝的宽度；

2——伸缩缝的个数。

（6）钢筋混凝土预制构件

清单工程量 $= (0.25 \times 0.5 \times 21 \times 2 + 0.5 \times 3 \times 21) \times 1.0 \text{m}^3 = 36.75 \text{m}^3$

【注释】　0.25——钢筋混凝土预制构件栏杆的厚度；

0.5——钢筋混凝土预制构件栏杆的高度；

21——钢筋混凝土预制构件栏杆的长度；

2——钢筋混凝土预制构件栏杆的个数；

0.5——钢筋混凝土预制构件底板的厚度；

3——钢筋混凝土预制构件底板的宽度；

21——钢筋混凝土预制构件底板的长度。

5. 钻孔工程

排水孔钻孔清单工程量 $= 3 \times 2 \times 1.0 \text{m} = 6 \text{m}$

【注释】　3——排水孔的长度；

2——排水孔的个数。

该石拱桥建筑工程清单工程量计算见表6-1。

表 6-1　工程量清单计算表

序号	项目编码	项目名称	计量单位	工程量	主要技术条款编码
1		上游护岸工程			

（续）

序号	项目编码	项目名称	计量单位	工程量	主要技术条款编码
1.1		土方开挖			
1.1.1	500101002001	清基	m³	2.7	
1.2		土石方填筑工程			
1.2.1	500103002001	粘土料填筑	m³	6	
1.2.2	500103006001	堆石料过渡层填筑	m³	7.5	
1.3		砌筑工程			
1.3.1	500105001001	干砌块石护坡	m³	16.88	
2		下游施工辅助工程			
2.1		土方工程			
2.1.1	500101002002	土方开挖	m³	40.5	
2.2		土石方填筑工程			
2.2.1	500103001001	土方回填（夯实）	m³	22.5	
2.2.2	500103001002	土方回填（不夯实）	m³	18	
3		石拱桥主体工程			
3.1		土方开挖			
3.1.1	500101001001	场地平整	m²	49.5	
3.1.2	500101004001	土方开挖	m³	36	
3.2		土石方填筑			
3.2.1	500103009001	沙砾石填筑路面	m³	18.9	
3.3		砌筑工程			
3.3.1	500105005001	浆砌片石护拱	m³	2.55	
3.3.2	500105003001	浆砌块石石墩	m³	42.53	
3.4		混凝土工程			
3.4.1	500109001001	C20 混凝土基座	m³	14.4	
3.4.2	500109001002	C30 混凝土拱圈	m³	18.69	
3.4.3	500109001003	C20 混凝土拱腹	m³	68.22	
3.4.4	500109007001	沥青混凝土路面涂层	m³	18.96	
3.4.5	500109009001	伸缩缝	m²	10.5	
3.4.6	500112001001	钢筋混凝土预制构件	m³	36.75	
3.5		钻孔工程			
3.5.1	500107013001	排水孔钻孔	m	6	

二、定额工程量（套用《水利建筑工程预算定额》）

（一）石拱桥护岸工程

1. 土方工程

清基　74kW 推土机推土

定额工程量 $=4.5\times3\times0.2=2.7m^3=0.03(100m^3)$

套用定额 10273，定额单位：100m³。

2. 土石方填筑

（1）粘土料填筑

①土料在料场翻晒

定额工程量 $= 2 \times 2/2 \times 3 \times (1 + 0.057) \times \dfrac{16.67}{15.19} m^3 = 6.96 m^3 = 0.07 (100 m^3 自然方)$

【注释】　$2 \times 2/2 \times 3$——粘土填筑的实方量；

　　　　　　　0.057——机械填筑斜墙土料综合系数；

　　　　　　　16.67——粘土料设计干重度；

　　　　　　　15.19——粘土料天然干重度。

套用定额 10463，定额单位：$100 m^3$。

②翻晒后的土料运输至施工现场

定额工程量 $= 6 \times (1 + 0.057) \times \dfrac{16.67}{15.19} m^3 = 6.96 m^3 = 0.07 (100 m^3 自然方)$

套用定额 10419，定额单位：$100 m^3$。

③轮胎碾压实土料

定额工程量 $= 2.0 \times 2.0/2 \times 3 \times 1.0 m^3 = 6 m^3 = 0.06 (100 m^3 实方)$

套用定额 10471，定额单位：$100 m^3$ 实方。

（2）堆石料过渡层填筑

①堆石料开采

定额工程量 $= (3 \times 3/2 \times 3 - 2.0 \times 2.0/2 \times 3) \times 1.19/0.88 m^3$

　　　　　　$= 10.14 m^3 = 0.1 (100 m^3 成品堆方)$

套用定额 60099，定额单位：$100 m^3$ 成品堆方。

【注释】　1.19——自然方对应堆方的折算系数；

　　　　　　　0.88——自然方对应实方的折算系数。

②$3 m^3$ 装载机装 20t 自卸汽车运输

定额工程量 $= (3 \times 3/2 \times 3 - 2.0 \times 2.0/2 \times 3) \times 1.19/0.88 m^3$

　　　　　　$= 10.14 m^3 = 0.1 (100 m^3 成品堆方)$

套用定额 60343，定额单位：$100 m^3$ 成品堆方。

③堆石料压实

定额工程量 $= 3 \times 3/2 \times 3 - 2.0 \times 2.0/2 \times 3 m^3 = 7.5 m^3 = 0.08 (100 m^3 实方)$

套用定额 30058，定额单位：$100 m^3$ 实方。

3. 砌筑工程

（1）干砌石护坡

①机械开采块石

定额工程量 $= (4.5 \times 4.5/2 \times 3 - 3 \times 3/2 \times 3) \times 1.67 m^3$

　　　　　　$= 28.19 m^3 = 0.28 (100 m^3 成品码方)$

套用定额 60424，定额单位：$100 m^3$ 成品码方。

【注释】　1.67——石方工程自然方对应码方的折算系数。

②人工装 5t 自卸汽车运输块石

定额工程量 $= (4.5 \times 4.5/2 \times 3 - 3 \times 3/2 \times 3) \times 1.67 m^3$

$\qquad = 28.19 m^3 = 0.28(100 m^3$ 成品码方$)$

套用定额 60441,定额单位:100m³ 成品码方。

③干砌块石护坡

定额工程量 $= (4.5 \times 4.5/2 \times 3 - 3 \times 3/2 \times 3) m^3 = 16.88 m^3 = 0.17(100 m^3)$

套用定额 30012,定额单位:100m³。

(二)拱桥右岸粘土填筑工程

1. 土方工程

74kW 推土机推土

定额工程量 $= 3 \times 4.5 \times 3 m^3 = 40.5 m^3 = 0.41(100 m^3)$

套用定额 10273,定额单位:100m³。

2. 土石方填筑工程(机械夯实)

土方回填(机械夯实)

定额工程量 $= 3 \times 2.5 \times 3 m^3 = 22.5 m^3 = 0.23(100 m^3)$

套用定额 10465,定额单位:100m³ 实方。

3. 土方回填工程(松填不夯实)

土方回填(松填不夯实)

定额工程量 $= 3 \times 2 \times 3 m^3 = 18 m^3 = 0.18(100 m^3)$

套用定额 10464,定额单位:100m³。

(三)石拱桥主体工程

1. 土方开挖

(1)场地平整

74kW 推土机推土

定额工程量 $= (21 - 4.5) \times 3 \times 0.5 m^3 = 24.75 m^3 = 0.25(100 m^3)$

套用定额 10273,定额单位:100m³。

(2)土方开挖

①人工挖倒柱坑土方

定额工程量 $= 3 \times 4 \times (0.5 + 0.4 + 0.6) \times 2 m^3 = 36.00 m^3 = 0.36(100 m^3)$

套用定额 10081,定额单位:100m³。

②人工装土自卸汽车运输

定额工程量 $= 3 \times 4 \times (0.5 + 0.4 + 0.6) \times 2 m^3 = 36.00 m^3 = 0.36(100 m^3)$

套用定额 10252,定额单位:100m³。

2. 土石方填筑

砂砾石填筑

① 覆盖层清除

定额工程量 $= 21 \times 3 \times 0.3/0.88 \times 10\% m^3 = 2.15 m^3 = 0.02(100 m^3)$

套用定额 10377,定额单位:100m³。

②砂砾石开采运输

定额工程量 $= 21 \times 3 \times 0.3 \times 1.19/0.88 m^3 = 25.56 m^3 = 0.26(100 m^3$ 成品堆方$)$

套用定额60235,定额单位:100m³成品堆方。

③天然砂砾石筛洗

定额工程量 $= 21 \times 3 \times 0.3 \times 1.74t = 32.89t = 0.33(100t\ 成品)$

套用定额60072,定额单位:100 t 成品。

【注释】 1.74——天然砂砾料的密度(t/m³)。

④ 3m³挖掘机装砂砾料自卸汽车运输

定额工程量 $= 21 \times 3 \times 0.3 \times 1.19/0.88m³ = 25.56m³ = 0.26(100m³成品堆方)$

套用定额60235,定额单位:100m³成品堆方。

【注释】 1.19——自然方对应堆方的折算系数;

　　　　 0.88——自然方对应的实方的折算系数。

⑤拖拉机压实

定额工程量 $= 21 \times 3 \times 0.3 \times 1.0m³ = 18.9m³ = 0.19(100m³实方)$

套用定额30056,定额单位:100m³实方。

3.砌筑工程

(1)浆砌片石护拱

①机械开采片石

定额工程量 $= (1.4 + 2) \times 0.25/2 \times 3 \times 2 \times 1.67m³$
$= 4.26m³ = 0.04(100m³成品码方)$

套用定额60424,定额单位:100m³成品码方。

②人工装5t自卸汽车运输片石

定额工程量 $= (1.4 + 2) \times 0.25/2 \times 3 \times 2 \times 1.67m³$
$= 4.26m³ = 0.04(100m³成品码方)$

套用定额60441,定额单位:100m³成品码方。

③浆砌片石护拱

定额工程量 $= (1.4 + 2) \times 0.25/2 \times 3 \times 2 \times 1.0m³$
$= 2.55m³ = 0.03(100m³)$

套用定额30042,定额单位:100m³。

(2)浆砌块石石墩

①机械开采块石

定额工程量 $= (2 \times 3 \times 3 + 2.4 \times 3.4 \times 0.4) \times 2 \times 1.67m³$
$= 71.03m³ = 0.71(100m³成品码方)$

套用定额60424,定额单位:100m³成品码方。

②人工装5t自卸汽车运输块石

定额工程量 $= (2 \times 3 \times 3 + 2.4 \times 3.4 \times 0.4) \times 2 \times 1.67m³$
$= 71.03m³ = 0.71(100m³成品码方)$

套用定额60441,定额单位:100m³成品码方。

③浆砌块石石墩

定额工程量 $= (2 \times 3 \times 3 + 2.4 \times 3.4 \times 0.4) \times 2m³$
$= 42.53m³ = 0.43(100m³)$

套用定额 30022,定额单位:100m³。

4. 混凝土工程

(1)C20 混凝土基座

①0.4m³搅拌机拌制混凝土

定额工程量 $= 4 \times 3 \times 0.6 \times 2 \text{m}^3 = 14.4 \text{m}^3 = 0.14(100\text{m}^3)$

套用定额 40134,定额单位:100m³。

②胶轮车运混凝土

定额工程量 $= 4 \times 3 \times 0.6 \times 2 \text{m}^3 = 14.4 \text{m}^3 = 0.14(100\text{m}^3)$

套用定额 40145,定额单位:100m³。

③C20 混凝土基座浇筑

定额工程量 $= 4 \times 3 \times 0.6 \times 2 \text{m}^3 = 14.4 \text{m}^3 = 0.14(100\text{m}^3)$

套用定额 40066,定额单位:100m³。

(2)C30 混凝土拱圈

①0.4m³搅拌机拌制混凝土

$$定额工程量 = \frac{124}{360} \times \pi \times (3.4 + 0.2) \times 0.4 \times 3 \times 2 \text{m}^3$$
$$= 9.34 \text{m}^3 = 0.09(100\text{m}^3)$$

套用定额 40134,定额单位:100m³。

②胶轮车运混凝土

$$定额工程量 = \frac{124}{360} \times \pi \times (3.4 + 0.2) \times 2 \times 0.4 \times 3 \times 2 \text{m}^3$$
$$= 18.69 \text{m}^3 = 0.19(100\text{m}^3)$$

套用定额 40145,定额单位:100m³。

③预制 C30 混凝土拱圈

$$定额工程量 = \frac{124}{360} \times \pi \times (3.4 + 0.2) \times 2 \times 0.4 \times 3 \times 2 \text{m}^3$$
$$= 18.69 \text{m}^3 = 0.19(100\text{m}^3)$$

套用定额 40106,定额单位:100m³。

④缆索吊装预制混凝土拱圈

$$定额工程量 = \frac{124}{360} \times \pi \times (3.4 + 0.2) \times 2 \times 0.4 \times 3 \times 2 \text{m}^3$$
$$= 18.69 \text{m}^3 = 0.19(100\text{m}^3)$$

套用定额 40121,定额单位:100m³。

(3)C20 混凝土拱腹

①0.4m³搅拌机拌制混凝土

$$定额工程量 = [21 \times 4.5 \times 3 - 4.5 \times 4.5/2 \times 3 - 2.5 \times 2 \times 3 \times 2 - \frac{124}{360} \times \pi \times (3.4 + 0.2) \times 2 \times$$
$$0.4 \times 2 \times 3 - (\pi \times 3.4^2 \times \frac{124}{360} \times 3 - 6 \times 1.6/2 \times 3) \times 2 - 2.5 \times 6 \times 3 \times 2] \text{m}^3$$
$$= 68.22 \text{m}^3 = 0.68(100\text{m}^3)$$

套用定额 40134,定额单位:100m³。

②胶轮车运混凝土

定额工程量 $= [21 \times 4.5 \times 3 - 4.5 \times 4.5/2 \times 3 - 2.5 \times 2 \times 3 \times 2 - \dfrac{124}{360} \times \pi \times (3.4 + 0.2) \times 2 \times$

$$0.4 \times 2 \times 3 - (\pi \times 3.4^2 \times \dfrac{124}{360} \times 3 - 6 \times 1.6/2 \times 3) \times 2 - 2.5 \times 6 \times 3 \times 2]m^3$$

$$= 68.22m^3 = 0.68(100m^3)$$

套用定额 40145,定额单位:100m³。

③C20 回填混凝土拱腹

定额工程量 $= [21 \times 4.5 \times 3 - 4.5 \times 4.5/2 \times 3 - 2.5 \times 2 \times 3 \times 2 - \dfrac{124}{360} \times \pi \times (3.4 + 0.2) \times 2 \times$

$$0.4 \times 2 \times 3 - (\pi \times 3.4^2 \times \dfrac{124}{360} \times 3 - 6 \times 1.6/2 \times 3) \times 2 - 2.5 \times 6 \times 3 \times 2]m^3$$

$$= 68.22m^3 = 0.68(100m^3)$$

套用定额 40096,定额单位:100m³。

(4)沥青混凝土路面涂层

①0.4m³ 搅拌机拌制混凝土

定额工程量 $= 21 \times 3 \times 0.3 m^3 = 18.9 m^3 = 0.19(100m^3)$

套用定额 40134,定额单位:100m³。

②胶轮车运混凝土

定额工程量 $= 21 \times 3 \times 0.3 m^3 = 18.9 m^3 = 0.19(100m^3)$

套用定额 40145,定额单位:100m³。

③沥青混凝土路面防水层

定额工程量 $= 21 \times 3 m^2 = 63 m^2 = 0.63(100m^2)$

套用定额 40281,定额单位:100m²。

(5)伸缩缝

伸缩缝浇筑

定额工程量 $= (4.5 - 2.5 - 0.25) \times 3 \times 2 \times 2 m^2 = 10.5 m^2 = 0.11(100m^2)$

套用定额 40285,定额单位:100m²。

(6)钢筋混凝土预制构件

①0.4m³ 搅拌机拌制混凝土

定额工程量 $= (0.25 \times 0.5 \times 21 \times 2 + 0.5 \times 3 \times 21)m^3 = 36.75 m^3 = 0.37(100m^3)$

套用定额 40134,定额单位:100m³。

②胶轮车运混凝土

定额工程量 $= (0.25 \times 0.5 \times 21 \times 2 + 0.5 \times 3 \times 21)m^3$

$$= 36.75 m^3 = 0.37(100m^3)$$

套用定额 40145,定额单位:100m³。

③预制混凝土梁

定额工程量 $= (0.25 \times 0.5 \times 21 \times 2 + 0.5 \times 3 \times 21)m^3$

$$= 36.75 m^3 = 0.37(100m^3)$$

套用定额40105,定额单位:100m³。

④缆索吊装预制混凝土梁

$$定额工程量 = (0.25 \times 0.5 \times 21 \times 2 + 0.5 \times 3 \times 21)\,m^3$$
$$= 36.75\,m^3 = 0.37(100\,m^3)$$

套用定额40123,定额单位:100m³。

5.钻孔工程

排水孔钻孔

$$定额工程量 = (3 \times 2)\,m = 6\,m = 0.06(100\,m)$$

套用定额70003,定额单位:100m

注:因孔深小于30m,所以人工和钻机定额应乘以系数0.94进行调整。

该石拱桥建筑工程分类分项工程量清单计价见表6-2,工程单价汇总见表6-3,工程单价计算见表6-4~表6-45。

表6-2 分类分项工程量清单计价表

工程名称:某石拱桥建筑工程

序号	项目编码	项目名称	计量单位	工程量	单价/元	合价/元	主要技术条款编码
1		上游护岸工程					
1.1		土方开挖					
1.1.1	500101002001	清基	m³	2.7	6.93	18.71	
1.2		土石方填筑工程					
1.2.1	500103002001	粘土料填筑	m³	6	21.81	130.86	
1.2.2	500103006001	堆石料过渡层填筑	m³	7.5	33.33	249.98	
1.3		砌筑工程					
1.3.1	500105001001	干砌块石护坡	m³	16.88	169.29	2857.62	
2		下游施工辅助工程					
2.1		土方工程					
2.1.1	500101002002	土方开挖	m³	40.5	6.93	280.67	
2.2		土石方填筑工程					
2.2.1	500103001001	土方回填(夯实)	m³	22.5	10.16	228.6	
2.2.2	500103001002	土方回填(不夯实)	m³	18	2.60	46.80	
3		石拱桥主体工程					
3.1		土方开挖					
3.1.1	500101001001	场地平整	m²	49.5	3.50	173.25	
3.1.2	500101004001	土方开挖	m³	36	22.80	820.8	
3.2		土石方填筑					
3.2.1	500103009001	砂砾石填筑路面	m³	18.9	84.2	1591.38	
3.3		砌筑工程					
3.3.1	500105005001	浆砌片石护拱	m³	2.55	166.39	424.29	
3.3.2	500105003001	浆砌块石石墩	m³	42.53	288.37	12264.38	

（续）

序号	项目编码	项目名称	计量单位	工程量	单价/元	合价/元	主要技术条款编码
3.4		混凝土工程					
3.4.1	500109001001	C20 混凝土基座	m³	14.4	305.58	4400.35	
3.4.2	500109001002	C30 混凝土拱圈	m³	18.69	810.17	15142.08	
3.4.3	500109001003	C20 混凝土拱腹	m³	68.22	297.26	20279.08	
3.4.4	500109007001	沥青混凝土路面涂层	m³	18.9	28.6	540.54	
3.4.5	500109009001	伸缩缝	m²	10.5	18.51	194.36	
3.4.6	500109001004	钢筋混凝土预制构件	m³	36.75	619.57	22769.20	
3.5		钻孔工程					
3.5.1	500107013001	排水孔钻孔	m	6	135.68	814.08	
		合计				83227.03	

表 6-3　工程单价汇总表

工程名称：某石拱桥建筑工程

序号	项目编码	项目名称	计量单位	人工费/元	材料费/元	机械费/元	施工管理费和利润/元	税金/元	合价/元
1		上游护岸工程							
1.1		土方开挖							
1.1.1	500101002001	清基	m³	0.14	0.48	4.69	1.4	0.22	6.93
1.2		土石方填筑工程							
1.2.1	500103002001	粘土料填筑	m³	1.42	0.65	14.67	4.39	0.68	21.81
1.2.2	500103006001	堆石料过渡层填筑	m³	1.75	7.43	16.39	6.72	1.04	33.33
1.3		砌筑工程							
1.3.1	500105001001	干砌块石护坡	m³	36.11	57.39	36.40	34.11	5.28	169.29
2		下游施工辅助工程							
2.1		土方工程							
2.1.1	500101002002	土方开挖	m³	0.14	0.48	4.69	1.40	0.22	6.93
2.2		土石方填筑工程							
2.2.1	500103001001	土方回填（夯实）	m³	5.5	0.37	1.92	2.05	0.32	10.16
2.2.2	500103001002	土方回填（不夯实）	m³	1.90	0.10	—	0.52	0.08	2.60
3		石拱桥主体工程							
3.1		土方开挖							
3.1.1	500101001001	场地平整	m²	0.07	0.24	2.37	0.71	0.11	3.50
3.1.2	500101004001	土方开挖	m³	8.33	0.23	8.94	4.59	0.71	22.80
3.2		土石方填筑							
3.2.1	500103009001	砂砾石填筑路面	m³	2.01	29.79	32.80	16.96	2.63	84.2
3.3		砌筑工程							
3.3.1	500105005001	浆砌片石护拱	m³	36.16	56.96	34.55	33.53	5.19	166.39

（续）

序号	项目编码	项目名称	计量单位	人工费/元	材料费/元	机械费/元	施工管理费和利润/元	税金/元	合价/元
3.3.2	500105003001	浆砌块石石墩	m³	47.90	134.62	38.74	58.11	9.00	288.37
3.4		混凝土工程							
3.4.1	500109001001	C20 混凝土基座	m³	13.33	193.07	28.08	61.57	9.53	305.58
3.4.2	500109001002	C30 混凝土拱圈	m³	239.25	173.22	209.18	163.25	25.27	810.17
3.4.3	500109001003	C20 混凝土拱腹	m³	12.53	192.86	22.70	59.90	9.27	297.26
3.4.4	500109007001	沥青混凝土路面涂层	m³	14.73	1.36	5.86	5.76	0.89	28.6
3.4.5	500109009001	伸缩缝	m²	4.88	9.3	0.02	3.73	0.58	18.51
3.4.6	500109001004	钢筋混凝土预制构件	m³	105.56	289.15	80.69	124.84	19.33	619.57
3.5		钻孔工程							
3.5.1	500107013001	排水孔钻孔	m	17.66	21.83	64.62	27.34	4.23	135.68

表 6-4　工程单价计算表

工程：土方工程　　　　　　　单价编号：500101002001　　　　　　　定额单位：100m³

		施工方法：74kW 推土机推土			

编号	名称及规格	单位	数 量	单价/元	合价/元
一	直接费	元			531.55
1	基本直接费	元			531.55
1.1	人工费	元			13.92
	初级工	工时	6.00	2.32	13.92
1.2	材料费	元			48.32
	零星材料费	%	10.00	483.23	48.32
1.3	机械费	元			469.31
	推土机 74kW	台时	4.81	97.57	469.31
二	施工管理费	%	18.00	531.55	95.68
三	利润	%	7.00	627.23	43.91
四	税金	%	3.22	671.14	21.61
	合计	元			692.75
	单价	元			6.93

表 6-5　工程单价计算表

工程：土石方填筑　　　　　　　单价编号：500103002001　　　　　　　定额单位：100m³

		施工方法：土料在料场翻晒			

编号	名称及规格	单位	数 量	单价/元	合价/元
一	直接费	元			382.96
1	基本直接费	元			382.96
1.1	人工费	元			74.70

（续）

编号	名称及规格	单位	数 量	单价/元	合价/元
	初级工	工时	32.20	2.32	74.70
1.2	材料费	元			18.24
	零星材料费	%	5.00	364.72	18.24
1.3	机械费	元			290.02
	三铧犁	台时	0.95	1.87	1.78
	拖拉机 59kW	台时	0.95	56.65	53.82
	缺口耙	台时	1.90	2.29	4.35
	拖拉机 55kW	台时	1.90	50.68	96.29
	推土机 59kW	台时	1.90	70.41	133.78
二	施工管理费	%	18.00	382.96	68.93
三	利润	%	7.00	451.89	31.63
四	税金	%	3.22	483.52	15.57
	合计	元			499.09
	单价	元			5.82

表 6-6　工程单价计算表

工程：土石方填筑　　　　　单价编号：500103002001　　　　　定额单位：100m³

施工方法：翻晒后的土料运输至施工现场

编号	名称及规格	单位	数 量	单价/元	合价/元
一	直接费	元			819.43
1	基本直接费	元			819.43
1.1	人工费	元			5.10
	初级工	工时	2.20	2.32	5.10
1.2	材料费	元			16.07
	零星材料费	%	2.00	803.36	16.07
1.3	机械费	元			798.26
	装载机 5m³	台时	0.41	407.35	167.01
	推土机 88kW	台时	0.21	119.75	25.15
	自卸汽车 25t	台时	2.77	218.81	606.10
二	施工管理费	%	18.00	819.43	147.50
三	利润	%	7.00	966.93	67.69
四	税金	%	3.22	1034.62	33.31
	合计	元			1067.93
	单价	元			12.46

表 6-7　工程单价计算表

工程:土石方填筑　　　　　　　　单价编号:500103002001　　　　　　　　定额单位:100m³实方

施工方法:轮胎碾压实土料

编号	名称及规格	单位	数　量	单价/元	合价/元
一	直接费	元			270.64
1	基本直接费	元			270.64
1.1	人工费	元			49.18
	初级工	工时	21.20	2.32	49.18
1.2	材料费	元			24.60
	零星材料费	%	10.00	246.04	24.60
1.3	机械费	元			196.86
	轮胎碾 9～16t	台时	0.99	29.27	28.98
	拖拉机 74kW	台时	0.99	73.67	72.93
	推土机 74kW	台时	0.50	97.57	48.79
	蛙式打夯机 2.8kW	台时	1.00	13.35	13.35
	刨毛机	台时	0.50	61.72	30.86
	其他机械费	%	1.00	194.91	1.95
二	施工管理费	%	18.00	270.64	48.72
三	利润	%	7.00	319.36	22.36
四	税金	%	3.22	341.72	11.00
	合计	元			352.72
	单价	元			3.53

表 6-8　工程单价计算表

工程:堆石料过渡层填筑　　　　单价编号:500103006001　　　　　　　　定额单位:100m³成品堆方

施工方法:堆石料开采

编号	名称及规格	单位	数　量	单价/元	合价/元
一	直接费	元			118.87
1	基本直接费	元			1168.82
1.1	人工费	元			92.88
	工长	工时	1.0	5.40	5.40
	中级工	工时	7.40	4.36	32.26
	初级工	工时	23.80	2.32	55.22
1.2	材料费	元			540.66
	合金钻头	个	0.17	45.00	7.65
	钻头 100 型	个	0.24	320.00	76.80
	冲击器	个	0.02	2200.00	44.00
	炸药	kg	39.94	7.00	279.58
	火雷管	个	11.76	1.00	11.76
	电雷管	个	7.02	2.00	14.04
	导火线	m	24.69	1.00	24.69
	导电线	m	58.09	0.20	11.62
	其他材料费	%	15.00	470.14	70.52

（续）

编号	名称及规格	单位	数　量	单价/元	合价/元
1.3	机械费	元			535.28
	风钻 手持式	台时	1.96	34.99	68.58
	潜孔钻 100 型	台时	2.95	141.71	418.04
	其他机械费	%	10.00	486.62	48.66
二	施工管理费	%	18.00	1168.82	210.39
三	利润	%	7.00	1379.21	96.54
四	税金	%	3.22	1475.75	47.52
	合计	元			1523.27
	单价	元			20.31

表 6-9　工程单价计算表

工程:堆石料过渡层填筑　　　　单价编号:500103006001　　　　定额单位:100m³ 成品堆方

施工方法:3m³ 装载机装砂石料 20t 自卸汽车运输

编号	名称及规格	单位	数　量	单价/元	合价/元
一	直接费	元			635.66
1	基本直接费	元			635.66
1.1	人工费	元			6.96
	初级工	工时	3.00	2.32	6.96
1.2	材料费	元			6.29
	零星材料费	%	1.00	629.37	6.29
1.3	机械费	元			622.41
	装载机 3m³	台时	0.57	191.09	108.92
	推土机 88kW	台时	0.29	119.75	34.73
	自卸汽车 20t	台时	3.09	154.94	478.76
二	施工管理费	%	18.00	635.66	114.42
三	利润	%	7.00	750.08	52.51
四	税金	%	3.22	802.59	25.84
	合计	元			828.43
	单价	元			11.05

表 6-10　工程单价计算表

工程:堆石料过渡层填筑　　　　单价编号:500103006001　　　　定额单位:100m³ 实方

施工方法:堆石料压实

编号	名称及规格	单位	数　量	单价/元	合价/元
一	直接费	元			151.24
1	基本直接费	元			151.24
1.1	人工费	元			41.76
	初级工	工时	18.00	2.32	41.76
1.2	材料费	元			13.75
	零星材料费	%	10.00	137.49	13.75

（续）

编号	名称及规格	单位	数　量	单价/元	合价/元
1.3	机械费	元			95.73
	振动碾 13~14t	台时	0.24	62.33	14.96
	拖拉机 74kW	台时	0.24	73.67	17.68
	推土机 74kW	台时	0.50	97.57	48.79
	蛙式打夯机 2.8kW	台时	1.00	13.35	13.35
	其他机械费	%	1.00	94.78	0.95
二	施工管理费	%	18.00	151.24	27.22
三	利润	%	7.00	178.46	12.49
四	税金	%	3.22	190.95	6.15
	合计	元			197.10
	单价	元			1.97

表6-11　工程单价计算表

工程：干砌石护坡   单价编号：500105001001   定额单位：100m³ 成品码方

施工方法：机械开采块石，机械清渣

编号	名称及规格	单位	数　量	单价/元	合价/元
一	直接费	元			2370.77
1	基本直接费	元			2370.77
1.1	人工费	元			806.94
	工长	工时	6.40	5.40	34.56
	中级工	工时	23.00	4.36	100.28
	初级工	工时	289.70	2.32	672.10
1.2	材料费	元			660.43
	合金钻头	个	2.57	45.00	115.65
	炸药	kg	41.13	7.00	287.91
	雷管	个	35.15	2.00	70.30
	导火线	m	100.43	1.00	100.43
	其他材料费	%	15.00	574.29	86.14
1.3	机械费	元			903.40
	风钻 手持式	台时	13.17	34.99	460.82
	推土机 88kW	台时	3.01	119.75	360.45
	其他机械费	%	10.00	821.27	82.13
二	施工管理费	%	18.00	2370.77	426.74
三	利润	%	7.00	2797.51	195.83
四	税金	%	3.22	2993.34	96.39
	合计	元			3089.73
	单价	元			51.25

表6-12　工程单价计算表

工程:干砌石护坡　　　　单价编号:500105001001　　　　定额单位:100m³成品码方

施工方法:人工装5t自卸汽车运输块石

编号	名称及规格	单位	数　量	单价/元	合价/元
一	直接费	元			1605.16
1	基本直接费	元			1605.16
1.1	人工费	元			341.04
	初级工	工时	147.00	2.32	341.04
1.2	材料费	元			15.89
	零星材料费	%	1.00	1589.27	15.89
1.3	机械费	元			1248.23
	自卸汽车5t	台时	21.06	59.27	1248.23
二	施工管理费	%	18.00	1605.16	288.93
三	利润	%	7.00	1894.09	132.59
四	税金	%	3.22	2026.68	65.26
	合计	元			2091.94
	单价	元			34.70

表6-13　工程单价计算表

工程:干砌石护坡　　　　单价编号:500105001001　　　　定额单位:100m³

施工方法:干砌块石护坡

编号	名称及规格	单位	数　量	单价/元	合价/元
一	直接费	元			6394.37
1	基本直接费	元			6394.37
1.1	人工费	元			1706.62
	工长	工时	11.3	5.40	61.02
	中级工	工时	173.90	4.36	758.20
	初级工	工时	382.50	2.32	887.40
1.2	材料费	元			4617.28
	块石	m³	116.00	39.41	4571.56
	其他材料费	%	1.00	4571.56	45.72
1.3	机械费	元			70.47
	胶轮车	台时	78.30	0.90	70.47
二	施工管理费	%	18.00	6394.37	1150.99
三	利润	%	7.00	7545.36	528.18
四	税金	%	3.22	8073.54	259.97
	合计	元			8333.51
	单价	元			83.34

表 6-14 工程单价计算表

工程:下游土方工程   单价编号:500101002002   定额单位:100m³

施工方法:74kW 推土机推土

编号	名称及规格	单位	数 量	单价/元	合价/元
一	直接费	元			531.55
1	基本直接费	元			531.55
1.1	人工费	元			13.92
	初级工	工时	6.00	2.32	13.92
1.2	材料费	元			48.32
	零星材料费	%	10.00	483.23	48.32
1.3	机械费	元			469.31
	推土机 74kW	台时	4.81	97.57	469.31
二	施工管理费	%	18.00	531.55	95.68
三	利润	%	7.00	627.23	43.91
四	税金	%	3.22	671.14	21.61
	合计	元			692.75
	单价	元			6.93

表 6-15 工程单价计算表

工程:下游土石方填筑工程   单价编号:500103001001   定额单位:100m³实方

施工方法:土方回填(机械夯实)

编号	名称及规格	单位	数 量	单价/元	合价/元
一	直接费	元			779.45
1	基本直接费	元			779.45
1.1	人工费	元			550.09
	工长	工时	4.60	5.40	24.84
	初级工	工时	226.40	2.32	525.25
1.2	材料费	元			37.12
	零星材料费	%	5.00	742.33	37.12
1.3	机械费	元			192.24
	蛙式打夯机	台时	14.40	13.35	192.24
二	施工管理费	%	18.00	779.45	140.30
三	利润	%	7.00	919.75	64.38
四	税金	%	3.22	984.13	31.69
	合计	元			1015.82
	单价	元			10.16

表 6-16 工程单价计算表

工程:下游土石方填筑工程   单价编号:500103001002   定额单位:100m³实方

施工方法:土方回填(松填不夯实)

编号	名称及规格	单位	数 量	单价/元	合价/元
一	直接费	元			199.56
1	基本直接费	元			199.56

（续）

编号	名称及规格	单位	数　量	单价/元	合价/元
1.1	人工费	元			190.06
	工长	工时	1.60	5.40	8.64
	初级工	工时	78.20	2.32	181.42
1.2	材料费	元			9.50
	零星材料费	%	5.00	190.06	9.50
二	施工管理费	%	18.00	199.56	35.92
三	利润	%	7.00	235.48	16.48
四	税金	%	3.22	251.96	8.11
	合计	元			260.07
	单价	元			2.60

表 6-17　工程单价计算表

工程：石拱桥主体土方开挖工程　　　　单价编号：500101004001　　　　定额单位：100m³

施工方法：74kW 推土机推土

编号	名称及规格	单位	数　量	单价/元	合价/元
一	直接费	元			531.55
1	基本直接费	元			531.55
1.1	人工费	元			13.92
	初级工	工时	6.00	2.32	13.92
1.2	材料费	元			48.32
	零星材料费	%	10.00	483.23	48.32
1.3	机械费	元			469.31
	推土机 74kW	台时	4.81	97.57	469.31
二	施工管理费	%	18.00	531.55	95.68
三	利润	%	7.00	627.23	43.91
四	税金	%	3.22	671.14	21.61
	合计	元			692.75
	单价	元			3.50

表 6-18　工程单价计算表

工程：石拱桥主体土方开挖工程　　　　单价编号：500101004001　　　　定额单位：100m³

施工方法：人工挖倒柱坑土方

编号	名称及规格	单位	数　量	单价/元	合价/元
一	直接费	元			559.43
1	基本直接费	元			559.43
1.1	人工费	元			548.46
	工长	工时	4.60	5.40	24.84
	初级工	工时	225.70	2.32	523.62

（续）

编号	名称及规格	单位	数 量	单价/元	合价/元
1.2	材料费	元			10.97
	零星材料费	%	2.00	548.46	10.97
二	施工管理费	%	18.00	559.43	100.70
三	利润	%	7.00	660.13	46.21
四	税金	%	3.22	706.34	22.74
	合计	元			729.08
	单价	元			7.29

表 6-19 工程单价计算表

工程:石拱桥主体土方开挖工程　　　　单价编号:500101004001　　　　定额单位:100m³

施工方法:人工装土 5t 自卸汽车运输

编号	名称及规格	单位	数 量	单价/元	合价/元
一	直接费	元			1190.15
1	基本直接费	元			1190.15
1.1	人工费	元			284.20
	初级工	工时	122.50	2.32	284.20
1.2	材料费	元			11.78
	零星材料费	%	1.00	1178.37	11.78
1.3	机械费	元			894.17
	推土机 59kW	台时	0.30	70.41	21.12
	自卸汽车 5t	台时	14.73	59.27	873.05
二	施工管理费	%	18.00	1190.15	214.23
三	利润	%	7.00	1404.38	98.31
四	税金	%	3.22	1502.69	48.39
	合计	元			1551.08
	单价	元			15.51

表 6-20 工程单价计算表

工程:石拱桥主体工程覆盖层清除　　　　单价编号:500103009001　　　　定额单位:100m³

施工方法:3m³ 挖掘机挖土 20t 自卸汽车运输

编号	名称及规格	单位	数 量	单价/元	合价/元
一	直接费	元			773.92
1	基本直接费	元			773.92
1.1	人工费	元			7.19
	初级工	工时	3.10	2.32	7.19
1.2	材料费	元			29.77
	零星材料费	%	4.00	744.15	29.77

（续）

编号	名称及规格	单位	数　量	单价/元	合价/元
1.3	机械费	元			736.96
	挖掘机 3m³	台时	0.46	410.47	188.82
	推土机 88kW	台时	0.23	119.75	27.54
	自卸汽车 20t	台时	3.36	154.94	520.60
二	施工管理费	%	18.00	773.92	139.31
三	利润	%	7.00	913.23	63.93
四	税金	%	3.22	977.16	31.46
	合计	元			1008.62
	单价	元			1.07

表 6-21　工程单价计算表

工程：石拱桥主体工程砂砾石开采运输　　　单价编号：500103009001　　　　定额单位：100m³ 成品堆方

施工方法：3m³挖掘机挖装砂石料 20t 自卸汽车运输

编号	名称及规格	单位	数　量	单价/元	合价/元
一	直接费	元			654.85
1	基本直接费	元			654.85
1.1	人工费	元			6.26
	初级工	工时	2.70	2.32	6.26
1.2	材料费	元			6.48
	零星材料费	%	1.00	648.37	6.48
1.3	机械费	元			642.11
	挖掘机 3m³	台时	0.40	410.47	164.19
	推土机 88kW	台时	0.20	119.75	23.95
	自卸汽车 20t	台时	2.93	154.94	453.97
二	施工管理费	%	18.00	654.85	117.87
三	利润	%	7.00	772.72	54.09
四	税金	%	3.22	826.81	26.62
	合计	元			853.43
	单价	元			11.74

表 6-22　工程单价计算表

工程：石拱桥主体工程砂砾料筛洗　　　单价编号：500103009001　　　　定额单位：100t 成品

施工方法：天然砂砾石筛洗（处理能力 1×60t/h）

编号	名称及规格	单位	数　量	单价/元	合价/元
一	直接费	元			2515.45
1	基本直接费	元			2515.45
1.1	人工费	元			78.40
	中级工	工时	10.00	4.36	43.60
	初级工	工时	15.00	2.32	34.80

（续）

编号	名称及规格	单位	数　量	单价/元	合价/元
1.2	材料费	元			1684.58
	砂砾石采运	t	110.00	14.29	1571.90
	水	m^3	120.00	0.80	96.00
	其他材料费	%	1.00	1667.90	16.68
1.3	机械费				752.47
	圆振动筛 1200×3600	台时	2.15	31.60	67.94
	圆振动筛　3-1200×3600	台时	2.15	73.31	157.62
	砂石洗选机 XL-450	台时	2.15	20.62	44.33
	槽式给料机 1100×2700	台时	2.15	31.54	67.81
	胶带运输机 B=500	m.h	410.00	0.33	135.30
	胶带运输机 B=650	m.h	308.00	0.48	147.84
	推土机 88kW	台时	0.80	119.75	95.80
	其他机械费	%	5.00	716.64	35.83
二	施工管理费	%	18.00	2515.45	452.78
三	利润	%	7.00	2968.23	207.78
四	税金	%	3.22	3176.01	102.27
	合计	元			3278.28
	单价	元			57.24

表 6-23　工程单价计算表

工程:石拱桥主体工程砂砾料运输　　单价编号:500103009001　　　　定额单位:100m^3成品堆方

施工方法:3m^3挖掘机运砂砾料 20t 自卸汽车运输

编号	名称及规格	单位	数　量	单价/元	合价/元
一	直接费	元			654.85
1	基本直接费	元			654.85
1.1	人工费	元			6.26
	初级工	工时	2.70	2.32	6.26
1.2	材料费	元			6.48
	零星材料费	%	1.00	648.37	6.48
1.3	机械费	元			642.11
	挖掘机 3m^3	台时	0.40	410.47	164.19
	推土机 88kW	台时	0.20	119.75	23.95
	自卸汽车 20t	台时	2.93	154.94	453.97
二	施工管理费	%	18.00	654.85	117.87
三	利润	%	7.00	772.72	54.09
四	税金	%	3.22	826.81	26.62
	合计	元			853.43
	单价	元			11.74

表 6-24　工程单价计算表

工程:石拱桥主体工程砂砾料压实　　　　单价编号:500103009001　　　　定额单位:100m³实方

施工方法:拖拉机压实砂砾料

编号	名称及规格	单位	数　量	单价/元	合价/元
一	直接费	元			184.73
1	基本直接费	元			184.73
1.1	人工费	元			46.40
	初级工	工时	20.00	2.32	46.40
1.2	材料费	元			16.79
	零星材料费	%	10.00	167.94	16.79
1.3	机械费	元			121.54
	拖拉机 74kW	台时	0.79	73.67	58.20
	推土机 74kW	台时	0.50	97.57	48.79
	蛙式打夯机 2.8kW	台时	1.00	13.35	13.35
	其他机械费	%	1.00	120.4	1.20
二	施工管理费	%	18.00	184.73	33.25
三	利润	%	7.00	217.98	15.26
四	税金	%	3.22	233.24	7.51
	合计	元			240.75
	单价	元			2.41

表 6-25　工程单价计算表

工程:石拱桥主体砌筑工程　　　　单价编号:500105005001　　　　定额单位:100m³成品码方

施工方法:机械开采片石

编号	名称及规格	单位	数　量	单价/元	合价/元
一	直接费	元			2370.77
1	基本直接费	元			2370.77
1.1	人工费	元			806.94
	工长	工时	6.40	5.40	34.56
	中级工	工时	23.00	4.36	100.28
	初级工	工时	289.70	2.32	672.10
1.2	材料费	元			660.43
	合金钻头	个	2.57	45.00	115.65
	炸药	kg	41.13	7.00	287.91
	雷管	个	35.15	2.00	70.30
	导火线	m	100.43	1.00	100.43
	其他材料费	%	15.00	574.29	86.14
1.3	机械费	元			903.40
	风钻 手持式	台时	13.17	34.99	460.82
	推土机 88kW	台时	3.01	119.75	360.45
	其他机械费	%	10.00	821.27	82.13
二	施工管理费	%	18.00	2370.77	426.74
三	利润	%	7.00	2797.51	195.83

（续）

编号	名称及规格	单位	数 量	单价/元	合价/元
四	税金	%	3.22	2993.34	96.39
	合计	元			3089.73
	单价	元			48.47

表 6-26　工程单价计算表

工程:石拱桥主体砌筑工程　　　　单价编号:500105005001　　　　定额单位:100m³ 成品码方

施工方法:人工装 5t 自卸汽车运输片石

编号	名称及规格	单位	数 量	单价/元	合价/元
一	直接费	元			1605.16
1	基本直接费	元			1605.16
1.1	人工费	元			341.04
	初级工	工时	147.00	2.32	341.04
1.2	材料费	元			15.89
	零星材料费	%	1.00	1589.27	15.89
1.3	机械费	元			1248.23
	自卸汽车 5t	台时	21.06	59.27	1248.23
二	施工管理费	%	18.00	1605.16	288.93
三	利润	%	7.00	1894.09	132.59
四	税金	%	3.22	2026.68	65.26
	合计	元			2091.94
	单价	元			32.81

表 6-27　工程单价计算表

工程:石拱桥主体砌筑工程　　　　单价编号:500105005001　　　　定额单位:100m³

施工方法:浆砌片石护拱

编号	名称及规格	单位	数 量	单价/元	合价/元
一	直接费	元			6530.82
1	基本直接费	元			6530.82
1.1	人工费	元			1815.48
	工长	工时	11.90	5.40	64.26
	中级工	工时	196.10	4.36	855.00
	初级工	工时	386.30	2.32	896.22
1.2	材料费	元			4635.22
	片石	m³	116.00	39.76	4612.16
	其他材料费	%	0.50	4612.16	23.06
1.3	机械费	元			80.12
	V 型斗车 1m³	台时	93.16	0.86	80.12
二	施工管理费	%	18.00	6530.82	1175.55
三	利润	%	7.00	7706.37	539.45
四	税金	%	3.22	8245.82	265.52
	合计	元			8511.34
	单价	元			85.11

表 6-28 工程单价计算表

工程:石拱桥主体砌筑工程(浆砌石墩)　　单价编号:500105003001　　定额单位:100m³ 成品码方

施工方法:机械开采块石,机械清渣

编号	名称及规格	单位	数量	单价/元	合价/元
一	直接费	元			2370.77
1	基本直接费	元			2370.77
1.1	人工费	元			806.94
	工长	工时	6.40	5.40	34.56
	中级工	工时	23.00	4.36	100.28
	初级工	工时	289.70	2.32	672.10
1.2	材料费	元			660.43
	合金钻头	个	2.57	45.00	115.65
	炸药	kg	41.13	7.00	287.91
	雷管	个	35.15	2.00	70.30
	导火线	m	100.43	1.00	100.43
	其他材料费	%	15.00	574.29	86.14
1.3	机械费	元			903.40
	风钻 手持式	台时	13.17	34.99	460.82
	推土机 88kW	台时	3.01	119.75	360.45
	其他机械费	%	10.00	821.27	82.13
二	施工管理费	%	18.00	2370.77	426.74
三	利润	%	7.00	2797.51	195.83
四	税金	%	3.22	2993.34	96.39
	合计	元			3089.73
	单价	元			51.58

表 6-29 工程单价计算表

工程:石拱桥主体砌筑工程(浆砌石墩)　　单价编号:500105003001　　定额单位:100m³ 成品码方

施工方法:人工装 5t 自卸汽车运输块石

编号	名称及规格	单位	数量	单价/元	合价/元
一	直接费	元			1605.16
1	基本直接费	元			1605.16
1.1	人工费	元			341.04
	初级工	工时	147.00	2.32	341.04
1.2	材料费	元			15.89
	零星材料费	%	1.00	1589.27	15.89
1.3	机械费	元			1248.23
	自卸汽车 5t	台时	21.06	59.27	1248.23
二	施工管理费	%	18.00	1605.16	288.93
三	利润	%	7.00	1894.09	132.59
四	税金	%	3.22	2026.68	65.26
	合计	元			2091.94
	单价	元			34.92

表 6-30　工程单价计算表

工程:石拱桥主体砌筑工程(浆砌石墩)　　单价编号:500105003001　　　　　　定额单位:100m³

施工方法:浆砌块石石墩

编号	名称及规格	单位	数　量	单价/元	合价/元
一	直接费	元			15489.76
1	基本直接费	元			15489.76
1.1	人工费	元			2873.92
	工长	工时	17.70	5.40	95.58
	中级工	工时	376.50	4.36	1641.54
	初级工	工时	490.00	2.32	1136.80
1.2	材料费	元			12333.34
	块石	m³	108.00	39.76	4294.08
	砂浆	m³	34.80	229.25	7977.90
	其他材料费	%	0.50	12271.98	61.36
1.3	机械费	元			282.50
	砂浆搅拌机 0.4m³	台时	6.26	22.49	140.79
	胶轮车	台时	157.46	0.90	141.71
二	施工管理费	%	18.00	15489.76	2788.16
三	利润	%	7.00	18277.92	1279.45
四	税金	%	3.22	19557.37	629.75
	合计	元			20187.12
	单价	元			201.87

表 6-31　工程单价计算表

工程:石拱桥主体混凝土工程(C20 混凝土基座)　　　单价编号:500109001001　　　　定额单位:100m³

施工方法:C20 混凝土基座浇筑

编号	名称及规格	单位	数　量	单价/元	合价/元
一	直接费	元			23447.79
1	基本直接费	元			21476.37
1.1	人工费	元			1333.39
	工长	工时	10.90	5.40	58.86
	高级工	工时	18.10	5.06	91.59
	中级工	工时	199.80	4.36	871.13
	初级工	工时	134.40	2.32	311.81
1.2	材料费	元			19306.53
	混凝土 C20	m³	103.00	186.16	19174.48
	水	m³	45.00	0.80	36.00
	其他材料费	%	0.50	19210.48	96.05
1.3	机械费	元			836.45
	振动器 1.1kW	台时	28.00	2.10	58.80
	风水枪	台时	17.99	39.00	701.61
	其他机械费	%	10.00	760.41	76.04

（续）

编号	名称及规格	单位	数 量	单价/元	合价/元
1.4	混凝土拌制	m³	103.00	14.18	1460.54
1.5	混凝土运输	m³	103.00	4.96	510.88
二	施工管理费	%	18.00	23447.79	4220.60
三	利润	%	7.00	27668.39	1936.79
四	税金	%	3.22	29605.18	953.29
	合计	元			30558.47
	单价	元			305.58

注：混凝土拌制、运输单价按表6-49、表6-50计算。

表6-32　工程单价计算表

工程：石拱桥主体混凝土工程（C30混凝土拱圈）　　　　单价编号：500109001002　　　　定额单位：100m³

施工方法：0.4m³搅拌机拌制混凝土

编号	名称及规格	单位	数 量	单价/元	合价/元
一	直接费	元			1418.20
1	基本直接费	元			1418.20
1.1	人工费	元			910.87
	中级工	工时	122.5	4.36	534.10
	初级工	工时	162.4	2.32	376.77
1.2	材料费	元			27.81
	零星材料费	%	2	1390.39	27.81
1.3	机械费	元			479.52
	搅拌机	台时	18	22.49	404.82
	胶轮车	台时	83	0.90	74.70
二	施工管理费	%	18	1418.20	255.28
三	利润	%	7	1673.48	117.14
四	税金	%	3.22	1790.62	57.66
	合计	元			1848.28
	单价	元			18.48

表6-33　工程单价计算表

工程：石拱桥主体混凝土工程（C30混凝土拱圈）　　　　单价编号：500109001002　　　　定额单位：100m³

施工方法：胶轮车运混凝土

编号	名称及规格	单位	数 量	单价/元	合价/元
一	直接费	元			495.73
1	基本直接费	元			495.73
1.1	人工费	元			361.92
	初级工	工时	156.00	2.32	361.92
1.2	材料费	元			28.06

（续）

编号	名称及规格	单位	数量	单价/元	合价/元
	零星材料费	%	6.00	467.67	28.06
1.3	材料费	元			105.75
	胶轮车	台时	117.50	0.90	105.75
二	施工管理费	%	18	495.73	89.23
三	利润	%	7	584.96	40.95
四	税金	%	3.22	625.91	20.15
	合计	元			646.06
	单价	元			6.46

表 6-34 工程单价计算表

工程:石拱桥主体混凝土工程（C30 混凝土拱圈） 单价编号:500109001002 定额单位:100m³

施工方法:预制 C30 混凝土拱圈

编号	名称及规格	单位	数量	单价/元	合价/元
一	直接费	元			27825.39
1	基本直接费	元			27825.39
1.1	人工费	元			11064.84
	工长	工时	115.90	5.40	625.86
	高级工	工时	376.60	5.06	1905.60
	中级工	工时	1448.50	4.36	6315.46
	初级工	工时	956.00	2.32	2217.92
1.2	材料费	元			16050.98
	专用钢模板	kg	88.80	8.00	710.40
	型钢	kg	55.89	4.60	257.09
	混凝土 C30	m³	102.00	143.38	14624.76
	水	m³	180.00	0.80	144.00
	其他材料费	%	2.00	15736.25	314.73
1.3	机械费	元			709.57
	振动器 1.1kW	台时	44.00	2.1	92.40
	搅拌机 0.4m³	台时	18.36	22.49	412.92
	胶轮车	台时	92.80	0.9	83.52
	载重汽车 5t	台时	0.52	54.2	28.18
	其他机械费	%	15.00	617.02	92.55
二	施工管理费	%	18.00	27825.39	5008.57
三	利润	%	7.00	32833.96	2298.38
四	税金	%	3.22	35132.34	1131.26
	合计	元			36263.60
	单价	元			362.64

表 6-35　工程单价计算表

工程:石拱桥主体混凝土工程(C30 混凝土拱圈)　　　　单价编号:500109001002　　　　定额单位:100m³

施工方法:缆索吊装预制混凝土拱圈

编号	名称及规格	单位	数　　量	单价/元	合价/元
一	直接费	元			32425.67
1	基本直接费	元			32392.37
1.1	人工费	元			11587.84
	工长	工时	75.20	5.40	406.08
	高级工	工时	827.30	5.06	4186.14
	中级工	工时	1604.50	4.36	6995.62
1.2	材料费	元			1214.89
	锯材	m³	1.21	0.60	0.73
	组合钢模板	kg	4.43	6.00	26.58
	型钢	kg	4.69	4.60	21.57
	钢板	kg	158.06	4.30	679.66
	卡扣件	kg	6.20	5.00	31.00
	铁件	kg	30.31	4.50	136.40
	电焊条	kg	36.96	4.70	173.71
	膨胀混凝土	m³	1.74	80.00	139.20
	其他材料费	%	0.50	1208.85	6.04
1.3	机械费	元			19589.64
	电焊机 25kVA	台时	42.24	10.87	459.15
	卷扬机 3t	台时	132.00	11.45	1511.40
	简易缆索机 40t	台时	41.20	422.94	17425.13
	其他机械费	%	1.00	19395.68	193.96
1.4	混凝土拌制	m³	1.74	14.18	24.67
1.5	混凝土运输	m³	1.74	4.96	8.63
二	施工管理费	%	18.00	32425.67	5836.62
三	利润	%	7.00	38262.29	2678.36
四	税金	%	3.22	40940.65	1318.29
	合计	元			42258.94
	单价	元			422.59

注:混凝土拌制、运输单价按表 6-49、表 6-50 计算。

表 6-36　工程单价计算表

工程:石拱桥主体混凝土工程(C20 混凝土拱腹)　　　　单价编号:500109001003　　　　定额单位:100m³

施工方法:C20 回填混凝土拱腹

编号	名称及规格	单位	数　　量	单价/元	合价/元
一	直接费	元			22809.34
1	基本直接费	元			20837.92
1.1	人工费	元			1253.41

（续）

施工方法：C20 回填混凝土拱腹

编号	名称及规格	单位	数　量	单价/元	合价/元
	工长	工时	10.40	5.40	56.16
	高级工	工时	13.80	5.06	69.83
	中级工	工时	186.80	4.36	814.45
	初级工	工时	134.90	2.32	312.97
1.2	材料费	元			19286.43
	混凝土 C20	m³	103.00	186.16	19174.48
	水	m³	20.00	0.80	16.00
	其他材料费	%	0.50	19190.48	95.95
1.3	机械费	元			298.08
	振动器 1.1kW	台时	20.00	2.10	42.00
	风水枪	台时	6.00	39.00	234.00
	其他机械费	%	8.00	276.00	22.08
1.4	混凝土拌制	m³	103.00	14.18	1460.54
1.5	混凝土运输	m³	103.00	4.96	510.88
二	施工管理费	%	18.00	22809.34	4105.68
三	利润	%	7.00	26915.02	1884.05
四	税金	%	3.22	28799.07	927.33
	合计	元			29726.40
	单价	元			297.26

注：混凝土拌制、运输单价按表 6-49、表 6-50 计算。

表 6-37　工程单价计算表

工程：石拱桥主体混凝土工程（沥青混凝土路面涂层）　　　单价编号：500109007001　　　定额单位：100m³

施工方法：0.4m³ 搅拌机拌制混凝土

编号	名称及规格	单位	数　量	单价/元	合价/元
一	直接费	元			1418.20
1	基本直接费	元			1418.20
1.1	人工费	元			910.87
	中级工	工时	122.5	4.36	534.10
	初级工	工时	162.4	2.32	376.77
1.2	材料费	元			27.81
	零星材料费	%	2	1390.39	27.81
1.3	机械费	元			479.52
	搅拌机	台时	18	22.49	404.82
	胶轮车	台时	83	0.90	74.70
二	施工管理费	%	18	1418.20	255.28
三	利润	%	7	1673.48	117.14
四	税金	%	3.22	1790.62	57.66
	合计	元			1848.27
	单价	元			18.48

表 6-38　　工程单价计算表

工程:石拱桥主体混凝土工程(沥青混凝土路面涂层)　　单价编号:500109007001　　定额单位:100m³

施工方法:胶轮车运混凝土

编号	名称及规格	单位	数　量	单价/元	合价/元
一	直接费	元			495.73
1	基本直接费	元			495.73
1.1	人工费	元			361.92
	初级工	工时	156.00	2.32	361.92
1.2	材料费	元			28.06
	零星材料费	%	6.00	467.67	28.06
1.3	材料费	元			105.75
	胶轮车	台时	117.50	0.90	105.75
二	施工管理费	%	18	495.73	89.23
三	利润	%	7	584.96	40.95
四	税金	%	3.22	625.91	20.15
	合计	元			646.06
	单价	元			6.46

表 6-39　　工程单价计算表

工程:石拱桥主体混凝土工程(沥青混凝土路面涂层)　　单价编号:500109007001　　定额单位:100m³

施工方法:沥青混凝土路面防水层

编号	名称及规格	单位	数　量	单价/元	合价/元
一	直接费	元			280.71
1	基本直接费	元			280.70
1.1	人工费	元			200.32
	工长	工时	2.50	5.40	13.50
	高级工	工时	17.25	5.06	87.29
	中级工	工时	14.90	4.36	64.96
	初级工	工时	14.90	2.32	34.57
1.2	材料费	元			80.39
	沥青	t	0.26	300.00	78.00
	木柴	t	0.09	0.50	0.05
	其他材料费	%	3.00	78.05	2.34
二	施工管理费	%	18	280.71	50.53
三	利润	%	7	331.24	23.19
四	税金	%	3.22	354.43	11.41
	合计	元			365.84
	单价	元			3.66

表 6-40　工程单价计算表

工程:石拱桥主体混凝土工程(钢筋混凝土预制构件)　　　单价编号:500112001001　　　定额单位:100m³

施工方法:0.4m³搅拌机拌制混凝土

编号	名称及规格	单位	数　量	单价/元	合价/元
一	直接费	元			1418.20
1	基本直接费	元			1418.20
1.1	人工费	元			910.87
	中级工	工时	122.5	4.36	534.10
	初级工	工时	162.4	2.32	376.77
1.2	材料费	元			27.81
	零星材料费	%	2	1390.39	27.81
1.3	机械费	元			479.52
	搅拌机	台时	18	22.49	404.82
	胶轮车	台时	83	0.90	74.70
二	施工管理费	%	18	1418.20	255.28
三	利润	%	7	1673.48	117.14
四	税金	%	3.22	1790.62	57.66
	合计	元			1848.28
	单价	元			18.48

表 6-41　工程单价计算表

工程:石拱桥主体混凝土工程(钢筋混凝土预制构件)　　　单价编号:500112001001　　　定额单位:100m³

施工方法:胶轮车运混凝土

编号	名称及规格	单位	数　量	单价/元	合价/元
一	直接费	元			495.73
1	基本直接费	元			495.73
1.1	人工费	元			361.92
	初级工	工时	156.00	2.32	361.92
1.2	材料费	元			28.06
	零星材料费	%	6.00	467.67	28.06
1.3	机械费	元			105.75
	胶轮车	台时	117.50	0.90	105.75
二	施工管理费	%	18	495.73	89.23
三	利润	%	7	584.96	40.95
四	税金	%	3.22	625.91	20.15
	合计	元			646.06
	单价	元			6.46

表 6-42　工程单价计算表

工程:石拱桥主体混凝土工程(钢筋混凝土预制构件)　　单价编号:500112001001　　定额单位:100m³

施工方法:预制混凝土梁

编号	名称及规格	单位	数量	单价/元	合价/元
一	直接费	元			35617.57
1	基本直接费	元			35617.57
1.1	人工费	元			5904.72
	工长	工时	61.8	5.40	333.72
	高级工	工时	201	5.06	1017.06
	中级工	工时	773	4.36	3370.28
	初级工	工时	510.2	2.32	1183.66
1.2	材料费	元			28858.78
	锯材	m³	0.4	0.60	0.24
	专用钢模板	kg	122.4	8.00	979.20
	铁件	kg	40.9	4.5	184.05
	预埋铁件	kg	2735	4.5	12307.50
	电焊条	kg	9.59	4.7	45.07
	铁钉	kg	1.8	4.5	8.10
	混凝土	m³	102	143.38	14624.76
	水	m³	180	0.8	144.00
	其他材料费	%	2	28292.92	565.86
1.3	机械费	元			854.07
	振动器 1.1kW	台时	44	2.1	92.40
	搅拌机 0.4m³	台时	18.36	22.49	412.92
	胶轮车	台时	92.8	0.9	83.52
	载重汽车 5t	台时	0.64	54.2	34.69
	电焊机 25kVA	台时	10.96	10.87	119.14
	其他机械费	%	15	742.67	111.40
二	施工管理费	%	18.00	35617.57	6411.16
三	利润	%	7.00	42028.73	2942.01
四	税金	%	3.22	44970.74	1448.06
	合计	元			46418.80
	单价	元			464.19

表 6-43　工程单价计算表

工程:石拱桥主体混凝土工程(钢筋混凝土预制构件)　　单价编号:500112001001　　定额单位:100m³

施工方法:缆索吊装预制混凝土梁

编号	名称及规格	单位	数量	单价/元	合价/元
一	直接费	元			10008.86
1	基本直接费	元			10008.86
1.1	人工费	元			3378.77

（续）

编号	名称及规格	单位	数 量	单价/元	合价/元
	工长	工时	21.9	5.40	118.26
	高级工	工时	241.2	5.06	1220.47
	中级工	工时	467.9	4.36	2040.04
1.2	材料费	元			0.42
	锯材	m³	0.7	0.60	0.42
	其他材料费	%	0.5	0.42	0.0021
1.3	机械费	元			6629.67
	简易缆索机40t	台时	15.52	422.94	6564.03
	其他机械费	%	1	6564.03	65.64
二	施工管理费	%	18	10008.86	1801.60
三	利润	%	7	11810.46	826.73
四	税金	%	3.22	12637.19	406.92
	合计	元			13044.11
	单价	元			130.44

表6-44　工程单价计算表

工程:石拱桥主体混凝土工程（伸缩缝）　　单价编号:500109009001　　　　　　定额单位:100m²

施工方法:沥青油毛毡浇筑

编号	名称及规格	单位	数 量	单价/元	合价/元
一	直接费	元			1420.14
1	基本直接费	元			1420.14
1.1	人工费	元			488.42
	工长	工时	6.00	5.40	32.40
	高级工	工时	42.20	5.06	213.53
	中级工	工时	36.30	4.36	158.27
	初级工	工时	36.30	2.32	84.22
1.2	材料费	元			930.21
	油毛毡	m²	115.00	3.00	345.00
	沥青	t	1.22	300.00	366.00
	木柴	t	0.42	500.00	210.00
	其他材料费	%	1.00	921.00	9.21
1.3	机械费	元			1.51
	胶轮车	台时	1.68	0.90	1.51
二	施工管理费	%	18	1420.14	255.63
三	利润	%	7	1675.77	117.30
四	税金	%	3.22	1793.07	57.74
	合计	元			1850.81
	单价	元			18.51

表6-45　工程单价计算表

工程:石拱桥主体混凝土工程(排水孔钻孔)　　　　单价编号:500107013001　　　　定额单位:100m

编号	名称及规格	单位	数　量	单价/元	合价/元
	施工方法:钻机钻排水孔				
一	直接费	元			10411.03
1	基本直接费	元			10411.03
1.1	人工费	元			1765.78
	工长	工时	25.38	5.40	137.05
	高级工	工时	50.76	5.06	256.85
	中级工	工时	178.60	4.36	778.70
	初级工	工时	255.68	2.32	593.18
1.2	材料费	元			2183.16
	金刚石钻头	个	3.60	45.00	162.00
	扩孔器	个	2.50	180.00	450.00
	岩芯管	m	4.50	70.00	315.00
	钻杆	m	3.90	70.00	273.00
	钻杆接头	个	4.40	30.00	132.00
	水	m³	750.00	0.80	600.00
	其他材料费	%	13.00	1932.00	251.16
1.3	机械费	元			6462.09
	地质钻机300型	台时	145.70	42.24	6154.37
	其他机械费	%	5.00	6154.37	307.72
二	施工管理费	%	18	10411.03	1873.99
三	利润	%	7	12285.02	859.95
四	税金	%	3.22	13144.97	423.27
	合计	元			13568.24
	单价	元			135.68

该石拱桥材料单价计算见表6-46～表6-48,混凝土拌制、运输单计计算见表6-49、表6-50。

表6-46　砂浆材料单价计算表

材料名称	单位	材料预算量	材料预算价格/元	合价/元
水泥	t	0.633	295.00	186.74
砂	m³	0.94	45.00	42.30
水	m³	0.27	0.80	0.22
砂浆材料单价(元/m³)				229.26

表6-47　混凝土C20材料单价计算表

材料名称	单位	材料预算量	材料预算价格/元	合价/元
水泥	t	0.178	295	52.51
粉煤灰	kg	79	0.8	63.2
粗砂	m³	0.4	42	16.8

（续）

材料名称	单位	材料预算量	材料预算价格/元	合价/元
卵石	m³	0.95	45	42.75
外加剂	kg	0.36	30	10.8
水	m³	0.125	0.8	0.1
混凝土 C20 材料单价（元/m³）				186.16

表 6-48　混凝土 C30 材料单价计算表

材料名称	单位	材料预算量	材料预算价格/元	合价/元
水泥	t	0.288	295	84.96
粗砂	m³	0.36	42	15.12
卵石	m³	0.96	45	43.2
水	m³	0.125	0.8	0.1
混凝土 C30 材料单价（元/m³）				143.38

表 6-49　混凝土拌制单价计算表

工程:0.4m³ 搅拌机拌制混凝土　　　　　定额编号:40134　　　　　定额单位:100m³

施工方法:0.4m³ 搅拌机拌制混凝土

编号	名称及规格	单位	数　量	单价/元	合价/元
1	基本直接费	元			1418.20
1.1	人工费	元			910.87
	中级工	工时	122.5	4.36	534.10
	初级工	工时	162.4	2.32	376.77
1.2	材料费	元			27.81
	零星材料费	%	2	1390.39	27.81
1.3	机械费	元			479.52
	搅拌机	台时	18	22.49	404.82
	胶轮车	台时	83	0.90	74.70

表 6-50　工程单价计算表

工程:胶轮车运混凝土　　　　　定额编号:40145　　　　　定额单位:100m³

施工方法:胶轮车运混凝土

编号	名称及规格	单位	数　量	单价/元	合价/元
1	基本直接费	元			495.73
1.1	人工费	元			361.92
	初级工	工时	156.00	2.32	361.92
1.2	材料费	元			28.06
	零星材料费	%	6.00	467.67	28.06
1.3	材料费	元			105.75
	胶轮车	台时	117.50	0.90	105.75

第5章 整治建筑物

例7 某城市景观水拦截橡胶坝工程

橡胶坝(属薄壁柔性结构,是随着高分子合成材料的发展而出现的一种新型水工建筑物),又称橡胶水闸,是用高强度合成纤维织物做受力骨架,内外涂敷橡胶作保护层,加工成胶布,再将其锚固于底板上成封闭状的坝袋,通过充排管路用水(气)将其充胀形成的袋式挡水坝。坝顶可以溢流,并可根据需要调节坝高,控制上游水位,以发挥灌溉、发电、航运、防洪、挡潮等效益。

橡胶坝主要由土建部分、坝袋及锚固件、充排水(气)设施及控制系统等部分组成。运行中需要严格按照规定的方案和操作规程进行。由于橡胶坝具有造价低、施工期短、抗震、维修少、管理方便等诸多优点,在现代城区园林美化工程中较多采用。

如图7-1至图7-6所示,为某一城市园林绿化所用橡胶坝结构图。试对该工程进行预算设计。

【解】 一、清单工程量

清单工程量计算规则:清单工程量依据施工图纸计算所得工程量乘以系数1.0。

1. 土方工程

(1)由于本工程项目是在城市原有河道上修建,所以土方开挖只涉及到橡胶坝的边墩和基础部分。但是需要先将原河道边坡和基底的400mm厚浆砌石衬砌拆除。

边墩土方开挖工程(见图7-1、图7-2)

清单工程量 $= 16 \times 2.5 \times 2.5 \times 1.5/2 \times 2 \text{m}^3 = 150.00 \text{m}^3$

【注释】 16——橡胶坝边墩开挖长度;

   2.5——橡胶坝边墩开挖深度;

   1.5——橡胶坝所在渠段坡降比,2.5×1.5表示橡胶坝边墩开挖宽度;

    2——第一个表示长方体的一半体积,第二个表示两个边墩开挖部位。

(2)右岸边墩进水渠穿堤开挖(见图7-1、图7-2)

清单工程量 $= (1.1 \times 0.2 + 0.7 \times 0.8) \times 16.0 \text{m}^3 = 12.48 \text{m}^3$

【注释】 1.1——进水渠基础宽度;

   0.2——进水渠基础高度;

   0.7——进水渠断面平均开挖宽度;

   0.8——进水渠断面平均开挖高度;

   16.0——进水渠断面开挖长度。

(3)橡胶坝底板基础开挖(见图7-2)

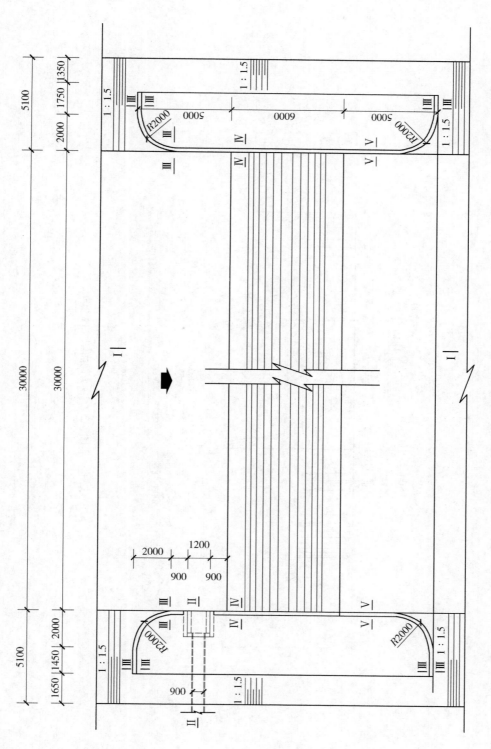

图7-1　拦河坝平面图　1：100

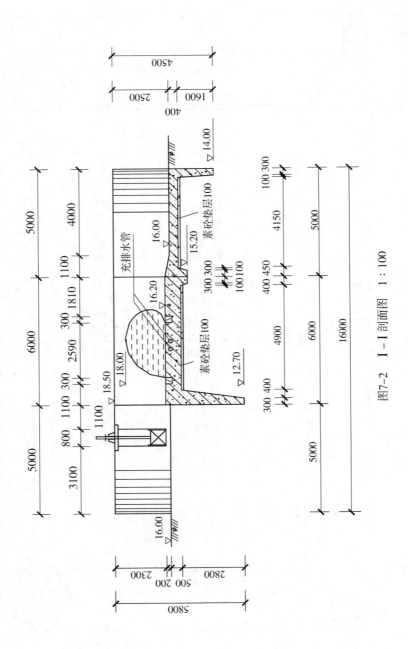

图7-2　Ⅰ-Ⅰ剖面图　1∶100

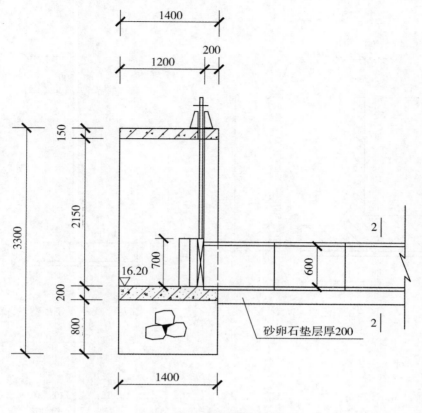

图 7-3 Ⅱ-Ⅱ剖面图 1:50

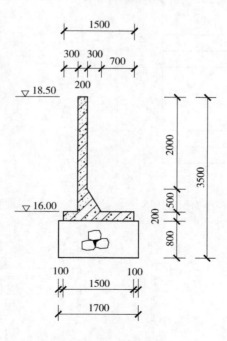

图 7-4 Ⅲ-Ⅲ剖面图 1:50

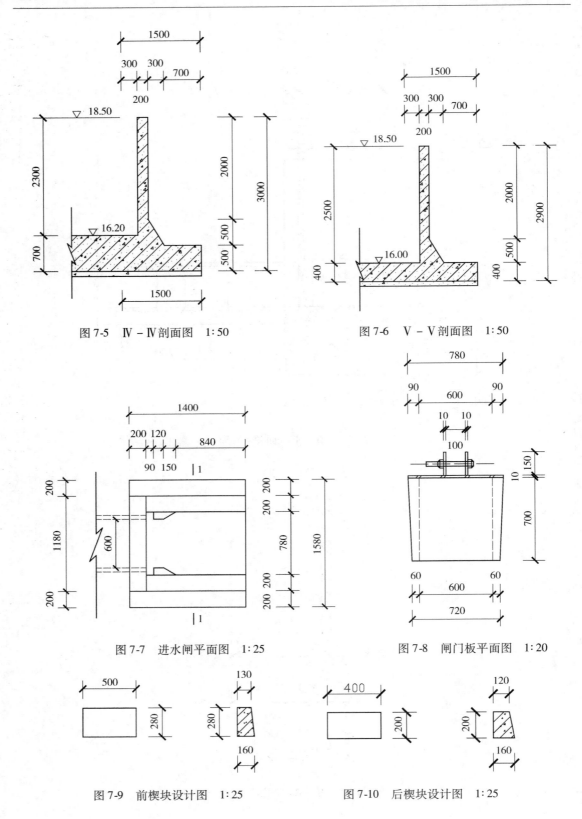

图 7-5   Ⅳ－Ⅳ 剖面图   1:50

图 7-6   Ⅴ－Ⅴ 剖面图   1:50

图 7-7   进水闸平面图   1:25

图 7-8   闸门板平面图   1:20

图 7-9   前楔块设计图   1:25

图 7-10   后楔块设计图   1:25

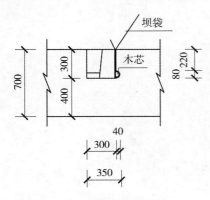

图 7-11　锚固槽大样图　1:25

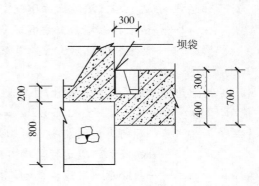

图 7-12　侧向锚固槽大样图　1:25

清单工程量 $= [(0.5 + 0.1) \times 6 + (0.3 + 0.3 + 0.1)/2 \times 0.2 + (0.3 + 0.3 + 0.4)/2 \times$
$(15.4 - 12.7)] \times 30 - 0.4 \times 6 \times 30 \text{m}^3$

$= 78.60 \text{m}^3$

【注释】　(0.5 + 0.1)——橡胶坝底板开挖深度；

6——橡胶坝钢筋混凝土底板宽度；

0.3——橡胶坝钢筋混凝土底板前后截水墙底部宽度；

0.1——橡胶坝钢筋混凝土底板后截水墙顶部较底部多出的宽度；

0.2——橡胶坝钢筋混凝土底板后截水墙较底板多开挖的深度；

0.4——橡胶坝钢筋混凝土底板前截水墙顶部较底部多出的宽度；

15.4——橡胶坝钢筋混凝土底板前截水墙顶部高程；

12.7——橡胶坝钢筋混凝土底板前截水墙底部高程；

30——橡胶坝钢筋混凝土底板开挖长度；

0.4——原河道浆砌石衬砌厚度(最后的一个0.4)。

(4)橡胶坝坝后抗冲段土方开挖工程(见图 7-2)

清单工程量 $= [(0.4 + 0.1) \times 5 + (0.3 + 0.3 + 0.1)/2 \times 0.3 + (0.3 + 0.3 + 0.1)/2 \times$
$(15.5 - 14.0)] \times 30 - 0.4 \times 5 \times 30 \text{m}^3$

$= 33.90 \text{m}^3$

【注释】　(0.4 + 0.1)——抗冲段底板开挖深度；

5——抗冲段钢筋混凝土底板宽度；

(0.3 + 0.3 + 0.1)/2 × 0.3——抗冲段底板前截水墙开挖截面面积；

(0.3 + 0.3 + 0.1)/2——抗冲段底板后截水墙开挖截面平均宽度；

(15.5 - 14.0)——抗冲段底板后截水墙截面开挖的深度；

30——橡胶坝钢筋混凝土底板开挖长度；

0.4——原河道浆砌石衬砌厚度(最后的一个0.4)。

抗冲段与原河道连接。

(5)橡胶坝边墩挡土墙后土方填筑工程(见图 7-1)

清单工程量 $= 16 \times 3.45 \times 2 \times 2.5 \text{m}^3 = 276.00 \text{m}^3$

【注释】　16——边墩挡土墙后土方填筑长度；

3.45——边墩挡土墙后土方填筑宽度;

2——边墩挡土墙后土方填筑个数;

2.5——边墩挡土墙后土方填筑深度。

2. 砌筑工程

（1）原河道边坡浆砌石拆除（见图7-1）

清单工程量 $=0.4 \times 16 \times 2.5 \times 1.5 \times 2 m^3 = 48.00 m^3$

【注释】　0.4——原河道边坡浆砌石衬砌厚度;

16——拆除原河道边坡浆砌石衬砌长度;

2.5——拆除原河道边坡浆砌石衬砌高度;

1.5——拆除原河道边坡浆砌石衬砌坡度。

（2）原河道河底浆砌石垫层拆除（见图7-1）

清单工程量 $=0.4 \times 5 \times 30 + 0.4 \times 6 \times 30 m^3 = 132.00 m^3$

【注释】　0.4——原河道底部浆砌石衬砌厚度;

5——抗冲段钢筋混凝土底板长度;

30——橡胶坝钢筋混凝土底板开挖宽度;

6——橡胶坝钢筋混凝土底板开挖长度。

（3）穿堤引水管道砂卵石垫层（见图7-3）

清单工程量 $=0.2 \times 1.1 \times (16.0 + 2.5 \times 1.5) m^3 = 4.35 m^3$

【注释】　　0.2——穿堤引水管道砂卵石垫层平均厚度;

1.1——穿堤引水管道砂卵石垫层平均宽度;

$(16.0 + 2.5 \times 1.5)$——穿堤引水管道砂卵石垫层平均长度。

（4）橡胶坝上下游翼墙段底部浆砌石衬砌（见图7-4）

清单工程量 $=1.7 \times 0.8 \times (3.14 \times 2/2 \times 4 + 1.75 \times 4 + 3) m^3 = 30.68 m^3$

【注释】　1.7——上下游翼墙段底部浆砌石衬砌平均宽度;

0.8——上下游翼墙段底部浆砌石衬砌平均厚度;

$(3.14 \times 2/2 \times 4 + 1.75 \times 4 +$

$3)$——上下游翼墙段底部浆砌石衬砌总长度。

（5）穿堤引水管道进水口底部浆砌石衬砌（见图7-3）

清单工程量 $=1.4 \times 0.8 \times (1.2 + 0.9 + 0.9) m^3 = 3.36 m^3$

【注释】　　1.4——穿堤引水管道进水口底部浆砌石衬砌平均宽度;

0.8——穿堤引水管道进水口底部浆砌石衬砌平均厚度;

$(1.2 + 0.9 + 0.9)$——穿堤引水管道进水口底部浆砌石衬砌总长度。

3. 混凝土工程

（1）C10素混凝土垫层（见图7-2）

橡胶坝底板垫层清单工程量 $=4.9 \times 0.1 \times 30.0 m^3 = 14.70 m^3$

【注释】　4.9——闸底板下部素混凝土垫层总长度;

0.1——素混凝土垫层厚度;

30.0——闸底板下部素混凝土垫层总宽度。

防冲段底板垫层清单工程量 $= 4.15 \times 0.1 \times 30.0 \mathrm{m}^3 = 12.45 \mathrm{m}^3$

【注释】　4.15——防冲段底板素混凝土垫层总长度；

　　　　　0.1——素混凝土垫层厚度；

　　　　30.0——防冲段底板素混凝土垫层总宽度。

C10 混凝土未计入橡胶坝底板的垫层

清单工程量 $= 0.1 \times 1.3 \times 6 \times 2 \mathrm{m}^3 = 1.56 \mathrm{m}^3$

【注释】　0.1——未计入橡胶坝底板的垫层厚度；

　　　　　1.3——未计入橡胶坝底板的边墩部分宽度；

　　　　　　6——边墩浇注长度。

C10 混凝土未计入抗冲段底板的垫层

清单工程量 $= 0.1 \times 1.2 \times 5 \times 2 \mathrm{m}^3 = 1.20 \mathrm{m}^3$

【注释】　0.1——未计入橡胶坝底板的垫层厚度；

　　　　　　5——未计入橡胶坝底板的垫层宽度；

　　　　　1.2——未计入抗冲段底板的边墙底板宽度。

垫层总的清单工程量 $= 14.70 + 12.45 + 1.56 + 1.20 \mathrm{m}^3 = 29.91 \mathrm{m}^3$

（2）C20 混凝土橡胶坝底板（见图 7-2）

清单工程量 $= [(0.5 + 0.2) \times 6 + (0.3 + 0.3 + 0.1)/2 \times 0.3 + (0.3 + 0.3 + 0.4)/2 \times$
　　　　　　$2.8 - 0.3 \times 0.3 \times 2] \times 30 \mathrm{m}^3$

　　　　　$= 165.75 \mathrm{m}^3$

【注释】　（0.5 + 0.2）——橡胶坝底板厚度；

　　　　　　　　6——橡胶坝钢筋混凝土底板宽度；

　　　　　　　0.3——橡胶坝混凝土底板前后截水墙底部宽度（圆括号内的 0.3）；

　　　　　　　0.3——橡胶坝钢筋混凝土底板后截水墙高度（中括号内的 0.3）；

　　　　　　　0.1——橡胶坝钢筋混凝土底板后截水墙顶部较底部多出的宽度；

　　　　　　　0.4——橡胶坝钢筋混凝土底板前截水墙顶部较底部多出的宽度；

　　　　　　　2.8——橡胶坝钢筋混凝土底板前截水墙高度；

　　　　　　　30——橡胶坝钢筋混凝土底板长度；

　　　　　　　0.3——橡胶坝两个锚固槽的边长（最后的两个 0.3）。

（3）C25 混凝土坝后抗冲段（见图 7-2）

清单工程量 $= [0.4 \times 5 + (0.3 + 0.3 + 0.1)/2 \times 0.4 + (0.3 + 0.3 + 0.1)/2 \times 1.6] \times 30 \mathrm{m}^3$

　　　　　$= 81.00 \mathrm{m}^3$

【注释】　0.4——抗冲段底板厚度；

　　　　　　5——抗冲段钢筋混凝土底板宽度；

　　　　（0.3 + 0.3 + 0.1）/2 ×

　　　　　0.4——抗冲段底板前截水墙截面面积；

　　　　（0.3 + 0.3 + 0.1）/

　　　　　2——抗冲段底板后截水墙截面平均宽度；

　　　　　1.6——抗冲段底板后截水墙高度；

　　　　　30——橡胶坝钢筋混凝土底板长度。

（4）C25 预制混凝土橡胶坝坝袋楔块（见图 7-9、图 7-10）

前楔块清单工程量 = （0.13 + 0.16）/2 × 0.28 × 0.5m³ = 0.02m³

【注释】　0.13——预制前楔块梯形断面上边长；

　　　　　0.16——预制前楔块梯形断面下边长；

　　　　　0.28——预制前楔块梯形断面高度；

　　　　　0.5——预制前楔块长度。

前楔块共计需要块数为 60 块。

后楔块清单工程量 = （0.12 + 0.16）/2 × 0.2 × 0.4m³ = 0.01m³

【注释】　0.12——预制后楔块梯形断面上边长；

　　　　　0.16——预制后楔块梯形断面下边长；

　　　　　0.2——预制后楔块梯形断面高度；

　　　　　0.4——预制后楔块长度。

后楔块共计需要块数为 75 块。

C25 预制混凝土橡胶坝坝袋楔块总清单工程量 = 0.02 × 60 + 0.01 × 75m³ = 1.95m³

（5）C25 混凝土闸室进水口（见图 7-7）

清单工程量 = 1.58 × 1.4 × 0.2 + 0.2 × 1.4 × （2.15 + 0.15） × 2 + 0.2 × 1.4 × 2.15 × 2 + 0.2 ×

　　　　　　1.18 × （2.15 + 0.15） − 3.14 × 0.6²/4 × 0.2 + （0.12 + 0.27）/2 × 0.09 × 1.0m³

　　　　　 = 3.40m³

【注释】　1.58——闸室进水口底板浇注宽度；

　　　　　1.4——闸室进水口底板浇注长度；

　　　　　0.2——闸室进水口底板浇注厚度；

　　　　　0.2——闸室进水口侧面板外层板厚度；

　　　　　1.4——闸室进水口侧面板外层板长度；

　　　　　（2.15 + 0.15）——闸室进水口侧面板外层板高度；

　　　　　0.2——闸室进水口侧面板内层板厚度；

　　　　　1.4——闸室进水口侧面板内层板浇注长度；

　　　　　2.15——闸室进水口侧面板内层板浇注高度；

　　　　　0.2——闸室进水口挡板厚度；

　　　　　1.18——闸室进水口挡板宽度；

　　　　　（2.15 + 0.15）——闸室进水口挡板浇注高度；

　　　　　3.14 × 0.6²/4——闸室进水口挡板开口面积。

　　　　　0.12——C25 混凝土牛腿梯形断面短边长；

　　　　　0.27——C25 混凝土牛腿梯形断面长边长；

　　　　　0.09——混凝土牛腿梯形断面高度；

　　　　　1.0——混凝土牛腿高度。

（6）C20 预置混凝土闸门（见图 7-8）

清单工程量 = （0.72 + 0.78）/2 × 0.7 × 0.09m³ = 0.05m³

【注释】　0.72——C25 混凝土闸门底边长;

　　　　　0.78——C25 混凝土闸门顶边长;

　　　　　0.7——混凝土闸门高度;

　　　　　0.09——混凝土闸门厚度。

闸门顶部留置 90mm×10mm×780mm 的扁钢与闸门预留钢筋焊接,然后在其上焊接一吊耳。工程量计入其他工程。

(7)C20 混凝土翼墙(见图 7-4)

清单工程量 $= [0.2 \times 2 + 0.2 \times 1.5 + (0.2 + 0.5)/2 \times 0.5] \times [(1.75 + 3.14 \times 2.0/2) \times 4 + 3.0] m^3$

$= 15.15 m^3$

【注释】　0.2——混凝土翼墙墙厚、底板厚;

　　　　　2——0.2m 厚的墙对应翼墙高度;

　　　　　1.5——翼墙底板宽度;

　　　　　(0.2+0.5)/2×

　　　　　0.5——翼墙与底板连接局部断面面积;

　　　　　(1.75+3.14×2.0/2) ×4+

　　　　　3.0——对应该截面翼墙总长度。

(8)C25 混凝土边墩及未计入橡胶坝底板的底板部分(见图 7-5)

清单工程量 $= [0.2 \times 2 + 0.5 \times 1.3 + (0.2 + 0.5)/2 \times 0.5] \times 6 \times 2 m^3 = 14.70 m^3$

【注释】　0.2——混凝土边墩厚度;

　　　　　2——对应厚度为 0.2m 的边墩高度;

　　　　　0.5——未计入橡胶坝底板的边墩部分厚度;

　　　　　1.3——未计入橡胶坝底板的边墩部分宽度;

　　　　　(0.2+0.5)/2×

　　　　　0.5——边墩与底板连接局部断面面积;

　　　　　6——边墩浇注长度。

(9)C30 混凝土未计入抗冲段底板的工程及抗冲段边墙(见图 7-6)

清单工程量 $= [0.2 \times 2 + 0.4 \times 1.2 + (0.2 + 0.5)/2 \times 0.5] \times 3 \times 2 m^3 = 6.33 m^3$

【注释】　0.2——混凝土边墙厚度;

　　　　　2——对应厚度为 0.2m 的边墙高度;

　　　　　0.4——未计入抗冲段底板的边墙底板厚度;

　　　　　1.2——未计入抗冲段底板的边墙底板宽度(0.2+0.3+0.7);

　　　　　(0.2+0.5)/2×

　　　　　0.5——边墩与底板连接局部断面面积,其中 0.2、0.5 为梯形上下底的长度;

　　　　　3——C30 混凝土边墙浇注长度。

(10)钢筋工程

C20 混凝土橡胶坝底板钢筋清单工程量 $= (165.75 \times 3\%) t = 4.972 t$

C25 混凝土坝后抗冲段底板钢筋清单工程量 $= (81.00 \times 3\%) t = 2.430 t$

C25 预制混凝土橡胶坝坝袋楔块钢筋清单工程量 = $(1.95 \times 3\%) t = 0.059t$

C25 混凝土闸室进水口钢筋清单工程量 = $(3.40 \times 3\%) t = 0.102t$

C20 预置混凝土闸门钢筋清单工程量 = $(0.05 \times 3\%) t = 0.002t$

C20 混凝土翼墙钢筋清单工程量 = $(15.15 \times 3\%) t = 0.455t$

C25 混凝土边墩及未计入坝底板的底板部分钢筋清单工程量 = $(14.70 \times 3\%) t = 0.441t$

C30 混凝土未计入抗冲段底板的工程及抗冲段边墙钢筋清单工程量 = $(6.33 \times 3\%) t = 0.190t$

钢筋工程总清单工程量 = $(4.972 + 2.430 + 0.059 + 0.102 + 0.002 + 0.455 + 0.441 + 0.190) t$

$$= 8.651t$$

该除险加固工程中建筑及安装工程清单工程量计算表见表 7-1。

表 7-1　工程量清单计算表

序号	项目编码	项目名称	计量单位	工程量
1		建筑工程		
1.1		土方开挖工程		
1.1.1	500101004001	边墩土方开挖工程	m³	150.00
1.1.2	500101007001	右岸边墩进水渠穿堤开挖	m³	12.48
1.1.3	500101002001	橡胶坝底板基础开挖	m³	78.60
1.1.4	500101002002	橡胶坝坝后抗冲段土方开挖工程	m³	33.90
1.2		土石方填筑工程		
1.2.1	500103003001	橡胶坝边墩挡土墙后土方填筑工程	m³	276.00
1.2.2	500103007001	穿堤引水管道砂卵石垫层	m³	4.35
1.3		砌筑工程		
1.3.1	500105009001	原河道边坡浆砌石拆除	m³	48.00
1.2.2	500105009002	原河道河底浆砌石垫层拆除	m³	132.00
1.3.3	500105004001	橡胶坝上下游翼墙段底部浆砌石衬砌	m³	30.68
1.3.4	500105004002	穿堤引水管道进水口底部浆砌石衬砌	m³	3.36
1.4		混凝土工程		
1.4.1	500109001001	C10 素混凝土垫层	m³	29.91
1.4.2	500109001002	C20 混凝土橡胶坝底板	m³	165.75
1.4.3	500109001003	C25 混凝土坝后抗冲段	m³	81.00
1.4.4	500109001004	C25 预制混凝土橡胶坝坝袋楔块	m³	1.95
1.4.5	500109001005	C25 混凝土闸室进水口	m³	3.40
1.4.6	500109001006	C20 预置混凝土闸门	m³	0.05
1.4.7	500109001007	C20 混凝土翼墙	m³	15.15
1.4.8	500109001008	C25 混凝土边墩及未计入坝底板的底板部分	m³	14.70
1.4.9	500109001009	C30 混凝土未计入抗冲段底板的工程及抗冲段边墙	m³	6.33
1.5		钢筋、钢构件加工及安装工程		
1.5.1	500111001001	钢筋加工及安装	t	8.651

二、定额工程量(套用《水利建筑工程预算定额》中华人民共和国水利部)

1. 土方开挖

(1)边墩土方开挖工程——1m³挖掘机挖装土自卸汽车运输

定额工程量 $= 16 \times 2.5 \times 2.5 \times 1.5/2 \times 2 \mathrm{m}^3 = 150.00 \mathrm{m}^3 = 1.50(100 \mathrm{m}^3)$

套用定额编号 10365,定额单位:100m³。

(2)右岸边墩进水渠穿堤开挖——人工挖平洞土方斗车运输(运距:200m)

定额工程量 $= (1.1 \times 0.2 + 0.7 \times 0.8) \times 16.0 \mathrm{m}^3 = 12.48 \mathrm{m}^3 = 0.1248(100 \mathrm{m}^3)$

套用定额编号 10235,定额单位:100m³。

(3)橡胶坝底板基础开挖——1m³挖掘机挖装土自卸汽车运输

定额工程量 $= [(0.5 + 0.1) \times 6 + (0.3 + 0.3 + 0.1)/2 \times 0.2 + (0.3 + 0.3 + 0.4)/2 \times$
$(15.4 - 12.7)] \times 30 - 0.4 \times 6 \times 30 \mathrm{m}^3$
$= 78.60 \mathrm{m}^3 = 0.7860(100 \mathrm{m}^3)$

套用定额编号 10365,定额单位:100m³。

(4)橡胶坝坝后抗冲段土方开挖工程——1m³挖掘机挖装土自卸汽车运输

定额工程量 $= [(0.4 + 0.1) \times 5 + (0.3 + 0.3 + 0.1)/2 \times 0.3 + (0.3 + 0.3 + 0.1)/2 \times$
$(15.5 - 14.0)] \times 30 - 0.4 \times 5 \times 30 \mathrm{m}^3$
$= 33.90 \mathrm{m}^3 = 0.3390(100 \mathrm{m}^3)$

套用定额编号 10365,定额单位:100m³。

2. 石方工程

(1)橡胶坝边墩挡土墙后土方填筑工程——建筑物回填土石(机械夯实)

定额工程量 $= 16 \times 3.45 \times 2 \times 2.5 \mathrm{m}^3 = 276.00 \mathrm{m}^3 = 2.76(100 \mathrm{m}^3)$

套用定额编号 10465,定额单位:100m³实方。

(2)穿堤引水管道砂卵石垫层——建筑物回填土石(松填不夯实)

定额工程量 $= 0.2 \times 1.1 \times (16.0 + 2.5 \times 1.5) \mathrm{m}^3 = 4.35 \mathrm{m}^3 = 0.0435(100 \mathrm{m}^3)$

套用定额编号 10464,定额单位:100m³实方。

3. 砌体工程

(1)原河道边坡浆砌石拆除——砌体拆除

定额工程量 $= 0.4 \times 16 \times 2.5 \times 1.5 \times 2 \mathrm{m}^3 = 48.00 \mathrm{m}^3 = 0.48(100 \mathrm{m}^3)$

套用定额编号 30052,定额单位:100m³。

(2)原河道河底浆砌石垫层拆除——砌体拆除

定额工程量 $= 0.4 \times 5 \times 30 + 0.4 \times 6 \times 30 \mathrm{m}^3 = 132.00 \mathrm{m}^3 = 1.32(100 \mathrm{m}^3)$

套用定额编号 30052,定额单位:100m³。

(3)橡胶坝上下游翼墙段底部浆砌石衬砌——浆砌块石(基础)

定额工程量 $= 1.7 \times 0.8 \times (3.14 \times 2/2 \times 4 + 1.75 \times 4 + 3) \mathrm{m}^3$
$= 30.68 \mathrm{m}^3 = 0.3068(100 \mathrm{m}^3)$

套用定额编号 30020,定额单位:100m³。

(4)穿堤引水管道进水口底部浆砌石衬砌——浆砌块石(基础)

定额工程量 $= 1.4 \times 0.8 \times (1.2 + 0.9 + 0.9) \mathrm{m}^3 = 3.36 \mathrm{m}^3 = 0.0336(100 \mathrm{m}^3)$

套用定额编号 30020,定额单位:100m^3。

4. 混凝土工程

(1)C10 素混凝土垫层——其他混凝土

定额工程量 $= 14.70 + 12.45 + 1.56 + 1.20\text{m}^3 = 29.91\text{m}^3 = 0.2991(100\text{m}^3)$

套用定额编号 40099,定额单位:100m^3。

①搅拌楼拌制混凝土

定额工程量 $= 14.70 + 12.45 + 1.56 + 1.20\text{m}^3 = 29.91\text{m}^3 = 0.2991(100\text{m}^3)$

工作内容:储料、配料、分料、搅拌、加水、加外加剂、出料、机械清洗。

套用定额 40136,定额单位:100m^3。

②自卸汽车运混凝土

定额工程量 $= 14.70 + 12.45 + 1.56 + 1.20\text{m}^3 = 29.91\text{m}^3 = 0.2991(100\text{m}^3)$

适用范围:配合搅拌楼或设有储料箱装车。

工作内容:装车、运输、卸料、空回、清洗。

套用定额编号 40166,定额单位:100m^3。

(2)C20 混凝土橡胶坝底板——底板

$$
\begin{aligned}
\text{定额工程量} &= [(0.5 + 0.2) \times 6 + (0.3 + 0.3 + 0.1)/2 \times 0.3 + (0.3 + 0.3 + 0.4)/2 \times \\
&\quad 2.8 - 0.3 \times 0.3 \times 2] \times 30\text{m}^3 \\
&= 165.75\text{m}^3 = 1.6575(100\text{m}^3)
\end{aligned}
$$

套用定额编号 40058,定额单位:100m^3。

①搅拌楼拌制混凝土

$$
\begin{aligned}
\text{定额工程量} &= [(0.5 + 0.2) \times 6 + (0.3 + 0.3 + 0.1)/2 \times 0.3 + (0.3 + 0.3 + 0.4)/2 \times \\
&\quad 2.8 - 0.3 \times 0.3 \times 2] \times 30\text{m}^3 \\
&= 165.75\text{m}^3 = 1.6575(100\text{m}^3)
\end{aligned}
$$

工作内容:储料、配料、分料、搅拌、加水、加外加剂、出料、机械清洗。

套用定额 40136,定额单位:100m^3。

②自卸汽车运混凝土

$$
\begin{aligned}
\text{定额工程量} &= [(0.5 + 0.2) \times 6 + (0.3 + 0.3 + 0.1)/2 \times 0.3 + (0.3 + 0.3 + 0.4)/2 \times \\
&\quad 2.8 - 0.3 \times 0.3 \times 2] \times 30\text{m}^3 \\
&= 165.75\text{m}^3 = 1.6575(100\text{m}^3)
\end{aligned}
$$

适用范围:配合搅拌楼或设有储料箱装车。

工作内容:装车、运输、卸料、空回、清洗。

套用定额编号 40166,定额单位:100m^3。

(3)C25 混凝土坝后抗冲段——底板

$$
\begin{aligned}
\text{定额工程量} &= [0.4 \times 5 + (0.3 + 0.3 + 0.1)/2 \times 0.4 + (0.3 + 0.3 + 0.1)/2 \times 1.6] \times 30\text{m}^3 \\
&= 81.00\text{m}^3 = 0.81(100\text{m}^3)
\end{aligned}
$$

套用定额编号 40058,定额单位:100m^3。

①搅拌楼拌制混凝土

$$
\text{定额工程量} = [0.4 \times 5 + (0.3 + 0.3 + 0.1)/2 \times 0.4 + (0.3 + 0.3 + 0.1)/2 \times 1.6] \times 30\text{m}^3
$$

$$= 81.00 \text{m}^3 = 0.81 (100 \text{m}^3)$$

工作内容:储料、配料、分料、搅拌、加水、加外加剂、出料、机械清洗。

套用定额 40136,定额单位:100m³。

②自卸汽车运混凝土

定额工程量 $= [0.4 \times 5 + (0.3 + 0.3 + 0.1)/2 \times 0.4 + (0.3 + 0.3 + 0.1)/2 \times 1.6] \times 30 \text{m}^3$
$$= 81.00 \text{m}^3 = 0.81 (100 \text{m}^3)$$

适用范围:配合搅拌楼或设有储料箱装车。

工作内容:装车、运输、卸料、空回、清洗。

套用定额编号 40166,定额单位:100m³。

(4)C25 预制混凝土橡胶坝坝袋楔块——其他混凝土

定额工程量 $= 0.02 \times 60 + 0.01 \times 75 \text{m}^3 = 1.95 \text{m}^3 = 0.0195 (100 \text{m}^3)$

套用定额编号 40101,定额单位:100m³。

①搅拌楼拌制混凝土

定额工程量 $= 0.02 \times 60 + 0.01 \times 75 \text{m}^3 = 1.95 \text{m}^3 = 0.0195 (100 \text{m}^3)$

工作内容:储料、配料、分料、搅拌、加水、加外加剂、出料、机械清洗。

套用定额 40136,定额单位:100m³。

②自卸汽车运混凝土

定额工程量 $= 0.02 \times 60 + 0.01 \times 75 \text{m}^3 = 1.95 \text{m}^3 = 0.0195 (100 \text{m}^3)$

适用范围:配合搅拌楼或设有储料箱装车。

工作内容:装车、运输、卸料、空回、清洗。

套用定额编号 40166,定额单位:100m³。

(5)C25 混凝土闸室进水口——墩

定额工程量 $= 1.58 \times 1.4 \times 0.2 + 0.2 \times 1.4 \times (2.15 + 0.15) \times 2 + 0.2 \times 1.4 \times 2.15 \times 2 + 0.2 \times$
$$1.18 \times (2.15 + 0.15) - 3.14 \times 0.6^2/4 \times 0.2 + (0.12 + 0.27)/2 \times 0.09 \times 1.0 \text{m}^3$$
$$= 3.40 \text{m}^3 = 0.034 (100 \text{m}^3)$$

套用定额编号 40067,定额单位:100m³。

①搅拌楼拌制混凝土

定额工程量 $= 1.58 \times 1.4 \times 0.2 + 0.2 \times 1.4 \times (2.15 + 0.15) \times 2 + 0.2 \times 1.4 \times 2.15 \times 2 + 0.2 \times$
$$1.18 \times (2.15 + 0.15) - 3.14 \times 0.6^2/4 \times 0.2 + (0.12 + 0.27)/2 \times 0.09 \times 1.0 \text{m}^3$$
$$= 3.40 \text{m}^3 = 0.034 (100 \text{m}^3)$$

工作内容:储料、配料、分料、搅拌、加水、加外加剂、出料、机械清洗。

套用定额 40136,定额单位:100m³。

②自卸汽车运混凝土

定额工程量 $= 1.58 \times 1.4 \times 0.2 + 0.2 \times 1.4 \times (2.15 + 0.15) \times 2 + 0.2 \times 1.4 \times 2.15 \times 2 + 0.2 \times$
$$1.18 \times (2.15 + 0.15) - 3.14 \times 0.6^2/4 \times 0.2 + (0.12 + 0.27)/2 \times 0.09 \times 1.0 \text{m}^3$$
$$= 3.40 \text{m}^3 = 0.034 (100 \text{m}^3)$$

适用范围:配合搅拌楼或设有储料箱装车。

工作内容:装车、运输、卸料、空回、清洗。

套用定额编号 40167,定额单位:100m³。

(6)C20 预置混凝土闸门——混凝土板预制及砌筑

定额工程量 $= (0.72 + 0.78)/2 \times 0.7 \times 0.09 \text{m}^3 = 0.05 \text{m}^3 = 0.0005(100\text{m}^3)$

套用定额编号 40111,定额单位:100m³。

(7)C20 混凝土翼墙——明渠

定额工程量 $= [0.2 \times 2 + 0.2 \times 1.5 + (0.2 + 0.5)/2 \times 0.5] \times [(1.75 + 3.14 \times 2.0/2) \times 4 +$
$\qquad\qquad 3.0]\text{m}^3$
$\qquad = 15.15\text{m}^3 = 0.1515(100\text{m}^3)$

套用定额编号 40062,定额单位:100m³。

①搅拌楼拌制混凝土

定额工程量 $= [0.2 \times 2 + 0.2 \times 1.5 + (0.2 + 0.5)/2 \times 0.5] \times [(1.75 + 3.14 \times 2.0/2) \times$
$\qquad\qquad 4 + 3.0]\text{m}^3$
$\qquad = 15.15\text{m}^3 = 0.1515(100\text{m}^3)$

工作内容:储料、配料、分料、搅拌、加水、加外加剂、出料、机械清洗。

套用定额 40136,定额单位:100m³。

②自卸汽车运混凝土

定额工程量 $= [0.2 \times 2 + 0.2 \times 1.5 + (0.2 + 0.5)/2 \times 0.5] \times [(1.75 + 3.14 \times 2.0/2) \times$
$\qquad\qquad 4 + 3.0]\text{m}^3$
$\qquad = 15.15\text{m}^3 = 0.1515(100\text{m}^3)$

适用范围:配合搅拌楼或设有储料箱装车。

工作内容:装车、运输、卸料、空回、清洗。

套用定额编号 40166,定额单位:100m³。

(8)C25 混凝土边墩及未计入橡胶坝底板的底板部分——墩

定额工程量 $= [0.2 \times 2 + 0.5 \times 1.3 + (0.2 + 0.5)/2 \times 0.5] \times 6 \times 2\text{m}^3$
$\qquad = 14.70\text{m}^3 = 0.1470(100\text{m}^3)$

适用范围:水闸闸墩、溢洪道闸墩、桥墩、靠船墩、渡槽墩、镇支墩等。

套用定额编号 40067,定额单位:100m³。

①搅拌楼拌制混凝土

定额工程量 $= [0.2 \times 2 + 0.5 \times 1.3 + (0.2 + 0.5)/2 \times 0.5] \times 6 \times 2\text{m}^3$
$\qquad = 14.70\text{m}^3 = 0.1470(100\text{m}^3)$

工作内容:储料、配料、分料、搅拌、加水、加外加剂、出料、机械清洗。

套用定额 40136,定额单位:100m³。

②自卸汽车运混凝土

定额工程量 $= [0.2 \times 2 + 0.5 \times 1.3 + (0.2 + 0.5)/2 \times 0.5] \times 6 \times 2\text{m}^3$
$\qquad = 14.70\text{m}^3 = 0.1470(100\text{m}^3)$

适用范围:配合搅拌楼或设有储料箱装车。

工作内容:装车、运输、卸料、空回、清洗。

套用定额编号 40166,定额单位:100m³。

（9）C30 混凝土未计入抗冲段底板的工程及抗冲段边墙——墩

定额工程量 $= [0.2 \times 2 + 0.4 \times 1.2 + (0.2 + 0.5)/2 \times 0.5] \times 3 \times 2 \text{m}^3$

$\qquad = 6.33 \text{m}^3 = 0.0633(100 \text{m}^3)$

适用范围：水闸闸墩、溢洪道闸墩、桥墩、靠船墩、渡槽墩、镇支墩等。

套用定额编号 40067，定额单位：100m³。

①搅拌楼拌制混凝土

定额工程量 $= [0.2 \times 2 + 0.4 \times 1.2 + (0.2 + 0.5)/2 \times 0.5] \times 3 \times 2 \text{m}^3$

$\qquad = 6.33 \text{m}^3 = 0.0633(100 \text{m}^3)$

工作内容：储料、配料、分料、搅拌、加水、加外加剂、出料、机械清洗。

套用定额 40136，定额单位：100m³。

②自卸汽车运混凝土

定额工程量 $= [0.2 \times 2 + 0.4 \times 1.2 + (0.2 + 0.5)/2 \times 0.5] \times 3 \times 2 \text{m}^3$

$\qquad = 6.33 \text{m}^3 = 0.0633(100 \text{m}^3)$

适用范围：配合搅拌楼或设有储料箱装车。

工作内容：装车、运输、卸料、空回、清洗。

套用定额编号 40166，定额单位：100m³。

4. 钢筋加工及安装

（1）钢筋制作及安装

定额工程量 $= (4.972 + 2.430 + 0.059 + 0.102 + 0.002 + 0.455 + 0.441 + 0.190)\text{t}$

$\qquad = 8.651 \text{t}$

套用定额编号 40289，定额单位：1t。

该城市景观水拦截橡胶坝工程分类分项工程工程量清单计价表见表 7-2，工程单价汇总表见表 7-3。

表 7-2　分类分项工程工程量清单计价表

序号	项目编码	项目名称	计量单位	工程量	单价/元	合价/元
1		建筑工程				
1.1		土方开挖工程				
1.1.1	500101004001	边墩土方开挖工程	m³	150.00	16.0876	2413.14
1.1.2	500101007001	右岸边墩进水渠穿堤开挖	m³	12.48	14.1119	176.12
1.1.3	500101002001	橡胶坝底板基础开挖	m³	78.60	16.0876	1264.49
1.1.4	500101002002	橡胶坝坝后抗冲段土方开挖工程	m³	33.90	16.0876	545.37
1.2		土石方填筑工程				
1.2.1	500103003001	橡胶坝边墩挡土墙后土方填筑工程	m³	276.00	13.16	3632.17
1.2.2	500103007001	穿堤引水管道砂卵石垫层	m³	3.36	2.4830	10.80
1.3		砌筑工程				
1.3.1	500105009001	原河道边坡浆砌石拆除	m³	48.00	37.2098	1786.07
1.3.2	500105009002	原河道河底浆砌石垫层拆除	m³	132.00	37.2098	4911.69
1.3.3	500105004001	橡胶坝上下游翼墙段底部浆砌石衬砌	m³	30.68	245.6091	7535.29

（续）

序号	项目编码	项目名称	计量单位	工程量	单价/元	合价/元
1.3.4	500105004002	穿堤引水管道进水口底部浆砌石衬砌	m³	3.36	245.6091	825.25
1.4		混凝土工程				
1.4.1	500109001001	C10 素混凝土垫层	m³	29.91	396.9442	11872.60
1.4.2	500109001002	C20 混凝土橡胶坝底板	m³	165.75	431.086	71452.50
1.4.3	500109001003	C25 混凝土坝后抗冲段	m³	81.00	443.3105	35908.15
1.4.4	500109001004	C25 预制混凝土橡胶坝坝袋楔块	m³	1.95	476.0744	928.35
1.4.5	500109001005	C25 混凝土闸室进水口	m³	3.40	434.7028	1477.99
1.4.6	500109001006	C20 预置混凝土闸门	m³	0.05	437.8735	21.89
1.4.7	500109001007	C20 混凝土翼墙	m³	15.15	436.8834	6618.78
1.4.8	500109001008	C25 混凝土边墩及未计入坝底板的底板部分	m³	14.70	434.7028	6390.13
1.4.9	500109001009	C30 混凝土未计入抗冲段底板的工程及抗冲段边墙	m³	6.33	448.8387	2841.15
1.5		钢筋、钢构件加工及安装工程				
1.5.1	500111001001	钢筋加工及安装	t	8.651	7683.05	66466.07
		合　计	元			227321.14

表 7-3　工程单价汇总表

序号	项目编码	项目名称	计量单位	人工费	材料费	机械费	施工管理费和利润	税金
1		建筑工程						
1.1		土方开挖工程						
1.1.1	500101004001	边墩土方开挖工程	m³	0.20	0.46	11.31	3.60	0.51
1.1.2	500101007001	右岸边墩进水渠穿堤开挖	m³	3.47	0.10	6.93	3.16	0.45
1.1.3	500101002001	橡胶坝底板基础开挖	m³	0.20	0.46	11.31	3.60	0.51
1.1.4	500101002002	橡胶坝坝后抗冲段土方开挖工程	m³	0.20	0.46	11.31	3.60	0.51
1.2		土石方填筑工程						
1.2.1	500103003001	橡胶坝边墩挡土墙后土方填筑工程	m³	7.22	0.47	2.12	2.94	0.42
1.2.2	500103007001	穿堤引水管道砂卵石垫层	m³	1.49	0.12	0	0.79	0.08
1.3		砌筑工程						
1.3.1	500105009001	原河道边坡浆砌石拆除	m³	27.57	0.14	0	8.32	1.18
1.3.2	500105009002	原河道河底浆砌石垫层拆除	m³	27.57	0.14	0	8.32	1.18
1.3.3	500105004001	橡胶坝上下游翼墙段底部浆砌石衬砌	m³	26.86	153.10	2.92	54.94	7.80
1.3.4	500105004002	穿堤引水管道进水口底部浆砌石衬砌	m³	26.86	153.10	2.92	54.94	7.80

（续）

序号	项目编码	项目名称	计量单位	人工费	材料费	机械费	施工管理费和利润	税金
1.4		混凝土工程						
1.4.1	500109001001	C10 素混凝土垫层	m³	34.16	215.67	34.78	98.40	13.93
1.4.2	500109001002	C20 混凝土橡胶坝底板	m³	41.58	237.59	30.86	106.04	15.01
1.4.3	500109001003	C25 混凝土坝后抗冲段	m³	39.55	245.79	33.80	108.77	15.40
1.4.4	500109001004	C25 预制混凝土橡胶坝坝袋楔块	m³	66.91	248.18	28.45	116.10	16.44
1.4.5	500109001005	C25 混凝土闸室进水口	m³	35.44	248.08	29.21	106.85	15.12
1.4.6	500109001006	C20 预置混凝土闸门	m³	87.79	235.63	2.61	97.95	13.91
1.4.7	500109001007	C20 混凝土翼墙	m³	53.49	238.88	42.04	87.27	15.19
1.4.8	500109001008	C25 混凝土边墩及未计入坝底板的底板部分	m³	35.44	248.08	29.21	106.85	15.12
1.4.9	500109001009	C30 混凝土未计入抗冲段底板的工程及抗冲段边墙	m³	35.44	258.61	29.21	110.01	15.57
1.5		钢筋、钢构件加工及安装工程						
1.5.1	500111001001	钢筋加工及安装	t	550.65	4854.36	315.47	1718.57	244.00

该橡胶坝工程量清单综合单价分析表见表 7-4～表 7-23。

表 7-4　工程量清单综合单价分析

工程名称：某城市景观水拦截橡胶坝工程　　　　　标段：　　　　　　　第 1 页　共 20 页

项目编码	500101004001		项目名称		边墩土方开挖工程		计量单位		m³
清单综合单价组成明细									
定额编号	定额名称	定额单位	数量	单价				合价	
				人工费	材料费	机械费	管理费和利润	人工费	材料费	机械费	管理费和利润

定额编号	定额名称	定额单位	数量	人工费	材料费	机械费	管理费和利润	人工费	材料费	机械费	管理费和利润
10365	1m³ 挖掘机挖装土自卸汽车运输	100m³	150.00/150.00/100 = 0.01	20.39	46.07	1131.36	359.85	0.20	0.46	11.31	3.60
	人工单价		小　计					0.20	0.46	11.31	3.60
3.04 元/工时（初级工）			未计材料费				—				
		清单项目综合单价						15.58			

材料费明细	主要材料名称、规格、型号		单位	数量	单价/元	合价/元	暂估单价/元	暂估合价/元
	其他材料费				—	0.46	—	
	材料费小计				—	0.46	—	

表7-5　工程量清单综合单价分析

项目编码	500101007001	项目名称	右岸边墩进水渠穿堤开挖	计量单位	m³

				清单综合单价组成明细							
定额编号	定额名称	定额单位	数量	单价				合价			
				人工费	材料费	机械费	管理费和利润	人工费	材料费	机械费	管理费和利润
10235	人工挖平洞土方斗车运输	100m³	12.48/12.48/100=0.01	347.16	10.40	693.15	315.66	3.47	0.10	6.93	3.16
人工单价			小　计					3.47	0.10	6.93	3.16
3.04元/工时(初级工)			未计材料费					—			
清单项目综合单价								13.66			

材料费明细	主要材料名称、规格、型号				单位	数量	单价/元	合价/元	暂估单价/元	暂估合价/元
	其他材料费						—	0.10	—	
	材料费小计						—	0.10	—	

表7-6　工程量清单综合单价分析

项目编码	500101002001	项目名称	橡胶坝底板基础开挖	计量单位	m³

				清单综合单价组成明细							
定额编号	定额名称	定额单位	数量	单价				合价			
				人工费	材料费	机械费	管理费和利润	人工费	材料费	机械费	管理费和利润
10365	1m³挖掘机挖装土自卸汽车运输	100m³	78.60/78.60/100=0.01	20.39	46.07	1131.36	359.85	0.20	0.46	11.31	3.60
人工单价			小　计					0.20	0.46	11.31	3.60
3.04元/工时(初级工)			未计材料费					—			
清单项目综合单价								15.58			

材料费明细	主要材料名称、规格、型号				单位	数量	单价/元	合价/元	暂估单价/元	暂估合价/元
	其他材料费						—	0.46	—	
	材料费小计						—	0.46	—	

表 7-7　工程量清单综合单价分析

工程名称:某城市景观水拦截橡胶坝工程　　　　　　　标段:　　　　　　　　第 4 页　共 20 页

项目编码	500101002002		项目名称		橡胶坝坝后抗冲段土方开挖工程			计量单位		m³	

清单综合单价组成明细

定额编号	定额名称	定额单位	数量	单　价				合　价			
				人工费	材料费	机械费	管理费和利润	人工费	材料费	机械费	管理费和利润
10365	1m³挖掘机挖装土自卸汽车运输	100m³	33.90/33.90/100=0.01	20.39	46.07	1131.36	359.85	0.20	0.46	11.31	3.60
	人工单价			小　计				0.20	0.46	11.31	3.60
3.04 元/工时(初级工)				未计材料费				—			
清单项目综合单价								15.58			

材料费明细	主要材料名称、规格、型号	单位	数量	单价/元	合价/元	暂估单价/元	暂估合价/元
	其他材料费			—	0.46	—	
	材料费小计			—	0.46	—	

表 7-8　工程量清单综合单价分析

工程名称:某城市景观水拦截橡胶坝工程　　　　　　　标段:　　　　　　　　第 5 页　共 20 页

项目编码	500103003001		项目名称		橡胶坝边墩挡土墙后土方填筑工程			计量单位		m³	

清单综合单价组成明细

定额编号	定额名称	定额单位	数量	单　价				合　价			
				人工费	材料费	机械费	管理费和利润	人工费	材料费	机械费	管理费和利润
10465	建筑物回填土石——机械夯实	100m³	276.00/276.00/100=0.01	721.53	46.66	211.65	294.37	7.22	0.47	2.12	2.94
	人工单价			小　计				7.22	0.47	2.12	2.94
3.04 元/工时(初级工)				未计材料费				—			
清单项目综合单价								12.74			

材料费明细	主要材料名称、规格、型号	单位	数量	单价/元	合价/元	暂估单价/元	暂估合价/元
	其他材料费			—	0.47	—	
	材料费小计			—	0.47	—	

表7-9 工程量清单综合单价分析

工程名称:某城市景观水拦截橡胶坝工程　　　　　标段:　　　　　　　　第6页　共20页

项目编码	500103007001		项目名称	穿堤引水管道砂卵石垫层	计量单位	m³

清单综合单价组成明细

定额编号	定额名称	定额单位	数量	单　价				合　价			
				人工费	材料费	机械费	管理费和利润	人工费	材料费	机械费	管理费和利润
10464	建筑物回填土石——松填不夯实	100m³	4.35/4.35/100＝0.01	149.30	12.47	0	78.64	1.49	0.12	0	0.79
人工单价			小　计					1.49	0.12	0	0.79
3.04元/工时(初级工)			未计材料费					—			
清单项目综合单价								3.40			

材料费明细	主要材料名称、规格、型号				单位	数量	单价/元	合价/元	暂估单价/元	暂估合价/元
	其他材料费						—	0.12	—	
	材料费小计						—	0.12		

表7-10 工程量清单综合单价分析

工程名称:某城市景观水拦截橡胶坝工程　　　　　标段:　　　　　　　　第7页　共20页

项目编码	500105009001		项目名称	原河道边坡浆砌石拆除	计量单位	m³

清单综合单价组成明细

定额编号	定额名称	定额单位	数量	单　价				合　价			
				人工费	材料费	机械费	管理费和利润	人工费	材料费	机械费	管理费和利润
30025	砌体拆除	100m³	48.00/48.00/100＝0.01	2756.71	13.78	0	832.32	27.57	0.14	0	8.32
人工单价			小　计					27.57	0.14	0	8.32
3.04元/工时(初级工) 7.11元/工时(工长)			未计材料费					—			
清单项目综合单价								36.03			

材料费明细	主要材料名称、规格、型号				单位	数量	单价/元	合价/元	暂估单价/元	暂估合价/元
	其他材料费						—	0.14	—	
	材料费小计						—	0.14		

表 7-11　工程量清单综合单价分析

工程名称:某城市景观水拦截橡胶坝工程　　　　　　标段:　　　　　　　第 8 页　共 20 页

项目编码	500105009002	项目名称	原河道河底浆砌石垫层拆除	计量单位	m³

				清单综合单价组成明细							

定额编号	定额名称	定额单位	数量	单 价				合 价			
				人工费	材料费	机械费	管理费和利润	人工费	材料费	机械费	管理费和利润
30025	砌体拆除	100m³	132.00/ 132.00/ 100 = 0.01	2756.71	13.78	0	832.32	27.57	0.14	0	8.32

人工单价	小　计	27.57	0.14	0	8.32

3.04 元/工时(初级工) 7.11 元/工时(工长)	未计材料费	—

清单项目综合单价	36.03

材料费明细	主要材料名称、规格、型号	单位	数量	单价 /元	合价 /元	暂估单价/元	暂估合价/元
	其他材料费			—	0.14	—	
	材料费小计			—	0.14	—	

表 7-12　工程量清单综合单价分析

工程名称:某城市景观水拦截橡胶坝工程　　　　　　标段:　　　　　　　第 9 页　共 20 页

项目编码	500105004001	项目名称	橡胶坝上下游翼墙段底部浆砌石衬砌	计量单位	m³

				清单综合单价组成明细							

定额编号	定额名称	定额单位	数量	单 价				合 价			
				人工费	材料费	机械费	管理费和利润	人工费	材料费	机械费	管理费和利润
30020	浆砌块石	100m³	30.68/ 30.68/ 100 = 0.01	2685.59	15309.58	291.86	5493.87	26.86	153.10	2.92	54.94

人工单价	小　计	26.86	153.10	2.92	54.94

3.04 元/工时(初级工) 5.62 元/工时(中级工) 7.11 元/工时(工长)	未计材料费	—

清单项目综合单价	237.81

材料费明细	主要材料名称、规格、型号	单位	数量	单价 /元	合价 /元	暂估单价/元	暂估合价/元
	块石	m³	1.08	67.61	73.02		
	砂浆	m³	0.34	233.28	79.32		
	其他材料费			—	0.76	—	
	材料费小计			—	153.10	—	

表 7-13　工程量清单综合单价分析

工程名称:某城市景观水拦截橡胶坝工程　　　　标段:　　　　　

| 项目编码 | 500105004002 | 项目名称 | 穿堤引水管道进水口底部浆砌石衬砌 | | | 计量单位 | | m³ |

清单综合单价组成明细

定额编号	定额名称	定额单位	数量	单　价				合　价			
				人工费	材料费	机械费	管理费和利润	人工费	材料费	机械费	管理费和利润
30020	浆砌块石	100m³	3.36/3.36/100=0.01	2685.59	15309.58	291.86	5493.87	26.86	153.10	2.92	54.94

人工单价	小　计		26.86	153.10	2.92	54.94

3.04 元/工时(初级工)
5.62 元/工时(中级工)
7.11 元/工时(工长)

未计材料费　　　　　　　　—

清单项目综合单价						237.81

材料费明细	主要材料名称、规格、型号	单位	数量	单价/元	合价/元	暂估单价/元	暂估合价/元
	块石	m³	1.08	67.61	73.02		
	砂浆	m³	0.34	233.28	79.32		
	其他材料费			—	0.76	—	
	材料费小计			—	153.10	—	

表 7-14　工程量清单综合单价分析

工程名称:某城市景观水拦截橡胶坝工程　　　　标段:　　　　　

| 项目编码 | 500109001001 | 项目名称 | C10 素混凝土垫层 | | | 计量单位 | | m³ |

清单综合单价组成明细

定额编号	定额名称	定额单位	数量	单　价				合　价			
				人工费	材料费	机械费	管理费和利润	人工费	材料费	机械费	管理费和利润
40134	搅拌机拌制混凝土	100m³	103/100/100=0.01	1183.07	69.85	2309.21	1070.15	12.19	0.72	23.78	11.02
40145	斗车运混凝土	100m³	103/100/100=0.01	484.65	34.82	105.75	184.83	4.99	0.36	1.09	1.90
40099	其他混凝土	100m³	29.91/29.91/100=0.01	1698.43	21459.22	990.46	7383.95	16.98	214.59	9.90	85.47

人工单价	小　计		34.16	215.67	34.78	98.40

3.04 元/工时(初级工)
5.62 元/工时(中级工)
6.61 元/工时(高级工)
7.11 元/工时(工长)

未计材料费　　　　　　　　—

清单项目综合单价						383.01

（续）

材料费明细	主要材料名称、规格、型号	单位	数量	单价/元	合价/元	暂估单价/元	暂估合价/元
	混凝土　C10	m³	1.03	204.04	210.16		
	水	m³	1.20	0.19	0.23		
	其他材料费			—	5.28		
	材料费小计			—	215.67	—	

表 7-15　工程量清单综合单价分析

工程名称：某城市景观水拦截橡胶坝工程　　　　　　标段：　　　　　　　第 12 页　共 20 页

项目编码	500109001002	项目名称		C20 混凝土橡胶坝底板		计量单位		m³

清单综合单价组成明细

定额编号	定额名称	定额单位	数量	单价				合价			
				人工费	材料费	机械费	管理费和利润	人工费	材料费	机械费	管理费和利润
40134	搅拌机拌制混凝土	100m³	103/100/100 = 0.01	1183.07	69.85	2309.21	1070.15	12.19	0.72	23.78	11.02
40145	斗车运混凝土	100m³	103/100/100 = 0.01	484.65	34.82	105.75	184.83	4.99	0.36	1.09	1.90
40058	底板	100m³	165.75/165.75/100 = 0.01	2440.50	23651.62	598.90	9311.26	24.41	236.52	5.99	93.11
人工单价			小　计					41.58	237.59	30.86	106.04

3.04 元/工时（初级工）	
5.62 元/工时（中级工）	
6.61 元/工时（高级工）	未计材料费
7.11 元/工时（工长）	

清单项目综合单价	416.08

材料费明细	主要材料名称、规格、型号	单位	数量	单价/元	合价/元	暂估单价/元	暂估合价/元
	混凝土　C20	m³	1.03	228.27	235.12		
	水	m³	1.20	0.19	0.23		
	其他材料费			—	2.25		
	材料费小计			—	237.59	—	

表 7-16　工程量清单综合单价分析

工程名称：某城市景观水拦截橡胶坝工程　　　　　　标段：　　　　　　　第 13 页　共 20 页

项目编码	500109001003	项目名称		C25 混凝土坝后抗冲段		计量单位		m³

清单综合单价组成明细

定额编号	定额名称	定额单位	数量	单价				合价			
				人工费	材料费	机械费	管理费和利润	人工费	材料费	机械费	管理费和利润
40134	搅拌机拌制混凝土	100m³	103/100/100 = 0.01	1183.07	69.85	2309.21	1070.15	12.19	0.72	23.78	11.02

（续）

清单综合单价组成明细

定额编号	定额名称	定额单位	数量	单价				合价			
				人工费	材料费	机械费	管理费和利润	人工费	材料费	机械费	管理费和利润
40145	斗车运混凝土	100m³	103/100/100=0.01	484.65	34.82	105.75	184.83	4.99	0.36	1.09	1.90
40063	明渠	100m³	81.00/81.00/100=0.01	2237.12	24471.40	892.69	9584.70	22.37	244.71	8.93	95.85

人工单价	小　计	39.55	245.79	33.80	108.77
3.04 元/工时（初级工） 5.62 元/工时（中级工） 6.61 元/工时（高级工） 7.11 元/工时（工长）	未计材料费	—			
清单项目综合单价		427.92			

材料费明细	主要材料名称、规格、型号	单位	数量	单价/元	合价/元	暂估单价/元	暂估合价/元
	混凝土　C25	m³	1.03	234.98	242.03		
	水	m³	1.40	0.19	0.27		
	其他材料费			—	3.50	—	
	材料费小计			—	245.79	—	

表 7-17　工程量清单综合单价分析

工程名称：某城市景观水拦截橡胶坝工程　　　　标段：　　　　　　　　第 14 页　共 20 页

项目编码	500109001004	项目名称	C25 预制混凝土橡胶坝坝袋楔块	计量单位	m³

清单综合单价组成明细

定额编号	定额名称	定额单位	数量	单价				合价			
				人工费	材料费	机械费	管理费和利润	人工费	材料费	机械费	管理费和利润
40134	搅拌机拌制混凝土	100m³	103/100/100=0.01	1183.07	69.85	2309.21	1070.15	12.19	0.72	23.78	11.02
40145	斗车运混凝土	100m³	103/100/100=0.01	484.65	34.82	105.75	184.83	4.99	0.36	1.09	1.90
40101	其他混凝土	100m³	1.95/1.95/100=0.01	4972.87	24709.89	357.91	10317.57	49.73	247.10	3.58	103.18

人工单价	小　计	66.91	248.18	28.45	116.10
3.04 元/工时（初级工） 5.62 元/工时（中级工） 6.61 元/工时（高级工） 7.11 元/工时（工长）	未计材料费	—			
清单项目综合单价		459.64			

（续）

材料费明细	主要材料名称、规格、型号	单位	数量	单价/元	合价/元	暂估单价/元	暂估合价/元
	混凝土　C25	m³	1.03	234.98	242.03		
	水	m³	1.20	0.19	0.23		
	其他材料费			—	5.92	—	
	材料费小计			—	248.18	—	

表 7-18　工程量清单综合单价分析

工程名称：某城市景观水拦截橡胶坝工程　　　　　标段：　　　　　　　第 15 页　共 20 页

项目编码	500109001005	项目名称		C25 混凝土闸室进水口		计量单位		m³

清单综合单价组成明细

定额编号	定额名称	定额单位	数量	单价				合价			
				人工费	材料费	机械费	管理费和利润	人工费	材料费	机械费	管理费和利润
40134	搅拌机拌制混凝土	100m³	103/100/100=0.01	1183.07	69.85	2309.21	1070.15	12.19	0.72	23.78	11.02
40145	斗车运混凝土	100m³	103/100/100=0.01	484.65	34.82	105.75	184.83	4.99	0.36	1.09	1.90
40067	墩	100m³	3.40/3.40/100=0.01	1825.93	24700.38	434.00	9392.16	18.26	247.00	4.34	93.92
人工单价		小　计						35.44	248.08	29.21	106.85
3.04 元/工时（初级工）5.62 元/工时（中级工）6.61 元/工时（高级工）7.11 元/工时（工长）		未计材料费						—			
清单项目综合单价								419.58			

材料费明细	主要材料名称、规格、型号	单位	数量	单价/元	合价/元	暂估单价/元	暂估合价/元
	混凝土　C25	m³	1.03	234.98	242.03		
	水	m³	0.70	0.19	0.13		
	其他材料费			—	5.92	—	
	材料费小计			—	248.08	—	

表 7-19　工程量清单综合单价分析

工程名称：某城市景观水拦截橡胶坝工程　　　　　标段：　　　　　　　第 16 页　共 20 页

项目编码	500109001006	项目名称		C20 预置混凝土闸门		计量单位		m³

清单综合单价组成明细

定额编号	定额名称	定额单位	数量	单价				合价			
				人工费	材料费	机械费	管理费和利润	人工费	材料费	机械费	管理费和利润
40111	混凝土板预制及砌筑	100m³	0.05/0.05/100=0.01	8778.54	23562.68	261.01	9794.51	87.79	235.63	2.61	97.95

（续）

人工单价		小　计		87.79	235.63	2.61	97.95
3.04 元/工时（初级工）							
5.62 元/工时（中级工）		未计材料费			—		
6.61 元/工时（高级工）							
7.11 元/工时（工长）							
清单项目综合单价					423.97		

	主要材料名称、规格、型号	单位	数量	单价/元	合价/元	暂估单价/元	暂估合价/元
材料费明细	专用钢模板	kg	1.16	0	0		
	铁件	kg	0.25	5.5	1.35		
	混凝土　C20	m³	1.02	228.27	232.83		
	水	m³	2.40	0.19	0.45		
	其他材料费			—	0.99	—	
	材料费小计			—	235.63		

表 7-20　工程量清单综合单价分析

工程名称：某城市景观水拦截橡胶坝工程　　　　　标段：　　　　　　　　第 17 页　共 20 页

项目编码	500109001007	项目名称		C20 混凝土翼墙		计量单位		m³

清单综合单价组成明细

定额编号	定额名称	定额单位	数量	单价				合价			
				人工费	材料费	机械费	管理费和利润	人工费	材料费	机械费	管理费和利润
40134	搅拌机拌制混凝土	100m³	103/100/100 =0.01	1183.07	69.85	2309.21	1070.15	12.19	0.72	23.78	11.02
40145	斗车运混凝土	100m³	103/100/100 =0.01	484.65	34.82	105.75	184.83	4.99	0.36	1.09	1.90
40061	明渠	100m³	15.15/15.15/100 =0.01	3631.68	23780.58	1716.95	7434.40	36.32	237.81	17.17	74.34
人工单价		小　计						53.49	238.88	42.04	87.27
3.04 元/工时（初级工）											
5.62 元/工时（中级工）		未计材料费						—			
6.61 元/工时（高级工）											
7.11 元/工时（工长）											
清单项目综合单价								421.69			

	主要材料名称、规格、型号	单位	数量	单价/元	合价/元	暂估单价/元	暂估合价/元
材料费明细	混凝土 C20	m³	1.03	228.27	235.12		
	水	m³	1.80	0.19	0.34		
	其他材料费			—	3.42	—	
	材料费小计			—	238.88		

表 7-21 工程量清单综合单价分析

工程名称:某城市景观水拦截橡胶坝工程　　　　　　　　标段:　　　　　　　第 18 页　共 20 页

项目编码	500109001008	项目名称	C25 混凝土边墩及未计入坝底板的底板部分	计量单位	m³

清单综合单价组成明细

定额编号	定额名称	定额单位	数量	单价				合价			
				人工费	材料费	机械费	管理费和利润	人工费	材料费	机械费	管理费和利润
40134	搅拌机拌制混凝土	100m³	103/100/100=0.01	1183.07	69.85	2309.21	1070.15	12.19	0.72	23.78	11.02
40145	斗车运混凝土	100m³	103/100/100=0.01	484.65	34.82	105.75	184.83	4.99	0.36	1.09	1.90
40067	墩	100m³	14.70/14.70/100=0.01	1825.93	24700.38	434.00	9392.16	18.26	247.00	4.34	93.92
人工单价			小　计					35.44	248.08	29.21	106.85

3.04 元/工时(初级工) 5.62 元/工时(中级工) 6.61 元/工时(高级工) 7.11 元/工时(工长)	未计材料费	—
清单项目综合单价		419.58

材料费明细	主要材料名称、规格、型号	单位	数量	单价/元	合价/元	暂估单价/元	暂估合价/元
	混凝土 C25	m³	1.03	234.98	242.03		
	水	m³	0.70	0.19	0.13		
	其他材料费		—		5.92	—	
	材料费小计		—		248.08	—	

表 7-22 工程量清单综合单价分析

工程名称:某城市景观水拦截橡胶坝工程　　　　　　　　标段:　　　　　　　第 19 页　共 20 页

项目编码	500109001009	项目名称	C30 混凝土未计入抗冲段底板的工程及抗冲段边墙	计量单位	m³

清单综合单价组成明细

定额编号	定额名称	定额单位	数量	单价				合价			
				人工费	材料费	机械费	管理费和利润	人工费	材料费	机械费	管理费和利润
40134	搅拌机拌制混凝土	100m³	103/100/100=0.01	1183.07	69.85	2309.21	1070.15	12.19	0.72	23.78	11.02
40145	斗车运混凝土	100m³	103/100/100=0.01	484.65	34.82	105.75	184.83	4.99	0.36	1.09	1.90
40067	墩	100m³	5.43/5.43/100=0.01	1825.93	25752.85	434.00	9708.39	18.26	257.53	4.34	97.08
人工单价			小　计					35.44	258.61	29.21	110.01

3.04 元/工时(初级工) 5.62 元/工时(中级工) 6.61 元/工时(高级工) 7.11 元/工时(工长)	未计材料费	—

（续）

	清单项目综合单价				433.27		
材料费明细	主要材料名称、规格、型号	单位	数量	单价/元	合价/元	暂估单价/元	暂估合价/元
	混凝土 C25	m³	1.03	2.45	252.35		
	水	m³	0.70	0.19	0.13		
	其他材料费			—	6.12	—	
	材料费小计			—	258.61	—	

表 7-23　工程量清单综合单价分析

工程名称：某城市景观水拦截橡胶坝工程　　　　　　标段：　　　　　　　第 20 页　共 20 页

项目编码	500111001001		项目名称		钢筋加工及安装		计量单位		1t
清单综合单价组成明细									
定额编号	定额名称	定额单位	数量	单　价				合　价	

定额编号	定额名称	定额单位	数量	人工费	材料费	机械费	管理费和利润	人工费	材料费	机械费	管理费和利润
40289	墩	1t	8.651/8.651=1	550.65	4854.36	315.47	1718.57	550.65	4854.36	315.47	1718.57
人工单价			小　计					550.65	4854.36	315.47	1718.57
3.04 元/工时（初级工）5.62 元/工时（中级工）6.61 元/工时（高级工）7.11 元/工时（工长）			未计材料费					—			

	清单项目综合单价				7439.05		
材料费明细	主要材料名称、规格、型号	单位	数量	单价/元	合价/元	暂估单价/元	暂估合价/元
	钢筋	t	1.02	4644.48	4737.37		
	铁丝	kg	4.00	5.50	22.00		
	电焊条	kg	7.22	6.50	46.93		
	其他材料费			—	48.06	—	
	材料费小计			—	4854.36	—	

该橡胶坝工程单价计算表见表 7-24 ～ 表 7-45。

表 7-24　水利建筑预算单价计算表

工程名称：边墩土方开挖工程

1m³挖掘机挖装土自卸汽车运输				
定额编号：	水利部：10365	单价号	500101004001	单位：100m³
适用范围：Ⅲ类土、露天作业				
工作内容：挖装、运输、卸除、空回				
编号	名称及规格	单　位	数　量	单价/元	合计/元
一、	直接工程费				1335.56
1.	直接费				1197.81
（1）	人工费				20.39

（续）

编号	名称及规格	单 位	数 量	单价/元	合计/元
	初级工	工时	6.7	3.04	20.39
（2）	材料费				46.07
	零星材料费	%	4	1151.74	46.07
（3）	机械费				1131.36
	挖掘机 1m³	台时	1.00	209.58	209.58
	推土机 59kW	台时	0.50	111.73	55.87
	自卸汽车 8t	台时	6.50	133.22	865.91
2.	其他直接费	1197.81		2.50%	29.95
3.	现场经费	1197.81		9.00%	107.80
二、	间接费	1335.56		9.00%	120.20
三、	企业利润	1455.76		7.00%	101.90
四、	税金	1557.66		3.284%	51.15
五、	其他				
六、	合计				1608.82

注：橡胶坝底板基础开挖以及橡胶坝坝后抗冲段土方开挖工程均采用表 7-24 预算单价计算表。

表 7-25　水利建筑工程预算单价计算表

工程名称：右岸边墩进水渠穿堤开挖

		人工挖平洞土方斗车运输（运距:200m）			
定额编号：	水利部:10235	单价号	500101007001		单位:100m³
工作内容:装、运、卸、空回					
编号	名称及规格	单 位	数 量	单价/元	合计/元
一、	直接工程费				1171.55
1.	直接费				1050.72
（1）	人工费				347.16
	初级工	工时	114.1	3.04	347.16
（2）	材料费				10.40
	零星材料费	%	1	1040.31	10.40
（3）	机械费				693.15
	机动翻斗车 1t	台时	30.20	22.95	693.15
2.	其他直接费	1050.72		2.50%	26.27
3.	现场经费	1050.72		9.00%	94.56
二、	间接费	1171.55		9.00%	105.44
三、	企业利润	1276.99		7.00%	89.39
四、	税金	1366.38		3.284%	44.87
五、	其他				
六、	合计				1411.25

表 7-26　水利建筑工程预算单价计算表

工程名称:橡胶坝边墩挡土墙后土方填筑工程

建筑物回填土石——机械夯实					
定额编号:	水利部:10465		单价号	500103003001	单位:100m³ 实方
工作内容:夯填土:包括5m 内取土、倒土、平土、洒水、夯实(干密度 1.6g/cm³ 以下)					
编号	名称及规格	单 位	数 量	单价/元	合计/元
一、	直接工程费				1092.52
1.	直接费				979.84
(1)	人工费				721.53
	工长	工时	4.6	7.11	32.68
	初级工	工时	226.4	3.04	688.85
(2)	材料费				46.66
	零星材料费	%	5	933.18	46.66
(3)	机械费				211.65
	蛙式打夯机	台时	14.40	14.70	211.65
2.	其他直接费	979.84		2.50%	24.50
3.	现场经费	979.84		9.00%	88.19
二、	间接费	1092.52		9.00%	98.33
三、	企业利润	1190.85		7.00%	83.36
四、	税金	1274.21		3.284%	41.84
五、	其他				
六、	合计				1316.05

表 7-27　水利建筑工程预算单价计算表

工程名称:穿堤引水管道砂卵石垫层

建筑物回填土石——松填不夯实					
定额编号:	水利部:10464		单价号	500103007001	单位:100m³ 实方
工作内容:松填不夯实:包括5m 以内取土回填					
编号	名称及规格	单 位	数 量	单价/元	合计/元
一、	直接工程费				291.87
1.	直接费				261.77
(1)	人工费				249.30
	工长	工时	1.6	7.11	11.37
	初级工	工时	78.2	3.04	237.93
(2)	材料费				12.47
	零星材料费	%	5	249.30	12.47
(3)	机械费				0.00
2.	其他直接费	261.77		2.50%	6.54
3.	现场经费	261.77		9.00%	23.56

（续）

编号	名称及规格	单 位	数 量	单价/元	合计/元
二、	间接费		291.87	9.00%	26.27
三、	企业利润		318.14	7.00%	22.27
四、	税金		340.41	3.284%	11.18
五、	其他				
六、	合计				351.59

表 7-28　水利建筑工程预算单价计算表

工程名称：原河道边坡浆砌石拆除

砌体拆除

定额编号：	水利部：30052		单价号	500105009001	单位：100m³

适用范围：块、条、料石

工作内容：拆除、清理、堆放

编号	名称及规格	单 位	数 量	单价/元	合计/元
一、	直接工程费				3089.10
1.	直接费				2770.49
（1）	人工费				2756.71
	工长	工时	18.0	7.11	127.89
	初级工	工时	864.0	3.04	2628.81
（2）	材料费				13.78
	零星材料费	%	0.5	2756.71	13.78
（3）	机械费				0.00
2.	其他直接费		2770.49	2.50%	69.26
3.	现场经费		2770.49	9.00%	249.34
二、	间接费		3089.10	9.00%	278.02
三、	企业利润		3367.12	7.00%	235.70
四、	税金		3602.81	3.284%	118.32
五、	其他				
六、	合计				3721.13

注：原河道河底浆砌石垫层拆除工程选用表 7-28 预算单价计算表。

表 7-29　水利建筑工程预算单价计算表

工程名称：橡胶坝上下游翼墙段底部浆砌石衬砌

浆砌块石－基础

定额编号：	水利部：30020		单价号	500105004001	单位：100m³

工作内容：选石、修石、冲洗、拌浆、砌石、勾缝

编号	名称及规格	单 位	数 量	单价/元	合计/元
一、	直接工程费				20390.03

（续）

编号	名称及规格	单 位	数 量	单价/元	合计/元
1.	直接费				18287.02
（1）	人工费				2685.59
	工长	工时	13.3	7.11	94.50
	中级工	工时	236.2	5.62	1328.40
	初级工	工时	415.0	3.04	1262.68
（2）	材料费				15309.58
	块石	m³	108	67.61	7301.79
	砂浆	m³	34.0	233.28	7931.62
	其他材料费	%	0.5	15233.41	76.17
（3）	机械费				291.86
	砂浆搅拌机 0.4m³	台时	6.12	24.82	151.89
	胶轮车	台时	155.52	0.90	139.97
2.	其他直接费	18287.02		2.50%	457.18
3.	现场经费	18287.02		9.00%	1645.83
二、	间接费	20390.03		9.00%	1835.10
三、	企业利润	22225.14		7.00%	1555.76
四、	税金	23780.89		3.284%	780.96
五、	其他				
六、	合计				24561.86

注:穿堤引水管道进水口底部浆砌石衬砌工程选用表7-29预算单价计算表。

表 7-30 水利建筑工程预算单价计算表

工程名称:C10 素混凝土垫层

其他混凝土					
定额编号:	水利部:40099		单价号	500109001001	单位:100m³
适用范围:基础:排架基础、一般设备基础等					
编号	名称及规格	单 位	数 量	单价/元	合计/元
一、	直接工程费				31722.62
1.	直接费				28450.78
（1）	人工费				1698.43
	工长	工时	10.9	7.11	77.45
	高级工	工时	18.1	6.61	119.67
	中级工	工时	188.5	5.62	1060.14
	初级工	工时	145.0	3.04	441.18
（2）	材料费				21459.22
	混凝土 C10	m³	103	204.04	21016.09
	水	m³	120	0.19	22.37

（续）

编号	名称及规格	单 位	数 量	单价/元	合计/元
	其他材料费	%	2.0	21038.46	420.77
（3）	机械费				990.46
	振动器 1.1kW	台时	20.00	2.27	45.33
	风水枪	台时	26.00	32.89	855.10
	其他机械费	%	10.00	900.42	90.04
（4）	嵌套项				4302.66
	混凝土拌制	m³	103	35.62	3668.98
	混凝土运输	m³	103	6.15	633.68
2.	其他直接费		28450.78	2.50%	711.27
3.	现场经费		28450.78	9.00%	2560.57
二、	间接费		31722.62	9.00%	2855.04
三、	企业利润		34577.65	7.00%	2420.44
四、	税金		36998.09	3.284%	1215.02
五、	其他				
六、	合计				38213.10

表 7-31　水利建筑工程预算单价计算表

工程名称：C10 素混凝土垫层

搅拌机拌制混凝土

定额编号：	水利部：40134		单价号	500109001001		单位：100m³

工作内容：场内配运水泥、骨料，投料、加水、加外加剂、搅拌、出料、清洗

编号	名称及规格	单 位	数 量	单价/元	合计/元
一、	直接工程费				3971.76
1.	直接费				3562.12
（1）	人工费				1183.07
	中级工	工时	122.5	5.62	688.95
	初级工	工时	162.4	3.04	494.12
（2）	材料费				69.85
	零星材料费	%	2.0	3492.27	69.85
（3）	机械费				2309.21
	搅拌机 0.4m³	台时	18.00	42.23	760.13
	风水枪	台时	83.00	18.66	1549.08
2.	其他直接费		3562.12	2.50%	89.05
3.	现场经费		3562.12	9.00%	320.59
二、	间接费		3971.76	9.00%	357.46
三、	企业利润		4329.22	7.00%	303.05
四、	税金		4632.27	3.284%	152.12

（续）

编号	名称及规格	单 位	数 量	单价/元	合计/元
五、	其他				
六、	合计				4784.39

注：本项工程中，所有混凝土搅拌均选用表7-31预算单价计算表。

表7-32　水利建筑工程预算单价计算表

工程名称：C10素混凝土垫层

斗车运混凝土

定额编号：	水利部：40145	单价号	500109001001	单位：100m³

工作内容：装、运、卸、清洗

编号	名称及规格	单 位	数 量	单价/元	合计/元
一、	直接工程费				685.97
1.	直接费				615.22
（1）	人工费				474.65
	初级工	工时	156.0	3.04	474.65
（2）	材料费				34.82
	零星材料费	%	6.0	580.40	34.82
（3）	机械费				105.75
	胶轮车	台时	117.50	0.90	105.75
2.	其他直接费	615.22	2.50%		15.38
3.	现场经费	615.22	9.00%		55.37
二、	间接费	685.97	9.00%		61.74
三、	企业利润	747.71	7.00%		52.34
四、	税金	800.05	3.284%		26.27
五、	其他				
六、	合计				826.32

注：本项工程中，所有混凝土运输均选用表7-32预算单价计算表。

表7-33　水利建筑工程预算单价计算表

工程名称：C20混凝土橡胶坝底板

底板

定额编号：	水利部：40058	单价号	500109001002	单位：100m³

适用范围：溢流堰、护坦、铺盖、阻滑板、闸底板、趾板等

编号	名称及规格	单 位	数 量	单价/元	合计/元
一、	直接工程费				34557.95
1.	直接费				30993.68
（1）	人工费				2440.50
	工长	工时	15.6	7.11	110.84

（续）

编号	名称及规格	单　位	数　量	单价/元	合计/元
	高级工	工时	20.9	6.61	138.18
	中级工	工时	276.7	5.62	1556.18
	初级工	工时	208.8	3.04	635.30
（2）	材料费				23651.62
	混凝土 C20	m³	103	228.27	23511.58
	水	m³	120	0.19	22.37
	其他材料费	%	0.5	23533.95	117.67
（3）	机械费				598.90
	振动器 1.1kW	台时	40.05	2.27	90.77
	风水枪	台时	14.92	32.89	490.69
	其他机械费	%	3.00	581.46	17.44
（4）	嵌套项				4302.66
	混凝土拌制	m³	103	35.62	3668.98
	混凝土运输	m³	103	6.15	633.68
2.	其他直接费		30993.68	2.50%	774.84
3.	现场经费		30993.68	9.00%	2789.43
二、	间接费		34557.95	9.00%	3110.22
三、	企业利润		37668.16	7.00%	2636.77
四、	税金		40304.94	3.284%	1323.61
五、	其他				
六、	合计				41628.55

表 7-34　水利建筑工程预算单价计算表

工程名称：C25 混凝土坝后抗冲段

明渠					
定额编号：	水利部：40063		单价号	500109001003	单位：100m³
适用范围：引水、泄水、灌溉渠道及隧洞进出口明挖段的边坡、底板，土壤基础上的槽型整体					
编号	名称及规格	单　位	数　量	单价/元	合计/元
一、	直接工程费				35572.80
1.	直接费				31903.86
（1）	人工费				2237.12
	工长	工时	15.3	7.11	108.71
	高级工	工时	25.6	6.61	169.25
	中级工	工时	204.5	5.62	1150.12
	初级工	工时	265.9	3.04	809.03
（2）	材料费				24471.40
	混凝土 C25	m³	103	234.98	24203.01

（续）

编号	名称及规格	单 位	数 量	单价/元	合计/元
	水	m³	140	0.19	26.10
	其他材料费	%	1	24229.11	242.29
（3）	机械费				892.69
	振动器 1.1kW	台时	35.60	2.27	80.68
	风水枪	台时	22.00	32.89	723.54
	其他机械费	%	11	804.22	88.46
（4）	嵌套项				4302.66
	混凝土拌制	m³	103	35.62	3668.98
	混凝土运输	m³	103	6.15	633.68
2.	其他直接费	31903.86		2.50%	797.60
3.	现场经费	31903.86		9.00%	2871.35
二、	间接费	35572.80		9.00%	3201.55
三、	企业利润	38774.35		7.00%	2714.20
四、	税金	41488.56		3.284%	1362.48
五、	其他				
六、	合计				42851.04

表 7-35　水利建筑工程预算单价计算表

工程名称：C25 预制混凝土橡胶坝坝袋楔块

		其他混凝土			
定额编号：	水利部：40101	单价号	500109001004	单位：100m³	
适用范围：细部结构　　除本章其他现浇混凝土之外的细部结构、小体积、梁、板、柱等					
编号	名称及规格	单 位	数 量	单价/元	合计/元
一、	直接工程费				38292.80
1.	直接费				34343.32
（1）	人工费				4972.87
	工长	工时	29.9	7.11	212.45
	高级工	工时	99.6	6.61	658.51
	中级工	工时	567.7	5.62	3192.78
	初级工	工时	298.8	3.04	909.13
（2）	材料费				24709.89
	混凝土 C25	m³	103	234.98	24203.01
	水	m³	120	0.19	22.37
	其他材料费	%	2.0	24225.38	484.51
（3）	机械费				357.91
	振动器 1.1kW	台时	35.60	2.27	80.68
	风水枪	台时	7.44	32.89	244.69

（续）

编号	名称及规格	单 位	数 量	单价/元	合计/元
	其他机械费	%	10	325.37	32.54
（4）	嵌套项				4302.66
	混凝土拌制	m³	103	35.62	3668.98
	混凝土运输	m³	103	6.15	633.68
2.	其他直接费		34343.32	2.50%	858.58
3.	现场经费		34343.32	9.00%	3090.90
二、	间接费		38292.80	9.00%	3446.35
三、	企业利润		41739.15	7.00%	2921.74
四、	税金		44660.89	3.284%	1466.66
五、	其他				
六、	合计				46127.55

表 7-36　水利建筑工程预算单价计算表

工程名称：C25 混凝土闸室进水口

墩

定额编号：	水利部：40067		单价号	500109001005	单位：100m³

适用范围：水闸闸墩、溢洪道闸墩、桥墩、靠船墩、渡槽墩、镇支墩等

编号	名称及规格	单 位	数 量	单价/元	合计/元
一、	直接工程费				34858.21
1.	直接费				31262.97
（1）	人工费				1825.93
	工长	工时	11.7	7.11	83.13
	高级工	工时	15.5	6.61	102.48
	中级工	工时	209.7	5.62	1179.37
	初级工	工时	151.5	3.04	460.96
（2）	材料费				24700.38
	混凝土 C25	m³	103	234.98	24203.01
	水	m³	70	0.19	13.05
	其他材料费	%	2.0	24216.06	484.32
（3）	机械费				434.00
	振动器 1.1kW	台时	20.00	2.27	45.33
	变频机组 8.5kVA	台时	10.00	17.25	172.50
	风水枪	台时	5.36	32.89	176.28
	其他机械费	%	18	221.61	39.89
（4）	嵌套项				4302.66
	混凝土拌制	m³	103	35.62	3668.98
	混凝土运输	m³	103	6.15	633.68

（续）

编号	名称及规格	单　位	数　量	单价/元	合计/元
2.	其他直接费		31262.97	2.50%	781.57
3.	现场经费		31262.97	9.00%	2813.67
二、	间接费		34858.21	9.00%	3137.24
三、	企业利润		37995.45	7.00%	2659.68
四、	税金		40655.13	3.284%	1335.11
五、	其他				
六、	合计				41990.25

表 7-37　水利建筑工程预算单价计算表

工程名称：C20 预置混凝土闸门

混凝土板预制及砌筑					
定额编号：	水利部：40111		单价号	500109001006	单位：100m³

适用范围：渠道护坡、护底

工作内容：预制　模板制安、拆除、修理，混凝土拌合、场内运输、浇注、养护、堆放

砌筑：冲洗、拌浆、砌筑、勾缝

编号	名称及规格	单　位	数　量	单价/元	合计/元
一、	直接工程费				36351.49
1.	直接费				32602.23
（1）	人工费				8778.54
	工长	工时	70.8	7.11	503.05
	高级工	工时	230.1	6.61	1521.31
	中级工	工时	885.0	5.62	4977.30
	初级工	工时	584.0	3.04	1776.88
（2）	材料费				23562.68
	专用钢模板	kg	116.4		0.00
	铁件	kg	24.6	5.5	135.25
	混凝土构件	m³	—		0.00
	混凝土 C20	m³	102	228.27	23283.31
	水泥砂浆	m³	—		0.00
	水	m³	240	0.19	44.74
	其他材料费	%	1.0	23463.29	234.63
（3）	机械费				261.01
	搅拌机 0.4m³		18.36	95.61	1755.38
	胶轮车		92.80	0.90	83.52
	载重汽车 5t		1.60	95.61	152.97
	振动器　平板式 2.2kW	台时	35.36	3.21	113.63
	其他机械费	%	7	2105.50	147.38

（续）

编号	名称及规格	单　位	数　量	单价/元	合计/元
2.	其他直接费		32602.23	2.50%	815.06
3.	现场经费		32602.23	9.00%	2934.20
二、	间接费		36351.49	9.00%	3271.63
三、	企业利润		39623.12	7.00%	2773.62
四、	税金		42396.74	3.284%	1392.31
五、	其他				
六、	合计				43789.05

表 7-38　水利建筑工程预算单价计算表

工程名称:C20 混凝土翼墙

明渠					
定额编号:	水利部:40061		单价号	500109001007	单位:100m³

适用范围:引水、泄水、灌溉渠道及隧洞进出口明挖段的边坡、底板,土壤基础上的槽型整体

编号	名称及规格	单　位	数　量	单价/元	合计/元
一、	直接工程费				37276.53
1.	直接费				33431.87
（1）	人工费				3631.68
	工长	工时	24.9	7.11	176.92
	高级工	工时	41.5	6.61	274.38
	中级工	工时	332.0	5.62	1867.19
	初级工	工时	431.6	3.04	1313.19
（2）	材料费				23780.58
	混凝土 C20	m³	103	228.27	23511.58
	水	m³	180	0.19	33.55
	其他材料费	%	1.0	23545.13	235.45
（3）	机械费				1716.95
	振动器 1.1kW	台时	44.00	2.27	99.72
	风水枪	台时	44.00	32.89	1447.08
	其他机械费	%	11	1546.80	170.15
（4）	嵌套项				4302.66
	混凝土拌制	m³	103	35.62	3668.98
	混凝土运输	m³	103	6.15	633.68
2.	其他直接费		33431.87	2.50%	835.80
3.	现场经费		33431.87	9.00%	3008.87
二、	间接费		37276.53	9.00%	3354.89
三、	企业利润		3354.89	7.00%	234.84

（续）

编号	名称及规格	单 位	数 量	单价/元	合计/元
四、	税金		3589.73	3.284%	117.89
五、	其他				
六、	合计				3707.62

表 7-39　水利建筑工程预算单价计算表

工程名称：C25 混凝土边墩及未计入坝底板的底板部分

		墩			
定额编号：	水利部：40067		单价号	500109001008	单位：100m³

适用范围：水闸闸墩、溢洪道闸墩、桥墩、靠船墩、渡槽墩、镇支墩等

编号	名称及规格	单 位	数 量	单价/元	合计/元
一、	直接工程费				34858.21
1.	直接费				31262.97
（1）	人工费				1825.93
	工长	工时	11.7	7.11	83.13
	高级工	工时	15.5	6.61	102.48
	中级工	工时	209.7	5.62	1179.37
	初级工	工时	151.5	3.04	460.96
（2）	材料费				24700.38
	混凝土 C25	m³	103	234.98	24203.01
	水	m³	70	0.19	13.05
	其他材料费	%	2.0	24216.06	484.32
（3）	机械费				434.00
	振动器 1.1kW	台时	20.00	2.27	45.33
	变频机组 8.5kVA	台时	10.00	17.25	172.50
	风水枪	台时	5.36	32.89	176.28
	其他机械费	%	18	221.61	39.89
（4）	嵌套项				4302.66
	混凝土拌制	m³	103	35.62	3668.98
	混凝土运输	m³	103	6.15	633.68
2.	其他直接费		31262.97	2.50%	781.57
3.	现场经费		31262.97	9.00%	2813.67
二、	间接费		34858.21	9.00%	3137.24
三、	企业利润		37995.45	7.00%	2659.68
四、	税金		40655.13	3.284%	1335.11
五、	其他				
六、	合计				41990.25

表 7-40　水利建筑工程预算单价计算表

工程名称:C30 混凝土未计入抗冲段底板的工程及抗冲段边墙

		墩			
定额编号:	水利部:40067		单价号	500109001009	单位:100m³
适用范围:水闸闸墩、溢洪道闸墩、桥墩、靠船墩、渡槽墩、镇支墩等					
编号	名称及规格	单 位	数 量	单价/元	合计/元
一、	直接工程费				36031.71
1.	直接费				32315.44
(1)	人工费				1825.93
	工长	工时	11.7	7.11	83.13
	高级工	工时	15.5	6.61	102.48
	中级工	工时	209.7	5.62	1179.37
	初级工	工时	151.5	3.04	460.96
(2)	材料费				25752.85
	混凝土 C30	m³	103	245.00	25234.84
	水	m³	70	0.19	13.05
	其他材料费	%	2.0	25247.89	504.96
(3)	机械费				434.00
	振动器 1.1kW	台时	20.00	2.27	45.33
	变频机组 8.5kVA	台时	10.00	17.25	172.50
	风水枪	台时	5.36	32.89	176.28
	其他机械费	%	18	221.61	39.89
(4)	嵌套项				4302.66
	混凝土拌制	m³	103	35.62	3668.98
	混凝土运输	m³	103	6.15	633.68
2、	其他直接费	32315.44		2.50%	807.89
3、	现场经费	32315.44		9.00%	2908.39
二、	间接费	36031.71		9.00%	3242.85
三、	企业利润	39274.57		7.00%	2749.22
四、	税金	42023.79		3.284%	1380.06
五、	其他				
六、	合计				43403.85

表 7-41　水利建筑工程预算单价计算表

工程名称:钢筋加工及安装

		钢筋制作与安装			
定额编号:	水利部:40289		单价号	500111001001	单位:1t
适用范围:水工建筑物各部位及预制构件					
工作内容:回直、除锈、切断、弯制、焊接、绑扎及加工场至施工场地运输					
编号	名称及规格	单 位	数 量	单价/元	合计/元
一、	直接工程费				6378.33
1.	直接费				5720.47
(1)	人工费				550.65

（续）

编号	名称及规格	单位	数量	单价/元	合计/元
	工长	工时	10.3	7.11	73.18
	高级工	工时	28.8	6.61	190.41
	中级工	工时	36.0	5.62	202.47
	初级工	工时	27.8	3.04	84.58
（2）	材料费				4854.36
	钢筋	t	1.02	4644.48	4737.37
	铁丝	kg	4.00	5.50	22.00
	电焊条	kg	7.22	6.50	46.93
	其他材料费	%	1.0	4806.30	48.06
（3）	机械费				315.47
	钢筋调直机 14kW	台时	0.60	18.58	11.15
	风砂枪	台时	1.50	32.89	49.33
	钢筋切断机 20kW	台时	0.40	26.10	10.44
	钢筋弯曲机 Φ6～40	台时	1.05	14.98	15.73
	电焊机 25kVA	台时	10.00	13.88	138.84
	对焊机 150 型	台时	0.40	86.90	34.76
	载重汽车 5t	台时	0.45	95.61	43.02
	塔式起重机 10t	台时	0.10	109.86	10.99
	其他机械费	%	2	60.48	1.21
2.	其他直接费		5720.47	2.50%	143.01
3.	现场经费		5720.47	9.00%	514.84
二、	间接费		6378.33	9.00%	574.05
三、	企业利润		6952.38	7.00%	486.67
四、	税金		7439.04	3.284%	244.30
五、	其他				
六、	合计				7683.34

表 7-42 人工费基本数据表

项目名称	单位	工长	高级工	中级工	初级工
基本工资标准	元/月	550.00	500.00	400.00	270.00
地区工资系数		1.0000	1.0000	1.0000	1.0000
地区津贴标准	元/月	0.00	0.00	0.00	0.00
夜餐津贴比率	%	30.00	30.00	30.00	30.00
施工津贴标准	元/天	5.30	5.30	5.30	2.65
养老保险费率	%	20.00	20.00	20.00	10.00
住房公积金费率	%	5.00	5.00	5.00	2.50
工时单价	元/时	7.11	6.61	5.62	3.04

表 7-43　材料费基本数据表

名称及规格		钢筋	水泥32.5#	水泥42.5#	汽油	柴油	砂（中砂）	石子（碎石）	块石
单位		t	t	t	t	t	m³	m³	m³
单位毛重(t)		1	1	1	1	1	1.55	1.45	1.7
每吨每公里运费/元		0.70	0.70	0.70	0.70	0.70	0.70	0.70	0.70
价格/元（卸车费和保管费按照郑州市造价信息提供的价格计算）	原价	4500	330	360	9390	8540	110	50	50
	运距	6	6	6	6	6	6	6	6
	卸车费	5	5	5			5	5	5
	运杂费	9.20	9.20	9.20	4.20	4.20	14.26	13.34	15.64
	保管费	135.28	10.18	11.08	281.83	256.33	3.73	1.90	1.97
	运到工地分仓库价格/t	4509.20	339.20	369.20	9394.20	8544.20	124.26	63.34	65.64
	保险费								
	预算价/元	4644.48	349.38	380.28	9676.03	8800.53	127.99	65.24	67.61

表 7-44　混凝土单价计算基本数据表

混凝土材料单价计算表										单位:m³
单价/元	混凝土标号	水泥强度等级	级配	预算量						
				水泥/kg	掺合料/kg 粘土	掺合料/kg 膨润土	砂/m³	石子/m³	外加济/kg REA	水/m³
233.28	M7.5	32.5		261			1.11			0.157
204.04	C10	32.5	1	237			0.58	0.72		0.170
228.27	C20	42.5	1	321			0.54	0.72		0.170
234.98	C25	42.5	1	353			0.50	0.73		0.170
245.00	C30	42.5	1	389			0.48	0.73		0.170

表 7-45　机械台时费单价计算基本数据表

名称及规格	台时费	折旧费	修理费	安拆费	人工费	动力燃料费
单斗挖掘机　液压1m³	209.58	35.63	25.46	2.18	15.18	131.13
推土机　59kW	111.73	10.80	13.02	0.49	13.50	73.92
自卸汽车　8t	133.22	22.59	13.55		7.31	89.77
拖拉机　履带式74kW	122.19	9.65	11.38	0.54	13.50	87.13
振动器　平板式2.2kW	3.21	0.43	1.24			1.54
蛙式夯实机　2.8kW	14.70	0.17	1.01	0.00	11.25	2.27
灰浆搅拌机	16.34	0.83	2.28	0.20	7.31	5.72
胶轮车	0.90	0.26	0.64		0.00	0.00
振捣器　插入式1.1kW	2.27	0.32	1.22		0.00	0.73
风(砂)水枪　6m³/min	32.89	0.24	0.42		0.00	32.23
混凝土搅拌机　0.4m³	24.82	3.29	5.34	1.07	7.31	7.81

（续）

名称及规格	台时费	折旧费	修理费	安拆费	人工费	动力燃料费
机动翻斗车 1t	22.95	1.22	1.22		7.31	13.20
钢筋切断机 20kW	26.10	1.18	1.71	0.28	7.31	15.62
载重汽车 5t	95.61	7.77	10.86		7.31	69.67
电焊机 交流25kVA	13.88	0.33	0.30	0.09	0.00	13.16
汽车起重机 5t	96.65	12.92	12.42		15.18	56.12
钢筋调直机 4~14kW	18.58	1.60	2.69	0.44	7.31	6.54
钢筋弯曲机 Φ6-40	14.98	0.53	1.45	0.24	7.31	5.45
对焊机 电弧型150kVA	86.90	1.69	2.56	0.76	7.31	74.58
塔式起重机 10t	109.86	41.37	16.89	3.10	15.18	33.32
电焊机 20kW	19.87	0.94	0.60	0.17	0.00	18.16
自卸汽车 5t	103.50	10.73	5.37		7.31	80.08
变频机组 8.5kW	17.25	3.48	7.96		0.00	5.81

例8 某混凝土面板堆石坝设计

某一地区拟修建一座混凝土面板堆石坝,该堆石坝的防渗面板采用厚度为40cm的C30混凝土,趾板长为4m,厚为0.8m,采用钢筋混凝土;上游防浪墙采用C25钢筋混凝土,下游挡墙采用M7.5浆砌石;面板后的垫层采用经过筛分的碎石,上下等宽,其水平宽度为3.0m;过渡层采用砂砾石,上下等宽,水平宽度为4.0m;该堆石坝的主堆石区采用微风化的石料填筑,次堆石区采用弱风化的石料填筑;下游护坡采用干砌块石,上游坝趾处采用粘土和弃渣铺盖,该堆石坝的断面图及细部构造图如图8-1~图8-3所示,清理地基时假定将原地平面平均向下整体开挖0.8m,试计算该土石坝工程50m长坝段的坝体预算价格。

【解】 一、清单工程量

清单工程量计算规则:由于工程处于施工图设计阶段,则清单工程量为施工图纸计算所得工程量乘以系数1.0。

（一）石方开挖

1.清基

清单工程量 = (111.06 + 94.94) × 50 × 0.8 × 1.0m³ = 8240.00m³

【注释】 111.06——坝轴线上游基础开挖宽度;

94.94——坝轴线下游基础开挖宽度;

50——坝体计算长度;

0.8——清基的厚度。

2.岩石开挖

坝址处岩石开挖,开挖断面如图8-3所示。

清单工程量 = 1/2 × (40 + 44) × (200 - 198) × 50 × 1.0m³ = 4200.00m³

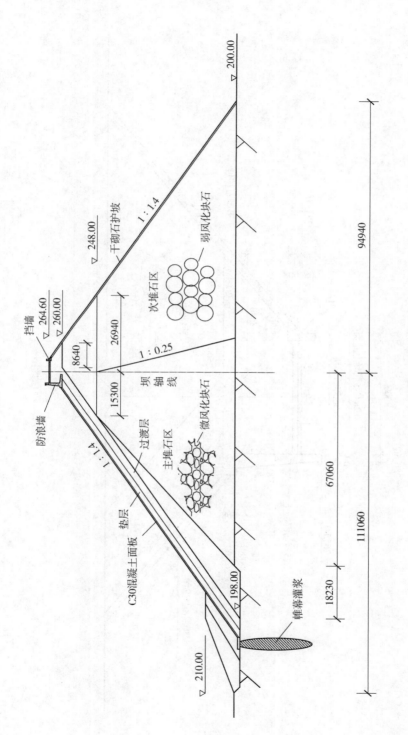

图8-1　某堆石坝横断面图

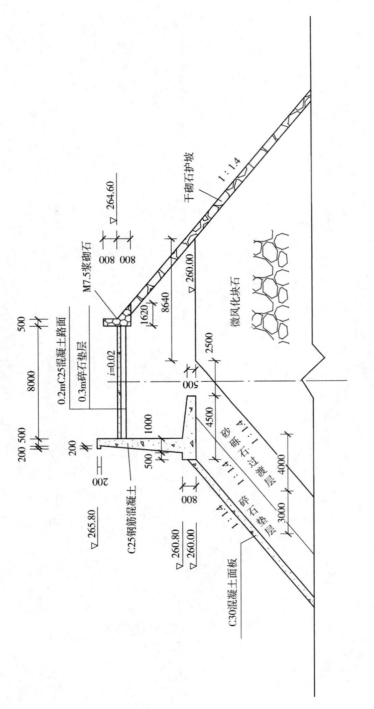

图8-2 坝顶详图

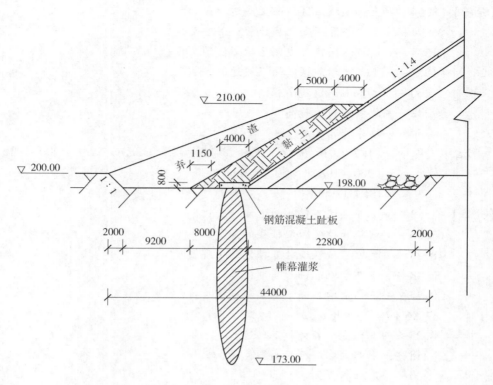

图 8-3　坝址详图

【注释】　40——开挖断面下底边长;

　　　　44——开挖断面上底边长;

　　200——未开挖时基础高程;

　　198——开挖后基础高程;

　　50——坝体计算长度。

(二)土石方填筑

1. 坝址处粘土料填筑(图 8-3)

清单工程量 = $[1/2 \times (4 + 8) \times (210 - 198) - 0.8 \times 4] \times 50 \times 1.0\text{m}^3 = 3440.00\text{m}^3$

【注释】　4——粘土填筑断面上底边长;

　　　　8——粘土填筑断面下底边长;

　　210——粘土填筑断面上顶高程;

　　198——粘土填筑断面下底高程;

　　0.8——趾板厚度;

　　4——趾板长度;

　　50——坝体计算长度。

2. 石方填筑

(1)主堆石区石料

如图 8-1 所示,可依次将堆石区以顶部为界分为上下两部分。

上部清单工程量 = $1/2 \times (8.64 + 26.94 + 15.3) \times (260 - 248) \times 50 \times 1.0\text{m}^3 = 15264.00\text{m}^3$

【注释】　8.64——上部主堆石区断面上底边长；

　　　　　26.94——次堆石区断面上底边长；

　　　　　15.3——次堆石区顶部左侧主堆石区的宽度；

26.94 + 15.3——上部主堆石区断面下底边长；

　　　　　260——主堆石料填筑高程；

　　　　　248——次堆石料填筑高程；

　　　　　50——坝体计算长度。

下部清单工程量 = [1/2 × (15.3 + 67.06 + 18.23 + 48 × 0.25) × (248 − 200) + 18.23 ×
　　　　　　　　(200 − 198)] × 50 × 1.0m³
　　　　　　　　= 136931.00m³

【注释】　15.3——下部主堆石料断面上底边长；

　　　　　67.06——坝趾开挖处距坝轴线的距离；

　　　　　18.23——主堆石料在坝趾开挖处的填筑宽度；

　　　　　48——下部主堆石料的高度；

　　　　　0.25——下部主堆石料下游倾斜的坡度；

67.06 + 18.23 + 48 ×

　　0.25——下部主堆石料的下底边长；

　　　　　248——下部主堆石料的高程；

　　　　　200——基础高程；

　　　　　198——坝趾开挖后的高程；

18.23 × (200 −

198)——坝趾处填筑的主堆石料面积；

　　　　　50——坝体计算长度。

总的清单工程量 = 15264 + 136931m³ = 152195.00m³

（2）次堆石区石料（图 8-1）

清单工程量 = 1/2 × (26.94 + 94.94 − 48 × 0.25) × (248 − 200) × 50 × 1.0m³
　　　　　　= 131856.00m³

【注释】　26.94——次堆石区断面上底边长；

　　　　　94.94——坝踵距坝轴线的距离；

　　　　　48——次堆石区的高度；

　　　　　0.25——次堆石区与主堆石区临界面的坡度；

94.94 − 48 × 0.25——次主堆石区断面下底边长；

　　　　　248——次堆石料填筑高程；

　　　　　200——基础高程；

　　　　　50——坝体计算长度。

3. 过渡层填筑

如图 8-2 所示,过渡层以主堆石料顶部为分界线可分为两部分,上部为坝顶路面垫层以下主堆石料顶部以上的梯形段,下部为上下等宽,水平宽度为 4m 的斜坡段。

清单工程量 = [1/2 × (8 + 0.5 + 8.64 + 4.5 + 2.5) × (264.6 − 260 − 0.2 − 0.3) + (260 −

$$198) \times 4] \times 50 \times 1.0m^3$$
$$= 14874.35m^3$$

【注释】　　8——坝顶道路宽度；

　　　　　0.5——坝顶下游挡墙宽度；

　　　8 + 0.5——上部过渡层上底宽；

　　　8.64 + 4.5 +

　　　2.5——上部过渡层下底宽；

　　264.6——坝顶高程；

　　　260——主堆石区的顶部高程；

　　　0.2——混凝土路面厚度；

　　　0.3——路面垫层厚度；

　264.6 - 260 - 0.2 -

　0.3——上部过渡层的高度；

　198——开挖后的坝趾高程；

　　4——过渡层的水平厚度；

　　50——坝体计算长度。

4. 面板垫层填筑

如图 8-2 所示，面板垫层上下等宽，水平宽度为 3m。

清单工程量 $= (260 - 198) \times \sqrt{1 + 1.4^2} \times 3 \times 50 \times 1.0m^3 = 16000.33m^3$

【注释】　260——面板垫层顶部高程；

　　　　198——开挖后的坝趾高程；

　　　　1.4——面板垫层的坡度；

　　　　(260 - 198) \times

　　　$\sqrt{1 + 1.4^2}$——面板垫层的长度；

　　　　3——面板垫层的水平宽度；

　　　　50——坝体计算长度。

5. 下游干砌石护坡

如图 8-2 所示，干砌石护坡上下等厚，厚度为 0.5m。

清单工程量 $= (264.6 - 200 - 0.8) \times \sqrt{1 + 1.4^2} \times 0.5 \times 50 \times 1.0m^3 = 2744.14m^3$

【注释】　264.6——坝顶高程；

　　　　200——基础高程；

　　　　0.8——挡墙下伸长度；

　　　　1.4——下游护坡的坡度；

　　　　(264.6 - 200 - 0.8) \times

　　　$\sqrt{1 + 1.4^2}$——护坡的长度；

　　　　0.5——护坡的厚度；

　　　　50——坝体计算长度。

6. 路面垫层填筑

清单工程量 $= 8 \times 0.3 \times 50 m^3 = 120.00 m^3$

【注释】　8——坝顶道路宽度；

　　　　0.3——垫层厚度；

　　　　50——坝体计算长度。

7.下游 M7.5 浆砌石挡墙(图 8-2)

清单工程量 $= [0.5 \times 0.8 + 1/2 \times (0.5 + 1.62) \times 0.8] \times 50 \times 1.0 m^3 = 62.40 m^3$

【注释】　0.5——挡墙宽度；

　　　　0.8——坝顶上部挡墙高度；

　　　　0.5——坝顶下部挡墙上底边长；

　　　　1.62——坝顶下部挡墙下底边长；

　　　　0.8——坝顶下部挡墙的高；

　　　　50——坝体计算长度。

8.上游弃渣回填

如图 8-3 所示,以地基为界分为上下两部分。

清单工程量 $= [1/2 \times (5 + 9.2 + 2 + 1.15) \times (210 - 200) + 1/2(9.2 + 2 + 1.15 + 9.2) \times$
$\qquad 2] \times 50 \times 1.0 m^3$
$\qquad = 5415.00 m^3$

【注释】　5——弃渣上部分顶部宽度；

9.2 + 2 + 1.15——弃渣上部分底部宽度；

　　　　210——弃渣顶部高程；

　　　　200——基础高程；

9.2 + 2 + 1.15——弃渣下部分上底宽；

　　　　9.2——弃渣下部分下底宽；

　　　　2——坝趾处开挖深度；

　　　　50——坝体计算长度。

(三)混凝土工程

1.混凝土工程

(1)C30 钢筋混凝土趾板(图 8-3)

清单工程量 $= 0.8 \times 4 \times 50 \times 1.0 m^3 = 160.00 m^3$

【注释】　0.8——趾板的厚度；

　　　　4——趾板的长度；

　　　　50——坝体计算长度。

(2)C30 混凝土面板

如图 8-2 和图 8-3 所示,面板上接防浪墙,下接趾板。

清单工程量 $= (260 - 198 - 0.8) \times \sqrt{1 + 1.4^2} \times 0.4 \times 50 \times 1.0 m^3$
$\qquad = 2105.85 m^3$

【注释】　260——面板顶部高程；

　　　　198——坝趾底部高程；

　　　　0.8——趾板的厚度；

260 - 198 - 0.8——面板的实际高度；

　　　　1.4——面板的坡度；

　　　　0.4——面板的厚度；

　　　　50——坝体计算长度。

（3）C25 钢筋混凝土防浪墙（图 8-2）

清单工程量 = [1/2 × (0.5 + 0.8) × 4.5 + 1/2 × (0.5 + 1.0) × (265.8 - 260.8) + 0.2 ×

　　　　　　0.2] × 50 × 1.0m³

　　　　　= 335.75m³

【注释】　0.5——防浪墙底部一端厚度；

　　　　0.8——防浪墙底部另一端厚度；

　　　　4.5——防浪墙底部的宽度；

　　　　0.5——防浪墙上部分上端厚度；

　　　　1.0——防浪墙上部分底端厚度；

　　　265.8——防浪墙顶部高程；

　　　260.8——防浪墙上部分底端高程；

　　　　0.2——防浪墙外伸部分的边长；

　　　　50——坝体计算长度。

（4）C25 混凝土路面

混凝土路面厚 20cm。

清单工程量 = 8.0 × 0.2 × 50m³ = 80.00m³

【注释】　8.0——混凝土路面的宽度；

　　　　0.2——混凝土路面的厚度；

　　　　50——坝体计算长度。

2. 钢筋加工及安装

混凝土趾板钢筋清单工程量 = (160 × 3%)t = 4.800t

混凝土防浪墙钢筋清单工程量 = (335.75 × 5%)t = 16.790t

总的清单工程量 = (160 × 3% + 335.75 × 5%)t = (4.8 + 16.79)t = 21.590t

【注释】　160——混凝土趾板清单工程量；

　　　　3%——混凝土趾板含钢量；

　　　335.75——混凝土防浪墙清单工程量；

　　　　5%——防浪墙含钢量。

3. 止水

对面板的沉降缝和面板与趾板接触处的周边缝应进行止水，该坝段内共有五条垂直于坝轴线的沉降缝和一条周边缝，采用紫铜片进行止水。

清单工程量 = [(260 - 198 - 0.8) × $\sqrt{1 + 1.4^2}$ + 4] × 5 + 50m = 596.46m

【注释】　260——面板顶部高程；

　　　　198——坝趾底部高程；

　　　　0.8——趾板的厚度；

260 - 198 - 0.8——面板的实际高度；

　　　　　1.4——面板的坡度；

　　　　　　4——趾板的长度；

　　　　　　5——竖向缝的个数；

　　　　　50——周边缝的长度。

　4.基础处理工程

　（1）帷幕灌浆

　采用自上而下灌浆法，孔间距为 2.0m。

　孔数 $n = 50/2.0$ 个 $= 25$ 个

　清单工程量 $= (198 - 173) \times 1.0 \times 25m = 625.00m$

　【注释】　198——帷幕灌浆顶部高程；

　　　　　　173——帷幕灌浆底部高程。

　清单工程量计算表见表 8-1。

表 8-1　工程量清单计算表

工程名称：某混凝土面板堆石坝工程

序号	项目编码	项目名称	计量单位	工程量	主要技术条款编码	备　注
1		面板堆石坝工程				
1.1		岩石开挖				
1.1.1	500101002001	清基	m³	8240.00		
1.1.2	500102006001	岩石开挖	m³	4200.00		
1.2		土石方填筑				
1.2.1	500103002001	粘土料	m³	3440.00		
1.2.2	500103008001	主堆石料	m³	152195.00		
1.2.3	500103008002	次堆石料	m³	131856.00		
1.2.4	500103006001	过渡层	m³	14874.35		
1.2.5	500103007001	面板垫层	m³	9300.00		
1.2.6	500103007002	混凝土路面垫层	m³	120.00		
1.2.7	500103009001	弃渣回填	m³	5415.00		
1.3		砌筑工程				
1.3.1	500105001001	干砌块石护坡	m³	2744.14		
1.3.2	500105003001	M7.5浆砌块石	m³	62.40		
1.4		混凝土工程				
1.4.1	500109001001	C30混凝土趾板	m³	160.00		
1.4.2	500109001002	C30混凝土面板	m³	2105.85		
1.4.3	500109001003	C25混凝土防浪墙	m³	335.75		
1.4.4	500109001004	C25混凝土路面	m³	80.00		
1.4.5	500109008001	止水	m	596.46		
1.5		钢筋加工及安装				
1.5.1	500111001001	钢筋加工	t	21.59		
1.6		基础处理工程				
1.6.1	500107002001	帷幕灌浆	m	625.00		

二、定额工程量(套用《水利建筑工程预算定额》)

注:本题中自然方对应实方、对应堆方的折算系数假定为1。

(一)土石方工程

1. 清基

(1)74kW 推土机推土

定额工程量 = $(111.06 + 94.94) \times 50 \times 0.8 \times 1.0 \text{m}^3 = 8240.00\text{m}^3 = 82.40(100\text{m}^3)$

套用定额10269,定额单位:100m³。

(2)2m³ 装载机挖装土自卸汽车运输

运距2km 定额工程量 = $(111.06 + 94.94) \times 50 \times 0.8 \times 1.0 \text{m}^3$
$= 8240.00\text{m}^3 = 82.40(100\text{m}^3)$

套用定额10408,定额单位:100m³。

2. 岩石开挖

(1)底部保护层石方开挖

岩石级别为 Ⅸ 级定额工程量 = $1/2 \times (40 + 44) \times (200 - 198) \times 50 \times 1.0 \text{m}^3$
$= 4200.00\text{m}^3 = 42.00(100\text{m}^3)$

套用定额20070,定额单位:100m³。

(2)2m³装载机装石渣汽车运输

运距1km 定额工程量 = $1/2 \times (40 + 44) \times (200 - 198) \times 50 \times 1.0 \text{m}^3$
$= 4200.00\text{m}^3 = 42.00(100\text{m}^3)$

套用定额20484,定额单位:100m³。

3. 粘土料填筑

(1)2m³挖掘机挖装土自卸汽车运输

运距2km 定额工程量 = $[1/2 \times (4 + 8) \times (210 - 198) - 0.8 \times 4] \times 50 \times 1.0\text{m}^3$
$= 3440.00\text{m}^3 = 34.40(100\text{ m})$

套用定额10372,定额单位:100m³。

(2)羊脚碾压实

土料干密度为 16.00 kN/m³。

定额工程量 = $[1/2 \times (4 + 8) \times (210 - 198) - 0.8 \times 4] \times 50 \times 1.0\text{m}^3$
$= 3440.00\text{m}^3 = 34.40(100\text{m}^3)$

套用定额10469,定额单位:100m³实方。

4. 主堆石料填筑

(1)2m³ 挖掘机装砂石料自卸汽车运输

运距2km 定额工程量 = $1/2 \times (8.64 + 26.94 + 15.3) \times (260 - 248) \times 50 + [1/2 \times (15.3 + 67.06 + 18.23 + 48 \times 0.25) \times (248 - 200) + 18.23 \times (200 - 198)] \times 50\text{m}^3$
$= (15264 + 136931)\text{m}^3 = 152195.00\text{m}^3$
$= 1521.95(100\text{m}^3)$

套用定额60212,定额单位:100m³成品堆方。

(2)振动碾压实

定额工程量 $=1/2\times(8.64+26.94+15.3)\times(260-248)\times50+[1/2\times(15.3+67.06+$

$18.23+48\times0.25)\times(248-200)+18.23\times(200-198)]\times50m^3$

$=(15264+136931)m^3=152195.00m^3$

$=1521.95(100m^3)$

套用定额 30058,定额单位:100m³ 实方。

5. 次堆石料填筑

(1)2m³ 装载机装砂石料汽车运输

运距 2km 定额工程量 $=1/2\times(26.94+94.94-48\times0.25)\times(248-200)\times50\times1.0m^3$

$=131856.00m^3=1318.56(100m^3)$

套用定额 60212,定额单位:100m³ 成品堆方。

(2)振动碾压实

定额工程量 $=1/2\times(26.94+94.94-48\times0.25)\times(248-200)\times50\times1.0m^3$

$=131856.00m^3=1318.56(100m^3)$

套用定额 30058,定额单位:100m³ 实方。

6. 过渡层

(1)2m³ 挖掘机装砂石料自卸汽车运输

运距 2km 定额工程量 $=[1/2\times(8+0.5+8.64+4.5+2.5)\times(264.6-260-0.2-0.3)+$

$(260-198)\times4]\times50\times1.0m^3$

$=14874.35m^3=148.74(100m^3)$

套用定额 60212,定额单位:100m³ 成品堆方。

(2)拖拉机压实

定额工程量 $=[1/2\times(8+0.5+8.64+4.5+2.5)\times(264.6-260-0.2-0.3)+(260-$

$198)\times4]\times50\times1.0m^3$

$=14874.35m^3=148.74(100m^3)$

套用定额 30057,定额单位:100m³ 实方。

7. 面板垫层

(1)2m³ 挖掘机装砂石料自卸汽车运输

运距 2km 定额工程量 $=(260-198)\times\sqrt{1+1.4^2}\times3\times50\times1.0m^3$

$=16000.33m^3=160.00(100m^3)$

套用定额 60212,定额单位:100m³ 成品堆方。

(2)斜坡碾压

定额工程量 $=(260-198)\times\sqrt{1+1.4^2}\times50\times1.0m^2=5333.44m^2=53.33(100m^2)$

套用定额 30060,定额单位:100m²。

8. 混凝土路面垫层

(1)2m³ 挖掘机装砂石料自卸汽车运输

运距 1km 定额工程量 $=8\times0.3\times50m^3=120.00m^3=1.20(100m^3)$

套用定额 60211,定额单位:100m³ 成品堆方。

(2)人工铺筑碎石垫层

定额工程量 $= 8 \times 0.3 \times 50\mathrm{m}^3 = 120.00\mathrm{m}^3 = 1.20(100\mathrm{m}^3)$

套用定额 30001,定额单位:100m³。

9. 弃渣回填

(1)2m³装载机装石渣汽车运输

运距 1km 定额工程量 $= [1/2 \times (5 + 9.2 + 2 + 1.15) \times (210 - 200) + 1/2(9.2 + 2 + 1.15 + 9.2) \times 2] \times 50 \times 1.0\mathrm{m}^3$
$= 5415.00\mathrm{m}^3 = 54.15(100\mathrm{m}^3)$

套用定额 20484,定额单位:100m³。

(2)拖拉机压实

定额工程量 $= [1/2 \times (5 + 9.2 + 2 + 1.15) \times (210 - 200) + 1/2(9.2 + 2 + 1.15 + 9.2) \times 2] \times 50 \times 1.0\mathrm{m}^3$
$= 5415.00\mathrm{m}^3 = 54.15(100\mathrm{m}^3)$

套用定额 30057,定额单位:100m³实方。

(二)砌块工程

1. 干砌块石护坡

(1)人工装车自卸汽车运块石

运距 5km,自卸汽车采用 8t。

定额工程量 $= (264.6 - 200 - 0.8) \times \sqrt{1 + 1.4^2} \times 0.5 \times 50 \times 1.0\mathrm{m}^3 = 2744.14\mathrm{m}^3$
$= 27.44(100\mathrm{m}^3)$

套用定额 60445,定额单位:100m³成品码方。

(2)干砌块石护坡

定额工程量 $= (264.6 - 200 - 0.8) \times \sqrt{1 + 1.4^2} \times 0.5 \times 50 \times 1.0\mathrm{m}^3$
$= 2744.14\mathrm{m}^3 = 27.44(100\mathrm{m}^3)$

套用定额 30012,定额单位:100m³成品码方。

2. M7.5 浆砌块石挡墙

(1)人工装车自卸汽车运块石

运距 5km,自卸汽车采用 8t。

定额工程量 $= [0.5 \times 0.8 + 1/2 \times (0.5 + 1.62) \times 0.8] \times 50 \times 1.0\mathrm{m}^3$
$= 62.40\mathrm{m}^3 = 0.62(100\mathrm{m}^3)$

套用定额 60445,定额单位:100m³成品码方。

(2)浆砌块石挡墙

定额工程量 $= [0.5 \times 0.8 + 1/2 \times (0.5 + 1.62) \times 0.8] \times 50 \times 1.0\mathrm{m}^3$
$= 62.40\mathrm{m}^3 = 0.62(100\mathrm{m}^3)$

套用定额 30021,定额单位:100m³。

(三)混凝土工程

1. C30 混凝土趾板

(1)0.8m³搅拌机拌制混凝土

定额工程量 $= 0.8 \times 4 \times 50 \times 1.0\mathrm{m}^3 = 160.00\mathrm{m}^3 = 1.60(100\mathrm{m}^3)$

套用定额40135,定额单位:100m^3。

(2)机动翻斗车运混凝土

运距为200m 定额工程量 $=0.8 \times 4 \times 50 \times 1.0 m^3 = 160.00 m^3 = 1.60(100 m^3)$

套用定额40156,定额单位:100m^3。

(3)趾板浇筑

该闸室混凝土趾板厚为0.8m,可近似参照厚为1.0m 的定额。

定额工程量 $= 0.8 \times 4 \times 50 \times 1.0 m^3 = 160.00 m^3 = 1.60(100 m^3)$

套用定额40058,定额单位:100m^3。

2. C30 混凝土面板

(1)0.8m^{3}搅拌机拌制混凝土

$$定额工程量 = (260 - 198 - 0.8) \times \sqrt{1 + 1.4^2} \times 0.4 \times 50 \times 1.0 m^3$$
$$= 2105.85 m^3 = 21.06(100 m^3)$$

套用定额40135,定额单位:100m^3。

(2)机动翻斗车运混凝土

$$运距为200m 定额工程量 = (260 - 198 - 0.8) \times \sqrt{1 + 1.4^2} \times 0.4 \times 50 \times 1.0 m^3$$
$$= 2105.85 m^3 = 21.06(100 m^3)$$

套用定额40156,定额单位:100m^3。

(3)面板浇筑

$$定额工程量 = (260 - 198 - 0.8) \times \sqrt{1 + 1.4^2} \times 0.4 \times 50 \times 1.0 m^3$$
$$= 2105.85 m^3 = 21.06(100 m^3)$$

套用定额40056,定额单位:100m^3。

3. C25 混凝土防浪墙

(1)0.8m^{3}搅拌机拌制混凝土

$$定额工程量 = [1/2 \times (0.5 + 0.8) \times 4.5 + 1/2 \times (0.5 + 1.0) \times (265.8 - 260.8) + 0.2 \times$$
$$0.2] \times 50 \times 1.0 m^3$$
$$= 335.75 m^3 = 3.36(100 m^3)$$

套用定额40135,定额单位:100m^3。

(2)斗车运混凝土

$$运距为200m 定额工程量 = [1/2 \times (0.5 + 0.8) \times 4.5 + 1/2 \times (0.5 + 1.0) \times (265.8 -$$
$$260.8) + 0.2 \times 0.2] \times 50 \times 1.0 m^3$$
$$= 335.75 m^3 = 3.36(100 m^3)$$

套用定额40150,定额单位:100m^3。

(3)防浪墙浇筑

防浪墙平均厚度为60cm。

$$定额工程量 = [1/2 \times (0.5 + 0.8) \times 4.5 + 1/2 \times (0.5 + 1.0) \times (265.8 - 260.8) + 0.2 \times$$
$$0.2] \times 50 \times 1.0 m^3$$
$$= 335.75 m^3 = 3.36(100 m^3)$$

套用定额40070,定额单位:100m^3。

4. C25 混凝土路面

（1）0.8m³搅拌机拌制混凝土

定额工程量 $= 8.0 \times 0.2 \times 50 \text{m}^3 = 80 \text{m}^3 = 0.80 (100 \text{m}^3)$

套用定额40135,定额单位:100m³。

（2）机动翻斗车运混凝土

运距为200m 定额工程量 $= 8.0 \times 0.2 \times 50 \text{m}^3 = 80 \text{m}^3 = 0.80 (100 \text{m}^3)$

套用定额40156,定额单位:100m³。

（3）混凝土路面浇筑

定额工程量 $= 8.0 \times 0.2 \times 50 \text{m}^3 = 80 \text{m}^3 = 0.80 (100 \text{m}^3)$

套用定额40099,定额单位:100m³。

5. 止水

采用紫铜片进行止水。

定额工程量 $= [(260 - 198 - 0.8) \times \sqrt{1 + 1.4^2} + 4] \times 5 + 50 \text{m} = 596.46 \text{m} = 5.96 (100 \text{m})$

套用定额40260,定额单位:100 延长米。

6. 钢筋加工及安装

包括回直、除锈、切断、弯制、焊接、绑扎及加工场至施工场地运输。

定额工程量 $= 160 \times 3\% + 335.75 \times 5\% \text{t} = 4.8 + 16.79 \text{t} = 21.590 \text{t} = 21.590 (1 \text{t})$

套用定额40289,定额单位:1t。

7. 帷幕灌浆

采用自下而上灌浆法,透水率为 $Lu = 2.5$,包括洗孔、压水、制浆、封孔、孔位转移等。

定额工程量 $= (198 - 173) \times 1.0 \times 25 \text{m} = 625.00 \text{m} = 6.25 (100 \text{m})$

套用定额70014,定额单位:100m。

该混凝土面板堆石坝工程分类分项工程工程量清单计价表见表8-2,工程单价汇总表见表8-3。

表8-2 分类分项工程量清单计价表

工程名称:某混凝土面板堆石坝工程

序号	项目编码	项目名称	计量单位	工程量	单价/元	合价/元	主要技术条款编码	备注
1		面板堆石坝工程						
1.1		岩石开挖						
1.1.1	500101002001	清基	m³	8240.00	22.21	183010.40		
1.1.2	500102006001	岩石开挖	m³	4200.00	257.31	540351.00		
1.2		土石方填筑						
1.2.1	500103002001	粘土料	m³	3440.00	24.81	85346.40		
1.2.2	500103008001	主堆石料	m³	152195.00	17.61	2680153.95		
1.2.3	500103008002	次堆石料	m³	131856.00	17.61	2321984.16		
1.2.4	500103006001	过渡层	m³	14874.35	18.31	272349.35		
1.2.5	500103007001	面板垫层	m³	16000.33	17.42	278725.75		
1.2.6	500103007002	混凝土路面垫层	m³	120.00	125.53	15063.60		
1.2.7	500103009001	弃渣回填	m³	5415.00	31.88	161631.60		

（续）

序号	项目编码	项目名称	计量单位	工程量	单价/元	合价/元	主要技术条款编码	备注
1.3		砌筑工程						
1.3.1	500105001001	干砌块石护坡	m^3	2744.14	192.94	529454.37		
1.3.2	500105003001	M7.5浆砌块石	m^3	62.40	296.16	18480.38		
1.4		混凝土工程						
1.4.1	500109001001	C30混凝土趾板	m^3	160.00	471.15	75384.00		
1.4.2	500109001002	C30混凝土面板	m^3	2105.85	472.65	995330.00		
1.4.3	500109001003	C25混凝土防浪墙	m^3	335.75	453.79	152359.99		
1.4.4	500109001004	C25混凝土路面	m^3	80.00	444.15	35532.00		
1.4.5	500109008001	止水	m	596.46	679.05	391811.85		
1.5		钢筋加工及安装						
1.5.1	500111001001	钢筋加工	t	21.59	7647.84	165116.87		
1.6		基础处理工程						
1.6.1	500107002001	帷幕灌浆	m	625.00	157.95	98718.75		

表8-3　工程单价汇总表

工程名称：某混凝土面板堆石坝工程

序号	项目编码	项目名称	计量单位	人工费	材料费	机械费	施工管理费和利润	税金	合计
1		面板堆石坝工程							
1.1		岩石开挖							
1.1.1	500101002001	清基	m^3	0.20	0.61	15.73	4.97	0.69	22.21
1.1.2	500102006001	岩石开挖	m^3	11.92	93.26	86.50	57.59	8.03	257.31
1.2		土石方填筑							
1.2.1	500103002001	粘土料	m^3	0.88	0.95	16.66	5.55	0.77	24.81
1.2.2	500103008001	主堆石料	m^3	0.64	0.31	12.17	3.94	0.55	17.61
1.2.3	500103008002	次堆石料	m^3	0.64	0.31	12.17	3.94	0.55	17.61
1.2.4	500103006001	过渡层	m^3	0.70	0.36	12.59	4.10	0.57	18.31
1.2.5	500103007001	面板垫层	m^3	1.08	0.13	11.62	3.86	0.73	17.42
1.2.6	500103007002	混凝土路面垫层	m^3	15.48	67.32	10.71	28.09	3.92	125.53
1.2.7	500103009001	弃渣回填	m^3	0.94	0.66	22.15	7.14	0.99	31.88
1.3		砌筑工程							
1.3.1	500105001001	干砌块石护坡	m^3	27.40	79.62	36.71	43.18	6.02	192.94
1.3.2	500105003001	M7.5浆砌块石	m^3	31.68	153.08	35.88	66.28	9.24	296.16
1.4		混凝土工程							
1.4.1	500109001001	C30混凝土趾板	m^3	36.51	255.43	56.77	105.07	17.37	471.15
1.4.2	500109001002	C30混凝土面板	m^3	33.33	264.35	52.15	105.41	17.41	472.65

（续）

序号	项目编码	项目名称	计量单位	人工费	材料费	机械费	施工管理费和利润	税金	合计
1.4.3	500109001003	C25 混凝土防浪墙	m³	29.32	248.43	58.19	101.23	16.61	453.79
1.4.4	500109001004	C25 混凝土路面	m³	29.09	248.69	52.23	97.79	16.35	444.15
1.4.5	500109008001	止水	m	26.90	477.26	1.73	151.98	21.18	679.05
1.5		钢筋加工及安装							
1.5.1	500111001001	钢筋加工	t	550.65	4854.36	292.56	1711.69	238.58	7647.84
1.6		基础处理工程							
1.6.1	500107002001	帷幕灌浆	m	30.47	15.13	72.07	35.35	4.93	157.95

工程量清单综合单价分析表见表 8-4 ~ 表 8-21。

表 8-4　工程量清单综合单价分析

工程名称：某混凝土面板堆石坝工程　　　　　　标段：　　　　　　　　第 1 页　共 18 页

项目编码	500101002001	项目名称	基础清理工程	计量单位	m³

清单综合单价组成明细

定额编号	定额名称	定额单位	数量	单价				合价			
				人工费	材料费	机械费	管理费和利润	人工费	材料费	机械费	管理费和利润
10269	74kW 推土机推土	100m³	82.40/8240.0=0.01	4.87	19.17	186.81	63.34	0.05	0.19	1.87	0.63
10408	2m³ 装载机挖装土自卸汽车运输	100m³	82.40/8240.0=0.01	15.21	42.05	1386.35	433.70	0.15	0.42	13.86	4.34
人工单价		小　计						0.20	0.61	15.73	4.97
3.04 元/工时（初级工） 5.62 元/工时（中级工） 7.11 元/工时（工长）		未计材料费						—			
清单项目综合单价								21.52			

主要材料名称、规格、型号		单位	数量	单价/元	合价/元	暂估单价/元	暂估合价/元
材料费明细							
	其他材料费			—	0.61	—	
	材料费小计			—	0.61	—	

表8-5　工程量清单综合单价分析

工程名称：某混凝土面板堆石坝工程　　　　　　　　　　标段：　　　　　　　　　　第2页　共18页

| 项目编码 | 500102006001 | 项目名称 | | 石方开挖工程 | | 计量单位 | | m³ |

清单综合单价组成明细

定额编号	定额名称	定额单位	数量	单　价				合　价			
				人工费	材料费	机械费	管理费和利润	人工费	材料费	机械费	管理费和利润
20070	底部保护层石方开挖	100m³	21/2100 =0.01	1158.91	9285.23	6622.93	5127.37	11.59	92.85	66.23	51.27
20484	2m³装载机装石渣自卸汽车运输	100m³	21/2100 =0.01	33.16	41.21	2027.43	631.43	0.33	0.41	20.27	6.31
人工单价			小　计					11.92	93.26	86.50	57.59
3.04元/工时(初级工)			未计材料费					—			
清单项目综合单价								249.28			

材料费明细	主要材料名称、规格、型号	单位	数量	单价/元	合价/元	暂估单价/元	暂估合价/元
	合金钻头	个	0.05	50.00	2.73		
	炸药	kg	0.63	20.00	12.63		
	火雷管	个	4.18	10.00	41.78		
	导火线	m	6.09	5.00	30.46		
	其他材料费			—	5.66	—	
	材料费小计			—	93.26		

表8-6　工程量清单综合单价分析

工程名称：某混凝土面板堆石坝工程　　　　　　　　　　标段：　　　　　　　　　　第3页　共18页

| 项目编码 | 500103002001 | 项目名称 | | 粘土心墙填筑工程 | | 计量单位 | | m³ |

清单综合单价组成明细

定额编号	定额名称	定额单位	数量	单　价				合　价			
				人工费	材料费	机械费	管理费和利润	人工费	材料费	机械费	管理费和利润
10372	2m³挖掘机挖装土自卸汽车运输	100m³	34.4/ 3440 =0.01	4.87	13.08	53.40	1321.94	417.12	0.13	0.53	13.22
10469	羊脚碾压实	100m³ 实方	34.4/ 3440 =0.01	15.21	74.54	41.86	344.01	138.32	0.75	0.42	3.44
人工单价			小　计					0.88	0.95	16.66	5.55
3.04元/工时(初级工)			未计材料费					—			
清单项目综合单价								24.04			

（续）

材料费明细	主要材料名称、规格、型号	单位	数量	单价/元	合价/元	暂估单价/元	暂估合价/元
	其他材料费			—	0.95	—	
	材料费小计			—	0.95	—	

表 8-7　工程量清单综合单价分析

工程名称：某混凝土面板堆石坝工程　　　　标段：　　　　　　　　　第 4 页　共 18 页

项目编码	500103008001	项目名称		主堆石料填筑工程		计量单位		m³

清单综合单价组成明细

定额编号	定额名称	定额单位	数量	单价				合价			
				人工费	材料费	机械费	管理费和利润	人工费	材料费	机械费	管理费和利润
60212	2m³挖掘机装石料自卸汽车运输	100m³成品堆方	1521.95/152195=0.01	8.82	10.80	1071.28	327.73	0.09	0.11	10.71	3.28
30058	振动碾压实	100m³实方	1521.95/152195=0.01	54.77	20.06	145.81	66.28	0.55	0.20	1.46	0.66
人工单价			小　计					0.64	0.31	12.17	3.94
3.04 元/工时（初级工）			未计材料费					—			
清单项目综合单价								17.06			

材料费明细	主要材料名称、规格、型号	单位	数量	单价/元	合价/元	暂估单价/元	暂估合价/元
	其他材料费			—	0.31	—	
	材料费小计			—	0.31	—	

表 8-8　工程量清单综合单价分析

工程名称：某混凝土面板堆石坝工程　　　　标段：　　　　　　　　　第 5 页　共 18 页

项目编码	500103008002	项目名称		次堆石料填筑工程		计量单位		m³

清单综合单价组成明细

定额编号	定额名称	定额单位	数量	单价				合价			
				人工费	材料费	机械费	管理费和利润	人工费	材料费	机械费	管理费和利润
60212	2m³挖掘机装砂石自卸汽车运输	100m³成品堆方	1318.56/131856=0.01	8.82	10.80	1071.28	327.73	0.09	0.11	10.71	3.28
30058	振动碾压实	100m³实方	1318.56/131856=0.01	54.77	20.06	145.81	66.28	0.55	0.20	1.46	0.66

（续）

人工单价	小　计			0.64	0.31	12.17	3.94
3.04 元/工时（初级工）	未计材料费					—	
清单项目综合单价					17.06		

材料费明细	主要材料名称、规格、型号	单位	数量	单价/元	合价/元	暂估单价/元	暂估合价/元
	其他材料费			—	0.31	—	
	材料费小计			—	0.31	—	

表 8-9　工程量清单综合单价分析

工程名称：某混凝土面板堆石坝工程　　　　　　标段：　　　　　　　　第 6 页　共 18 页

项目编码	500103006001	项目名称		过渡层填筑工程		计量单位	m³

清单综合单价组成明细

定额编号	定额名称	定额单位	数量	单价				合价			
				人工费	材料费	机械费	管理费和利润	人工费	材料费	机械费	管理费和利润
60212	2m³ 挖掘机装砂石自卸汽车运输	100m³ 成品堆方	148.74/14874.35=0.01	8.82	10.80	1071.28	327.73	0.09	0.11	10.71	3.28
30057	拖拉机压实	100m³ 实方	148.74/14874.35=0.01	60.85	24.84	187.52	82.08	0.61	0.25	1.88	0.82
人工单价	小　计							0.70	0.36	12.59	4.10
3.04 元/工时（初级工）	未计材料费							—			
清单项目综合单价								17.74			

材料费明细	主要材料名称、规格、型号	单位	数量	单价/元	合价/元	暂估单价/元	暂估合价/元
	其他材料费			—	0.31	—	
	材料费小计			—	0.31	—	

表 8-10　工程量清单综合单价分析

工程名称：某混凝土面板堆石坝工程　　　　　　标段：　　　　　　　　第 7 页　共 18 页

项目编码	500103007001	项目名称		面板垫层填筑工程		计量单位	m³

清单综合单价组成明细

定额编号	定额名称	定额单位	数量	单价				合价			
				人工费	材料费	机械费	管理费和利润	人工费	材料费	机械费	管理费和利润
60212	2m³ 挖掘机装砂石自卸汽车运输	100m³ 成品堆方	160.00/16000.33=0.01	8.82	10.80	1071.28	327.73	0.09	0.11	10.71	3.28

（续）

定额编号	定额名称	定额单位	数量	单价				合价			
				人工费	材料费	机械费	管理费和利润	人工费	材料费	机械费	管理费和利润
30060	斜坡碾压实	100m²	53.33/16000.33=0.003	328.60	6.33	304.54	192.11	0.99	0.02	0.91	0.58
人工单价				小　计				1.08	0.13	11.62	3.86
3.04 元/工时（初级工）				未计材料费				—			
清单项目综合单价								16.69			

材料费明细	主要材料名称、规格、型号				单位	数量	单价/元	合价/元	暂估单价/元	暂估合价/元
	其他材料费						—	0.17	—	
	材料费小计						—	0.17	—	

表 8-11　工程量清单综合单价分析

工程名称：某混凝土面板堆石坝工程　　　　　　　标段：　　　　　　　　　第 8 页　共 18 页

项目编码	500103007002		项目名称		路面垫层填筑工程		计量单位		m³

清单综合单价组成明细

定额编号	定额名称	定额单位	数量	单价				合价			
				人工费	材料费	机械费	管理费和利润	人工费	材料费	机械费	管理费和利润
60212	2m³ 挖掘机装砂石自卸汽车运输	100m³成品堆方	1.20/120=0.01	8.82	10.80	1071.28	327.73	0.09	0.11	10.71	3.28
30001	人工铺筑碎石垫层	100m³	1.20/120=0.01	1539.62	6721.02	0.00	2481.70	15.40	67.21	0.00	24.82
人工单价				小　计				15.48	67.32	10.71	28.09
3.04 元/工时（初级工）				未计材料费				—			
清单项目综合单价								121.61			

材料费明细	主要材料名称、规格、型号				单位	数量	单价/元	合价/元	暂估单价/元	暂估合价/元
	碎石				m³	1.02	65.24	66.54		
	其他材料费						—	0.78	—	
	材料费小计						—	67.32	—	

表 8-12　工程量清单综合单价分析

工程名称:某混凝土面板堆石坝工程　　　　　　　　　标段:　　　　　　　　　　　第 9 页　共 18 页

项目编码	500103009001		项目名称		石渣回填工程		计量单位		m³

<table>
<tr><td colspan="10" align="center">清单综合单价组成明细</td></tr>
<tr><td rowspan="2">定额编号</td><td rowspan="2">定额名称</td><td rowspan="2">定额单位</td><td rowspan="2">数量</td><td colspan="4">单　价</td><td colspan="4">合　价</td></tr>
<tr><td>人工费</td><td>材料费</td><td>机械费</td><td>管理费和利润</td><td>人工费</td><td>材料费</td><td>机械费</td><td>管理费和利润</td></tr>
<tr><td>20484</td><td>2m³装载机挖石渣自卸汽车运输</td><td>100m³</td><td>50.70/5070=0.01</td><td>33.16</td><td>41.21</td><td>2027.43</td><td>631.43</td><td>0.33</td><td>0.41</td><td>20.27</td><td>6.31</td></tr>
<tr><td>30057</td><td>拖拉机压实</td><td>100m³实方</td><td>50.70/5070=0.01</td><td>60.85</td><td>24.84</td><td>187.52</td><td>82.08</td><td>0.61</td><td>0.25</td><td>1.88</td><td>0.82</td></tr>
<tr><td colspan="2" align="center">人工单价</td><td colspan="2" align="center">小　计</td><td colspan="4"></td><td>0.94</td><td>0.66</td><td>22.15</td><td>7.14</td></tr>
<tr><td colspan="2">3.04 元/工时(初级工)</td><td colspan="2" align="center">未计材料费</td><td colspan="6" align="center">—</td></tr>
<tr><td colspan="4" align="center">清单项目综合单价</td><td colspan="6" align="center">30.89</td></tr>
</table>

<table>
<tr><td rowspan="7">材料费明细</td><td colspan="3" align="center">主要材料名称、规格、型号</td><td>单位</td><td>数量</td><td>单价/元</td><td>合价/元</td><td>暂估单价/元</td><td>暂估合价/元</td></tr>
<tr><td colspan="3"></td><td></td><td></td><td></td><td></td><td></td><td></td></tr>
<tr><td colspan="3"></td><td></td><td></td><td></td><td></td><td></td><td></td></tr>
<tr><td colspan="3"></td><td></td><td></td><td></td><td></td><td></td><td></td></tr>
<tr><td colspan="3"></td><td></td><td></td><td></td><td></td><td></td><td></td></tr>
<tr><td colspan="3" align="center">其他材料费</td><td></td><td></td><td>—</td><td>0.66</td><td>—</td><td></td></tr>
<tr><td colspan="3" align="center">材料费小计</td><td></td><td></td><td>—</td><td>0.66</td><td>—</td><td></td></tr>
</table>

表 8-13　工程量清单综合单价分析

工程名称:某混凝土面板堆石坝工程　　　　　　　　　标段:　　　　　　　　　　　第 10 页　共 18 页

项目编码	500105001001		项目名称		干砌块石护坡工程		计量单位		m³

<table>
<tr><td colspan="10" align="center">清单综合单价组成明细</td></tr>
<tr><td rowspan="2">定额编号</td><td rowspan="2">定额名称</td><td rowspan="2">定额单位</td><td rowspan="2">数量</td><td colspan="4">单　价</td><td colspan="4">合　价</td></tr>
<tr><td>人工费</td><td>材料费</td><td>机械费</td><td>管理费和利润</td><td>人工费</td><td>材料费</td><td>机械费</td><td>管理费和利润</td></tr>
<tr><td>60445</td><td>人工装车自卸汽车运块石</td><td>100m³</td><td>1.16/100=0.0116</td><td>447.26</td><td>35.51</td><td>3104.03</td><td>1077.56</td><td>5.19</td><td>0.41</td><td>36.01</td><td>12.50</td></tr>
<tr><td>30012</td><td>干砌块石护坡</td><td>100m³</td><td>27.44/2744.14=0.01</td><td>2221.40</td><td>7921.19</td><td>70.47</td><td>3068.25</td><td>22.21</td><td>79.21</td><td>0.70</td><td>30.68</td></tr>
<tr><td colspan="2" align="center">人工单价</td><td colspan="2" align="center">小　计</td><td colspan="4"></td><td>27.40</td><td>79.62</td><td>36.71</td><td>43.18</td></tr>
<tr><td colspan="2">3.04 元/工时(初级工)
5.62 元/工时(中级工)
7.11 元/工时(工长)</td><td colspan="2" align="center">未计材料费</td><td colspan="6" align="center">—</td></tr>
<tr><td colspan="4" align="center">清单项目综合单价</td><td colspan="6" align="center">186.92</td></tr>
</table>

（续）

材料费明细	主要材料名称、规格、型号	单位	数量	单价/元	合价/元	暂估单价/元	暂估合价/元
	块石	m³	1.16	67.61	78.43		
	其他材料费			—	1.19	—	
	材料费小计			—	79.62	—	

表8-14　工程量清单综合单价分析

工程名称：某混凝土面板堆石坝工程　　　　　　　　标段：　　　　　　　第 11 页　共 18 页

项目编码	500105003001	项目名称		M7.5浆砌块石挡墙工程		计量单位		m³

| | | | | 清单综合单价组成明细 | | | | |

定额编号	定额名称	定额单位	数量	单价				合价			
				人工费	材料费	机械费	管理费和利润	人工费	材料费	机械费	管理费和利润
60445	人工装车自卸汽车运块石	100m³成品码方	1.08/100 =0.0108	447.26	35.51	3104.03	1077.56	4.83	0.38	33.52	11.64
30021	浆砌块石挡墙	100m³	0.62/62.4 =0.01	2684.63	15269.57	235.56	5464.65	26.85	152.70	2.36	54.65
	人工单价			小　计				31.68	153.08	35.88	66.28
3.04 元/工时（初级工） 5.62 元/工时（中级工） 7.11 元/工时（工长）				未计材料费							
	清单项目综合单价							286.92			

材料费明细	主要材料名称、规格、型号	单位	数量	单价/元	合价/元	暂估单价/元	暂估合价/元
	块石	m³	1.08	67.61	73.02		
	砂浆	m³	0.34	218.36	79.31		
	其他材料费			—	0.75	—	
	材料费小计			—	153.08	—	

表8-15　工程量清单综合单价分析

工程名称：某混凝土面板堆石坝工程　　　　　　　　标段：　　　　　　　第 12 页　共 18 页

项目编码	500109001001	项目名称		C30混凝土趾板		计量单位		m³

| | | | | 清单综合单价组成明细 | | | | |

定额编号	定额名称	定额单位	数量	单价				合价			
				人工费	材料费	机械费	管理费和利润	人工费	材料费	机械费	管理费和利润
40135	0.8m³搅拌机拌制C30混凝土	100m³	1.03/100 =0.0103	879.60	106.78	4459.59	0.00	9.06	1.10	45.93	0.00
40156	机动翻斗车运混凝土	100m³	1.03/ 0.0103 =0.0103	296.10	48.89	518.67	0.00	3.05	0.50	5.34	0.00

（续）

定额编号	定额名称	定额单位	数量	单价				合价			
				人工费	材料费	机械费	管理费和利润	人工费	材料费	机械费	管理费和利润
40058	C30混凝土趾板浇筑	100m³	1.60/160 =0.01	2440.50	25382.62	549.01	10507.17	24.41	253.83	5.49	105.07
人工单价			小　　计					36.51	255.43	56.77	105.07

人工单价		
3.04 元/工时（初级工）		
5.62 元/工时（中级工）	未计材料费	—
6.61 元/工时（高级工）		
7.11 元/工时（工长）		

清单项目综合单价	453.78

材料费明细	主要材料名称、规格、型号	单位	数量	单价/元	合价/元	暂估单价/元	暂估合价/元
	混凝土　C30	m³	1.03	244.99	252.34		
	水	m³	1.20	0.19	0.22		
	其他材料费			—	2.87	—	
	材料费小计			—	255.43	—	

表 8-16　工程量清单综合单价分析

工程名称：某混凝土面板堆石坝工程　　　　　标段：　　　　　　　　　第 13 页　共 18 页

项目编码	500109001002	项目名称	C30 混凝土面板	计量单位	m³

清单综合单价组成明细

定额编号	定额名称	定额单位	数量	单价				合价			
				人工费	材料费	机械费	管理费和利润	人工费	材料费	机械费	管理费和利润
40135	0.8m³ 搅拌机拌制 C30 混凝土	100m³	1.03/100 =0.0103	879.60	106.78	4459.59	0.00	9.06	1.10	45.93	0.00
40156	机动翻斗车运混凝土	100m³	1.03/ 0.0103 =0.0103	296.10	48.89	518.67	0.00	3.05	0.50	5.34	0.00
40056	C30 混凝土面板浇筑	100m³	21.06/ 2105.85 =0.01	2122.23	26274.35	87.24	10540.73	21.22	262.74	0.87	105.41
人工单价			小　　计					33.33	264.35	52.15	105.41

人工单价		
3.04 元/工时（初级工）		
5.62 元/工时（中级工）	未计材料费	—
6.61 元/工时（高级工）		
7.11 元/工时（工长）		

清单项目综合单价	455.23

（续）

材料费明细	主要材料名称、规格、型号	单位	数量	单价/元	合价/元	暂估单价/元	暂估合价/元
	混凝土　C30	m³	1.03	244.99	252.34		
	水	m³	1.60	0.19	0.30		
	其他材料费			—	11.71	—	
	材料费小计			—	164.35	—	

表 8-17　工程量清单综合单价分析

工程名称：某混凝土面板堆石坝工程　　　　　　　标段：　　　　　　第 14 页　共 18 页

项目编码	500109001003	项目名称		C25 混凝土防浪墙		计量单位		m³

清单综合单价组成明细

定额编号	定额名称	定额单位	数量	单价				合价			
				人工费	材料费	机械费	管理费和利润	人工费	材料费	机械费	管理费和利润
40135	0.8m³ 搅拌机拌制混凝土	100m³	1.03/100 =0.0103	879.60	106.78	4459.59	0.00	9.06	1.10	45.93	0.00
40150	斗车运混凝土	100m³	1.03/ 0.0103 =0.0103	307	19.65	20.52	0.00	3.16	0.20	0.21	0.00
40070	防浪墙浇筑	100m³	3.36/ 335.75 =0.01	1709.95	24712.57	1204.94	10123.48	17.10	247.13	12.05	101.23
人工单价			小　计					29.32	248.43	58.19	101.23
3.04 元/工时（初级工） 5.62 元/工时（中级工） 6.61 元/工时（高级工） 7.11 元/工时（工长）			未计材料费					—			
清单项目综合单价								437.18			

材料费明细	主要材料名称、规格、型号	单位	数量	单价/元	合价/元	暂估单价/元	暂估合价/元
	混凝土　C25	m³	1.03	234.97	242.02		
	水	m³	1.40	0.19	0.26		
	其他材料费			—	6.15	—	
	材料费小计			—	248.43	—	

表 8-18　工程量清单综合单价分析

工程名称：某混凝土面板堆石坝工程　　　　　　　标段：　　　　　　第 15 页　共 18 页

项目编码	500109001004	项目名称		C25 混凝土路面		计量单位		m³

清单综合单价组成明细

定额编号	定额名称	定额单位	数量	单价				合价			
				人工费	材料费	机械费	管理费和利润	人工费	材料费	机械费	管理费和利润
40135	0.8m³ 搅拌机拌制混凝土	100m³	1.03/100 =0.0103	879.60	106.78	4459.59	0.00	9.06	1.10	45.93	0.00

（续）

定额编号	定额名称	定额单位	数量	单价 人工费	材料费	机械费	管理费和利润	合价 人工费	材料费	机械费	管理费和利润
40156	机动翻斗车运混凝土	100m³	1.03/0.0103 =0.0103	307	19.65	20.52	0.00	3.16	0.20	0.21	0.00
40099	混凝土路面浇筑	100m³	0.80/80 =0.01	1709.95	24712.57	1204.94	10123.48	17.10	247.13	12.05	101.23
人工单价			小 计					29.32	248.43	58.19	101.23

人工单价		
3.04 元/工时(初级工)		
5.62 元/工时(中级工)	未计材料费	—
6.61 元/工时(高级工)		
7.11 元/工时(工长)		

清单项目综合单价				437.18

材料费明细	主要材料名称、规格、型号	单位	数量	单价/元	合价/元	暂估单价/元	暂估合价/元
	混凝土 C25	m³	1.03	234.97	242.02		
	水	m³	1.40	0.19	0.26		
	其他材料费			—	6.15	—	
	材料费小计			—	248.43	—	

表 8-19 工程量清单综合单价分析

工程名称:某混凝土面板堆石坝工程　　　　　标段:　　　　　　第 16 页　共 18 页

项目编码	500109008001	项目名称	止水	计量单位	m

清单综合单价组成明细

定额编号	定额名称	定额单位	数量	单价 人工费	材料费	机械费	管理费和利润	合价 人工费	材料费	机械费	管理费和利润
40260	采用紫铜片进行止水	100m延长米	5.96/596.46 =0.01	2690.39	47725.81	172.51	15198.09	26.90	477.26	1.73	151.98
人工单价			小 计					26.90	477.26	1.73	151.98

人工单价		
3.04 元/工时(初级工)		
5.62 元/工时(中级工)	未计材料费	—
6.61 元/工时(高级工)		
7.11 元/工时(工长)		

清单项目综合单价				657.87

材料费明细	主要材料名称、规格、型号	单位	数量	单价/元	合价/元	暂估单价/元	暂估合价/元
	沥青	t	0.02	4220.00	71.74		
	木柴	t	0.01	400.00	2.28		
	紫铜片厚15mm	kg	5.61	71.00	398.31		
	铜电焊条	kg	0.03	6.50	0.20		
	其他材料费			—	4.73	—	
	材料费小计			—	477.26		

表 8-20　工程量清单综合单价分析

工程名称:某混凝土面板堆石坝工程　　　　　　　标段:　　　　　　　第 17 页　共 18 页

项目编码	500111001001		项目名称		钢筋制作与安装			计量单位		t

清单综合单价组成明细

定额编号	定额名称	定额单位	数量	单价				合价			
				人工费	材料费	机械费	管理费和利润	人工费	材料费	机械费	管理费和利润
40289	钢筋制作与安装	1t	21.59/21.59=1.00	550.65	4811.10	286.94	1697.00	550.65	4854.36	292.56	1711.69
	人工单价			小　计				550.65	4854.36	292.56	1711.69
3.04 元/工时(初级工) 5.62 元/工时(中级工) 6.61 元/工时(高级工) 7.11 元/工时(工长)				未计材料费				—			
清单项目综合单价								7409.26			

	主要材料名称、规格、型号			单位	数量	单价/元	合价/元	暂估单价/元	暂估合价/元
材料费明细	钢筋			t	1.02	4644.48	4737.37		
	铁丝			kg	4.00	5.50	22.00		
	电焊条			kg	7.22	6.50	46.93		
	其他材料费					—	48.06	—	
	材料费小计					—	4854.36	—	

表 8-21　工程量清单综合单价分析

工程名称:某混凝土面板堆石坝工程　　　　　　　标段:　　　　　　　第 18 页　共 18 页

项目编码	500108002001		项目名称		地基处理工程			计量单位		m

清单综合单价组成明细

定额编号	定额名称	定额单位	数量	单价				合价			
				人工费	材料费	机械费	管理费和利润	人工费	材料费	机械费	管理费和利润
70014	帷幕灌浆自下而上分段灌浆	100m	6.25/625=0.01	3047.05	1513.32	7206.64	3535.10	30.47	15.13	72.07	35.35
	人工单价			小　计				30.47	15.13	72.07	35.35
3.04 元/工时(初级工) 5.62 元/工时(中级工) 6.61 元/工时(高级工) 7.11 元/工时(工长)				未计材料费				—			
清单项目综合单价								153.02			

	主要材料名称、规格、型号			单位	数量	单价/元	合价/元	暂估单价/元	暂估合价/元
材料费明细	水泥 32#			t	0.035	349.38	12.23		
	水			kg	4.90	0.19	0.93		
	其他材料费					—	1.97	—	
	材料费小计					—	15.13	—	

该混凝土面板堆石坝单价计算表见表8-22～表8-61。

表 8-22　水利建筑工程预算单价计算表

工程名称:地基清理工程

地基清理					
定额编号	10269	单价编号	500101002001	定额单位:100m³	
施工方法:74kW 推土机推土					
编号	名称及规格	单 位	数 量	单价/元	合计/元
一、	直接工程费				235.10
1.	直接费				210.85
(1)	人工费				4.87
	初级工	工时	1.6	3.04	4.87
(2)	材料费				19.17
	零星材料费	%	10	191.68	19.17
(3)	机械费				186.81
	推土机	台时	1.25	149.45	186.81
2.	其他直接费	%	210.85	2.50	5.27
3.	现场经费	%	210.85	9.00	18.98
二、	间接费	%	235.10	9.00	21.16
三、	企业利润	%	256.26	7.00	17.94
四、	税金	%	274.19	3.22	8.83
五、	其他				
六、	合计				283.02

表 8-23　水利建筑工程预算单价计算表

工程名称:地基清理工程

地基清理					
定额编号	10408	单价编号	500101002001	定额单位:100m³	
施工方法:2m³ 装载机挖装土自卸汽车运输　运距:2km					
工作内容:挖装、运输、卸除、空回					
编号	名称及规格	单 位	数 量	单价/元	合计/元
一、	直接工程费				1609.66
1.	直接费				1443.64
(1)	人工费				15.21
	初级工	工时	5.0	3.04	15.21
(2)	材料费				42.05
	零星材料费	%	3.0	1401.59	42.05
(3)	机械费				1386.38
	装载机　2m³	台时	0.94	237.03	222.81

（续）

编号	名称及规格	单位	数量	单价/元	合计/元
	推土机　59kW	台时	0.47	111.73	52.51
	自卸汽车　8t	台时	8.34	133.22	1111.05
2.	其他直接费	%	1443.64	2.50	36.09
3.	现场经费	%	1443.64	9.00	129.93
二、	间接费	%	1609.66	9.00	144.87
三、	企业利润	%	1754.52	7.00	122.82
四、	税金	%	1877.34	3.22	60.45
五、	其他				
六、	合计				1937.79

表 8-24　水利建筑工程预算单价计算表

工程名称:岩石开挖工程

岩石开挖					
定额编号	20070	单价编号	500102006001	定额单位:100m³	
施工方法:保护层石方开挖					
工作内容:钻孔、爆破、安全处理、翻渣、清面、修整断面					
编号	名称及规格	单位	数量	单价/元	合计/元
一、	直接工程费				19029.78
1.	直接费				17067.07
(1)	人工费				1158.91
	工长	工时	6.0	7.11	42.66
	中级工	工时	85.2	5.62	478.82
	初级工	工时	209.5	3.04	637.43
(2)	材料费				9285.23
	合金钻头	个	5.46	50.00	273.00
	炸药	kg	63.14	20.00	1262.80
	火雷管	个	417.75	10.00	4177.50
	导火线	m	609.27	5.00	3046.35
	其他材料费	%	6.00	8759.65	525.58
(3)	机械费				6622.93
	风钻手持式	台时	21.48	28.03	602.08
	其他机械费	%	10.00	602.08	6020.84
2.	其他直接费	%	17067.07	2.50	426.68
3.	现场经费	%	17067.07	9.00	1536.04
二、	间接费	%	19029.78	9.00	1712.68
三、	企业利润	%	20742.46	7.00	1451.97
四、	税金	%	22194.43	3.22	714.66

（续）

编号	名称及规格	单 位	数 量	单价/元	合计/元
五、	其他				
六、	合计				22909.09

表 8-25　水利建筑工程预算单价计算表

工程名称:岩石开挖工程

岩石开挖					
定额编号	20484	单价编号	500102006001	定额单位:100m³	
施工方法:2m³装载机挖石渣自卸汽车运输　运距:1km					
工作内容:挖装、运输、卸除、空回					
编号	名称及规格	单 位	数 量	单价/元	合计/元
一、	直接工程费				2343.51
1.	直接费				2101.80
(1)	人工费				33.16
	初级工	工时	10.9	3.04	33.16
(2)	材料费				41.21
	零星材料费	%	2.0	2060.59	41.21
(3)	机械费				2027.43
	装载机　2m³	台时	2.05	237.03	485.91
	推土机　88kW	台时	1.03	181.23	186.67
	自卸汽车　8t	台时	10.17	133.22	1354.85
2.	其他直接费	%	2101.80	2.50	52.55
3.	现场经费	%	2101.80	9.00	189.16
二、	间接费	%	2343.51	9.00	210.92
三、	企业利润	%	2554.43	7.00	178.81
四、	税金	%	2733.23	3.22	88.01
五、	其他				
六、	合计				2821.25

表 8-26　水利建筑工程预算单价计算表

工程名称:粘土料填筑工程

粘土料填筑					
定额编号	10372	单价编号	500103002001	定额单位:100m³	
施工方法:2m³挖掘机挖装土自卸汽车运输　运距:2km					
工作内容:挖装、运输、卸除、空回					
编号	名称及规格	单 位	数 量	单价/元	合计/元
一、	直接工程费				1548.10
1.	直接费				1388.43

（续）

编号	名称及规格	单　位	数　量	单价/元	合计/元
（1）	人工费				13.08
	初级工	工时	4.3	3.04	13.08
（2）	材料费				53.40
	零星材料费	%	4	1335.03	53.40
（3）	机械费				1321.94
	挖掘机　1m³	台时	0.64	340.26	217.77
	推土机　59kW	台时	0.32	111.73	35.75
	自卸汽车　8t	台时	8.02	133.22	1068.42
2.	其他直接费	%	1388.43	2.50	34.71
3.	现场经费	%	1388.43	9.00	124.96
二、	间接费	%	1548.10	9.00	139.33
三、	企业利润	%	1687.43	7.00	118.12
四、	税金	%	1805.55	3.22	58.14
五、	其他				
六、	合计				1863.69

表 8-27　水利建筑工程预算单价计算表

工程名称：粘土料填筑工程

粘土料填筑

定额编号	10469		单价编号	500103002001		定额单位：100m³ 实方

施工方法：羊脚碾压实　土料干密度为 16.00kN/m³

工作内容：推平、刨毛、压实、削坡、洒水、补边夯、辅助工作

编号	名称及规格	单　位	数　量	单价/元	合计/元
一、	直接工程费				513.36
1.	直接费				460.41
（1）	人工费				74.54
	初级工	工时	24.5	3.04	74.54
（2）	材料费				41.86
	零星材料费	%	10	418.55	41.86
（3）	机械费				344.01
	羊脚碾　5-7t	组时	1.66	2.33	3.87
	拖拉机　74kW	组时	1.66	122.19	202.84
	推土机　74kW	台时	0.50	149.45	74.73
	蛙式打夯机 2.8kW	台时	1.00	14.41	14.41
	刨毛机	台时	0.50	89.53	44.77
	其他机械费	%	1.00	340.60	3.41
2.	其他直接费	%	460.41	2.50	11.51
3.	现场经费	%	460.41	9.00	41.44
二、	间接费	%	513.36	9.00	46.20
三、	企业利润	%	559.56	7.00	39.17
四、	税金	%	598.73	3.22	19.28

（续）

编号	名称及规格	单 位	数 量	单价/元	合计/元
五、	其他				
六、	合计				618.01

表 8-28　水利建筑工程预算单价计算表

工程名称：主堆石料填筑工程

主堆石料填筑				
定额编号	60212	单价编号	500103008001	定额单位：100m³ 成品堆方

施工方法：2m³ 挖掘机装砂石料自卸汽车运输　运距：2km

工作内容：挖装、运输、卸除、空回

编号	名称及规格	单 位	数 量	单价/元	合计/元
一、	直接工程费				1216.36
1.	直接费				1090.90
（1）	人工费				8.82
	初级工	工时	2.9	3.04	8.82
（2）	材料费				10.80
	零星材料费	%	1.0	1080.10	10.80
（3）	机械费				1071.28
	装载机　2m³	台时	0.44	237.03	104.29
	推土机　74kW	台时	0.22	149.45	32.88
	自卸汽车　10t	台时	6.18	151.15	934.11
2.	其他直接费	%	1090.90	2.50	27.27
3.	现场经费	%	1090.90	9.00	98.18
二、	间接费	%	1216.36	9.00	109.47
三、	企业利润	%	1325.83	7.00	92.81
四、	税金	%	1418.64	3.22	45.68
五、	其他				
六、	合计				1464.32

表 8-29　水利建筑工程预算单价计算表

工程名称：主堆石料填筑工程

主堆石料填筑				
定额编号	30058	单价编号	500103008001	定额单位：100m³ 实方

施工方法：振动碾压实　土料干密度为 16.00kN/m³

工作内容：推平、压实、修坡、洒水、补边夯、辅助工作

编号	名称及规格	单 位	数 量	单价/元	合计/元
一、	直接工程费				246.00
1.	直接费				220.63
（1）	人工费				54.77
	初级工	工时	18.0	3.04	54.77
（2）	材料费				20.06

（续）

编号	名称及规格	单位	数量	单价/元	合计/元
	零星材料费	%	10	200.57	20.06
（3）	机械费				145.81
	振动碾 13－14t	组时	0.24	107.93	25.90
	拖拉机　74kW	组时	0.24	122.19	29.33
	推土机　74kW	台时	0.50	149.45	74.73
	蛙式打夯机2.8kW	台时	1.00	14.41	14.41
	其他机械费	%	1.00	144.36	1.44
2.	其他直接费	%	220.63	2.50	5.52
3.	现场经费	%	220.63	9.00	19.86
二、	间接费	%	246.00	9.00	22.14
三、	企业利润	%	268.14	7.00	18.77
四、	税金	%	286.92	3.22	9.24
五、	其他				
六、	合计				296.15

表 8-30　水利建筑工程预算单价计算表

工程名称:次堆石料填筑工程

			次堆石料填筑		
定额编号	60212	单价编号	500103008002	定额单位:100m³ 成品堆方	

施工方法:2m³ 挖掘机装砂石料自卸汽车运输　运距:2km

工作内容:挖装、运输、卸除、空回

编号	名称及规格	单位	数量	单价/元	合计/元
一、	直接工程费				1216.36
1.	直接费				1090.90
（1）	人工费				8.82
	初级工	工时	2.9	3.04	8.82
（2）	材料费				10.80
	零星材料费	%	1.0	1080.10	10.80
（3）	机械费				1071.28
	装载机　2m³	台时	0.44	237.03	104.29
	推土机　74kW	台时	0.22	149.45	32.88
	自卸汽车　10t	台时	6.18	151.15	934.11
2.	其他直接费	%	1090.90	2.50	27.27
3.	现场经费	%	1090.90	9.00	98.18
二、	间接费	%	1216.36	9.00	109.47
三、	企业利润	%	1325.83	7.00	92.81
四、	税金	%	1418.64	3.22	45.68
五、	其他				
六、	合计				1464.32

表 8-31　水利建筑工程预算单价计算表

工程名称:次堆石料填筑工程

<table>
<tr><td colspan="6">次堆石料填筑</td></tr>
<tr><td>定额编号</td><td>30058</td><td>单价编号</td><td colspan="2">500103008002</td><td>定额单位:100m³ 实方</td></tr>
<tr><td colspan="6">施工方法:振动碾压实　土料干密度为 16.00kN/m³</td></tr>
<tr><td colspan="6">工作内容:推平、压实、修坡、洒水、补边夯、辅助工作</td></tr>
<tr><td>编号</td><td>名称及规格</td><td>单　位</td><td>数　量</td><td>单价/元</td><td>合计/元</td></tr>
<tr><td>一、</td><td>直接工程费</td><td></td><td></td><td></td><td>246.00</td></tr>
<tr><td>1.</td><td>直接费</td><td></td><td></td><td></td><td>220.63</td></tr>
<tr><td>(1)</td><td>人工费</td><td></td><td></td><td></td><td>54.77</td></tr>
<tr><td></td><td>初级工</td><td>工时</td><td>18.0</td><td>3.04</td><td>54.77</td></tr>
<tr><td>(2)</td><td>材料费</td><td></td><td></td><td></td><td>20.06</td></tr>
<tr><td></td><td>零星材料费</td><td>%</td><td>10</td><td>200.57</td><td>20.06</td></tr>
<tr><td>(3)</td><td>机械费</td><td></td><td></td><td></td><td>145.81</td></tr>
<tr><td></td><td>振动碾　13 - 14t</td><td>组时</td><td>0.24</td><td>107.93</td><td>25.90</td></tr>
<tr><td></td><td>拖拉机　74kW</td><td>组时</td><td>0.24</td><td>122.19</td><td>29.33</td></tr>
<tr><td></td><td>推土机　74kW</td><td>台时</td><td>0.50</td><td>149.45</td><td>74.73</td></tr>
<tr><td></td><td>蛙式打夯机　2.8kW</td><td>台时</td><td>1.00</td><td>14.41</td><td>14.41</td></tr>
<tr><td></td><td>其他机械费</td><td>%</td><td>1.00</td><td>144.36</td><td>1.44</td></tr>
<tr><td>2.</td><td>其他直接费</td><td>%</td><td>220.63</td><td>2.50</td><td>5.52</td></tr>
<tr><td>3.</td><td>现场经费</td><td>%</td><td>220.63</td><td>9.00</td><td>19.86</td></tr>
<tr><td>二、</td><td>间接费</td><td>%</td><td>246.00</td><td>9.00</td><td>22.14</td></tr>
<tr><td>三、</td><td>企业利润</td><td>%</td><td>268.14</td><td>7.00</td><td>18.77</td></tr>
<tr><td>四、</td><td>税金</td><td>%</td><td>286.92</td><td>3.22</td><td>9.24</td></tr>
<tr><td>五、</td><td>其他</td><td></td><td></td><td></td><td></td></tr>
<tr><td>六、</td><td>合计</td><td></td><td></td><td></td><td>296.15</td></tr>
</table>

表 8-32　水利建筑工程预算单价计算表

工程名称:过渡层填筑工程

<table>
<tr><td colspan="6">过渡层填筑</td></tr>
<tr><td>定额编号</td><td>60212</td><td>单价编号</td><td colspan="2">500103006001</td><td>定额单位:100m³ 成品堆方</td></tr>
<tr><td colspan="6">施工方法:2m³ 挖掘机装砂石料自卸汽车运输　运距:2km</td></tr>
<tr><td colspan="6">工作内容:挖装、运输、卸除、空回</td></tr>
<tr><td>编号</td><td>名称及规格</td><td>单　位</td><td>数　量</td><td>单价/元</td><td>合计/元</td></tr>
<tr><td>一、</td><td>直接工程费</td><td></td><td></td><td></td><td>1216.36</td></tr>
<tr><td>1.</td><td>直接费</td><td></td><td></td><td></td><td>1090.90</td></tr>
<tr><td>(1)</td><td>人工费</td><td></td><td></td><td></td><td>8.82</td></tr>
<tr><td></td><td>初级工</td><td>工时</td><td>2.9</td><td>3.04</td><td>8.82</td></tr>
<tr><td>(2)</td><td>材料费</td><td></td><td></td><td></td><td>10.80</td></tr>
<tr><td></td><td>零星材料费</td><td>%</td><td>1.0</td><td>1080.10</td><td>10.80</td></tr>
<tr><td>(3)</td><td>机械费</td><td></td><td></td><td></td><td>1071.28</td></tr>
</table>

（续）

编号	名称及规格	单 位	数 量	单价/元	合计/元
	装载机　2m³	台时	0.44	237.03	104.29
	推土机　74kW	台时	0.22	149.45	32.88
	自卸汽车　10t	台时	6.18	151.15	934.11
2.	其他直接费	%	1090.90	2.50	27.27
3.	现场经费	%	1090.90	9.00	98.18
二、	间接费	%	1216.36	9.00	109.47
三、	企业利润	%	1325.83	7.00	92.81
四、	税金	%	1418.64	3.22	45.68
五、	其他				
六、	合计				1464.32

表 8-33　水利建筑工程预算单价计算表

工程名称:过渡层填筑工程

过渡层填筑					
定额编号	30057	单价编号	500103006001	定额单位:100m³ 实方	

施工方法:拖拉机压实

工作内容:推平、压实、修坡、洒水、补边夯、辅助工作

编号	名称及规格	单 位	数 量	单价/元	合计/元
一、	直接工程费				304.63
1.	直接费				273.21
(1)	人工费				60.85
	初级工	工时	20.0	3.04	60.85
(2)	材料费				24.84
	零星材料费	%	10	248.37	24.84
(3)	机械费				187.52
	拖拉机　74kW	台时	0.79	122.19	96.53
	推土机　74kW	台时	0.50	149.45	74.73
	蛙式打夯机2.8kW	台时	1.00	14.41	14.41
	其他机械费	%	1.00	185.67	1.86
2.	其他直接费	%	273.21	2.50	6.83
3.	现场经费	%	273.21	9.00	24.59
二、	间接费	%	304.63	9.00	27.42
三、	企业利润	%	332.05	7.00	23.24
四、	税金	%	355.29	3.22	11.44
五、	其他				
六、	合计				366.73

表 8-34 水利建筑工程预算单价计算表

工程名称:面板垫层工程

			面板垫层		
定额编号	60212	单价编号	500103007001	定额单位:100m³ 成品堆方	
施工方法:2m³ 挖掘机装砂石料自卸汽车运输 运距:2km					
工作内容:挖装、运输、卸除、空回					
编号	名称及规格	单 位	数 量	单价/元	合计/元
一、	直接工程费				1216.36
1.	直接费				1090.90
(1)	人工费				8.82
	初级工	工时	2.9	3.04	8.82
(2)	材料费				10.80
	零星材料费	%	1.0	1080.10	10.80
(3)	机械费				1071.28
	装载机 2m³	台时	0.44	237.03	104.29
	推土机 74kW	台时	0.22	149.45	32.88
	自卸汽车 10t	台时	6.18	151.15	934.11
2.	其他直接费	%	1090.90	2.50	27.27
3.	现场经费	%	1090.90	9.00	98.18
二、	间接费	%	1216.36	9.00	109.47
三、	企业利润	%	1325.83	7.00	92.81
四、	税金	%	1418.64	3.22	45.68
五、	其他				
六、	合计				1464.32

表 8-35 水利建筑工程预算单价计算表

工程名称:面板垫层工程

			面板垫层		
定额编号	30060	单价编号	500103007001	定额单位:100m²	
施工方法:斜坡碾压					
工作内容:削坡、修整、机械压实					
编号	名称及规格	单 位	数 量	单价/元	合计/元
一、	直接工程费				713.01
1.	直接费				639.47
(1)	人工费				328.60
	初级工	工时	108.0	3.04	328.60
(2)	材料费				6.33
	零星材料费	%	1	633.14	6.33
(3)	机械费				304.54

（续）

编号	名称及规格	单 位	数 量	单价/元	合计/元
	挖掘机 1m³	台时	0.70	209.58	146.71
	斜坡振动碾 10t	台时	0.70	98.98	69.29
	拖拉机 74kW	台时	0.70	122.19	85.53
	其他机械费	%	1.00	301.53	3.02
2.	其他直接费	%	639.47	2.50	15.99
3.	现场经费	%	639.47	9.00	57.55
二、	间接费	%	713.01	9.00	64.17
三、	企业利润	%	777.18	7.00	54.40
四、	税金	%	831.59	3.22	26.78
五、	其他				
六、	合计				858.36

表 8-36　水利建筑工程预算单价计算表

工程名称:混凝土路面垫层工程

混凝土路面垫层

定额编号	60212		单价编号	500103007002		定额单位:100m³ 成品堆方

施工方法:2m³ 挖掘机装砂石料自卸汽车运输　运距:2km

工作内容:挖装、运输、卸除、空回

编号	名称及规格	单 位	数 量	单价/元	合计/元
一、	直接工程费				1216.36
1.	直接费				1090.90
（1）	人工费				8.82
	初级工	工时	2.9	3.04	8.82
（2）	材料费				10.80
	零星材料费	%	1.0	1080.10	10.80
（3）	机械费				1071.28
	装载机 2m³	台时	0.44	237.03	104.29
	推土机 74kW	台时	0.22	149.45	32.88
	自卸汽车 10t	台时	6.18	151.15	934.11
2.	其他直接费	%	1090.90	2.50	27.27
3.	现场经费	%	1090.90	9.00	98.18
二、	间接费	%	1216.36	9.00	109.47
三、	企业利润	%	1325.83	7.00	92.81
四、	税金	%	1418.64	3.22	45.68
五、	其他				
六、	合计				1464.32

表 8-37　水利建筑工程预算单价计算表

工程名称：混凝土路面垫层工程

	混凝土路面垫层				
定额编号	30001	单价编号	500103007002	定额单位：100m³	
施工方法：人工铺筑碎石垫层					
工作内容：选石、修石、冲洗、拌浆、砌石、勾缝					
编号	名称及规格	单　位	数　量	单价/元	合计/元
一、	直接工程费				9210.62
1.	直接费				8260.64
（1）	人工费				1539.62
	工长	工时	9.9	7.11	70.34
	初级工	工时	482.9	3.04	1469.28
（2）	材料费				6721.02
	碎石	m³	102	65.24	6654.48
	其他材料费	%	1.0	6654.48	66.54
（3）	机械费				
2.	其他直接费	%	8260.64	2.50	206.52
3.	现场经费	%	8260.64	9.00	743.46
二、	间接费	%	9210.62	9.00	828.96
三、	企业利润	%	10039.57	7.00	702.77
四、	税金	%	10742.34	3.22	345.90
五、	其他				
六、	合计				11088.24

表 8-38　水利建筑工程预算单价计算表

工程名称：弃渣回填工程

	弃渣回填				
定额编号	20484	单价编号	500103009001	定额单位：100m³	
施工方法：2m³装载机挖石渣自卸汽车运输　　运距：1km					
工作内容：挖装、运输、卸除、空回					
编号	名称及规格	单　位	数　量	单价/元	合计/元
一、	直接工程费				2343.51
1.	直接费				2101.80
（1）	人工费				33.16
	初级工	工时	10.9	3.04	33.16
（2）	材料费				41.21
	零星材料费	%	2.0	2060.59	41.21
（3）	机械费				2027.43
	装载机　2m³	台时	2.05	237.03	485.91

（续）

编号	名称及规格	单　位	数　量	单价/元	合计/元
	推土机　88kW	台时	1.03	181.23	186.67
	自卸汽车　8t	台时	10.17	133.22	1354.85
2.	其他直接费	%	2101.80	2.50	52.55
3.	现场经费	%	2101.80	9.00	189.16
二、	间接费	%	2343.51	9.00	210.92
三、	企业利润	%	2554.43	7.00	178.81
四、	税金	%	2733.23	3.22	88.01
五、	其他				
六、	合计				2821.25

表 8-39　水利建筑工程预算单价计算表

工程名称:弃渣回填工程

弃渣回填				
定额编号	30057	单价编号	500103009001	定额单位:100m³ 实方

施工方法:拖拉机压实

工作内容:推平、压实、修坡、洒水、补边夯、辅助工作

编号	名称及规格	单　位	数　量	单价/元	合计/元
一、	直接工程费				304.63
1.	直接费				273.21
(1)	人工费				60.85
	初级工	工时	20.0	3.04	60.85
(2)	材料费				24.84
	零星材料费	%	10	248.37	24.84
(3)	机械费				187.52
	拖拉机　74kW	台时	0.79	122.19	96.53
	推土机　74kW	台时	0.50	149.45	74.73
	蛙式打夯机2.8kW	台时	1.00	14.41	14.41
	其他机械费	%	1.00	185.67	1.86
2.	其他直接费	%	273.21	2.50	6.83
3.	现场经费	%	273.21	9.00	24.59
二、	间接费	%	304.63	9.00	27.42
三、	企业利润	%	332.05	7.00	23.24
四、	税金	%	355.29	3.22	11.44
五、	其他				
六、	合计				366.73

表 8-40 水利建筑工程预算单价计算表

工程名称:干砌块石护坡工程

<table>
<tr><td colspan="6" align="center">干砌块石护坡</td></tr>
<tr><td>定额编号</td><td colspan="2" align="center">60445</td><td>单价编号</td><td colspan="2">500105001001　　定额单位:100m³</td></tr>
<tr><td colspan="6">施工方法:人工装车自卸汽车运块石,运距5km</td></tr>
<tr><td colspan="6">工作内容:装、运、卸、堆存、空回</td></tr>
<tr><td>编号</td><td>名称及规格</td><td>单　位</td><td>数　量</td><td>单价/元</td><td>合计/元</td></tr>
<tr><td>一、</td><td>直接工程费</td><td></td><td></td><td></td><td>3999.28</td></tr>
<tr><td>1.</td><td>直接费</td><td></td><td></td><td></td><td>3586.80</td></tr>
<tr><td>(1)</td><td>人工费</td><td></td><td></td><td></td><td>447.26</td></tr>
<tr><td></td><td>初级工</td><td>工时</td><td>147.0</td><td>3.04</td><td>447.26</td></tr>
<tr><td>(2)</td><td>材料费</td><td></td><td></td><td></td><td>35.51</td></tr>
<tr><td></td><td>零星材料费</td><td>%</td><td>1.0</td><td>3551.29</td><td>35.51</td></tr>
<tr><td>(3)</td><td>机械费</td><td></td><td></td><td></td><td>3104.03</td></tr>
<tr><td></td><td>自卸汽车　8t</td><td>台时</td><td>23.30</td><td>133.22</td><td>3104.03</td></tr>
<tr><td>2.</td><td>其他直接费</td><td>%</td><td>3586.80</td><td>2.50</td><td>89.67</td></tr>
<tr><td>3.</td><td>现场经费</td><td>%</td><td>3586.80</td><td>9.00</td><td>322.81</td></tr>
<tr><td>二、</td><td>间接费</td><td>%</td><td>3999.28</td><td>9.00</td><td>359.94</td></tr>
<tr><td>三、</td><td>企业利润</td><td>%</td><td>4359.22</td><td>7.00</td><td>305.15</td></tr>
<tr><td>四、</td><td>税金</td><td>%</td><td>4664.37</td><td>3.22</td><td>150.19</td></tr>
<tr><td>五、</td><td>其他</td><td></td><td></td><td></td><td></td></tr>
<tr><td>六、</td><td>合计</td><td></td><td></td><td></td><td>4814.56</td></tr>
</table>

表 8-41 水利建筑工程预算单价计算表

工程名称:干砌块石护坡工程

<table>
<tr><td colspan="6" align="center">干砌块石护坡</td></tr>
<tr><td>定额编号</td><td colspan="2" align="center">30012</td><td>单价编号</td><td colspan="2">500105001001　　定额单位:100m³</td></tr>
<tr><td colspan="6">施工方法:干砌块石　护坡</td></tr>
<tr><td colspan="6">工作内容:选石、修石、砌筑、填缝、找平</td></tr>
<tr><td>编号</td><td>名称及规格</td><td>单　位</td><td>数　量</td><td>单价/元</td><td>合计/元</td></tr>
<tr><td>一、</td><td>直接工程费</td><td></td><td></td><td></td><td>11387.56</td></tr>
<tr><td>1.</td><td>直接费</td><td></td><td></td><td></td><td>10213.06</td></tr>
<tr><td>(1)</td><td>人工费</td><td></td><td></td><td></td><td>2221.40</td></tr>
<tr><td></td><td>工长</td><td>工时</td><td>11.3</td><td>7.11</td><td>80.29</td></tr>
<tr><td></td><td>中级工</td><td>工时</td><td>173.9</td><td>5.62</td><td>977.32</td></tr>
<tr><td></td><td>初级工</td><td>工时</td><td>382.5</td><td>3.04</td><td>1163.80</td></tr>
<tr><td>(2)</td><td>材料费</td><td></td><td></td><td></td><td>7921.19</td></tr>
<tr><td></td><td>块石</td><td>m³</td><td>116</td><td>67.61</td><td>7842.76</td></tr>
<tr><td></td><td>其他材料费</td><td>%</td><td>1.0</td><td>7842.76</td><td>78.43</td></tr>
<tr><td>(3)</td><td>机械费</td><td></td><td></td><td></td><td>70.47</td></tr>
<tr><td></td><td>胶轮车</td><td>台时</td><td>78.30</td><td>0.9</td><td>70.47</td></tr>
<tr><td>2.</td><td>其他直接费</td><td>%</td><td>10213.06</td><td>2.50</td><td>255.33</td></tr>
<tr><td>3.</td><td>现场经费</td><td>%</td><td>10213.06</td><td>9.00</td><td>919.18</td></tr>
</table>

（续）

编号	名称及规格	单　位	数　量	单价/元	合计/元
二、	间接费	%	11387.56	9.00	1024.88
三、	企业利润	%	12412.45	7.00	868.87
四、	税金	%	13281.32	3.22	427.66
五、	其他				
六、	合计				13708.98

表 8-42　水利建筑工程预算单价计算表

工程名称:M7.5 浆砌块石挡墙工程

	M7.5 浆砌块石挡墙				
定额编号	60445	单价编号	500105003001	定额单位:100m³	
施工方法:人工装车自卸汽车运块石,运距 5km					
工作内容:装、运、卸、堆存、空回					
编号	名称及规格	单　位	数　量	单价/元	合计/元
一、	直接工程费				3999.28
1.	直接费				3586.80
(1)	人工费				447.26
	初级工	工时	147.0	3.04	447.26
(2)	材料费				35.51
	零星材料费	%	1.0	3551.29	35.51
(3)	机械费				3104.03
	自卸汽车　8t	台时	23.30	133.22	3104.03
2.	其他直接费	%	3586.80	2.50	89.67
3.	现场经费	%	3586.80	9.00	322.81
二、	间接费	%	3999.28	9.00	359.94
三、	企业利润	%	4359.22	7.00	305.15
四、	税金	%	4664.37	3.22	150.19
五、	其他				
六、	合计				4814.56

表 8-43　水利建筑工程预算单价计算表

工程名称:M7.5 浆砌块石挡墙工程

	M7.5 浆砌块石挡墙				
定额编号	30021	单价编号	500105003001	定额单位:100m³	
施工方法:浆砌块石　平面					
工作内容:选石、修石、冲洗、拌浆、砌石、勾缝					
编号	名称及规格	单　位	数　量	单价/元	合计/元
一、	直接工程费				20281.58
1.	直接费				18189.76
(1)	人工费				2684.63
	工长	工时	13.3	7.11	94.50

（续）

编号	名称及规格	单位	数量	单价/元	合计/元
	中级工	工时	236.2	5.62	1327.44
	初级工	工时	415.0	3.04	1262.68
（2）	材料费				15269.57
	块石	m³	108	67.61	7301.88
	砂浆	m³	34.0	233.27	7931.18
	其他材料费	%	0.5	7301.88	36.51
（3）	机械费				235.56
	砂浆搅拌机0.4m³	台时	6.12	15.62	95.59
	胶轮车	台时	155.52	0.9	139.97
2.	其他直接费	%	18189.76	2.50	454.74
3.	现场经费	%	18189.76	9.00	1637.08
二、	间接费	%	20281.58	9.00	1825.34
三、	企业利润	%	22106.92	7.00	1547.48
四、	税金	%	23654.41	3.22	761.67
五、	其他				
六、	合计				24416.08

表 8-44　水利建筑工程预算单价计算表

工程名称：C30 混凝土趾板工程

C30 混凝土趾板					
定额编号	40135	单价编号	500109001001	定额单位：100m³	

施工方法：0.8m³ 搅拌机拌制混凝土

工作内容：场内配运水泥、骨料、投料、加水、加外加剂、搅拌、出料、清洗

编号	名称及规格	单位	数量	单价/元	合计/元
一、	直接工程费				6072.26
1.	直接费				5445.97
（1）	人工费				879.60
	中级工	工时	91.1	5.62	512.35
	初级工	工时	120.7	3.04	367.24
（2）	材料费				106.78
	零星材料费	%	2.0	5339.19	106.78
（3）	机械费		8.64		4459.59
	搅拌机　0.8m³	台时	83.00	23.83	1977.89
	风水枪	台时	83.00	29.90	2481.70
2.	其他直接费	%	5445.97	2.50	136.15
3.	现场经费	%	5445.97	9.00	490.14
二、	间接费	%	6072.26	9.00	546.50

编号	名称及规格	单　位	数　量	单价/元	合计/元
三、	企业利润	%	6618.76	7.00	463.31
四、	税金	%	7082.07	3.22	228.04
五、	其他				
六、	合计				7310.11

表 8-45　水利建筑工程预算单价计算表

工程名称:C30 混凝土趾板工程

	C30 混凝土趾板				
定额编号	40156	单价编号	500109001001	定额单位:100m³	

施工方法:机动翻斗车运混凝土,运距 200m

工作内容:装、运、卸、清洗

编号	名称及规格	单　位	数　量	单价/元	合计/元
一、	直接工程费				962.98
1.	直接费				863.66
（1）	人工费				296.10
	中级工	工时	36.50	5.62	205.13
	初级工	工时	29.9	3.04	90.97
（2）	材料费				48.89
	零星材料费	%	6.0	814.77	48.89
（3）	机械费				518.67
	机动翻斗车 1t	台时	22.60	22.95	518.67
2.	其他直接费	%	863.66	2.50	21.59
3.	现场经费	%	863.66	9.00	77.73
二、	间接费	%	962.98	9.00	86.67
三、	企业利润	%	1049.65	7.00	73.48
四、	税金	%	1123.13	3.22	36.16
五、	其他				
六、	合计				1159.29

表 8-46　水利建筑工程预算单价计算表

工程名称:C30 混凝土趾板工程

	C30 混凝土趾板				
定额编号	40058	单价编号	500109001001	定额单位:100m³	

施工方法:混凝土闸室趾板浇筑

编号	名称及规格	单　位	数　量	单价/元	合计/元
一、	直接工程费				38996.48
1.	直接费				34974.43

（续）

编号	名称及规格	单 位	数 量	单价/元	合计/元
（1）	人工费				2440.50
	工长	工时	15.6	7.11	110.84
	高级工	工时	20.9	6.61	138.18
	中级工	工时	276.7	5.62	1556.18
	初级工	工时	208.8	3.04	635.30
（2）	材料费				25382.62
	混凝土 C30	m³	103	244.99	25233.97
	水	m³	120	0.19	22.37
	其他材料费	%	0.5	25256.34	126.28
（3）	机械费				549.01
	振动器 1.1kW	台时	40.05	2.17	86.91
	风水枪	台时	14.92	29.90	446.11
	其他机械费	%	3.00	533.02	15.99
（4）	嵌套项				6602.30
	混凝土拌制	m³	103	55.46	5712.38
	混凝土运输	m³	103	8.64	889.92
2.	其他直接费	%	34974.43	2.50	874.36
3.	现场经费	%	34974.43	9.00	3147.70
二、	间接费	%	38996.48	9.00	3509.68
三、	企业利润	%	42506.17	7.00	2975.43
四、	税金	%	45481.60	3.22	1464.51
五、	其他				
六、	合计				46946.11

表 8-47　水利建筑工程预算单价计算表

工程名称：C30 混凝土面板工程

C30 混凝土面板					
定额编号	40135	单价编号	500109001002		定额单位:100m³

施工方法:0.8m³ 搅拌机拌制混凝土

工作内容:场内配运水泥、骨料,投料、加水、加外加剂、搅拌、出料、清洗

编号	名称及规格	单 位	数 量	单价/元	合计/元
一、	直接工程费				6072.26
1.	直接费				5445.97
（1）	人工费				879.60
	中级工	工时	91.1	5.62	512.35
	初级工	工时	120.7	3.04	367.24
（2）	材料费				106.78

（续）

编号	名称及规格	单　位	数　量	单价/元	合计/元
	零星材料费	%	2.0	5339.19	106.78
（3）	机械费		8.64		4459.59
	搅拌机　0.8m³	台时	83.00	23.83	1977.89
	风水枪	台时	83.00	29.90	2481.70
2.	其他直接费	%	5445.97	2.50	136.15
3.	现场经费	%	5445.97	9.00	490.14
二、	间接费	%	6072.26	9.00	546.50
三、	企业利润	%	6618.76	7.00	463.31
四、	税金	%	7082.07	3.22	228.04
五、	其他				
六、	合计				7310.11

表 8-48　水利建筑工程预算单价计算表

工程名称:C30 混凝土面板工程

C30 混凝土面板					
定额编号	40156	单价编号	500109001002	定额单位:100m³	

施工方法:机动翻斗车运混凝土,运距 200m

工作内容:装、运、卸、清洗

编号	名称及规格	单　位	数　量	单价/元	合计/元
一、	直接工程费				962.98
1.	直接费				863.66
（1）	人工费				296.10
	中级工	工时	36.50	5.62	205.13
	初级工	工时	29.9	3.04	90.97
（2）	材料费				48.89
	零星材料费	%	6.0	814.77	48.89
（3）	机械费				518.67
	机动翻斗车 1t	台时	22.60	22.95	518.67
2.	其他直接费	%	863.66	2.50	21.59
3.	现场经费	%	863.66	9.00	77.73
二、	间接费	%	962.98	9.00	86.67
三、	企业利润	%	1049.65	7.00	73.48
四、	税金	%	1123.13	3.22	36.16
五、	其他				
六、	合计				1159.29

表 8-49 水利建筑工程预算单价计算表

工程名称:C30 混凝土面板工程

C30 混凝土面板					
定额编号	40056	单价编号	500109001002	定额单位:100m³	
施工方法:混凝土面板浇筑					
编号	名称及规格	单 位	数 量	单价/元	合计/元
一、	直接工程费				39121.03
1.	直接费				35086.12
(1)	人工费				2122.23
	工长	工时	15.7	7.11	111.55
	高级工	工时	31.4	6.61	207.60
	中级工	工时	169.5	5.62	953.28
	初级工	工时	279.3	3.04	849.80
(2)	材料费				26274.35
	混凝土 C30	m³	103	244.99	25233.97
	水	m³	160	0.19	29.83
	其他材料费	%	4.0	25263.80	1010.55
(3)	机械费				87.24
	振动器 1.1kW	台时	38.29	2.17	83.09
	其他机械费	%	5.00	83.09	4.15
(4)	嵌套项				6602.30
	混凝土拌制	m³	103	55.46	5712.38
	混凝土运输	m³	103	8.64	889.92
2.	其他直接费	%	35086.12	2.50	877.15
3.	现场经费	%	35086.12	9.00	3157.75
二、	间接费	%	39121.03	9.00	3520.89
三、	企业利润	%	42641.92	7.00	2984.93
四、	税金	%	45626.86	3.22	1469.18
五、	其他				
六、	合计				47096.04

表 8-50 水利建筑工程预算单价计算表

工程名称:C25 混凝土防浪墙工程

C25 混凝土防浪墙					
定额编号	40135	单价编号	500109001003	定额单位:100m³	
施工方法:0.8m³ 搅拌机拌制混凝土					
工作内容:场内配运水泥、骨料,投料、加水、加外加剂、搅拌、出料、清洗					
编号	名称及规格	单 位	数 量	单价/元	合计/元
一、	直接工程费				6072.26
1.	直接费				5445.97

（续）

编号	名称及规格	单 位	数 量	单价/元	合计/元
（1）	人工费				879.60
	中级工	工时	91.1	5.62	512.35
	初级工	工时	120.7	3.04	367.24
（2）	材料费				106.78
	零星材料费	%	2.0	5339.19	106.78
（3）	机械费		8.64		4459.59
	搅拌机　0.8m³	台时	83.00	23.83	1977.89
	风水枪	台时	83.00	29.90	2481.70
2.	其他直接费	%	5445.97	2.50	136.15
3.	现场经费	%	5445.97	9.00	490.14
二、	间接费	%	6072.26	9.00	546.50
三、	企业利润	%	6618.76	7.00	463.31
四、	税金	%	7082.07	3.22	228.04
五、	其他				
六、	合计				7310.11

表 8-51　水利建筑工程预算单价计算表

工程名称:C25 混凝土防浪墙工程

C25 混凝土防浪墙					
定额编号	40150	单价编号	500109001003	定额单位:100m³	
施工方法:斗车运混凝土,运距200m					
工作内容:装、运、卸、清洗					
编号	名称及规格	单 位	数 量	单价/元	合计/元
一、	直接工程费				387.09
1.	直接费				347.17
（1）	人工费				307.00
	初级工	工时	100.9	3.04	307.00
（2）	材料费				19.65
	零星材料费	%	6.0	327.52	19.65
（3）	机械费				20.52
	V 型斗车　0.6m³	台时	38.00	0.54	20.52
2.	其他直接费	%	347.17	2.50	8.68
3.	现场经费	%	347.17	9.00	31.25
二、	间接费	%	387.09	9.00	34.84
三、	企业利润	%	421.93	7.00	29.54
四、	税金	%	451.47	3.22	14.54
五、	其他				
六、	合计				466.01

表 8-52　　水利建筑工程预算单价计算表

工程名称:C25 混凝土防浪墙工程

					C25 混凝土防浪墙
定额编号	40070		单价编号	500109001003	定额单位:100m³
施工方法:混凝土防浪墙浇筑					
编号	名称及规格	单 位	数 量	单价/元	合计/元
一、	直接工程费				37572.43
1.	直接费				33697.25
(1)	人工费				1709.95
	工长	工时	10.5	7.11	74.60
	高级工	工时	24.6	6.61	162.64
	中级工	工时	197.1	5.62	1108.50
	初级工	工时	119.7	3.04	364.20
(2)	材料费				24712.57
	混凝土　C25	m³	103	234.97	24201.91
	水	m³	140	0.19	26.10
	其他材料费	%	2.0	24228.01	484.56
(3)	机械费				1204.94
	振动器　1.1kW	台时	40.05	2.17	86.91
	风水枪	台时	10.00	29.90	299.00
	混凝土泵　30m³/h	台时	8.75	87.87	768.86
	其他机械费	%	13.00	385.91	50.17
(4)	嵌套项				6069.79
	混凝土拌制	m³	103	55.46	5712.38
	混凝土运输	m³	103	3.47	357.41
2.	其他直接费	%	33697.25	2.50	842.43
3.	现场经费	%	33697.25	9.00	3032.75
二、	间接费	%	37572.43	9.00	3381.52
三、	企业利润	%	40953.95	7.00	2866.78
四、	税金	%	43820.73	3.22	1411.03
五、	其他				
六、	合计				45231.75

表 8-53　　水利建筑工程预算单价计算表

工程名称:C25 混凝土路面工程

					C25 混凝土路面
定额编号	40135		单价编号	500109001004	定额单位:100m³
施工方法:0.8m³ 搅拌机拌制混凝土					
工作内容:场内配运水泥、骨料,投料、加水、加外加剂、搅拌、出料、清洗					
编号	名称及规格	单 位	数 量	单价/元	合计/元
一、	直接工程费				6072.26
1.	直接费				5445.97

（续）

编号	名称及规格	单位	数量	单价/元	合计/元
（1）	人工费				879.60
	中级工	工时	91.1	5.62	512.35
	初级工	工时	120.7	3.04	367.24
（2）	材料费				106.78
	零星材料费	%	2.0	5339.19	106.78
（3）	机械费		8.64		4459.59
	搅拌机 0.8m³	台时	83.00	23.83	1977.89
	风水枪	台时	83.00	29.90	2481.70
2.	其他直接费	%	5445.97	2.50	136.15
3.	现场经费	%	5445.97	9.00	490.14
二、	间接费	%	6072.26	9.00	546.50
三、	企业利润	%	6618.76	7.00	463.31
四、	税金	%	7082.07	3.22	228.04
五、	其他				
六、	合计				7310.11

表 8-54　水利建筑工程预算单价计算表

工程名称：C25 混凝土路面工程

C25 混凝土路面					
定额编号	40156	单价编号	500109001004	定额单位：100m³	

施工方法：机动翻斗车运混凝土，运距 200m

工作内容：装、运、卸、清洗

编号	名称及规格	单位	数量	单价/元	合计/元
一、	直接工程费				962.98
1.	直接费				863.66
（1）	人工费				296.10
	中级工	工时	36.50	5.62	205.13
	初级工	工时	29.9	3.04	90.97
（2）	材料费				48.89
	零星材料费	%	6.0	814.77	48.89
（3）	机械费				518.67
	机动翻斗车 1t	台时	22.60	22.95	518.67
2.	其他直接费	%	863.66	2.50	21.59
3.	现场经费	%	863.66	9.00	77.73
二、	间接费	%	962.98	9.00	86.67
三、	企业利润	%	1049.65	7.00	73.48
四、	税金	%	1123.13	3.22	36.16
五、	其他				
六、	合计				1159.29

表 8-55　水利建筑工程预算单价计算表

工程名称:C25 混凝土路面工程

<table>
<tr><td colspan="6" style="text-align:center">C25 混凝土路面</td></tr>
<tr><td>定额编号</td><td colspan="2" style="text-align:center">40099</td><td>单价编号</td><td>500109001004</td><td>定额单位:100m³</td></tr>
<tr><td colspan="6">施工方法:混凝土路面浇筑</td></tr>
<tr><td>编号</td><td>名称及规格</td><td>单　位</td><td>数　量</td><td>单价/元</td><td>合计/元</td></tr>
<tr><td>一、</td><td>直接工程费</td><td></td><td></td><td></td><td>36292.28</td></tr>
<tr><td>1.</td><td>直接费</td><td></td><td></td><td></td><td>32549.13</td></tr>
<tr><td>(1)</td><td>人工费</td><td></td><td></td><td></td><td>1698.43</td></tr>
<tr><td></td><td>工长</td><td>工时</td><td>10.9</td><td>7.11</td><td>77.45</td></tr>
<tr><td></td><td>高级工</td><td>工时</td><td>18.1</td><td>6.61</td><td>119.67</td></tr>
<tr><td></td><td>中级工</td><td>工时</td><td>188.5</td><td>5.62</td><td>1060.14</td></tr>
<tr><td></td><td>初级工</td><td>工时</td><td>145.0</td><td>3.04</td><td>441.18</td></tr>
<tr><td>(2)</td><td>材料费</td><td></td><td></td><td></td><td>24708.77</td></tr>
<tr><td></td><td>混凝土　C25</td><td>m³</td><td>103</td><td>234.97</td><td>24201.91</td></tr>
<tr><td></td><td>水</td><td>m³</td><td>120</td><td>0.19</td><td>22.37</td></tr>
<tr><td></td><td>其他材料费</td><td>%</td><td>2.0</td><td>24224.28</td><td>484.49</td></tr>
<tr><td>(3)</td><td>机械费</td><td></td><td></td><td></td><td>950.74</td></tr>
<tr><td></td><td>振动器　1.1kW</td><td>台时</td><td>40.05</td><td>2.17</td><td>86.91</td></tr>
<tr><td></td><td>风水枪</td><td>台时</td><td>26.00</td><td>29.90</td><td>777.40</td></tr>
<tr><td></td><td>其他机械费</td><td>%</td><td>10.00</td><td>864.31</td><td>86.43</td></tr>
<tr><td>(4)</td><td>嵌套项</td><td></td><td></td><td></td><td>5191.20</td></tr>
<tr><td></td><td>混凝土拌制</td><td>m³</td><td>103</td><td>41.76</td><td>4301.28</td></tr>
<tr><td></td><td>混凝土运输</td><td>m³</td><td>103</td><td>8.64</td><td>889.92</td></tr>
<tr><td>2.</td><td>其他直接费</td><td>%</td><td>32549.13</td><td>2.50</td><td>813.73</td></tr>
<tr><td>3.</td><td>现场经费</td><td>%</td><td>32549.13</td><td>9.00</td><td>2929.42</td></tr>
<tr><td>二、</td><td>间接费</td><td>%</td><td>36292.28</td><td>9.00</td><td>3266.31</td></tr>
<tr><td>三、</td><td>企业利润</td><td>%</td><td>39558.59</td><td>7.00</td><td>2769.10</td></tr>
<tr><td>四、</td><td>税金</td><td>%</td><td>42327.69</td><td>3.22</td><td>1362.95</td></tr>
<tr><td>五、</td><td>其他</td><td></td><td></td><td></td><td></td></tr>
<tr><td>六、</td><td>合计</td><td></td><td></td><td></td><td>43690.64</td></tr>
</table>

表 8-56　水利建筑工程预算单价计算表

工程名称:止水工程

<table>
<tr><td colspan="6" style="text-align:center">止水</td></tr>
<tr><td>定额编号</td><td colspan="2" style="text-align:center">40260</td><td>单价编号</td><td>500109008001</td><td>定额单位:100 延长米</td></tr>
<tr><td colspan="6">施工方法:采用紫铜片进行止水</td></tr>
<tr><td>编号</td><td>名称及规格</td><td>单　位</td><td>数　量</td><td>单价/元</td><td>合计/元</td></tr>
<tr><td>一、</td><td>直接工程费</td><td></td><td></td><td></td><td>56406.42</td></tr>
<tr><td>1.</td><td>直接费</td><td></td><td></td><td></td><td>50588.72</td></tr>
</table>

（续）

编号	名称及规格	单 位	数 量	单价/元	合计/元
（1）	人工费				2690.39
	工长	工时	25.5	7.11	181.18
	高级工	工时	178.7	6.61	1181.48
	中级工	工时	153.2	5.62	861.61
	初级工	工时	153.2	3.04	466.13
（2）	材料费				47725.81
	沥青	t	1.70	4220.00	7174.00
	木柴	t	0.57	400.00	228.00
	紫铜片厚15mm	kg	561.00	71.00	39831.00
	铜电焊条	kg	3.12	6.50	20.28
	其他材料费	%	1.00	47253.28	472.53
（3）	机械费				172.51
	电焊机25kVA	台时	13.48	12.21	164.59
	胶轮车	台时	8.80	0.90	7.92
2.	其他直接费	%	50588.72	2.50	1264.72
3.	现场经费	%	50588.72	9.00	4552.98
二、	间接费	%	56406.42	9.00	5076.58
三、	企业利润	%	61483.00	7.00	4303.81
四、	税金	%	65786.81	3.22	2118.34
五、	其他				
六、	合计				67905.14

表8-57 水利建筑工程预算单价计算表

工程名称：钢筋制作与安装工程

钢筋制作与安装					
定额编号	40289	单价编号	500111001001		定额单位：1t
适用范围：水工建筑物各部位及预制构件					
工作内容：回直、除锈、切断、弯制、焊接、绑扎及加工场至施工场地运输					
编号	名称及规格	单 位	数 量	单价/元	合计/元
一、	直接工程费				6352.79
1.	直接费				5697.57
（1）	人工费				550.65
	工长	工时	10.3	7.11	73.18
	高级工	工时	28.8	6.61	190.41
	中级工	工时	36.0	5.62	202.47
	初级工	工时	27.8	3.04	84.58
（2）	材料费				4854.36
	钢筋	t	1.02	4644.48	4737.37
	铁丝	kg	4.00	5.50	22.00
	电焊条	kg	7.22	6.50	46.93
	其他材料费	%	1.0	4806.30	48.06

（续）

编号	名称及规格	单 位	数 量	单价/元	合计/元
（3）	机械费				292.56
	钢筋调直机　14kW	台时	0.60	17.75	10.65
	风砂枪	台时	1.50	29.90	44.85
	钢筋切断机　20kW	台时	0.40	24.12	9.65
	钢筋弯曲机 $\Phi6\sim40$	台时	1.05	14.29	15.00
	电焊机　25kVA	台时	10.00	12.21	122.14
	对焊机　150型	台时	0.40	77.36	30.94
	载重汽车　5t	台时	0.45	95.61	43.02
	塔式起重机 10t	台时	0.10	105.64	10.56
	其他机械费	%	2	286.82	5.74
2.	其他直接费	%	5697.57	2.50	142.44
3.	现场经费	%	5697.57	9.00	512.78
二、	间接费	%	6352.79	9.00	571.75
三、	企业利润	%	6924.54	7.00	484.72
四、	税金	%	7409.25	3.22	238.58
五、	其他				
六、	合计				7647.83

表 8-58　水利建筑工程预算单价计算表

工程名称:帷幕灌浆工程

帷幕灌浆			
定额编号	70014	单价编号	500108002001	定额单位:100m

适用范围:露天作业,一排帷幕,自下而上分段灌浆

工作内容:洗孔、压水、制浆、灌浆、封孔、孔位转移

编号	名称及规格	单 位	数 量	单价/元	合计/元
一、	直接工程费				13120.22
1.	直接费				11767.01
（1）	人工费				3047.05
	工长	工时	35.0	7.11	248.68
	高级工	工时	57.0	6.61	376.86
	中级工	工时	212.0	5.62	1192.30
	初级工	工时	404.0	3.04	1229.21
（2）	材料费				1513.32
	水泥 32#	t	3.50	349.38	1222.83
	水	kg	490.00	0.19	93.10
	其他材料费	%	15.0	1315.93	197.39
（3）	机械费				7206.64
	灌浆泵中压泥浆	台时	128.80	33.86	4361.17
	灰浆搅拌机	台时	128.80	15.62	2011.86
	地质钻机150型	台时	12.00	39.52	474.24
	胶轮车	台时	18.00	0.90	16.20

（续）

编号	名称及规格	单 位	数 量	单价/元	合计/元
	其他机械费	%	5	6863.46	343.17
2.	其他直接费	%	11767.01	2.50	294.18
3.	现场经费	%	11767.01	9.00	1059.03
二、	间接费	%	13120.22	9.00	1180.82
三、	企业利润	%	14301.04	7.00	1001.07
四、	税金	%	15302.11	3.22	492.73
五、	其他				
六、	合计				15794.84

表 8-59 人工费汇总表

项目名称	单位	工长	高级工	中级工	初级工
基本工资标准	元/月	550.00	500.00	400.00	270.00
地区工资系数		1.0000	1.0000	1.0000	1.0000
地区津贴标准	元/月	0.00	0.00	0.00	0.00
夜餐津贴比率	%	30.00	30.00	30.00	30.00
施工津贴标准	元/天	5.30	5.30	5.30	2.65
基本工资标准	元/月	550.00	500.00	400.00	270.00
养老保险费率	%	20.00	20.00	20.00	10.00
住房公积金费率	%	5.00	5.00	5.00	2.50
工时单价	元/时	7.11	6.61	5.62	3.04

表 8-60 施工机械台时费汇总表

| 序号 | 名称及规格 | 台时费 | 其中: | | | | |
			折旧费	修理费	安拆费	人工费	动力燃料费
1	推土机 59kW	111.73	10.80	13.02	0.49	13.50	73.92
2	推土机 74kW	149.45	19.00	22.81	0.86	13.50	93.29
3	推土机 88kW	181.23	26.72	29.07	1.06	13.50	110.89
4	斜坡振动碾 10t	98.98	17.27	6.91			74.80
5	羊脚碾 5-7t	2.33	1.27	1.06			
6	振动碾 拖式 13-14t	107.93	17.23	7.1			83.60
7	单斗挖掘机液压 1m³	209.58	35.63	25.46	2.18	15.18	131.13
8	自卸汽车 8t	133.22	22.59	13.55		7.31	89.77
9	拖拉机履带式 74kW	122.19	9.65	11.38	0.54	13.50	87.13
10	装载机轮胎式 2m³	237.03	32.15	24.20		7.31	173.37
11	蛙式夯实机 2.8kW	14.41	0.17	1.01		11.25	1.98
12	灰浆搅拌机	15.62	0.83	2.28	0.20	7.31	4.99
13	胶轮车	0.90	0.26	0.64			
14	振捣器插入式 1.1kW	2.17	0.32	1.22			0.63
15	混凝土泵 30m³/h	87.87	30.48	20.63	2.10	13.50	21.17
16	风(砂)水枪 6m³/min	29.90	0.24	0.42			29.24
17	机动翻斗车 1t	22.95	1.22	1.22		7.31	13.20

序号	名称及规格	台时费	其中：				
			折旧费	修理费	安拆费	人工费	动力燃料费
18	载重汽车5t	95.61	7.77	10.86		7.31	69.67
19	电焊机交流25kVA	12.21	0.33	0.30	0.09		11.49
20	钢筋调直机4～14kW	17.75	1.60	2.69	0.44	7.31	5.71
21	钢筋弯曲机Φ6－40	14.29	0.53	1.45	0.24	7.31	4.76
22	对焊机电弧型150kVA	77.36	1.69	2.56	0.76	7.31	65.04
23	塔式起重机10t	105.64	41.37	16.89	3.10	15.18	29.09
24	电焊机20kW	17.56	0.94	0.60	0.17		15.85
25	地质钻机150型	39.52	3.80	8.56	2.37	16.31	8.48
26	灌浆泵中压泥浆	33.86	2.38	6.95	0.57	13.50	10.46
27	自卸汽车10t	151.15	30.49	18.30		7.31	95.05
28	风钻手持式	28.03	0.54	1.89			25.60
29	混凝土搅拌机0.8m³	33.62	4.39	6.3	1.35	7.31	14.27

表 8-61　主要材料价格汇总表

编号	名称及规格	单位	单位毛重/t	每吨每公里运费/元	价格/元（卸车费和保管费按照郑州市造价信息提供的价格计算）							
					原价	运距	卸车费	运杂费	保管费	运到工地分仓库价格/t	保险费	预算价/元
1	钢筋	t	1	0.70	4500	6	5	9.20	135.28	4509.20		4644.48
2	水泥32.5#	t	1	0.70	330	6	5	9.20	10.18	339.20		349.38
3	水泥42.5#	t	1	0.70	360	6	5	9.20	11.08	369.20		380.28
6	汽油	t	1	0.70	9390	6		4.20	281.83	9394.20		9676.03
7	柴油	t	1	0.70	8540	6		4.20	256.33	8544.20		8800.53
8	砂(中砂)	m³	1.55	0.70	110	6	5	14.26	3.73	124.26		127.99
9	石子(碎石)	m³	1.45	0.70	50	6	5	13.34	1.90	63.34		65.24
10	块石	m³	1.7	0.70	50	6	5	15.64	1.97	65.64		67.61

第6章 专门建筑物

例9 某地区农水电灌站工程

电灌站即用电作动力的排灌设备组装房。在河南省某一地区,为发展农业,保证农田旱涝保收,需在附近江河上修建一组电灌站厂房。采用1台型号为400HW-7的混流泵。工程内容主要包括引水口护砌,管道安装,水泵房建设,水泵安装,灌溉渠首建设等部分,如图9-1~图9-17所示(渠首17m,与现状斗渠相连接)。

其中,钢筋混凝土采用C25,除特殊说明外素混凝土采用C20,砂浆等级为M10;基础下超挖部分用10%水泥土回填,压实度不小于0.92,其他回填土压实度不小于0.90;所有沉降缝均用低发泡聚乙烯泡沫板填充;钢爬梯型号为T3A07-21,室内外钢栏杆型号为LG5-10,钢梯及栏杆制作安装及预埋件做法参照国家建筑标准设计图集。

试对本工程进行预算设计。

【解】 一、清单工程量

清单工程量计算规则:清单工程量依据施工图纸计算所得工程量乘以系数1.0。

1.土方工程

(1)进水池土方开挖(这里简化为柱体加锥体)(见图9-1、图9-2。注:此两图位于书末。)

清单工程量 $= 3.7 \times 2 \times 5.1 + (22.5 - 3.7) \times (23 - 2) \times 5.1/3 \mathrm{m}^3 = 708.90 \mathrm{m}^3$

【注释】 3.7、2——进水池开挖底部矩形的长度和宽度;

　　　　　22.5——进水池开口矩形长度;

　　　　　23——进水池开口矩形宽度;

　　　　　5.1——进水池开口矩形深度。

(2)泵室土方开挖(见图9-1、图9-2)

清单工程量 $= 4.6 \times 7.9 \times 1.05 + (1.2 + 1.9) \times 7.9 \times 0.7 \mathrm{m}^3 = 55.30 \mathrm{m}^3$

【注释】 4.6、7.9——泵室的宽度和长度;

　　　　　1.05——泵室开挖深度;

　　　　　(1.2 + 1.9)——泵室侧面开挖矩形宽度;

　　　　　7.9——泵室侧面开挖长度;

　　　　　0.7——泵室侧面开挖深度。

(3)进水池土方回填工程(黄砂垫层)(见图9-1)

清单工程量 $= (8.4 + 2.0)/2 \times 9.7 \times 0.05 + [14.9 \times 3.35 + (3.7 + 9.3)/2 \times 11.4] \times 0.05 \times$

　　　　　　$2 + (4.6 + 23)/2 \times 10.6 \times 0.05 + 3.7 \times 2 \times 0.05 \mathrm{m}^3$

　　　　　　$= 22.61 \mathrm{m}^3$

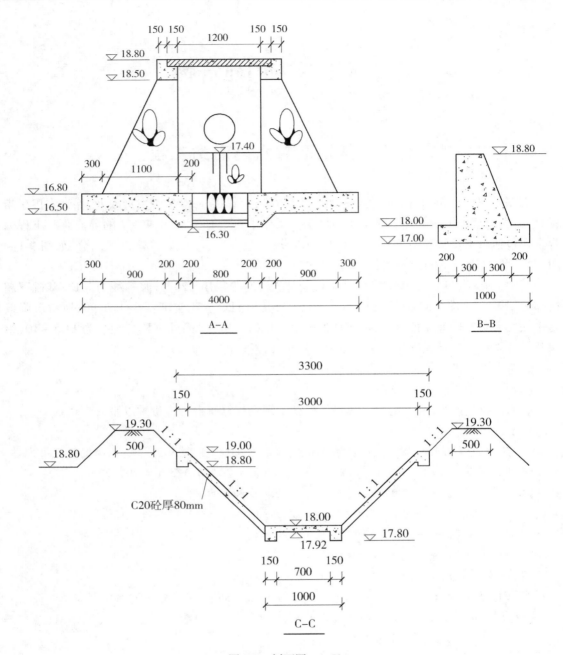

图 9-3　剖面图　1∶50

【注释】　(8.4 + 2.0)——进水池远端面梯形上、下边长度；

　　　　　9.7——进水池远端面梯形高度；

　　　　　14.9——进水池一侧三角形区域底边长；

　　　　　3.35——进水池一侧三角形区域对应底边高度；

　　　(3.7 + 9.3)——进水池一侧梯形上、下边长度；

　　　　　11.4——进水池一侧梯形高度；

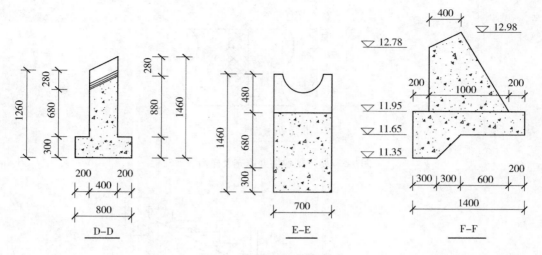

图 9-3　剖面图(续)　1：50

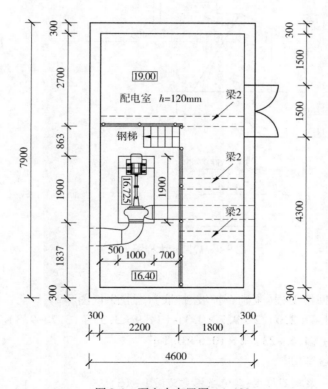

图 9-4　泵室内布置图　1：100

　(4.6 + 23)——进水池近端面梯形上、下边长度；

　　10.6——进水池近端面梯形高度；

　　0.05——黄砂垫层厚度；

　　3.7——进水池底长度；

　　2——进水池底宽度。

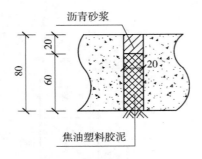

图 9-5　防渗渠伸缩缝填充大样图　1:5

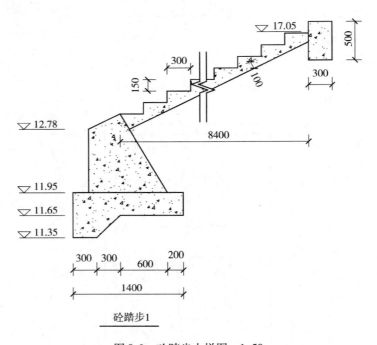

图 9-6　砼踏步大样图　1:50

2. 石方工程

(1)进水池石方回填工程(浆砌石护坡、护底)(见图9-1、图9-2)

清单工程量 $= (8.4 + 2.0)/2 \times 9.7 \times 0.3 + [14.9 \times 3.35 + (3.7 + 9.3)/2 \times 11.4] \times 0.3 \times$

$\qquad 2 + (4.6 + 23)/2 \times 10.6 \times 0.3 \text{m}^3$

$\qquad = 133.42 \text{m}^3$

【注释】　0.3——浆砌石厚度;其他数据意义同1-(3)。

(2)进水池石方回填工程——浆砌块石。

清单工程量 $= 3.7 \times 2 \times 0.3 \text{m}^3 = 2.22 \text{m}^3$

【注释】　3.7——浆砌石护底长度;

　　　　　2——浆砌石护底宽度;

　　　　　0.3——浆砌石护底厚度。

(3)进水池石方回填工程(碎石垫层)(见图9-1)

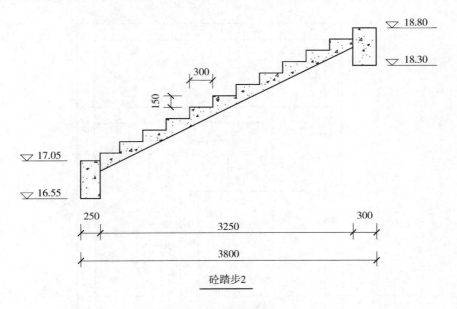

图 9-6　砼踏步大样图(续)　1:50

说明:1.图中高程采用黄海高程系,以 m 计,其余以 mm 计;

　　　2.钢筋砼采用 C25,除特殊说明外其余砼采用 C20,砂浆等级为 M10;

　　　3.防渗渠长度为 17m,每 5m 分缝,与现状斗渠连接,渠道疏浚参照防渗渠断面,疏浚长

　　　　度 50m。

清单工程量 $= (8.4 + 2.0)/2 \times 9.7 \times 0.1 + [14.9 \times 3.35 + (3.7 + 9.3)/2 \times 11.4] \times 0.1 \times$

$\qquad 2 + (4.6 + 23)/2 \times 10.6 \times 0.1 + 3.7 \times 2 \times 0.1 \mathrm{m}^3$

$\qquad = 45.22 \mathrm{m}^3$

【注释】　0.1——碎石垫层厚度;其他数据意义同 1 - (3)。

3.混凝土工程

(1)C25 混凝土支墩(见图 9-1、图 9-3、图 9-6)

进水池底部清单工程量 $= [(0.3 + 0.6)/2 \times 0.3 + 1.4 \times 0.3 + (1 + 0.4)/2 \times 0.93] \times 4.6 \mathrm{m}^3$

$\qquad = 5.55 \mathrm{m}^3$

【注释】　4.6——支墩(进水池底部)长度;其他尺寸见图 9-6。

进入泵室除进水池底部的支墩

清单工程量 $= [0.8 \times 0.3 + (0.68 + 0.88)/2 \times 0.4] \times 0.7 \times 3 \mathrm{m}^3 = 1.16 \mathrm{m}^3$

【注释】　0.8——支墩底部长度;

　　　　　0.3——支墩底部厚度;

　　　　　0.88——支墩上部高度;

　　　　　0.4——支墩上部厚度;

　　　　　0.7——支墩宽度;

　　　　　3——支墩个数。

总清单工程量 $= (5.55 + 1.16) \mathrm{m}^3 = 6.71 \mathrm{m}^3$

(2)C25 混凝土泵室(见图 9-1、图 9-2、图 9-13)

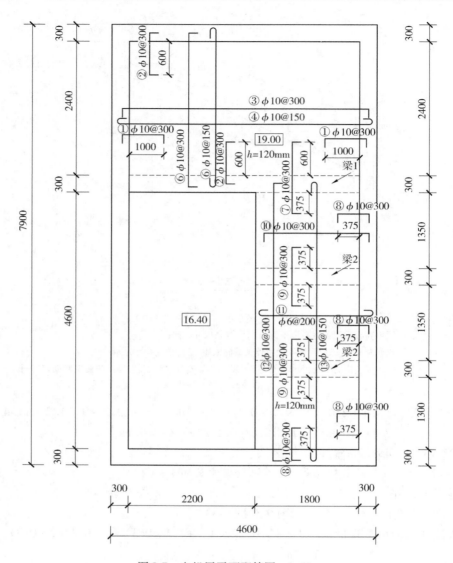

图 9-7 电机层平面配筋图 1:50

泵室东西墙部位：

清单工程量 $= (3 \times 7.9 - 0.9 \times 0.9) \times 0.3 \times 2\mathrm{m}^3 = 13.73\mathrm{m}^3$

【注释】 3——泵室东西墙混凝土浇筑高度；

7.9——泵室东西墙混凝土浇筑长度；

0.9——泵室东西墙预留孔长度和宽度；

0.3——泵室东西墙厚度。

泵室侧墙部位：

清单工程量 $= 3 \times 4.6 \times 0.3 \times 2\mathrm{m}^3 = 8.28\mathrm{m}^3$

【注释】 3——泵室侧墙混凝土浇筑高度；

4.6——泵室侧墙混凝土浇筑长度；

0.3——泵室侧墙厚度。

编号	型式与尺寸	直径 /mm	每根长 /mm	数量 /根	总长 /米	直径 /mm	全 长 /米	重 量 /Kg
	钢 筋 明 细 表			构件材料表				
1	75 ⌐ 1200 ⌐	Φ10	1350	15	12550	φ6	6667	1480
2	75 ⌐ 800 ⌐	Φ10	950	18	8330	φ8	7045	2783
3	75 ⌐ 4300 ⌐	Φ10	4450	8	5332	Φ10	9724	6000
4	100 ⌐ 4300 ⌐	Φ10	4500	16	4225	Φ12	18930	16810
5	75 ⌐ 2700 ⌐	Φ10	2850	15	6262	Φ14	18995	22945
6	100 ⌐ 2700 ⌐	Φ10	2900	30	4263	Φ16	4263	6727
7	75 ⌐ 1275 ⌐	Φ10	1425	6	6667		1960	3916
8	75 ⌐ 575 ⌐	Φ10	725	21	3462	钢筋总重		60661
9	75 ⌐ 1050 ⌐	Φ10	1350	12	3375	砼用量		(m)³
10	75 ⌐ 1970 ⌐	Φ10	2120	12	6375			6000
11	100 ⌐ 1970 ⌐	Φ10	2170	23	1960			
12	75 ⌐ 5000 ⌐	Φ10	5150	6	1113			
13	100 ⌐ 5000 ⌐	Φ10	5200	12	4263			
14	320 ⌐ 4530 ⌐	Φ16	5170	6	6667			
15	230 × 230 □	φ8	990	21	3462			
16	500 ⌐ 2030 ⌐ 130	Φ16	2660	6	3375			
17	2100 ／ 130	Φ14	2230	6	6375			
18	230 × 130~230 □	φ8	平均940	22	1960			
19	150 ⌐ 300 ⌐	φ6	600	40	1113			
20	150 ⌐ 1410 ⌐	Φ10	1710	20				
21	φ100 150 50	Φ12	557	10	1113			

图 9-7　电机层平面配筋图(续)

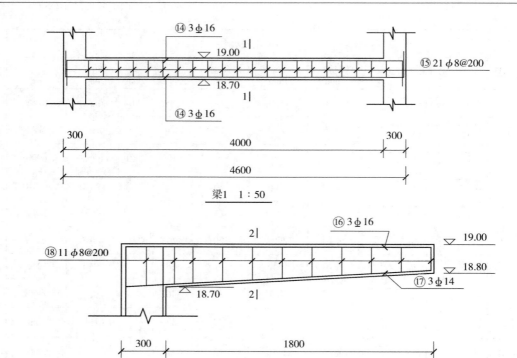

图 9-8　梁立面配筋图

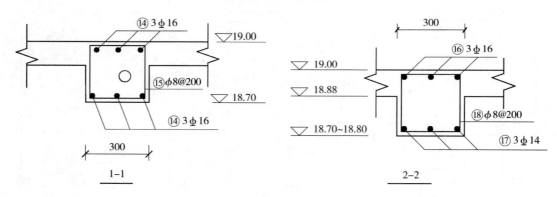

图 9-9　梁断面配筋图　1 : 25

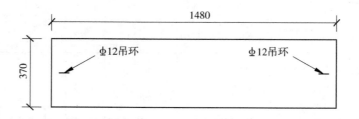

图 9-10　盖板平面图　1 : 25

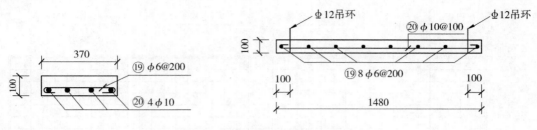

图 9-11　盖板配筋图(共 5 块)　1:25

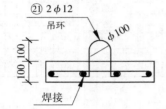

说明：1.图中高程采用黄海高程系，单位以m计，
　　　　其余均以mm计；
　　　2.钢筋保护层：板为25mm，其余为35mm；
　　　3.钢筋的搭接和锚固长度应该符合《水工
　　　　混凝土结构设计规范》的要求。

图 9-12　盖板吊环纵剖面图　1:25

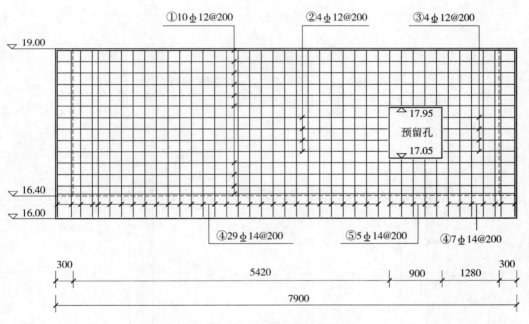

图 9-13　泵室西墙室外侧配筋图　1:50
（内侧与外侧相同）

泵室底板部位：

清单工程量 $= 7.9 \times 4.6 \times 0.4 \text{m}^3 = 14.54 \text{m}^3$

【注释】　7.9——泵室底板混凝土浇筑长度；

　　　　　4.6——泵室底板混凝土浇筑宽度；

　　　　　0.4——泵室底板混凝土浇筑厚度。

泵室总清单工程量 $= (13.73 + 8.28 + 14.54) \text{m}^3 = 36.55 \text{m}^3$

(3) C25 混凝土渠(见图 9-1、图 9-2、图 9-3)

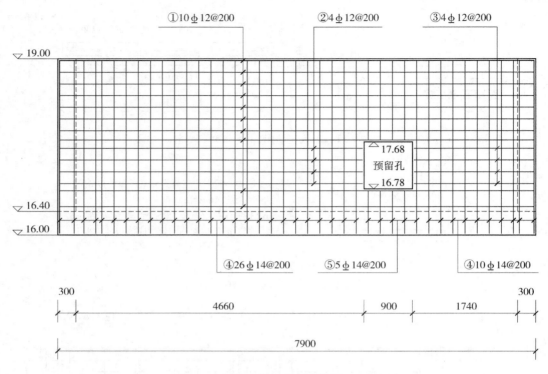

图 9-14 泵室东墙室外侧配筋图 1:50

（内侧与外侧相同）

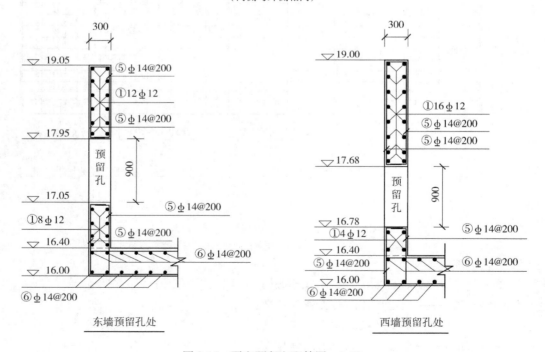

东墙预留孔处 西墙预留孔处

图 9-15 泵室预留空配筋图 1:50

编号	钢筋明细表					构件材料表		
	型式与尺寸	直径/mm	每根长/mm	数量/根	总长/m	直径/mm	全长/m	重量/Kg
1	7900	Φ12	7900	40	316	Φ12	6667	1480
2	5700	Φ12	5700	16	91	Φ14	7045	2783
3	1500	Φ12	1500	16	24			
4	3000	Φ14	3000	140	420			
5	1100	Φ14	1100	20	22			
6	7900	Φ14	7900	20	158			
7	8300	Φ14	8300	48	398	钢筋总重		60661
8	4600	Φ12	4600	52	239	砼用量		(m)³
9	3000	Φ14	3000	80	240			1430

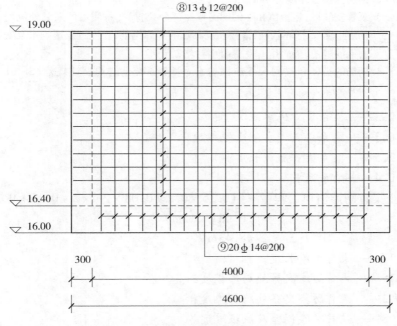

图 9-16　泵室侧墙室外侧配筋图　1∶50

（内侧与外侧相同）

C25 混凝土渠系渠首

清单工程量 $= [(3.1 \times 2 + 1.2) \times 2.3 + 1.2 \times 1] \times 0.3 + 2.5 \times 1.2 \times 0.4 \text{m}^3$

$= 6.67 \text{m}^3$

【注释】　3.1——渠系渠首进水池长度；

　　　　　1.2——渠系渠首进水池宽度；

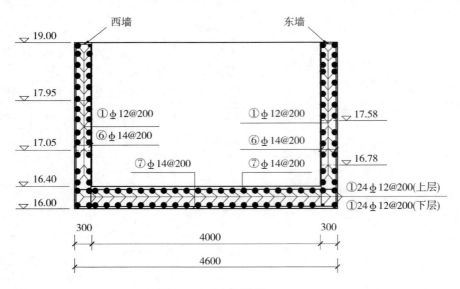

图 9-17　泵室配筋图　1:50

说明:1.图中高程采用黄海高程系,单位以 m 计,其余均以 mm 计;

2.钢筋保护层厚度为 35mm;

3.泵管安装后,将预留孔处的钢筋弯曲部分拉直,在每侧墙的泵管外侧增设 3 层直径 12 打环状筋,搭接长度不足的加焊钢筋,长度过长影响水泵安装的钢筋剪短,最后用 C30 混凝土封堵;

4.钢筋的搭接和锚固长度应该符合《水工混凝土结构设计规范》SL191 – 2008 的要求。

　　2.3——渠系渠首进水池深度;

　　0.3——渠系渠首进水池池壁厚度;

　　2.5——渠系渠首底板长度;

　　0.4——渠系渠首底板厚度。

C25 混凝土渠首防渗清单工程量 $= [(0.15 \times 0.2 + 0.08 \times 2) \times 2 + 0.15 \times 0.2 \times 2 + 0.7 \times 0.08] \times 17 m^3$

$= 8.43 m^3$

【注释】　17——渠首防渗长度;

　　　　0.15——渠首防渗交界处局部宽度;

　　　　0.2——渠首防渗交界处局部厚度;

　　　　0.08——渠首防渗侧壁及底板厚度。

(4)C25 混凝土渠系渠首堵头(见图 9-1、图 9-2)

清单工程量 $= (1.0 \times 0.2 + (0.3 + 0.6)/2 \times 0.8) \times (4.9 - 1.8) m^3 = 1.74 m^3$

【注释】　(4.9 – 1.8)——渠系渠首堵头长度;其他尺寸见图 9-6。

(5)混凝土踏步(见图 9-1、图 9-6)

混凝土踏步 1 清单工程量 $= \{[(0.3 + 0.6)/2 \times 0.3 + 1.4 \times 0.3 + (0.3 + 0.9)/2 \times 0.83] + 0.3 \times 0.5 + (0.1 \times 8.4)\} \times 1.0 m^3$

$= 2.04 m^3$

【注释】　1.0——混凝土踏步宽度。

混凝土踏步 2 清单工程量 $= (0.5 \times 0.25 + 0.5 \times 0.3 + 0.1 \times 3.25) \times 1.0 \mathrm{m}^3$

$$= 0.60 \mathrm{m}^3$$

【注释】　1.0——混凝土踏步宽度。

混凝土踏步总清单工程量 $= (2.04 + 0.60) \mathrm{m}^3 = 2.64 \mathrm{m}^3$

（6）钢筋工程

上述混凝土结构用钢筋清单工程量见表 9-1。

表 9-1　某电灌站工程钢筋用量汇总表

规　　格	总长度/m	单位长度重量/(kg/m)	总重/kg
$\phi 6$	108	0.222	24
$\phi 8$	105	0.395	41
$\phi 10$	839	0.617	518
$\phi 12$	1480	0.888	1314
$\phi 14$	1561	1.208	1886
$\phi 16$	30	1.578	47

清单工程量 $= (24 + 41 + 518 + 1314 + 1886 + 47) \mathrm{kg}$

$$= 3830 \mathrm{kg} = 3.83 \mathrm{t}$$

【注释】　其中规格直径≤10mm 的钢筋采用 HPB235 钢筋,规格直径≥12mm 的钢筋采用 HPB335 钢筋。

4. 附属结构工程量见表 9-2。

表 9-2　某电灌站工程附属结构设备明细表

名　　称	规格型号	单　位	数　量
拍门	DN400	个	1
长直管	DN400	m	5.5
混流泵	400HW－7 汽蚀余量≤4m	台	1
90°弯头	DN400	个	1
长直管	DN500	m	11.5
27°弯头	DN400	个	1
27°弯头	DN500	个	1
喇叭口	600～500	个	1
偏心渐缩管	500～400	个	1

清单工程量为:

混流泵 1 台,压力管道清单量 $= 3.14 \times 0.5 \times 0.008 \times 11.5 + 3.14 \times 0.4 \times 0.008 \times 5.5 \mathrm{t}$

$$= 0.200 \mathrm{t}$$

该除险加固工程中建筑及安装工程清单工程量计算表见表 9-3。

表 9-3　工程量清单计算表

序号	项目编码	项目名称	计量单位	工程量
1		建筑工程		
1.1		土方工程		
1.1.1	500101002001	进水池土方开挖	m^3	708.90
1.1.2	500101005001	泵室土方开挖	m^3	55.30
1.2		土石方填筑工程		
1.2.1	500103001001	进水池土方回填工程	m^3	22.61
1.2.2	500103007001	碎石垫层	m^3	45.22
1.3		砌筑工程		
1.3.1	500105003001	浆砌石护坡	m^3	133.42
1.3.2	500105003002	浆砌石护底	m^3	2.22
1.4		混凝土工程		
1.4.1	500109001001	C25 混凝土支墩	m^3	6.71
1.4.2	500109001002	C25 混凝土泵室	m^3	36.55
1.4.3	500109001003	C25 混凝土渠系渠首	m^3	6.67
1.4.4	500109001005	C25 混凝土渠首防渗	m^3	8.43
1.4.5	500109001004	C25 混凝土渠系堵头	m^3	1.74
1.4.6	500109005001	C25 混凝土踏步	m^3	2.64
1.5		钢筋、钢构件加工及安装工程		
1.5.1	500111001001	钢筋加工及安装	t	3.83
2		金属结构及安装工程		
2.1	500202008001	压力管道	t	0.200
2.2	500201002001	混流泵	台	1

二、定额工程量(套用《水利建筑工程预算定额》中华人民共和国水利部)

1. 土方工程

(1)进水池土方开挖——1m³挖掘机挖装土自卸汽车运输

定额工程量 $= 3.7 \times 2 \times 5.1 + (22.5 - 3.7) \times (23 - 2) \times 5.1/3 \text{ m}^3$
$= 708.90 \text{ m}^3 = 7.089(100 \text{ m}^3)$

适用范围:Ⅲ类土、露天作业。

工作内容:挖装、运输、卸除、空回。

套用定额编号 10365,定额单位:100m³。

(2)泵室土方开挖——1m³挖掘机装土自卸汽车运输

定额工程量 $= 4.6 \times 7.9 \times 1.05 + (1.2 + 1.9) \times 7.9 \times 0.7 \text{ m}^3$
$= 55.30 \text{ m}^3 = 0.553(100 \text{ m}^3)$

适用范围:Ⅲ类土、露天作业。

工作内容:挖装、运输、卸除、空回。

套用定额编号 10366,定额单位:100m³。

（3）进水池土方回填工程——建筑物回填土石

定额工程量 $= (8.4+2.0)/2 \times 9.7 \times 0.05 + [14.9 \times 3.35 + (3.7+9.3)/2 \times 11.4] \times 0.05 \times$

$\qquad 2 + (4.6+23)/2 \times 10.6 \times 0.05 + 3.7 \times 2 \times 0.05 m^3$

$\qquad = 22.61 m^3 = 0.2261(100 m^3)$

套用定额编号 10465，定额单位：100 m³ 实方。

2. 砌石工程

（1）进水池石方回填工程——浆砌块石

定额工程量 $= (8.4+2.0)/2 \times 9.7 \times 0.3 + [14.9 \times 3.35 + (3.7+9.3)/2 \times 11.4] \times 0.3 \times$

$\qquad 2 + (4.6+23)/2 \times 10.6 \times 0.3 m^3$

$\qquad = 133.42 m^3 = 1.3342(100 m^3)$

工作内容：选石、修石、冲洗、拌浆、砌石、勾缝。

套用定额编号 30017，定额单位：100 m³。

（2）进水池石方回填工程——浆砌块石

定额工程量 $= 3.7 \times 2 \times 0.3 m^3 = 2.22 m^3$

工作内容：选石、修石、冲洗、拌浆、砌石、勾缝。

套用定额编号 30019，定额单位：100 m³。

（3）消力池石方回填工程——人工铺筑砂石垫层

定额工程量 $= (8.4+2.0)/2 \times 9.7 \times 0.1 + [14.9 \times 3.35 + (3.7+9.3)/2 \times 11.4] \times 0.1 \times$

$\qquad 2 + (4.6+23)/2 \times 10.6 \times 0.1 + 3.7 \times 2 \times 0.1 m^3$

$\qquad = 45.22 m^3 = 0.4522(100 m^3)$

工作内容：修坡、压实。

套用定额编号 30001，定额单位：100 m³。

3. 混凝土工程

（1）C25 混凝土支墩——墩

定额工程量 $= [(0.3+0.6)/2 \times 0.3 + 1.4 \times 0.3 + (1+0.4)/2 \times 0.93] \times 4.6 + [0.8 \times$

$\qquad 0.3 + (0.68+0.88)/2 \times 0.4] \times 0.7 \times 3 m^3$

$\qquad = 6.71 m^3 = 0.0671(100 m^3)$

适用范围：水闸闸墩、溢洪道闸墩、桥墩、靠船墩、渡槽墩、镇支墩等。

套用定额编号 40067，定额单位：100 m³。

①搅拌楼拌制混凝土

定额工程量 $= [(0.3+0.6)/2 \times 0.3 + 1.4 \times 0.3 + (1+0.4)/2 \times 0.93] \times 4.6 + [0.8 \times$

$\qquad 0.3 + (0.68+0.88)/2 \times 0.4] \times 0.7 \times 3 m^3$

$\qquad = 6.71 m^3 = 0.0671(100 m^3)$

工作内容：储料、配料、分料、搅拌、加水、加外加剂、出料、机械清洗。

套用定额 40136，定额单位：100 m³。

②自卸汽车运混凝土

定额工程量 $= [(0.3+0.6)/2 \times 0.3 + 1.4 \times 0.3 + (1+0.4)/2 \times 0.93] \times 4.6 + [0.8 \times$

$\qquad 0.3 + (0.68+0.88)/2 \times 0.4] \times 0.7 \times 3 m^3$

$\qquad = 6.71 m^3 = 0.0671(100 m^3)$

适用范围:配合搅拌楼或设有储料箱装车。

工作内容:装车、运输、卸料、空回、清洗。

套用定额编号 40166,定额单位:100m³。

(2)C25 混凝土泵室——泵站

定额工程量 = (13.73 + 8.28 + 14.54)m³ = 36.55m³ = 0.3655(100m³)

适用范围:抽水站、扬水站或泵站。

套用定额编号 40019,定额单位:100m³。

①搅拌楼拌制混凝土

定额工程量 = (13.73 + 8.28 + 14.54)m³ = 36.55m³ = 0.3655(100m³)

工作内容:储料、配料、分料、搅拌、加水、加外加剂、出料、机械清洗。

套用定额 40136,定额单位:100m³

②自卸汽车运混凝土

定额工程量 = (13.73 + 8.28 + 14.54)m³ = 36.55m³ = 0.3655(100m³)

适用范围:配合搅拌楼或设有储料箱装车。

工作内容:装车、运输、卸料、空回、清洗。

套用定额编号 40166,定额单位:100m³。

(3)C25 混凝土渠系渠首——明渠

定额工程量 = [(3.1 × 2 + 1.2) × 2.3 + 1.2 × 1] × 0.3 + 2.5 × 1.2 × 0.4m³
          = 6.67m³ = 0.0667(100m³)

套用定额编号 40062,定额单位:100m³。

C25 混凝土渠首防渗——明渠

定额工程量 = [(0.15 × 0.2 + 0.08 × 2) × 2 + 0.15 × 0.2 × 2 + 0.7 × 0.08] × 17m³
          = 8.43m³ = 0.0843(100m³)

套用定额编号 40061,定额单位:100m³。

①搅拌楼拌制混凝土

定额工程量 = (6.67 + 8.43)m³ = 15.10m³ = 0.151(100m³)

工作内容:储料、配料、分料、搅拌、加水、加外加剂、出料、机械清洗。

套用定额 40136,定额单位:100m³。

②自卸汽车运混凝土

定额工程量 = (6.67 + 8.43)m³ = 15.10m³ = 0.151(100m³)

适用范围:配合搅拌楼或设有储料箱装车。

工作内容:装车、运输、卸料、空回、清洗。

套用定额编号 40166,定额单位:100m³。

(4)C25 混凝土渠系渠首堵头——墙

定额工程量 = (1.0 × 0.2 + (0.3 + 0.6)/2 × 0.8) × (4.9 - 1.8)m³
          = 1.74m³ = 0.0174(100m³)

套用定额编号编号 40068,定额单位:100m³。

①搅拌楼拌制混凝土

定额工程量 = (1.0 × 0.2 + (0.3 + 0.6)/2 × 0.8) × (4.9 - 1.8)

$$= 1.74(m^3) = 0.0174(100m^3)$$

工作内容:储料、配料、分料、搅拌、加水、加外加剂、出料、机械清洗。

套用定额40136,定额单位:100m³。

②自卸汽车运混凝土

定额工程量 $= (1.0 \times 0.2 + (0.3 + 0.6)/2 \times 0.8) \times (4.9 - 1.8) m^3$

$$= 1.74m^3 = 0.0174(100m^3)$$

适用范围:配合搅拌楼或设有储料箱装车。

工作内容:装车、运输、卸料、空回、清洗。

套用定额编号40166,定额单位:100m³。

(5)混凝土踏步——其他混凝土

定额工程量 $= (2.04 + 0.60)m^3 = 2.64m^3 = 0.0264(100m^3)$

套用定额编号40101,定额单位:100m³。

①搅拌楼拌制混凝土

定额工程量 $= (2.04 + 0.60)m^3 = 2.64m^3 = 0.0264(100m^3)$

工作内容:储料、配料、分料、搅拌、加水、加外加剂、出料、机械清洗。

套用定额40136,定额单位:100m³。

②自卸汽车运混凝土

定额工程量 $= (2.04 + 0.60)m^3 = 2.64m^3 = 0.0264(100m^3)$

适用范围:配合搅拌楼或设有储料箱装车。

工作内容:装车、运输、卸料、空回、清洗。

套用定额编号40166,定额单位:100m³。

4. 钢筋加工及安装

钢筋制作及安装定额工程量 $= (24 + 41 + 518 + 1314 + 1886 + 47) kg$

$$= 3830kg = 3.83t$$

套用定额编号40289,定额单位:1t。

5. 金属结构安装

(1)混流泵的安装

定额工程量 $= 12(t)$

套用定额编号04001,定额单位:1 台。

(2)压力钢管

定额工程量 $= 3.14 \times 0.5 \times 0.008 \times 11.5 + 3.14 \times 0.4 \times 0.008 \times 5.5t = 0.200t$

套用定额编号13092,定额单位:1t。

该农水电灌站工程分类分项工程工程量清单计价表见表9-4,工程单价汇总表见表9-5。

表9-4　分类分项工程工程量清单计价表

序号	项目编码	项目名称	计量单位	工程量	单价/元	合价/元
1		建筑工程				
1.1		土方工程				
1.1.1	500101002001	进水池土方开挖	m³	708.90	18.86	13369.85

（续）

序号	项目编码	项目名称	计量单位	工程量	单价/元	合价/元
1.1.2	500101005001	泵室土方开挖	m³	55.30	23.00	1271.92
1.2		土石方填筑工程				
1.2.1	500103001001	进水池土方回填工程	m³	22.61	16.92	382.56
1.2.2	500103007001	碎石垫层	m³	45.22	142.66	6451.09
1.3		砌筑工程				
1.3.1	500105003001	浆砌石护坡	m³	133.42	334.59	44641.00
1.3.2	500105003002	浆砌石护底	m³	2.22	326.66	725.19
1.4		混凝土工程				
1.4.1	500109001001	C25 混凝土支墩	m³	6.71	529.62	3553.75
1.4.2	500109001002	C25 混凝土泵室	m³	36.55	566.60	20709.23
1.4.3	500109001003	C25 混凝土渠系渠首	m³	6.67	555.33	3704.05
1.4.4	500109001005	C25 混凝土渠首防渗	m³	8.43	579.14	4882.15
1.4.5	500109001004	C25 混凝土渠系堵头	m³	1.74	570.26	992.25
1.4.6	500109005001	C25 混凝土踏步	m³	2.64	582.82	1538.65
1.5		钢筋、钢构件加工及安装工程				
1.5.1	500111001001	钢筋加工及安装	t	3.83	9879.06	37836.80
2		金属结构及安装工程				
2.1	500202008001	压力管道	t	0.200	12806.05	2561.21
2.2	500201002001	混流泵	台	1	79717.16	79717.16

表 9-5　工程单价汇总表

序号	项目编码	项目名称	计量单位	人工费	材料费	机械费	施工管理费和利润	税金
1		建筑工程						
1.1		土方工程						
1.1.1	500101002001	进水池土方开挖	m³	0.20	0.46	11.31	2.22	4.66
1.1.2	500101005001	泵室土方开挖	m³	0.20	0.56	13.84	2.71	5.68
1.2		土石方填筑工程						
1.2.1	500103001001	进水池土方回填工程	m³	7.22	0.47	2.12	2.94	4.18
1.2.2	500103007001	碎石垫层	m³	15.40	67.21	0.00	24.82	35.24
1.3		砌筑工程						
1.3.1	500105003001	浆砌石护坡	m³	35.14	156.14	2.47	58.21	82.64
1.3.2	500105003002	浆砌石护底	m³	30.54	156.14	2.47	56.83	80.68
1.4		混凝土工程						
1.4.1	500109001001	C25 混凝土支墩	m³	21.02	248.77	36.89	92.13	130.81
1.4.2	500109001002	C25 混凝土泵室	m³	39.55	253.71	34.83	98.57	139.94

（续）

序号	项目编码	项目名称	计量单位	人工费	材料费	机械费	施工管理费和利润	税金
1.4.3	500109001003	C25 混凝土渠系渠首	m³	30.65	246.55	44.36	96.61	137.16
1.4.4	500109001005	C25 混凝土渠首防渗	m³	39.08	246.55	49.72	100.75	143.04
1.4.5	500109001004	C25 混凝土渠系堵头	m³	30.83	248.98	50.40	99.20	140.85
1.4.6	500109005001	C25 混凝土踏步	m³	52.49	248.86	36.13	101.39	143.95
1.5		钢筋、钢构件加工及安装工程						
1.5.1	500111001001	钢筋加工及安装	t	550.65	4854.36	315.47	1718.57	2440.01
2		金属结构及安装工程						
2.1	500202008001	压力管道	t	1075.20	1571.15	1407.74	5589.02	3162.94
2.2	500201002001	混流泵	台	21584.70	1148.05	2503.83	34791.40	19689.18

该电灌站工程量清单综合单价分析表见表9-6～表9-20。

表9-6　工程量清单综合单价分析

工程名称：某电灌站工程　　　　　　　　标段：　　　　　　　　　第1页　共15页

项目编码	500101002001	项目名称	进水池土方开挖	计量单位	m³

清单综合单价组成明细

定额编号	定额名称	定额单位	数量	单价				合价			
				人工费	材料费	机械费	管理费和利润	人工费	材料费	机械费	管理费和利润
10365	1m³挖掘机挖装土自卸汽车运输	100m³	708.90/708.90/100 = 0.01	20.39	46.07	1131.36	222.1	0.20	0.46	11.31	2.22
人工单价			小　计					0.20	0.46	11.31	2.22
3.04 元/工时(初级工)			未计材料费					—			
		清单项目综合单价						14.20			

材料费明细	主要材料名称、规格、型号	单位	数量	单价/元	合价/元	暂估单价/元	暂估合价/元
	其他材料费			—	0.46	—	
	材料费小计			—	0.46		

表 9-7　工程量清单综合单价分析

工程名称:某电灌站工程　　　　　　　　标段:　　　　　　　　

| 项目编码 | 500101005001 | 项目名称 | | 泵室土方开挖 | | 计量单位 | | | m³ |

| | | | | | 清单综合单价组成明细 | | | | | | |

定额编号	定额名称	定额单位	数量	单价				合价			
				人工费	材料费	机械费	管理费和利润	人工费	材料费	机械费	管理费和利润
10366	1m³挖掘机挖装土自卸汽车运输	100m³	55.30/55.30/100=0.01	20.39	56.19	1384.47	270.91	0.20	0.56	13.84	2.71
人工单价			小　计					0.20	0.56	13.84	2.71
3.04 元/工时(初级工)			未计材料费					—			
清单项目综合单价								17.32			

材料费明细	主要材料名称、规格、型号	单位	数量	单价/元	合价/元	暂估单价/元	暂估合价/元
	其他材料费			—	0.56	—	
	材料费小计			—	0.56	—	

表 9-8　工程量清单综合单价分析

工程名称:某电灌站工程　　　　　　　　标段:　　　　　　　　

| 项目编码 | 500103001001 | 项目名称 | | 进水池土方回填工程 | | 计量单位 | | | m³ |

| | | | | | 清单综合单价组成明细 | | | | | | |

定额编号	定额名称	定额单位	数量	单价				合价			
				人工费	材料费	机械费	管理费和利润	人工费	材料费	机械费	管理费和利润
10465	建筑物回填土石	100m³实方	22.61/22.61/100=0.01	721.53	46.66	211.65	294.37	7.22	0.47	2.12	2.94
人工单价			小　计					7.22	0.47	2.12	2.94
3.04 元/工时(初级工)			未计材料费					—			
清单项目综合单价								12.74			

材料费明细	主要材料名称、规格、型号	单位	数量	单价/元	合价/元	暂估单价/元	暂估合价/元
	其他材料费			—	0.47	—	
	材料费小计			—	0.47	—	

表9-9 工程量清单综合单价分析

工程名称:某电灌站工程 　　　　　　　标段: 　　　　　　　第4页　共15页

项目编码	500103007001	项目名称		碎石垫层		计量单位		m³

清单综合单价组成明细

定额编号	定额名称	定额单位	数量	单 价				合 价			
				人工费	材料费	机械费	管理费和利润	人工费	材料费	机械费	管理费和利润
30001	人工铺筑砂石垫层	100m³	45.22/45.22/100=0.01	1539.62	6721.05	0.00	2481.71	15.40	67.21	0.00	24.82
	人工单价		小　计					15.40	67.21	0.00	24.82
3.04元/工时(初级工)7.11元/工时(工长)			未计材料费					—			
			清单项目综合单价					107.42			

材料费明细	主要材料名称、规格、型号			单位	数量	单价/元	合价/元	暂估单价/元	暂估合价/元
	碎石			m³	1.02	65.24	66.55		
	其他材料费					—	0.67		
	材料费小计					—	67.21		—

表9-10 工程量清单综合单价分析

工程名称:某电灌站工程 　　　　　　　标段: 　　　　　　　第5页　共15页

项目编码	500105003001	项目名称		引水渠段边坡浆砌石衬砌工程		计量单位		m³

清单综合单价组成明细

定额编号	定额名称	定额单位	数量	单 价				合 价			
				人工费	材料费	机械费	管理费和利润	人工费	材料费	机械费	管理费和利润
30017	浆砌块石	100m³	133.42/133.42/100=0.01	3513.53	15614.36	246.58	5820.57	35.14	156.14	2.47	58.21
	人工单价		小　计					35.14	156.14	2.47	58.21
3.04元/工时(初级工)5.62元/工时(中级工)7.11元/工时(工长)			未计材料费					—			
			清单项目综合单价					251.95			

材料费明细	主要材料名称、规格、型号			单位	数量	单价/元	合价/元	暂估单价/元	暂估合价/元
	块石			m³	1.08	67.61	73.02		
	砂浆			m³	0.35	233.28	82.35		
	其他材料费					—	0.78		
	材料费小计					—	156.14		—

表 9-11 工程量清单综合单价分析

工程名称：某电灌站工程　　　　　　　　　　标段：　　　　　　　　第 6 页　共 15 页

项目编码	500105003002	项目名称		浆砌石护底			计量单位			m³

清单综合单价组成明细

定额编号	定额名称	定额单位	数量	单价				合价			
				人工费	材料费	机械费	管理费和利润	人工费	材料费	机械费	管理费和利润
30019	浆砌块石	100m³	2.22/2.22/100＝0.01	3054.28	15614.36	246.58	5682.59	30.54	156.14	2.47	56.83
人工单价			小　计					30.54	156.14	2.47	56.83

人工单价			
3.04 元/工时（初级工） 5.62 元/工时（中级工） 7.11 元/工时（工长）	未计材料费		—

清单项目综合单价	245.98

材料费明细	主要材料名称、规格、型号	单位	数量	单价/元	合价/元	暂估单价/元	暂估合价/元
	块石	m³	1.08	67.61	73.02		
	砂浆	m³	0.35	233.28	82.35		
	其他材料费			—	0.78	—	
	材料费小计			—	156.14	—	

表 9-12 工程量清单综合单价分析

工程名称：某电灌站工程　　　　　　　　　　标段：　　　　　　　　第 7 页　共 15 页

项目编码	500109001001	项目名称		C25 混凝土支墩			计量单位			m³

清单综合单价组成明细

定额编号	定额名称	定额单位	数量	单价				合价			
				人工费	材料费	机械费	管理费和利润	人工费	材料费	机械费	管理费和利润
40136	搅拌楼拌制混凝土	100m³	103/100/100＝0.01	167.67	103.74	1907.11		1.73	1.07	19.64	
40166	自卸汽车运混凝土	100m³	103/100/100＝0.01	100.13	67.67	1253.34		1.03	0.70	12.91	
40067	墩	100m³	6.79/6.79/100＝0.01	1825.93	24700.38	434	9213.41	18.26	247.00	4.34	92.13
人工单价			小　计					21.02	248.77	36.89	92.13

人工单价			
3.04 元/工时（初级工） 5.62 元/工时（中级工） 6.61 元/工时（高级工） 7.11 元/工时（工长）	未计材料费		—

清单项目综合单价	398.81

（续）

材料费明细	主要材料名称、规格、型号	单位	数量	单价/元	合价/元	暂估单价/元	暂估合价/元
	混凝土　C25	m³	1.03	234.98	242.03		
	水	m³	0.70	0.19	0.13		
	其他材料费			—	6.61	—	
	材料费小计			—	248.77	—	

表 9-13　工程量清单综合单价分析

工程名称:某电灌站工程　　　　　　　　　　标段:　　　　　　　　　　　第 8 页　共 15 页

项目编码	500109001002	项目名称			C25 混凝土泵室		计量单位		m³

清单综合单价组成明细

定额编号	定额名称	定额单位	数量	单　价				合　价			
				人工费	材料费	机械费	管理费和利润	人工费	材料费	机械费	管理费和利润
40136	搅拌楼拌制混凝土	100m³	103/100/100 = 0.01	167.67	103.74	1907.11		1.73	1.07	19.64	
40166	自卸汽车运混凝土	100m³	103/100/100 = 0.01	100.13	67.67	1253.34		1.03	0.70	12.91	
40019	泵站	100m³	36.55/36.55/100 = 0.01	3679.15	25194.39	227.83	9856.63	36.79	251.94	2.28	98.57
人工单价			小　计					39.55	253.71	34.83	98.57
3.04 元/工时(初级工)											
5.62 元/工时(中级工)			未计材料费					—			
6.61 元/工时(高级工)											
7.11 元/工时(工长)											
	清单项目综合单价							426.66			

材料费明细	主要材料名称、规格、型号	单位	数量	单价/元	合价/元	暂估单价/元	暂估合价/元
	混凝土　C25	m³	1.03	234.98	242.03		
	水	m³	1.20	0.19	0.23		
	其他材料费			—	11.45	—	
	材料费小计			—	253.71	—	

表 9-14　工程量清单综合单价分析

工程名称:某电灌站工程　　　　　　　　　　标段:　　　　　　　　　　　第 9 页　共 15 页

项目编码	500109001003	项目名称			C25 混凝土渠系渠首		计量单位		m³

清单综合单价组成明细

定额编号	定额名称	定额单位	数量	单　价				合　价			
				人工费	材料费	机械费	管理费和利润	人工费	材料费	机械费	管理费和利润
400136	搅拌楼拌制混凝土	100m³	103/100/100 = 0.01	167.67	103.74	1907.11		1.73	1.07	19.64	

（续）

清单综合单价组成明细

定额编号	定额名称	定额单位	数量	单价				合价			
				人工费	材料费	机械费	管理费和利润	人工费	材料费	机械费	管理费和利润
40166	自卸汽车运混凝土	100m³	103/100/100=0.01	100.13	67.67	1253.34		1.03	0.70	12.91	
40062	明渠	100m³	6.67/6.67/100=0.01	2788.72	24478.93	1181.04	9660.55	27.89	244.79	11.81	96.61
人工单价			小 计					30.65	246.55	44.36	96.61
3.04元/工时(初级工) 5.62元/工时(中级工) 6.61元/工时(高级工) 7.11元/工时(工长)			未计材料费					—			
清单项目综合单价								418.17			

材料费明细	主要材料名称、规格、型号	单位	数量	单价/元	合价/元	暂估单价/元	暂估合价/元
	混凝土 C25	m³	1.03	234.98	242.03		
	水	m³	1.80	0.19	0.34		
	其他材料费			—	4.18	—	
	材料费小计			—	246.55		

表 9-15 工程量清单综合单价分析

工程名称:某电灌站工程　　　　　　　标段:　　　　　　　第10页 共15页

项目编码	500109001004	项目名称	C25 混凝土渠首防渗	计量单位	m³

清单综合单价组成明细

定额编号	定额名称	定额单位	数量	单价				合价			
				人工费	材料费	机械费	管理费和利润	人工费	材料费	机械费	管理费和利润
400136	搅拌楼拌制混凝土	100m³	103/100/100=0.01	167.67	103.74	1907.11		1.73	1.07	19.64	
40166	自卸汽车运混凝土	100m³	103/100/100=0.01	100.13	67.67	1253.34		1.03	0.70	12.91	
40061	明渠	100m³	7.92/7.92/100=0.01	3631.68	24478.93	1716.95	10074.8	36.32	244.79	17.17	100.75
人工单价			小 计					39.08	246.55	49.72	100.75
3.04元/工时(初级工) 5.62元/工时(中级工) 6.61元/工时(高级工) 7.11元/工时(工长)			未计材料费					—			
清单项目综合单价								436.10			

（续）

材 料 费 明 细	主要材料名称、规格、型号	单位	数量	单价 /元	合价 /元	暂估单 价/元	暂估合 价/元
	混凝土 C25	m³	1.03	234.98	242.03		
	水	m³	1.80	0.19	0.34		
	其他材料费			—	4.18		
	材料费小计			—	246.55		

表 9-16 工程量清单综合单价分析

工程名称：某电灌站工程　　　　　　　　　　标段：　　　　　　　　　第 11 页　共 15 页

项目编码	500109001005	项目名称	C25 混凝土渠系渠首堵头	计量单位	m³

<table>
<tr><th colspan="8" style="text-align:center">清单综合单价组成明细</th></tr>
<tr><td rowspan="2">定额
编号</td><td rowspan="2">定额名称</td><td rowspan="2">定额
单位</td><td rowspan="2">数量</td><td colspan="4">单　价</td><td colspan="4">合　价</td></tr>
<tr><td>人工费</td><td>材料费</td><td>机械费</td><td>管理费
和利润</td><td>人工费</td><td>材料费</td><td>机械费</td><td>管理费
和利润</td></tr>
<tr><td>400136</td><td>搅拌楼拌制混凝土</td><td>100m³</td><td>103/100/
100 = 0.01</td><td>167.67</td><td>103.74</td><td>1907.11</td><td></td><td>1.73</td><td>1.07</td><td>19.64</td><td></td></tr>
<tr><td>40166</td><td>自卸汽车运混凝土</td><td>100m³</td><td>103/100/
100 = 0.01</td><td>100.13</td><td>67.67</td><td>1253.34</td><td></td><td>1.03</td><td>0.70</td><td>12.91</td><td></td></tr>
<tr><td>40068</td><td>墙</td><td>100m³</td><td>1.74/1.74/
100 = 0.01</td><td>2807.64</td><td>24721.29</td><td>1784.43</td><td>9920.32</td><td>28.08</td><td>247.21</td><td>17.84</td><td>99.20</td></tr>
<tr><td colspan="2" style="text-align:center">人工单价</td><td colspan="2" style="text-align:center">小　计</td><td colspan="4"></td><td>30.83</td><td>248.98</td><td>50.40</td><td>99.20</td></tr>
<tr><td colspan="4">3.04 元/工时（初级工）
5.62 元/工时（中级工）
6.61 元/工时（高级工）
7.11 元/工时（工长）</td><td colspan="4" style="text-align:center">未计材料费</td><td colspan="4" style="text-align:center">—</td></tr>
<tr><td colspan="4" style="text-align:center">清单项目综合单价</td><td colspan="8" style="text-align:center">429.41</td></tr>
</table>

材 料 费 明 细	主要材料名称、规格、型号	单位	数量	单价 /元	合价 /元	暂估单 价/元	暂估合 价/元
	混凝土 C25	m³	1.03	234.98	242.03		
	水	m³	1.80	0.19	0.34		
	其他材料费			—	6.61		
	材料费小计			—	248.98		

表 9-17 工程量清单综合单价分析

工程名称：某电灌站工程　　　　　　　　　　标段：　　　　　　　　　第 12 页　共 15 页

项目编码	500109005001	项目名称	混凝土踏步	计量单位	m³

<table>
<tr><th colspan="8" style="text-align:center">清单综合单价组成明细</th></tr>
<tr><td rowspan="2">定额
编号</td><td rowspan="2">定额名称</td><td rowspan="2">定额
单位</td><td rowspan="2">数量</td><td colspan="4">单　价</td><td colspan="4">合　价</td></tr>
<tr><td>人工费</td><td>材料费</td><td>机械费</td><td>管理费
和利润</td><td>人工费</td><td>材料费</td><td>机械费</td><td>管理费
和利润</td></tr>
<tr><td>400136</td><td>搅拌楼拌制混凝土</td><td>100m³</td><td>103/100/
100 = 0.01</td><td>167.67</td><td>103.74</td><td>1907.11</td><td></td><td>1.73</td><td>1.07</td><td>19.64</td><td></td></tr>
<tr><td>40166</td><td>自卸汽车运混凝土</td><td>100m³</td><td>103/100/
100 = 0.01</td><td>100.13</td><td>67.67</td><td>1253.34</td><td></td><td>1.03</td><td>0.70</td><td>12.91</td><td></td></tr>
</table>

（续）

清单综合单价组成明细

定额编号	定额名称	定额单位	数量	单价				合价			
				人工费	材料费	机械费	管理费和利润	人工费	材料费	机械费	管理费和利润
40101	其他混凝土	100m³	2.64/2.64/100=0.01	4972.87	24709.89	357.91	10138.82	49.73	247.10	3.58	101.39
人工单价			小　计					52.49	248.86	36.13	101.39

人工单价		
3.04 元/工时（初级工）		
5.62 元/工时（中级工）	未计材料费	—
6.61 元/工时（高级工）		
7.11 元/工时（工长）		

清单项目综合单价	438.87

	主要材料名称、规格、型号	单位	数量	单价/元	合价/元	暂估单价/元	暂估合价/元
材料费明细	混凝土　C25	m³	1.03	234.98	242.03		
	水	m³	1.20	0.19	0.23		
	其他材料费			—	6.61	—	
	材料费小计			—	248.86	—	

表 9-18　工程量清单综合单价分析

工程名称：某电灌站工程　　　　　　　　　标段：　　　　　　　　　

项目编码	500111001001	项目名称	钢筋加工及安装	计量单位	t

清单综合单价组成明细

定额编号	定额名称	定额单位	数量	单价				合价			
				人工费	材料费	机械费	管理费和利润	人工费	材料费	机械费	管理费和利润
40289	钢筋制作与安装	t	3.83/3.83=1	550.65	4854.36	315.47	1718.57	550.65	4854.36	315.47	1718.57
人工单价			小　计					550.65	4854.36	315.47	1718.57

人工单价		
3.04 元/工时（初级工）		
5.62 元/工时（中级工）	未计材料费	—
6.61 元/工时（高级工）		
7.11 元/工时（工长）		

清单项目综合单价	7439.05

	主要材料名称、规格、型号	单位	数量	单价/元	合价/元	暂估单价/元	暂估合价/元
材料费明细	钢筋	t	1.02	4644.48	4737.37		
	铁丝	kg	4.00	5.50	22.00		
	电焊条	kg	7.22	6.50	46.93		
	其他材料费			—	48.06		
	材料费小计			—	4854.36		

表 9-19　工程量清单综合单价分析

工程名称:某电灌站工程　　　　　　　　　标段:　　　　　　　　　第 14 页　共 15 页

项目编码	500202008001	项目名称		压力管道的安装		计量单位			t

清单综合单价组成明细

定额编号	定额名称	定额单位	数量	单价				合价			
				人工费	材料费	机械费	管理费和利润	人工费	材料费	机械费	管理费和利润
13092	压力管道	t	0.20/0.20＝1	1075.20	1571.15	1407.74	5589.02	1075.20	1571.15	1407.74	5589.02
人工单价			小　计					1075.20	1571.15	1407.74	5589.02
3.04 元/工时(初级工) 5.62 元/工时(中级工) 6.61 元/工时(高级工) 7.11 元/工时(工长)			未计材料费					—			
清单项目综合单价								9643.11			

	主要材料名称、规格、型号	单位	数量	单价/元	合价/元	暂估单价/元	暂估合价/元
材料费明细	钢板	kg	19	4.60	87.40		
	型钢	kg	43	5.00	215.00		
	钢轨	kg	48	5.50	264.00		
	氧气	m³	7.6	4.00	30.40		
	乙炔气	m³	2.5	7.00	17.50		
	电焊条	kg	21	6.50	136.50		
	油漆	kg	2.1	10.00	21.00		
	木材	m³	0.04	2020.00	80.80		
	电	kVA	53	0.91	48.23		
	碳精棒	根	14	8.00	112.00		
	探伤材料	张	5.3	17.00	90.10		
	其他材料费			—	468.22	—	
	材料费小计			—	1571.15		

表 9-20　工程量清单综合单价分析

工程名称:某电灌站工程　　　　　　　　　标段:　　　　　　　　　第 15 页　共 15 页

项目编码	500201002001	项目名称		水泵的安装		计量单位			台

清单综合单价组成明细

定额编号	定额名称	定额单位	数量	单价				合价			
				人工费	材料费	机械费	管理费和利润	人工费	材料费	机械费	管理费和利润
04001	混流泵	台	1/1＝1	21584.70	1148.05	2503.83	34791.40	21584.70	1148.05	2503.83	34791.40
人工单价			小　计					21584.70	1148.05	2503.83	34791.40
3.04 元/工时(初级工) 5.62 元/工时(中级工) 6.61 元/工时(高级工) 7.11 元/工时(工长)			未计材料费					—			

（续）

清单项目综合单价					60027.98		
材料费明细	主要材料名称、规格、型号	单位	数量	单价/元	合价/元	暂估单价/元	暂估合价/元
	钢板	kg	62	4.60	285.20		
	型钢	kg	100	5.00	500.00		
	电焊条	kg	32	6.50	208.00		
	油漆	kg	17	10.00	170.00		
	破布	kg	15	1.30	19.50		
	汽油 70#	kg	29	9.68	280.72		
	橡胶板	kg	14	13.20	184.80		
	氧气	m^3	69	4.00	276.00		
	乙炔气	m^3	31	7.00	217.00		
	木材	m^3	0.3	0.50	0.15		
	电	kVA	540	0.91	491.40		
	其他材料费			—	421.04	—	
	材料费小计			—	1148.05	—	

该电灌站工程单价计算表见表 9-21 ~ 表 9-41。

表 9-21　水利建筑工程预算单价计算表

工程名称:进水池土方开挖

$1m^3$ 挖掘机挖装土自卸汽车运输					
定额编号	水利部:10365		单价号	500101002001	单位:$100m^3$
适用范围:Ⅲ类土、露天作业					
工作内容:挖装、运输、卸除、空回					
编号	名称及规格	单 位	数 量	单价/元	合计/元
一、	直接工程费				1335.56
1.	直接费				1197.81
(1)	人工费				20.39
	初级工	工时	6.7	3.04	20.39
(2)	材料费				46.07
	零星材料费	%	4	1151.74	46.07
(3)	机械费				1131.36
	挖掘机 $1m^3$	台时	1.00	209.58	209.58
	推土机　59kW	台时	0.50	111.73	55.87
	自卸汽车　8t	台时	6.50	133.22	865.91
2.	其他直接费	1197.81	2.50%		29.95
3.	现场经费	1197.81	9.00%		107.80
二、	间接费	1335.56	9.00%		120.20
三、	企业利润	1455.76	7.00%		101.90
四、	税金	1557.66	3.284%		51.15
五、	其他				
六、	合计				1608.82

表 9-22　水利建筑工程预算单价计算表

工程名称:泵室土方开挖

1m³挖掘机挖装土自卸汽车运输					
定额编号	水利部:10366		单价号	500101005001	单位:100m³
适用范围:Ⅲ类土、露天作业					
工作内容:挖装、运输、卸除、空回					
编号	名称及规格	单　位	数　量	单价/元	合计/元
一、	直接工程费				1629.07
1.	直接费				1461.05
(1)	人工费				20.39
	初级工	工时	6.7	3.04	20.39
(2)	材料费				56.19
	零星材料费	%	4	1404.85	56.19
(3)	机械费				1384.47
	挖掘机　1m³	台时	1.00	209.58	209.58
	推土机　59kW	台时	0.50	111.73	55.87
	自卸汽车　8t	台时	8.40	133.22	1119.02
2.	其他直接费	1461.05		2.50%	36.53
3.	现场经费	1461.05		9.00%	131.49
二、	间接费	1629.07		9.00%	146.62
三、	企业利润	1775.69		7.00%	124.30
四、	税金	1899.98		3.284%	62.40
五、	其他				
六、	合计				1962.38

表 9-23　水利建筑工程预算单价计算表

工程名称:进水池土方回填工程

建筑物回填土石——机械夯实					
定额编号	水利部:10465		单价号	500103001001	单位:100m³ 实方
工作内容:夯填土　包括5m内取土、倒土、平土、洒水、夯实(干密度1.6g/cm³以下)					
编号	名称及规格	单　位	数　量	单价/元	合计/元
一、	直接工程费				1092.52
1.	直接费				979.84
(1)	人工费				721.53
	工长	工时	4.6	7.11	32.68
	初级工	工时	226.4	3.04	688.85
(2)	材料费				46.66
	零星材料费	%	5	933.18	46.66
(3)	机械费				211.65

（续）

编号	名称及规格	单 位	数 量	单价/元	合计/元
	蛙式打夯机	台时	14.40	14.70	211.65
2.	其他直接费		979.84	2.50%	24.50
3.	现场经费		979.84	9.00%	88.19
二、	间接费		1092.52	9.00%	98.33
三、	企业利润		1190.85	7.00%	83.36
四、	税金		1274.21	3.284%	41.84
五、	其他				
六、	合计				1316.05

表 9-24　水利建筑工程预算单价计算表

工程名称:引水渠段边坡浆砌石衬砌工程

浆砌块石－平面护坡

定额编号	水利部:30017		单价号	500105003001	单位:100m³

工作内容:选石、修石、冲洗、拌浆、砌石、勾缝

编号	名称及规格	单 位	数 量	单价/元	合计/元
一、	直接工程费				21602.53
1.	直接费				19374.47
（1）	人工费				3513.53
	工长	工时	16.8	7.11	119.37
	中级工	工时	346.1	5.62	1946.49
	初级工	工时	475.8	3.04	1447.67
（2）	材料费				15614.36
	块石	m³	108	67.61	7301.79
	砂浆	m³	35.3	233.28	8234.88
	其他材料费	%	0.5	15536.68	77.68
（3）	机械费				246.58
	砂浆搅拌机　0.4m³	台时	6.35	16.34	103.77
	胶轮车	台时	158.68	0.90	142.81
2.	其他直接费		19374.47	2.50%	484.36
3.	现场经费		19374.47	9.00%	1743.70
二、	间接费		21602.53	9.00%	1944.23
三、	企业利润		23546.76	7.00%	1648.27
四、	税金		25195.03	3.284%	827.40
五、	其他				
六、	合计				26022.44

表 9-25　**水利建筑工程预算单价计算表**

工程名称:进水池石方回填工程

浆砌块石 – 护底

定额编号	水利部:30019	单价号	500105003002	单位:100m³

工作内容:选石、修石、冲洗、拌浆、砌石、勾缝

编号	名称及规格	单　位	数　量	单价/元	合计/元
一、	直接工程费				21090.47
1.	直接费				18915.22
（1）	人工费				3054.28
	工长	工时	14.9	7.11	105.87
	中级工	工时	284.1	5.62	1597.80
	初级工	工时	443.9	3.04	1350.61
（2）	材料费				15614.36
	块石	m³	108	67.61	7301.79
	砂浆	m³	35.3	233.28	8234.88
	其他材料费	%	0.5	15536.68	77.68
（3）	机械费				246.58
	砂浆搅拌机　0.4m³	台时	6.35	16.34	103.77
	胶轮车	台时	158.68	0.90	142.81
2.	其他直接费	18915.22	2.50%		472.88
3.	现场经费	18915.22	9.00%		1702.37
二、	间接费	21090.47	9.00%		1898.14
三、	企业利润	22988.61	7.00%		1609.20
四、	税金	24597.81	3.284%		807.79
五、	其他				
六、	合计				25405.60

表 9-26　**水利建筑工程预算单价计算表**

工程名称:消力池石方回填工程

人工铺筑砂石垫层

定额编号	水利部:30001	单价号	500103007001	单位:100m³

工作内容:修坡、压实

编号	名称及规格	单　位	数　量	单价/元	合计/元
一、	直接工程费				9210.64
1.	直接费				8260.66
（1）	人工费				1539.62
	工长	工时	9.9	7.11	70.34
	初级工	工时	482.9	3.04	1469.28
（2）	材料费				6721.05

（续）

编号	名称及规格	单 位	数 量	单价/元	合计/元
	碎石	m³	102	65.2402	6654.50
	其他材料费	%	1	6654.50	66.55
（3）	机械费				0.00
2.	其他直接费		8260.66	2.50%	206.52
3.	现场经费		8260.66	9.00%	743.46
二、	间接费		9210.64	9.00%	828.96
三、	企业利润		10039.60	7.00%	702.77
四、	税金		10742.37	3.284%	352.78
五、	其他				
六、	合计				11095.15

表 9-27　水利建筑工程预算单价计算表

工程名称：C25 混凝土支墩

墩					
定额编号	水利部：40067		单价号	500109001001	单位：100m³

编号	名称及规格	单 位	数 量	单价/元	合计/元
一、	直接工程费				34194.78
1.	直接费				30667.96
（1）	人工费				1825.93
	工长	工时	11.7	7.11	83.13
	高级工	工时	15.5	6.61	102.48
	中级工	工时	209.7	5.62	1179.37
	初级工	工时	151.5	3.04	460.96
（2）	材料费				24700.38
	混凝土 C25	m³	103	234.98	24203.01
	水	m³	70	0.19	13.05
	其他材料费	%	2.0	24216.06	484.32
（3）	机械费				434.00
	振动器　1.1kW	台时	20.00	2.27	45.33
	变频机组　8.5kVA	台时	10.00	17.25	172.50
	风水枪	台时	5.36	32.89	176.28
	其他机械费	%	18.00	221.61	39.89
（4）	嵌套项				3707.65
	混凝土拌制	m³	103	21.79	2243.88
	混凝土运输	m³	103	14.21	1463.77

（续）

编号	名称及规格	单 位	数 量	单价/元	合计/元
2.	其他直接费		30667.96	2.50%	766.70
3.	现场经费		30667.96	9.00%	2760.12
二、	间接费		34194.78	9.00%	3077.53
三、	企业利润		37272.31	7.00%	2609.06
四、	税金		39881.37	3.284%	1309.70
五、	其他				
六、	合计				41191.07

表9-28　水利建筑工程预算单价计算表

工程名称:C25 混凝土支墩

搅拌楼拌制混凝土			
定额编号	水利部:40136	单价号	500109001001	单位:100m³

工作内容:场内配运水泥、骨料,投料、加水、加外加剂、搅拌、出料、清洗

编号	名称及规格	单 位	数 量	单价/元	合计/元
一、	直接工程费				2429.05
1.	直接费				2178.52
(1)	人工费				167.67
	工长	工时	2.3	7.11	16.34
	高级工	工时	2.3	6.61	15.21
	中级工	工时	17.1	5.62	96.17
	初级工	工时	23.5	3.04	71.50
(2)	材料费				103.74
	零星材料费	%	5.0	2074.78	103.74
(3)	机械费				1907.11
	搅拌楼	台时	2.87	214.71	616.21
	骨料系统	组时	2.87	326.23	936.28
	水泥系统	组时	2.87	123.56	354.62
2.	其他直接费		2178.52	2.50%	54.46
3.	现场经费		2178.52	9.00%	196.07
二、	间接费		2429.05	9.00%	218.61
三、	企业利润		2647.67	7.00%	185.34
四、	税金		2833.01	3.284%	93.04
五、	其他				
六、	合计				2926.04

表 9-29　水利建筑工程预算单价计算表

工程名称：C25 混凝土支墩

			自卸汽车运混凝土			
定额编号	水利部：40166		单价号	500109001001		单位：100m³
适用范围：配合搅拌楼或设有贮料箱装车						
工作内容：装车、运输、卸料、空回、清洗						
编号	名称及规格	单　位	数　量	单价/元		合计/元
一、	直接工程费					1584.57
1.	直接费					1421.14
（1）	人工费					100.13
	中级工	工时	13.8	5.62		77.61
	初级工	工时	7.4	3.04		22.52
（2）	材料费					67.67
	零星材料费	%	5.0	1353.46		67.67
（3）	机械费					1253.34
	自卸汽车　5t	台时	12.11	103.50		1253.34
2.	其他直接费	1421.14	2.50%			35.53
3.	现场经费	1421.14	9.00%			127.90
二、	间接费	1584.57	9.00%			142.61
三、	企业利润	1727.18	7.00%			120.90
四、	税金	1848.08	3.284%			60.69
五、	其他					
六、	合计					1908.77

表 9-30　水利建筑工程预算单价计算表

工程名称：C25 混凝土泵室

			泵站			
定额编号	水利部：40019		单价号	500109001002		单位：100m³
适用范围：抽水站、扬水站或泵站						
编号	名称及规格	单　位	数　量	单价/元		合计/元
一、	直接工程费					36582.06
1.	直接费					32809.02
（1）	人工费					3679.15
	工长	工时	22.0	7.11		156.32
	高级工	工时	73.3	6.61		484.62
	中级工	工时	425.2	5.62		2391.35
	初级工	工时	212.6	3.04		646.86
（2）	材料费					25194.39
	混凝土 C25	m³	103	234.98		24203.01

（续）

编号	名称及规格	单位	数量	单价/元	合计/元
	水	m³	120	0.19	22.37
	其他材料费	%	4.0	24225.38	969.02
（3）	机械费				227.83
	振动器 1.1kW	台时	54.75	2.27	124.08
	风水枪	台时	2.00	32.89	65.78
	其他机械费	%	20.00	189.86	37.97
（4）	嵌套项				3707.65
	混凝土拌制	m³	103	21.79	2243.88
	混凝土运输	m³	103	14.21	1463.77
2.	其他直接费		32809.02	2.50%	820.23
3.	现场经费		32809.02	9.00%	2952.81
二、	间接费		36582.06	9.00%	3292.39
三、	企业利润		39874.44	7.00%	2791.21
四、	税金		42665.66	3.284%	1401.14
五、	其他				
六、	合计				44066.80

表 9-31　水利建筑工程预算单价计算表

工程名称：C25 混凝土渠系渠首

明渠			
定额编号	水利部：40062	单价号	500109001003	单位：100m³

适用范围：引水、泄水、灌溉渠道及隧洞进出口明挖段的边坡、底板，土壤基础上的槽型整体

编号	名称及规格	单位	数量	单价/元	合计/元
一、	直接工程费				35854.32
1.	直接费				32156.34
（1）	人工费				2788.72
	工长	工时	19.1	7.11	135.71
	高级工	工时	31.8	6.61	210.25
	中级工	工时	255.0	5.62	1434.14
	初级工	工时	331.5	3.04	1008.62
（2）	材料费				24478.93
	混凝土 C25	m³	103	234.98	24203.01
	水	m³	180	0.19	33.55
	其他材料费	%	1	24236.56	242.37
（3）	机械费				1181.04
	振动器 1.1kW	台时	44.00	2.27	99.72
	风水枪	台时	29.32	32.89	964.28

（续）

编号	名称及规格	单 位	数 量	单价/元	合计/元
	其他机械费	%	11	1064.00	117.04
（4）	嵌套项				3707.65
	混凝土拌制	m³	103	21.79	2243.88
	混凝土运输	m³	103	14.21	1463.77
2.	其他直接费		32156.34	2.50%	803.91
3.	现场经费		32156.34	9.00%	2894.07
二、	间接费		35854.32	9.00%	3226.89
三、	企业利润		39081.21	7.00%	2735.68
四、	税金		41816.89	3.284%	1373.27
五、	其他				
六、	合计				43190.16

表 9-32　水利建筑工程预算单价计算表

工程名称：C25 混凝土渠首防渗

明渠					
定额编号	水利部：40061	单价号		500109001004	单位：100m³

适用范围：引水、泄水、灌溉渠道及隧洞进出口明挖段的边坡、底板，土壤基础上的槽型整体

编号	名称及规格	单 位	数 量	单价/元	合计/元
一、	直接工程费				37391.75
1.	直接费				33535.21
（1）	人工费				3631.68
	工长	工时	24.9	7.11	176.92
	高级工	工时	41.5	6.61	274.38
	中级工	工时	332.0	5.62	1867.19
	初级工	工时	431.6	3.04	1313.19
（2）	材料费				24478.93
	混凝土 C25	m³	103	234.98	24203.01
	水	m³	180	0.19	33.55
	其他材料费	%	1	24236.56	242.37
（3）	机械费				1716.95
	振动器　1.1kW	台时	44.00	2.27	99.72
	风水枪	台时	44.00	32.89	1447.08
	其他机械费	%	11	1546.80	170.15
（4）	嵌套项				3707.65
	混凝土拌制	m³	103	21.79	2243.88
	混凝土运输	m³	103	14.21	1463.77
2.	其他直接费		33535.21	2.50%	838.38

（续）

编号	名称及规格	单位	数量	单价/元	合计/元
3.	现场经费		33535.21	9.00%	3018.17
二、	间接费		37391.75	9.00%	3365.26
三、	企业利润		40757.01	7.00%	2852.99
四、	税金		43610.00	3.284%	1432.15
五、	其他				
六、	合计				45042.16

表 9-33　水利建筑工程预算单价计算表

工程名称：C25 混凝土渠系渠首堵头

墙

定额编号	水利部：40068		单价号	500109001005	单位：100m³	

编号	名称及规格	单位	数量	单价/元	合计/元
一、	直接工程费				36818.43
1.	直接费				33021.01
（1）	人工费				2807.64
	工长	工时	17.3	7.11	122.92
	高级工	工时	40.5	6.61	267.77
	中级工	工时	323.5	5.62	1819.38
	初级工	工时	196.4	3.04	597.57
（2）	材料费				24721.29
	混凝土 C25	m³	103	234.98	24203.01
	水	m³	180	0.19	33.55
	其他材料费	%	2.0	24236.56	484.73
（3）	机械费				1784.43
	振动器　1.1kW	台时	49.50	2.27	112.18
	风水枪	台时	12.36	32.89	406.50
	混凝土泵　30m³/h	台时	11.66	90.95	1060.46
	其他机械费	%	13.00	1579.14	205.29
（4）	嵌套项				3707.65
	混凝土拌制	m³	103	21.79	2243.88
	混凝土运输	m³	103	14.21	1463.77
2.	其他直接费		33021.01	2.50%	825.53
3.	现场经费		33021.01	9.00%	2971.89
二、	间接费		36818.43	9.00%	3313.66
三、	企业利润		40132.09	7.00%	2809.25
四、	税金		42941.33	3.284%	1410.19

（续）

编号	名称及规格	单　位	数　量	单价/元	合计/元
五、	其他				
六、	合计				44351.52

表 9-34　水利建筑工程预算单价计算表

工程名称:混凝土踏步

<table>
<tr><td colspan="6" align="center">其他混凝土</td></tr>
<tr><td>定额编号</td><td colspan="2">水利部:40101</td><td colspan="2">单价号　500109005001</td><td>单位:100m³</td></tr>
</table>

编号	名称及规格	单　位	数　量	单价/元	合计/元
一、	直接工程费				37629.36
1.	直接费				33748.31
（1）	人工费				4972.87
	工长	工时	29.9	7.11	212.45
	高级工	工时	99.6	6.61	658.51
	中级工	工时	567.7	5.62	3192.78
	初级工	工时	298.8	3.04	909.13
（2）	材料费				24709.89
	混凝土 C25	m³	103	234.98	24203.01
	水	m³	120	0.19	22.37
	其他材料费	%	2.0	24225.38	484.51
（3）	机械费				357.91
	振动器　1.1kW	台时	35.60	2.27	80.68
	风水枪	台时	7.44	32.89	244.69
	其他机械费	%	10.00	325.37	32.54
（4）	嵌套项				3707.65
	混凝土拌制	m³	103	21.79	2243.88
	混凝土运输	m³	103	14.21	1463.77
2.	其他直接费	33748.31	2.50%		843.71
3.	现场经费	33748.31	9.00%		3037.35
二、	间接费	37629.36	9.00%		3386.64
三、	企业利润	41016.01	7.00%		2871.12
四、	税金	43887.13	3.284%		1441.25
五、	其他				
六、	合计				45328.38

表 9-35 水利建筑工程预算单价计算表

工程名称：钢筋加工及安装

			钢筋制作与安装		
定额编号	水利部:40289		单价号 500111001001		单位:1t
适用范围:水工建筑物各部位及预制构件					
工作内容:回直、除锈、切断、弯制、焊接、绑扎及加工场至施工场地运输					
编号	名称及规格	单 位	数 量	单价/元	合计/元
一、	直接工程费				6383.99
1.	直接费				5725.55
（1）	人工费				550.65
	工长	工时	10.3	7.11	73.18
	高级工	工时	28.8	6.61	190.41
	中级工	工时	36.0	5.62	202.47
	初级工	工时	27.8	3.04	84.58
（2）	材料费				4854.36
	钢筋	t	1.02	4644.48	4737.37
	铁丝	kg	4.00	5.50	22.00
	电焊条	kg	7.22	6.50	46.93
	其他材料费	%	1.0	4806.30	48.06
（3）	机械费				320.54
	钢筋调直机 14kW	台时	0.60	18.58	11.15
	风砂枪	台时	1.50	32.89	49.33
	钢筋切断机 20kW	台时	0.40	26.10	10.44
	钢筋弯曲机 Φ6~40	台时	1.05	14.98	15.73
	电焊机 25kVA	台时	10.00	13.88	138.84
	对焊机 150 型	台时	0.40	86.90	34.76
	载重汽车 5t	台时	0.45	95.61	43.02
	塔式起重机 10t	台时	0.10	109.86	10.99
	其他机械费	%	2	314.26	6.29
2.	其他直接费		5725.55	2.50%	143.14
3.	现场经费		5725.55	9.00%	515.30
二、	间接费		6383.99	9.00%	574.56
三、	企业利润		6958.54	7.00%	487.10
四、	税金		7445.64	3.284%	244.51
五、	其他				
六、	合计				7690.16

表 9-36 水利建筑工程预算单价计算表

工程名称:水泵的安装

		混流泵			
定额编号	水利部:04001		单价号	500201002001	单位:台

编号	名称及规格	单位	数量	单价/元	合计/元
一、	直接工程费				37400.61
1.	直接费				25236.58
(1)	人工费				21584.70
	工长	工时	190	7.11	1349.99
	高级工	工时	913	6.61	6036.31
	中级工	工时	2319	5.62	13042.20
	初级工	工时	380	3.04	1156.19
(2)	材料费				1148.05
	钢板	kg	62	4.60	285.20
	型钢	kg	100	5.00	500.00
	电焊条	kg	32	6.50	208.00
	油漆	kg	17	10.00	170.00
	破布	kg	15	1.30	19.50
	汽油 70#	kg	29	9.68	280.60
	橡胶板	kg	14	13.20	184.80
	氧气	m³	69	4.00	276.00
	乙炔气	m³	31	7.00	217.00
	木材	m³	0.3	0.50	0.15
	电	kVA	540	0.91	490.26
	其他材料费	%	16	2631.51	421.04
(3)	机械费				2503.83
	桥式起重机	台时	33	12.23	403.47
	电焊机 20~30kVA	台时	26	19.87	516.56
	车床 Φ400~600	台时	26	25.41	660.77
	刨床 B650	台时	20	13.90	277.99
	摇臂钻床 Φ50	台时	20	14.98	299.68
	其他机械费	%	16	2158.47	345.36
2.	其他直接费		25236.58	3.20%	807.57
3.	现场经费		25236.58	45.00%	11356.46
二、	间接费		37400.61	50.00%	18700.30
三、	企业利润		56100.91	7.00%	3927.06
四、	税金		60027.98	3.284%	1971.32
五、	其他				
六、	合计				61999.30

表 9-37 水利建筑工程预算单价计算表

工程名称:压力管道的安装

					压力管道

定额编号	水利部:13092		单价号	500202008001	单位:t

编 号	名称及规格	单 位	数 量	单价/元	合计/元
一、	直接工程费				4656.40
1.	直接费				3141.97
(1)	人工费				741.95
	工长	工时	7	7.11	49.74
	高级工	工时	35	6.61	231.40
	中级工	工时	63	5.62	354.32
	初级工	工时	35	3.04	106.49
(2)	材料费				1268.24
	钢板	kg	19	4.60	87.40
	型钢	kg	43	5.00	215.00
	钢轨	kg	48	5.50	264.00
	氧气	m³	7.6	4.00	30.40
	乙炔气	m³	2.5	7.00	17.50
	电焊条	kg	21	6.50	136.50
	油漆	kg	2.1	10.00	21.00
	木材	m³	0.04	2020.00	80.80
	电	kVA	53	0.91	48.12
	碳精棒	根	14	8.00	112.00
	探伤材料	张	5.3	17.00	90.10
	其他材料费	%	15	1102.82	165.42
(3)	机械费				1131.78
	汽车起重机 10t	台时	2.6	125.48	326.25
	卷扬机 5t	台时	4.9	18.66	91.45
	电焊机 20～30kVA	台时	25	13.88	347.11
	载重汽车 5t	台时	1.9	95.61	181.66
	X 光探伤机 TX-2505	台时	2.4	15.71	37.70
	其他机械费	%	15	984.16	147.62
2.	其他直接费	3141.97	3.20%		100.54
3.	现场经费	3141.97	45.00%		1413.89
二、	间接费	4656.40	50.00%		2328.20
三、	企业利润	6984.60	7.00%		488.92
四、	税金	7473.52	3.284%		245.4
五、	其他				
六、	合计				7718.95

表 9-38　人工费基本数据表

项目名称	单位	工　长	高级工	中级工	初级工
基本工资标准	元/月	550.00	500.00	400.00	270.00
地区工资系数		1.0000	1.0000	1.0000	1.0000
地区津贴标准	元/月	0.00	0.00	0.00	0.00
夜餐津贴比率	%	30.00	30.00	30.00	30.00
施工津贴标准	元/天	5.30	5.30	5.30	2.65
养老保险费率	%	20.00	20.00	20.00	10.00
住房公积金费率	%	5.00	5.00	5.00	2.50
工时单价	元/时	7.11	6.61	5.62	3.04

表 9-39　材料费基本数据表

名称及规格		钢筋	水泥 32.5#	汽油	柴油	砂（中砂）	石子（碎石）	块石
单位		t	t	t	t	m³	m³	m³
单位毛重/t		1	1	1	1	1.55	1.45	1.7
每吨每公里运费/元		0.70	0.70	0.70	0.70	0.70	0.70	0.70
价格/元（卸车费和保管费按照郑州市造价信息提供的价格计算）	原价	4500	330	9390	8540	110	50	50
	运距	6	6	6	6	6	6	6
	卸车费	5	5			5	5	5
	运杂费	9.20	9.20	4.20	4.20	14.26	13.34	15.64
	保管费	135.28	10.18	281.83	256.33	3.73	1.90	1.97
	运到工地分仓库价格/t	4509.20	339.20	9394.20	8544.20	124.26	63.34	65.64
	保险费							
	预算价/元	4644.48	349.38	9676.03	8800.53	127.99	65.24	67.61

表 9-40　混凝土单价计算基本数据表

混凝土材料单价计算表									单位：m³
单价 /元	混凝土标号	水泥强度等级	级配	预算量					
				水泥 /kg	掺合料 /kg 膨润土	砂/m³	石子 /m³	外加济 /kg REA	水 /m³
233.28	M7.5	32.5		261		1.11			0.157
234.98	C25	42.5	1	353		0.50	0.73		0.170

表 9-41　机械台时费单价计算基本数据表

名称及规格	台时费	折旧费	修理费	安拆费	人工费	动力燃料费
单斗挖掘机　液压 1m³	209.58	35.63	25.46	2.18	15.18	131.13
推土机　59kW	111.73	10.80	13.02	0.49	13.50	73.92

（续）

名称及规格	台时费	折旧费	修理费	安拆费	人工费	动力燃料费
自卸汽车 8t	133.22	22.59	13.55		7.31	89.77
蛙式夯实机　2.8kW	14.70	0.17	1.01	0.00	11.25	2.27
灰浆搅拌机	16.34	0.83	2.28	0.20	7.31	5.72
胶轮车	0.90	0.26	0.64		0.00	0.00
振捣器　插入式1.1kW	2.27	0.32	1.22		0.00	0.73
混凝土泵　30m³/h	90.95	30.48	20.63	2.10	13.50	24.24
风(砂)水枪　6m³/min	32.89	0.24	0.42		0.00	32.23
钢筋切断机　20kW	26.10	1.18	1.71	0.28	7.31	15.62
载重汽车　5t	95.61	7.77	10.86		7.31	69.67
电焊机　交流25kVA	13.88	0.33	0.30	0.09	0.00	13.16
钢筋调直机　4～14kW	18.58	1.60	2.69	0.44	7.31	6.54
钢筋弯曲机　Φ6-40	14.98	0.53	1.45	0.24	7.31	5.45
对焊机　电弧型150kVA	86.90	1.69	2.56	0.76	7.31	74.58
塔式起重机　10t	109.86	41.37	16.89	3.10	15.18	33.32
电焊机　20kW	19.87	0.94	0.60	0.17	0.00	18.16
自卸汽车　5t	103.50	10.73	5.37		7.31	80.08
变频机组　8.5kW	17.25	3.48	7.96		0.00	5.81
卷扬机　5t	18.66	2.97	1.16	0.05	7.31	7.17
桥式起重机　1t	12.23	1.54	1.48	0.17	7.31	1.72
车床　φ400～600mm	25.41	5.88	4.91	0.05	7.31	7.26
牛头刨床	13.90	2.26	2.09	0.15	7.31	2.09
摇臂钻床　20～35mm	14.98	3.12	1.90	0.02	7.31	2.63
汽车起重机　10t	125.48	25.08	17.45		15.18	67.76
X光探伤机	15.71	3.26	5.21	0.07	5.62	1.54